高职高专规划教材

分析化学

（第二版）

李艳红　陈　媛　郭　健　主编
王艳玲　主审

石油工业出版社

内 容 提 要

本书是为适应高职教育的需求，充分体现高等职业教育以就业为导向，以能力为本位的指导思想，结合一线教师多年的教学经验编写而成。全书共分十二章，主要内容包括滴定分析概述、四大滴定分析方法、称量分析法、紫外—可见分光光度法、原子吸收光谱法、电位分析法、气相色谱分析法、物质定量分析的一般步骤等内容。内容简明扼要，实践性强。

本书可作为高职高专化工类专业的分析化学教材，也可作为职业技能鉴定的培训教材，还可作为厂矿企业分析工作人员的参考用书。

图书在版编目(CIP)数据

分析化学/李艳红，陈媛，郭健主编. —2版. —北京：石油工业出版社，2018.1(2023.7重印)

高职高专规划教材

ISBN 978-7-5183-2339-5

Ⅰ.分… Ⅱ.①李…②陈…③郭… Ⅲ.分析化学—高等职业教育—教材 Ⅳ.①O65

中国版本图书馆CIP数据核字(2017)第301926号

出版发行：石油工业出版社

(北京市朝阳区安定门外安华里2区1号楼　100011)

网　址：www.petropub.com

编辑部：(010)64523693　图书营销中心：(010)64523633

经　　销：全国新华书店

排　　版：北京市密东科技有限公司

印　　刷：北京中石油彩色印刷有限责任公司

2018年1月第2版　2023年7月第5次印刷

787毫米×1092毫米　开本：1/16　印张：16.75

字数：410千字

定价：42.00元

(如出现印装质量问题，我社图书营销中心负责调换)

第二版前言

《分析化学》是高职化工类专业重要的基础课教材，出版近十年来，受到广大师生的青睐。为了更好地适应高职教育的需求，充分体现高等职业教育以就业为导向，以能力为本位的指导思想，我们在2008年版的基础上进行了修订，以体现在新形势下，更好地与教育目标相适应，与教学实际相结合。

本教材涵盖了较为广泛的分析检测方法，在内容编排上做了精心设计，内容由浅入深，使学生从基本的操作技能入手，逐渐能够“熟练、规范、安全、环保”地从事岗位工作，体现出较好的专业能力。

《分析化学(第二版)》具有以下特点：

(1)在原教材内容以必需、够用为度，按精讲、多练、边学习、边实践的原则进行设计的基础上，新教材将技能训练穿插在相应的章节后面，让理论知识讲解渗透在实践训练过程中，体现教材的针对性、创新性。

(2)修订后的分析化学教材在仪器分析方面做了新的补充，增加了电位分析法和原子吸收分光光度法两章，内容上更系统、更全面，更能体现教材的实用性。

(3)本教材每个技能训练内容以及有关术语、量、单位都采用最新国家标准。

(4)保留原教材的基本内容框架，对每章的学习指南、思考与练习、知识要点和自测题等内容进行了修订，力求简单、易学，注重启发性。使学生通过目标引领、方法讨论、任务实施等教学过程能够养成自主探究的学习习惯，并通过每个技能训练任务的完成提高学生的综合职业能力。

本教材共分十二章，包括绪论、滴定分析法、酸碱滴定法、配位滴定法、氧化还原滴定法、沉淀滴定法、称量分析法、紫外—可见分光光度法、原子吸收光谱法、电位分析法、气相色谱分析法、物质定量分析的一般步骤。

本教材由大庆职业学院李艳红、湖南石油化工职业技术学院陈媛、天津石油职业技术学院郭健任主编，东北石油大学秦皇岛分校林立君、天津工程职业技术学院高秋菊任副主编。李艳红编写第一章、第三章、第八章及附录部分，郭健编写第六章和第七章，陈媛编写第十一章，林立君编写第十章，高秋菊编写第九章，大庆职业学院宋春晖编写第二章，大庆职业学院张丽萍编写第五章，克拉玛依职业技术学院方晓玲编写第四章，湖南石油化工职业技术学院彭欢编写第十二章。

由于编者水平有限，教材中错误和疏漏之处在所难免，恳请广大同行与读者指正。

编　者

2017年12月

第一版前言

为了适应高职教育的需求,充分体现高等职业教育以就业为导向、以能力为本位的指导思想,我们认真分析了高职高专化工专业人才的就业特点、职业岗位特点和素质要求,结合几所高职院校一线教师多年的教学经验编写了这本分析化学教材。

本教材突出以应用能力培养为主线的教学思想,教材内容以必需、够用为度,按精讲、多练、边学习、边实践的原则,并结合化学检验工国家职业标准的工作要求进行设计。本书可作为高职高专石油化工生产技术、工业分析与检验、精细化工、环境监测等化工类专业的教学用书,也可作为职业技能鉴定的培训教材。本书具有以下主要特点:

(1)体现针对性、实用性。在知识内容上对一些复杂的理论推导进行了简化处理,以分析工作岗位的工作过程为主,加强了实践部分内容,并努力与生产实际接轨,适当增加了测定意义、结果计算方法、注意事项等内容。

(2)体现科学性、先进性。本书有关术语、量、单位都采用最新国家标准,计算方法采用等物质的量反应规则。

(3)文字叙述上,力求深入浅出,通俗易懂,贴近读者。

(4)每章设有学习指南,指导学生有目的、有重点地学习;设有思考与练习,方便教师教学和学生自学,及时消化理解重点和难点,并启发学生进一步思考;章末设有本章知识要点,对全章主要内容进行规律性总结;自测题部分可以检验学生对全章内容的理解掌握程度。

本教材共分十章,包括绪论、滴定分析法、酸碱滴定法、配位滴定法、氧化还原滴定法、沉淀滴定法、称量分析法、分光光度法、色谱分析法、物质定量分析的一般过程,并对一些常用的知识以附录的形式附在书后。本教材应与配套的《分析化学实验》教材一起使用。

本教材由大庆职业学院李艳红任主编,天津石油职业技术学院郭健、克拉玛依职业技术学院薛改英任副主编。李艳红编写第三章、第五章、第七章并统稿,郭健编写第八章,薛改英编写第一章、第二章,辽河石油职业技术学院王明国编写第四章、第十章,天津石油职业技术学院刘厚芹编写第六章,大庆职业学院侯振鞠编写第九章,附录部分由大庆职业学院郭鑫编写。大庆炼化集团中心化验室马玉芝参加了部分章节的编写。

由于编者水平有限,教材中出现错误和疏漏在所难免,恳请广大同行与读者指正。

编　者

2008 年 3 月

目　录

第一章　绪　论

学习指南　通过本章的学习，应了解分析化学的任务、作用和分类；掌握分析化学的要求；掌握分析误差的表示方法；掌握有效数字修约、计算规则和离群值取舍判断方法以及提高分析结果准确度的方法；了解分析实验室的基本知识，能够用分析天平准确称量物质的质量。

第一节　分析化学的任务、作用和分类

一、分析化学的任务和作用

分析化学是化学学科的重要分支，是研究物质化学组成、含量、结构的分析方法及有关理论的一门学科。它的任务是鉴定物质的化学结构和化学成分，测定有关成分的含量。分析化学可分为定性分析和定量分析两个部分。定性分析的任务是鉴定物质由哪些元素或离子所组成，对于有机物质还需要确定其官能团及分子结构；定量分析的任务是测定物质各组成部分的含量。在进行物质分析时，首先要确定物质有哪些组分，然后选择适当的分析方法来测定各组分的含量。在生产中，大多数情况下各种物料的基本组成是已知的，只需要对原料、产品、生产过程的各种中间产物以及常用的其他物料（如燃料、水等）进行及时准确的定量分析。

分析化学是研究物质及其变化规律的重要方法之一，它在涉及化学现象的各个学科中都发挥着重要的作用，如矿物学、地质学、生理学、医学、农学、物理学、生物学、环境科学、能源科学等。分析化学在工农业生产、国防建设和科技发展中起着广泛的作用，如在农业生产方面，土壤成分及性质的测定，化肥、农药的分析，作物生长过程的研究等，都要用到分析化学；在工业生产方面，它有“工业眼睛”之称，从资源的勘探、矿山的开发、原料的选择、工艺流程的控制、新产品试制、成品检验、“三废”处理及利用等都必须以分析结果为重要依据；在国防建设方面，武器装备的生产和研制、敌特及犯罪活动的侦破也经常需要分析化学的紧密配合；在科学技术方面，分析化学的作用已远远超出了化学领域，它在生命科学、材料科学、能源科学、环境科学、生物学等方面起着不可替代的作用，如病理诊断的化验、药品规格的检测、环境的监控等都需要分析化学的配合。总之，分析化学在解决各种理论和实际问题上起着巨大的作用，在我国现代化建设中有着广泛的应用。

分析化学是一门实践性很强的学科，是一门以实验为基础的科学。在学习过程中一定要理论联系实际，加强实践环节的训练。通过本课程的学习，要求学生不但要学好分析化学的基础理论，还应熟悉和掌握分析化学的基本技能，培养严格、认真、实事求是的工作态度，培养从事科学实验的正确思路和方法，树立准确的“量”的概念，提高分析和解决实际问题的能力，为学习后续课程打下坚实的基础。

二、分析化学的分类

分析化学除按分析任务分为定性分析与定量分析外，还可根据分析对象、操作方法、测定原理和具体要求的不同，分为许多种类。

1. 无机分析和有机分析

无机分析的对象为无机物，有机分析的对象为有机物。对象不同，所以要求也往往有所不同。在无机分析中，由于组成无机物的元素多种多样，因此通常要求鉴定试样是由哪些元素、离子、原子团或化合物组成的，各成分的百分含量是多少。在有机分析中，情况就不大一样，因为组成有机物的元素虽为数不多，但结构却很复杂，所以不仅要求鉴定组成元素，更重要的是要进行官能团分析和结构分析。

2. 化学分析和仪器分析

1）化学分析法

以物质的化学反应为基础的分析方法称为化学分析法，主要有滴定分析法和称量分析法。

滴定分析法是将已知浓度的试剂溶液滴加到待测物质溶液中，使其与待测组分恰好完全反应，根据加入试剂的量（浓度与体积），计算出待测组分含量。例如，用硝酸银溶液滴定氯离子，若根据硝酸银溶液的量（浓度与体积）求氯离子的量则为滴定分析。滴定分析法一般适用于含量大于1%的常量组分分析，这种方法操作简便、快速，应用较为广泛。

称量分析法是通过化学反应及一系列操作，使试样中的待测组分转化为另一种纯粹的、固定化学组成的化合物，再称量该化合物的质量，从而计算出待测组分的含量。如测定试样中的氯离子含量，可以称取一份试样，将其溶解，加入硝酸银溶液使生成氯化银沉淀，将沉淀过滤、洗涤、烘干，再称量，从而计算出试样中的氯离子含量。称量分析法一般适用于含量大于1%的常量组分分析。这种方法操作费时，手续麻烦，但准确度较高，目前常用于仲裁分析及标准物测定。

2）仪器分析法

以物质的物理和物理化学性质为基础的分析方法称为物理和物理化学分析法。由于这类方法都需要较特殊的仪器，故一般又称为仪器分析法，主要有光学分析法、电化学分析法、色谱分析法、质谱分析法和放射化学分析法等。仪器分析法具有简便、快速、灵敏、易于实现自动化、仪器价格较高等特点。它的局限性是准确度不够高，相对误差通常在百分之几左右，有的甚至更大。这样的准确度对低含量组分的分析已能满足要求。同时仪器分析法一般都需要以标准物进行校准，而很多标准物需要用化学分析方法来标定，而且在进行复杂物质的分析时，往往不是用一种方法而是综合应用几种方法。

3. 常量分析、半微量分析和微量分析

根据分析所需试样量及操作方法不同，可将分析方法分为常量分析、半微量分析、微量分析和超微量分析，各种分析方法的试样用量见表1－1。

表1－1　各种分析方法的试样用量

方　法	试样质量，mg	试液体积，mL
常量分析	100～1000	10～100

续表

方　法	试样质量,mg	试液体积,mL
半微量分析	10 ~ 100	1 ~ 10
微量分析	0.1 ~ 10	0.01 ~ 1
超微量分析	<0.1	<0.01

另外,按被测组分含量范围又可将分析方法分为常量组分(>1%)分析、微量组分(0.01% ~1%)分析和痕量(<0.01%)分析。

4. 例行分析、快速分析和仲裁分析

例行分析是指一般化验室日常生产中的分析,又称常规分析。

快速分析主要用于生产过程的控制,为控制生产过程提供信息。例如,炼钢厂的炉前快速分析,要求在尽量短的时间内报出结果,分析误差一般允许较大。

仲裁分析是不同单位对分析结果有争论时,要求权威机构用公认的标准方法进行准确分析,以裁判原分析结果的准确性。仲裁分析对分析方法和分析结果要求有较高的准确度。

第二节　定量分析的误差

定量分析的任务是测定试样中被测组分的含量。要求测定的结果必须达到一定的准确度,方能满足生产和科学研究的需要。显然,不准确的分析结果将会导致生产的损失、资源的浪费、科学上的错误结论。

在分析测试过程中,由于主、客观条件的限制,测定结果不可能和真实含量完全一致。即使是技术很熟练的人,用同一最完善的分析方法和最精密的仪器,对同一试样仔细地进行多次分析,其结果也不会完全一样,而是在一定范围内波动。这就说明分析过程中客观上存在难于避免的误差。因此,人们在进行定量分析时,不仅要得到被测组分的含量,而且必须对分析结果进行评价,判断分析结果的可靠程度,检查产生误差的原因,以便采取相应措施减小误差,使分析结果尽量接近客观真实值。

一、定量分析结果的表述

定量分析结果有多种表述方法,按照我国现行国家标准的规定,应采用质量分数、体积分数或质量浓度加以表述。

1. 质量分数(w_B)

物质中某组分 B 的质量(m_B)与物质总质量(m)之比,称为 B 的质量分数,计算公式为

$$w_B = \frac{m_B}{m} \tag{1-1}$$

其比值可用小数或百分数表示。例如,某纯碱中碳酸钠的质量分数为 0.9632 或 96.32%。

2. 体积分数(φ_B)

气体或液体混合物中某组分 B 的体积(V_B)与混合物总体积(V)之比,称为 B 的体积分

数,计算公式为

$$\varphi_B = \frac{V_B}{V} \tag{1-2}$$

其比值可用小数或百分数表示。例如,某天然气中甲烷的体积分数为 0.95 或 95%;工业乙醇的体积分数为 96.0%,或表示成 $\varphi_B = 0.96$。

3. 质量浓度(ρ_B)

气体或液体混合物中某组分 B 的质量(m_B)与混合物总体积(V)之比,称为 B 的质量浓度,计算公式为

$$\rho_B = \frac{m_B}{V} \tag{1-3}$$

其常用单位为克每升($g \cdot L^{-1}$)。例如,乙酸溶液中乙酸的质量浓度为 $360g \cdot L^{-1}$。在定量分析中,一些杂质标准溶液的含量或辅助溶液的含量也常用质量浓度表示。

二、误差的表示方法

1. 准确度与误差

分析结果的准确度是指测得值与真实值相接近的程度,准确度是用误差来表示的。误差越小,表示分析结果的准确度越高;反之,误差越大,准确度就越低。误差可分为绝对误差和相对误差,绝对误差 E 表示测得值 x_i 与真实值 μ 之间的差值:

$$E = x_i - \mu \tag{1-4}$$

相对误差 RE 表示绝对误差在真实值中所占的百分比:

$$RE = \frac{E}{\mu} \times 100\% \tag{1-5}$$

因为测得值可能大于或小于真实值,所以绝对误差和相对误差都有正、负之分,正误差表示测定结果偏高,负误差表示测定结果偏低。

【例 1-1】 甲和乙两学生分别称取某试样 1.8364g 和 0.1836g,已知这两份试样的真实值分别为 1.8363g 和 0.1835g,试分别求其绝对误差和相对误差,并比较准确度的高低。

解:甲的绝对误差和相对误差分别为

$$E = x_i - \mu = 1.8364 - 1.8363 = +0.0001(g)$$

$$RE = \frac{E}{\mu} \times 100\% = \frac{+0.0001}{1.8363} \times 100\% = +0.005\%$$

乙的绝对误差和相对误差分别为

$$E = x_i - \mu = 0.1836 - 0.1835 = +0.0001(g)$$

$$RE = \frac{E}{\mu} \times 100\% = \frac{+0.0001}{0.1835} \times 100\% = +0.05\%$$

由计算结果可知:两者的绝对误差相同,但由于两者称量的质量不同,相对误差也不同,称量的量越大,相对误差越小,准确度就越高。

2. 精密度与偏差

精密度是指在相同条件下,多次平行测定结果相互接近的程度,它表现了测定结果的再现性。精密度是用偏差来表示的。偏差越小,说明平行测定的精密度越高。

偏差有绝对偏差和相对偏差之分。绝对偏差 d_i 是指个别测得值 χ_i 与算术平均值 $\bar{\chi}$ 的差值，即：

$$d_i = \chi_i - \bar{\chi} \tag{1-6}$$

相对偏差 Rd_i 是指绝对偏差在算术平均值中所占的百分比：

$$Rd_i = \frac{d_i}{\bar{\chi}} \times 100\% \tag{1-7}$$

在实际工作中，经常采用平均偏差和相对平均偏差来衡量精密度的高低。

绝对平均偏差：

$$\bar{d} = (1/n)\sum_{i=1}^{n} |d_i| = (1/n)\sum_{i=1}^{n} |\chi_i - \bar{\chi}| \tag{1-8}$$

相对平均偏差：

$$\overline{Rd} = \frac{\bar{d}}{\bar{\chi}} \times 100\% \tag{1-9}$$

【例 1-2】 在一次实验中得到的测定值为：17.16%、17.18% 和 17.17%，计算测定的平均值、绝对偏差、平均偏差和相对平均偏差。

解：

$$\bar{\chi} = \frac{17.16\% + 17.18\% + 17.17\%}{3} = 17.17\%$$

$$d_1 = 17.16\% - 17.17\% = -0.01\%$$

$$d_2 = 17.18\% - 17.17\% = 0.01\%$$

$$d_3 = 17.17\% - 17.17\% = 0$$

$$\bar{d} = \frac{|-0.01\%| + |0.01\%| + 0}{3} = 0.0067\%$$

$$\overline{Rd} = \frac{0.0067\%}{17.17\%} \times 100\% = 0.039\%$$

用平均偏差和相对平均偏差表示精密度比较简单，但由于一系列的测定结果中，小偏差占多数，大偏差占少数，如果按总的测定次数求算术平均值，所得结果会偏小，大偏差得不到应有的反映。故在一般分析工作中，只做有限次数的平行测定时，常用标准偏差 S 表示：

$$S = \sqrt{\frac{\sum_{i=1}^{n} (\chi_i - \bar{\chi})^2}{n-1}} = \sqrt{\frac{d_1^2 + d_2^2 + d_3^2 + \cdots + d_n^2}{n-1}} \tag{1-10}$$

标准偏差在平均值中所占的百分数，称为相对标准偏差：

$$CV = \frac{S}{\bar{\chi}} \times 100\% \tag{1-11}$$

标准偏差比平均偏差能更灵敏地反映出偏差的存在，因而能较好地反映测定结果的精密度。

3. 准确度与精密度的关系

在分析工作中评价一项分析结果的优劣，应该从分析结果的准确度和精密度两个方面入手。图 1-1 是甲、乙、丙、丁四人测定硫酸铵中氮的质量分数所得出的结果。由图可见，甲的测定结果准确度和精密度都比较高，乙的实验结果的精密度虽然很高，但准确度较低，和真值相差很远，结果并不好。丙的测定结果准确度和精密度都比较差，丁的精密度很差，平均值虽

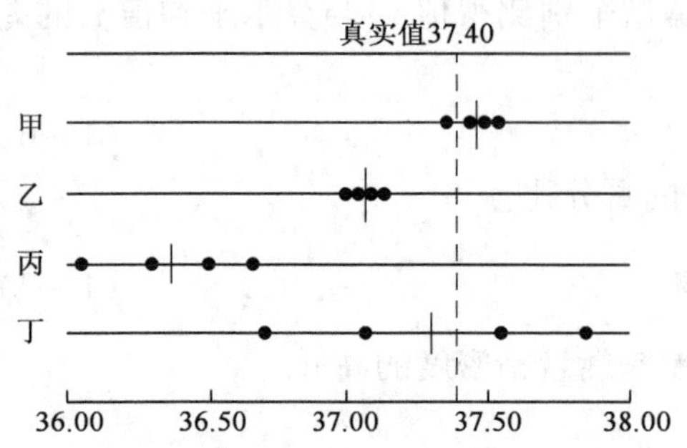

图1-1　不同分析人员测定同一试样的结果

(•表示个别测定值,|表示平均值)

然和真实值接近,但这是由于正负误差相互抵消凑巧的结果,结果可靠性差。

精密度是保证准确度的先决条件,准确度高,一定需要精密度高;但精密度高,分析结果准确度不一定高。真正的准确度高必然精密度也高。对于教学实验来说,首先要重视测量数据的精密度。

三、误差的种类与来源

定量分析的目的是准确测定试样中组分的含量,因此分析结果必须具有一定的准确度。在定量分析中,由于受分析方法、测量仪器、所用试剂和分析者的主观条件等多种因素的限制,使得分析结果与真实值不完全一致。即使采用最可靠的分析方法,使用最精密的仪器,由技术很熟练的分析人员进行测定,也不可能得到绝对准确的结果。同一个人在不同条件下对同一试样进行多次测定,所得出的结果也不完全相同。误差是客观存在的,不可避免的。应该分析误差的性质、特点,找出误差产生的原因,研究减小误差的方法,以提高分析结果的准确度。

误差按性质不同可分为系统误差和随机误差两类。

1. 系统误差

系统误差是指在分析过程中由于某些经常性的、固定的原因所造成的误差。它具有单向性和重现性的特点,即正负、大小都有一定的规律性。当重复进行测定时系统误差会重复出现。若能找出原因,并设法加以校正,系统误差就可以消除。系统误差产生的主要原因是:

(1)方法误差,指分析方法本身所造成的误差。例如滴定分析中,由指示剂确定的滴定终点与化学计量点不完全符合以及副反应的发生等,都将系统地使测定结果偏高或偏低。

(2)仪器误差,主要是由于仪器本身不够准确或未经校正所引起的。如天平、砝码和容量器皿刻度不准等,在使用过程中就会使测定结果产生误差。

(3)试剂误差,由于试剂不纯或使用的蒸馏水含有微量杂质所引起的。

(4)操作误差,由于操作人员的主观原因造成的。例如,对终点颜色变化的判断,有人敏锐,有人迟钝;滴定管读数偏高或偏低等。

2. 随机误差

随机误差也称偶然误差,是指分析过程中某些偶然和意外的原因造成的误差。如温度、压力等外界条件的突然变化,仪器性能的微小变化,操作稍有出入等原因所引起的。对测定结果的影响时大时小,时正时负,难以控制,非单向性。因此不能用校正的方法来减少或避免此项误差。

四、误差的减免方法

为了提高分析结果的准确性,必须减免分析过程中的误差。

1. 减少系统误差的方法

(1)对照试验。在相同条件下,对标准试样(已知结果的准确值)与被测试样同时进行测定,通过对标准试样的分析结果与其标准值的比较,可以判断测定是否存在系统误差。也可以对同一试样用其他可靠的分析方法进行测定,或由不同的个人进行实验,对照其结果,以达到检验是否存在系统误差的目的。

(2)空白试验。由于试剂或蒸馏水和器皿带进杂质所造成的系统误差,通常可用空白试验来消除。空白试验就是不加试样,按照与试样分析相同的操作步骤和条件进行试验,测定结果称为空白值。若空白值较低,则从测定结果中减去空白值,就可得到较可靠的测定结果。若空白值较高,则应更换或提纯所用试剂。

(3)仪器校正。在日常分析工作中,因仪器出厂时已进行过校正,只要仪器保管妥善,一般可不必进行校准。在准确度要求较高的分析中,对所用的仪器如滴定管、移液管、容量瓶、天平砝码等,必须进行校准,求出校正值,并在计算结果时采用,以消除由仪器带来的误差。

(4)方法校正。某些分析方法的系统误差可用其他方法直接校正。例如,在重量分析中,使被测组分沉淀绝对完全是不可能的,必须采用其他方法对溶解损失进行校正。如在沉淀硅酸后,可再用比色法测定残留在滤液中的少量硅,在准确度要求高时,应将滤液中该组分的比色测定结果加到重量分析结果中去。

2. 减少随机误差的方法

在消除系统误差的情况下,平行测定的次数越多,则测得值的算术平均值越接近真实值,即进行多次平行测定取平均值,是减小随机误差的有效方法。在一般的化学分析中,对同一试样,通常要求平行测定3~4次,以获得较为准确的分析结果。

思考与练习1-1

1. 甲乙两人分别对同一试样进行8次测定,各次测定的偏差分别为

甲:+0.29,+0.14,-0.74,0.00,+0.25,+0.50,-0.11,+0.21

乙:+0.24,-0.25,+0.32,-0.28,0.33,-0.27,-0.35,+0.16

请计算甲、乙两人所得结果的平均偏差和标准偏差,并加以比较。

2. 根据图1-1说明准确度和精密度与误差的关系。

3. 什么是空白试验?什么情况下需要作空白试验?

第三节　分析结果的记录与处理

一、实验数据的记录

记录实验数据既是良好的实验习惯,也是一项不容忽略的基本功。准确地进行分析测定要求分析者细致、认真,记录数据清楚、整洁;修改数据遵守有关规定,并注意测量所能达到的有效数字。

(1)记录原始数据应使用专门的实验记录本,并标上页码数,不得撕去其中任何一页。决不允许将数据记在单页纸或纸片上,或随意记在任何地方。

(2)实验前预习实验,并根据要求制作原始记录表格。应及时、准确地记录,实验过程中的各种测量数据及有关现象,都应及时、准确而清楚地记录下来,不得转抄誊写。记录实验数据时,要有严谨的科学态度,实事求是,切忌夹杂主观因素,决不能随意拼凑。

(3)实验记录上要写明日期、实验名称、标号、检验项目、实验数据及检验人,并注明表中各符号的意义,单位须采用法定计量单位。

(4)实验过程中记录测量数据时,应注意有效数字的位数应和仪器的精度一致。实验记录上的每一个数据都是测量结果,所以平行测定时即使数据完全相同也应如实记录下来。

(5)在实验过程中,如发现数据中有记错、测错或读错而需要改动的地方,可将数据用一横线划去,并在其上方写出正确的数字。

(6)数据记录要用钢笔或圆珠笔,不能使用铅笔,并尽量用仿宋体。

(7)实验结束后应核对记录是否正确、合理、齐全,平行测定结果是否超差,是否需要重新测定。

二、置信度与平均值的置信区间

数据的可信程度与偶然误差的存在及出现的概率有着直接关系。对于不含系统误差的无数个测定数据,其误差分布可用正态分布曲线来表示。如图 1-2 所示:图中曲线与横坐标从 $-\infty$ 到 $+\infty$ 之间所包围的面积代表具有各种大小误差的测定值出现的概率总和,在 $\mu-\sigma$ 到 $\mu+\sigma$ 区间内,曲线所包围的面积即概率可由数学计算得知,真实值 μ 落在此区间内的概率称为置信度。亦可计算出落在 $\mu-2\sigma$ 到 $\mu+2\sigma$、$\mu-3\sigma$ 到 $\mu+3\sigma$ 区间内的概率即置信度,见表 1-2。

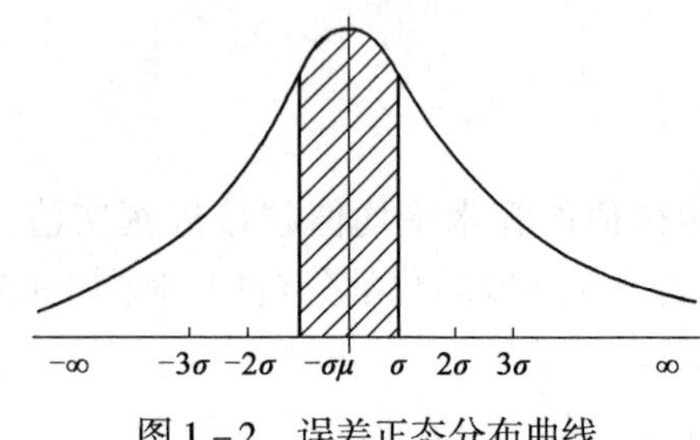

图 1-2 误差正态分布曲线

表 1-2 置 信 度

曲线下面积	$-\infty \sim +\infty$	$\mu\pm\sigma$	$\mu+2\sigma$	$\mu\pm3\sigma$
概率	100%	68.3%	99.5%	99.7%

由以上数据可见,偶然误差出现在 $\mu\pm3\sigma$ 范围内的概率高达 99.7%。对于分析化学来讲:置信度是指以测量值为中心,在一定范围内,真实值出现在该范围内的概率。置信区间是指在某一置信度下,以测量值为中心,真值出现的范围。

平均值的置信区间可表示为

$$\mu=\bar{\chi}\pm\frac{t\cdot s}{\sqrt{n}} \tag{1-12}$$

式中 μ——总体平均值(真值);

$\bar{\chi}$——有限次测定的平均值;

s——有限次测定的标准偏差;

n——有限测定次数;

t——在选定的某一置信度下的概率系数,可根据测定次数从表 1-3 中查得。

表 1-3 对于不同测定次数及不同置信度的 t 值

测定次数 n	置信度				
	50%	90%	95%	99%	99.5%
2	1.000	6.314	12.706	63.657	127.32
3	0.816	2.920	4.303	9.925	14.089
4	0.765	2.353	3.182	5.841	7.453
5	0.741	2.132	2.776	4.604	5.598
6	0.727	2.015	2.571	4.032	4.773

由表 1－3 可知：置信度不变时，n 增加，t 变小，置信区间变小，即测定平均值与总体平均值越接近。n 不变时，置信度增加，t 变大，置信区间变大。

【例 1－3】 某试样 Cl^- 含量（质量分数）分析测定结果为 30.44%、30.52%、30.60% 和 30.12%，试按四次测定数据计算平均值的置信区间（置信度为 95%）。

解：四次测定时：

$$\bar{\chi} = \frac{30.44\% + 30.52\% + 30.60\% + 30.12\%}{4} = 30.42\%$$

$$S = \sqrt{\frac{\sum (x-\bar{x})^2}{n-1}} = \sqrt{\frac{(0.02\%)^2 + (0.10\%)^2 + (0.18\%)^2 + (-0.30)^2}{4-1}} = 0.21\%$$

查表 1－3，置信度为 95%，$n=4$ 时，$t=3.182$。

所测 Cl^- 含量（质量分数）的平均值的置信区间为

$$\mu = \bar{x} \pm \frac{t \cdot s}{\sqrt{n}} = 30.42\% \pm \frac{3.182 \times 0.21\%}{4} = (30.42 \pm 0.17)\%$$

在一定的测定次数范围内，适当增加测定次数，可使置信区间显著缩小，即可使测定的平均值 $\bar{\chi}$ 与总体平均值 μ 接近。

三、可疑值的取舍

在一系列的平行测定时，测得的数据总有一定的离散性，这是由随机误差所引起的，可疑值的取舍会影响测定结果的平均值，必须慎重。如果是实验操作或计算错误和疏忽造成的，保留此数值，会影响平均值的可靠性。相反，如果是随机误差造成的数据偏差较大，舍去此数值，则不能反映客观实际情况，再次测定，仍有可能出现。

对可疑值是弃去还是保留，实质上是区分随机误差和过失的问题，可用统计检验法来判断。下面介绍 Q 值检验法。

Q 值检验法的步骤如下：

（1）将测定数据按递增的顺序排列 $x_1, x_2, x_3, \cdots, x_n$；

（2）求出最大值与最小值之差 $x_n - x_1$；

（3）求出可疑数据与其最邻近数据之差 $x_n - x_{n-1}$ 或 $x_2 - x_1$；

（4）计算 Q 值 $Q = \frac{x_n - x_{n-1}}{x_n - x_1}$ 或 $Q = \frac{x_2 - x_1}{x_n - x_1}$；

（5）根据测定次数 n 查表 1－4 得 $Q_{表}$；

（6）将 Q 与 $Q_{表}$（如 $Q_{0.90}$）相比较，若 $Q > Q_{表}$ 舍弃该数据，否则应予保留。

表 1－4　Q 值表（置信度 90% 和 95%）

n	3	4	5	6	7	8	9	10
$Q_{0.90}$	0.94	0.76	0.64	0.56	0.51	0.47	0.44	0.41
$Q_{0.95}$	0.97	0.84	0.73	0.64	0.59	0.54	0.51	0.49

在三个以上数据中，需要对一个以上的数据用 Q 检验法决定取舍时，首先检查相差较大的数。

【例 1－4】 测定某样品中钙的质量分数如下：40.02%，40.12%，40.18%，40.16%，40.18%，40.20%。试用 Q 检验法检验并说明 40.02% 是否应该舍去（置信度为 95%）。

解：①将测定数据按递增的顺序排列：40.02%，40.12%，40.16%，40.18%，40.18%，40.20%。

②求出最大值与最小值之差：

$$x_n - x_1 = 40.20\% - 40.02\% = 0.18\%$$

③求出可疑数据与其最邻近数据之差：

$$x_n - x_{n-1} = 40.12\% - 40.02\% = 0.10\%$$

④计算 Q 值：$Q = \frac{x_n - x_{n-1}}{x_n - x_1} = \frac{0.10\%}{0.18\%} = 0.56$

⑤根据测定次数 n 查表1－4得 $Q_{表}$：

当 $n = 6$ 时，$Q_{表} = Q_{0.95} = 0.64$，因为 $Q_{表} > Q$，故40.02%这个数据应予保留。

四、有效数字及运算规则

在分析检测工作中要求测定结果要达到一定的精密度和准确度，因此，分析工作者不仅要掌握正确的实验操作，而且要了解分析过程中产生误差的原因及规律性，正确进行实验数据处理和报告分析结果。

在测量和数字计算中，确定该用几位数字来代表测量或计算的结果，是很重要的。初学者往往认为在一个数值中小数点后面的位数越多，或计算结果中保留的位数越多，准确度便越大。这两种想法都是错误的。第一种错在没有弄清楚小数点的位置不是决定准确度的标准，如体积为21.3mL与0.0213L，准确度完全相同。第二种错在不了解所有测量，由于仪器只能达到一定的准确度，这个准确度一方面决定于所用仪器刻度的精细程度，另一方面也与所用测量方法有关。因此，在计算结果中，无论写多少位数，绝不可能把准确度增加到超过测量所能允许的范围。反之，记录数字的位数过少，低于测量所能达到的精确度，同样是错误的。正确的写法，是写出数字的位数，除末位数字为可疑或不确定外，其余各位数字都是准确知道的。

1.有效数字及其位数

1)有效数字

有效数字是指实际能测量到的数字。一个数据中的有效数字包括所有确定的数字和最后一位不确定的数字。例如，滴定管的读数为32.47mL，百分位上的7是不准确的或可疑的，称为可疑数字。再如，采用电子分析天平称量某试样，应记录为5.1234g，其中5.123是确定数字，4是不确定的数字，可能有一定的误差。而用台秤进行称量，应记录为5.1g。如果将台秤的结果写成5.1000g，就夸大了测量的准确性；同理，如将电子分析天平的测量结果写成5.1g，就缩小了测量的准确性，这都是不正确的。

2)有效数字位数的确定

在有效数字中，“0”这个数字是否作为有效数字，应以具体分析而定。在数字中间和数字后边的“0”作为普通数字用，都是有效数字，如在小数点的前面作为定位用，则不是有效数字。例如，5.108，1.510，就是4位有效数字；0.0518，5.18×10^{-2}，就是3位有效数字。pH、pK或lg$C$等对数值，其有效数字的位数取决于小数部分（尾数）数字的位数，整数部分只代表该数的幂次。例如，pH＝2.85，是2位有效数字。当需要在数的末尾加“0”作定位用时，须采用科学计数法表示。例如，质量为25.0g，若以mg为单位时，则应表示为 2.50×10^4 mg，若表示为25000mg，就会被误解为5位有效数字。

在分析化学中，有一些惯例，如浓度和质量一般保留小数点后4位，即有效数字一般为4位或5位；滴定溶液的体积必须是小数点后2位；百分含量（如质量分数）一般是小数点后2

位，即 3 位或 4 位有效数字；pH 值一般为 2 位有效数字；某数据中第一位有效数字大于或等于 8，则有效数字的位数可多算一位，如 9.32 可视为四位有效数字。

2. 有效数字的运算规则

1) 数字的修约规则

通常的分析测定过程，往往包括几个测量环节，然后根据测量所得数据进行计算，最后求得分析结果。但是各个测量环节的测量精度不一定完全一致，因而几个测量数据的有效数字位数可能也不相同，在计算中要对多余的数字进行修约。

修约的一般规则为："四舍六入五留双，"即数据的尾数≤4，舍弃；如尾数≥6，就进入；假如尾数为 5，当 5 后面还有不是零的任何数，必须进一位，5 前面的数字是偶数就舍弃，5 前面的数字是奇数就进入。

例如，将下列测量值修约为 3 位有效数字：

修约前	4.135	4.125	4.105	4.1251	4.1349	215.4546
修约后	4.14	4.12	4.10	4.13	4.13	215

2) 有效数字的运算规则

(1) 加减法：几个数据相加或相减时，它们的和或差的有效数字的保留，应该以小数点后位数最少的数字为准。例如，

$$0.0121 + 25.64 + 1.05782 = 0.01 + 25.64 + 1.06 = 26.71$$

(2) 乘除法：在乘除法中，积或商的有效数字的保留，应该以有效数字位数最少的为准。例如，

$$0.0121 \times 25.64 \times 1.05782 = 0.0121 \times 25.6 \times 1.06 = 0.328$$

3) 运算时注意事项

在计算和取舍有效数字位数时，还应注意以下几点：

(1) 分数和倍数的计算：分数、倍数，如 2、4、7 及 1/3、1/5、1/10 等，这里的数字视为足够准确，不考虑其有效数字位数，计算结果的有效数字位数，应由其他测量数据来决定。

(2) 误差和偏差：一般只取一位有效数字，最多取两位有效数字。

(3) 定量分析的结果：对于高含量组分（≥10%），要求分析结果为四位有效数字；对于中含量组分（1%～10%）范围内，要求有三位有效数字；对于微量组分（<1%），一般只要求两位有效数字。通常以此为标准，报出分析结果。

(4) 使用计算器计算定量分析结果：目前，电子计算器的应用相当普遍。由于计算器上显示的数值位数较多，虽然在运算过程中不必对每一步计算结果进行位数确定，但应注意正确保留最后计算结果的有效数字位数，并根据前述数字修约规则决定取舍，不可全部照抄计算器上显示的八位数字或十位数字。

思考与练习1-2

1. 下列论述哪些是错误的，请说明原因。

(1) 置信度表示平均值的可靠程度；

(2) 置信概率系数 t 随测定次数 n 的增加而增加；

(3) 平均值的置信区间随置信度的增加而增加。

2. 对某污水样进行铁含量测定，结果如下：60.04mg · L^{-1}，60.11mg · L^{-1}，60.07mg · L^{-1}，60.03mg · L^{-1}，60.00mg · L^{-1}，试计算平均值、标准偏差和分析结果的置信区间(置信度为95%)。

第四节　分析化学实验室基础知识

分析检验工作是现代工业生产及环境保护工作的重要环节。不同的分析实验室分析任务虽然不同，但都有共同的特点，所采用的分析测定手段是一致的。对实验室相关基础知识如分析用水以及化学试剂的选择等有所了解，对分析检验人员职业能力的提高是很有益处的，也是分析检验人员应具备的基本素质。

一、分析用水

1. 分析实验室用水的规格

GB/T 6682—2008 建立了国家标准《分析实验室用水规格和试验方法》，规定了分析实验室用水的技术指标、制备和检验方法，将适用于化学分析和无机痕量分析等试验用水分为 3 个级别：一级水、二级水和三级水。表 1－5 列出了各级试验用水的规格。

表 1－5　分析实验室用水的级别和主要指标

项　目	一级水	二级水	三级水
外观	无色透明液体		
pH 值范围(25℃)	—	—	5.0～7.5
电导率(25℃)，mS · m^{-1}	0.01	0.10	0.50
可氧化物质[以(O)计]，mg · L^{-1}	—	0.08	0.40
吸光度(254nm，1cm)	0.001	0.01	—
蒸发残量(105℃ ±2℃)，mg · L^{-1}	—	1.0	2.0
可溶性硅[以(SiO_2)计]，mg · L^{-1}	0.01	0.02	—

一级水：基本上不含有溶解或胶态离子杂质及有机物，它可以由二级水经进一步加工处理而制得。

二级水：可含有微量的无机、有机或胶态杂质，可由蒸馏法、反渗透法或去离子水后再进行蒸馏等方法制得。

三级水：用于一般实验室，它可以采用蒸馏法、离子交换法、电渗析法和电泳法等方法制备。

2. 分析实验室用水制备方法

实验室制水方法有蒸馏法、离子交换法、电渗析法等。

1) 蒸馏法

将自来水经蒸馏器蒸馏所得到蒸馏水，因其较纯净，常作为分析实验用水。制取方法为：用硬质玻璃或石英蒸馏器，在每升蒸馏水或去离子水中加入 50mL 碱性高锰酸钾溶液(每升含 8g $KMnO_4$ + 300g KOH)，进行二次蒸馏，弃去头和尾各 1/4 容积，收集中段的重蒸馏水，亦称二次蒸馏水。该方法的优点是去除有机物较好，缺点是不宜进行无机痕量分析用。

2)离子交换法

通过离子交换树脂对水进行纯化所制取的水称为“去离子水”。离子交换制取纯水,一般在交换柱中进行。自来水通过阳离子交换柱去除阳离子,通过阴离子交换柱去除阴离子。通常是把阴阳树脂串联使用。该方法的优点是操作技术较易掌握,设备可大可小,成本较低,是目前实验室最常用的方法。

制得的纯水用清洁、密闭的聚乙烯容器存放。

3.分析实验室用水的检验方法

常见检验指标和方法如下:

(1)电导率:用电导仪测定电导率,应≤5.0μS/cm(25℃)。

(2)pH值的测定:量取100mL水样,用pH计、精密pH试纸或指示剂(使甲基红不显红色,溴麝香草酚蓝不显蓝色)进行测量,pH=5.0~7.5(25℃)。

(3)吸光度:将水样分别注入1cm和2cm的比色皿中,在254nm处,以1cm比色皿中水样为参比,测定2cm比色皿中水样的吸光度。

(4)阳离子的测定:取水样10mL,加入2mL $NH_3—NH_4Cl$ 缓冲溶液(pH=10),0.5%铬黑T 2滴,摇匀,溶液呈现蓝色为合格,呈现酒红色为不合格(含 Ca^{2+}、Mg^{2+}、Zn^{2+}、Cu^{2+}、Fe^{3+}、Pb^{2+}等阳离子)。

(5)阴离子的测定:取水样10mL,加入 HNO_3(1+3)溶液数滴,10g·L^{-1} $AgNO_3$溶液2~3滴,摇匀,溶液中无白色沉淀为合格,有白色沉淀为不合格(含有氯离子)。

(6)硅酸盐的检验:取水样30mL于小烧杯中,加入 HNO_3(1+3)溶液5mL,5%钼酸铵溶液5mL,室温下放置5min,加入10% Na_2SO_3溶液5mL,溶液呈蓝色为不合格。

二、化学试剂

化学试剂是具有一定纯度标准的各种单质和化合物。它的种类繁多,在化学实验中必须根据实验要求合理选择、正确使用、妥善保管。

1.化学试剂的规格

化学试剂根据用途可分为一般化学试剂和特殊化学试剂。

1)一般化学试剂

根据国家标准,一般化学试剂按其纯度和杂质含量的高低可分为四级,其规格及适用范围见表1-6。

表1-6 化学试剂的规格及适用范围

试剂级别	名称	符号	标签颜色	适用范围
一级品	优级纯	G.R.	绿色	纯度很高,适用于精密分析及科学研究工作
二级品	分析纯	A.R.	红色	纯度仅次于一级品,主要用于分析测试、科学研究及教学实验工作
三级品	化学纯	C.R.	蓝色	纯度较二级品差,适用于教学或精度要求不高的分析测试工作和无机、有机化学实验
四级品	实验试剂	L.R.	棕色或黄色	纯度较低,只能用于一般性的化学实验及教学工作

2)特殊化学试剂

特殊化学试剂如高纯试剂、色谱试剂与制剂、生化试剂等大都只有一个级别。一些高纯试剂常常还有专门的名称,如基准试剂、光谱纯试剂、色谱试剂等。

基准试剂的纯度相当于(或高于)一级品,是滴定分析中标定标准溶液的基准物质,也或直接用于配制标准溶液;光谱纯试剂杂质的含量用光谱分析法已测不出或杂质含量低于某一限度,主要用于配制标准溶液;色谱试剂与制剂包括色谱用固体吸附剂、固定液、载体、标样等;生化试剂用于各种生物化学实验。

按规定,试剂瓶的标签上应标示试剂的名称、化学式、摩尔质量、级别、技术规格、产品标准号、生产许可证、生产批号、厂名等,危险品和毒品还应给出相应的标志。

2. 化学试剂的存放

化学试剂在储存时常因保管不当而变质。有些试剂容易吸湿而潮解或水解;有的容易跟空气里的氧气、二氧化碳或扩散在其中的其他气体发生反应,还有一些试剂受光照和环境温度的影响会变质。因此,化学试剂应保存在通风、干燥、洁净的房间里,防止污染或变质。氧化剂、还原剂应密封、避光保存。易挥发和低沸点试剂应置于低温阴暗处。易侵蚀玻璃的试剂应保存于塑料瓶内。易燃易爆试剂应有安全措施。剧毒试剂应由专人妥善保管,用时严格登记。

3. 化学试剂的取用

1)固体试剂的取用

固体试剂装在广口瓶内。见光易分解的试剂,如 $AgNO_3$、$KMnO_4$ 等要装在棕色瓶中。试剂取用原则是既要质量准确又必须保证试剂的纯度(不受污染)。

使用干净的药品匙取固体试剂,药品匙不能混用。实验后洗净、晾干,下次再用,避免沾污药品。要严格按量取用药品。“少量”固体试剂对一般常量实验指半个黄豆粒大小的体积,对微型实验约为常量的1/5~1/10体积。多取试剂不仅浪费,往往还影响实验效果。如果一旦取多可放在指定容器内或给他人使用,一般不许倒回原试剂瓶中。

往试管特别是未干燥的试管中加入固体试剂时,可将试管倾斜至近水平,再把药品放在药匙或干净光滑的纸对折成的纸槽中,伸进试管约2/3处,然后直立试管和药匙或纸槽,让药品全部落到试管底部,如图1-3和图1-4所示。

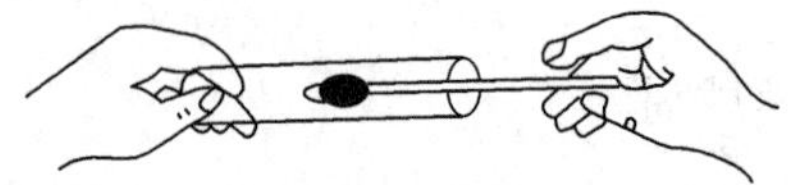

图1-3 用药匙往试管里倒入固体试剂

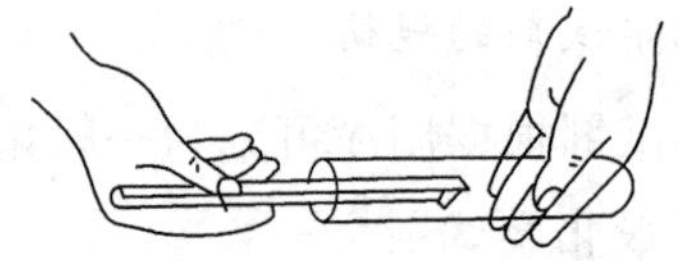

图1-4 用纸槽往试管里倒入固体试剂

2)液体试剂的取用

(1)从滴瓶中取用试剂。

从滴瓶中取试剂时,应先提起滴管离开液面,捏瘪胶帽后赶出空气,再插入溶液中吸取试剂。滴加溶液时滴管要垂直,这样滴入液滴的体积才能准确;滴管口应距接收容器口(如试管口)半厘米左右,以免与器壁接触沾染其他试剂,使滴瓶内试剂受到污染。如要从滴瓶取出较多溶液时,可直接倾倒。先排除滴管内的液体,然后把滴管夹在食指和中指间倒出所需量的试剂。滴管不能倒持,以防试剂腐蚀胶帽使试剂变质。不能用自己的滴管取公用试剂,如试剂瓶不带滴管又需取少量试剂,则可把试剂按需要量倒入小试管中,再用自己的滴管取用,如图1-5所示。

(2)从细口瓶中取用试剂。

从细口瓶中取用试剂时,要用倾注法取用。先将瓶塞反放在桌面上,倾倒时瓶上的标签要朝向手心，以免瓶口残留的少量液体顺瓶壁流下而腐蚀标签。瓶口靠紧容器，使倒出的试剂沿玻璃棒或器壁流下。倒出需要量后，慢慢竖起试剂瓶，使流出的试剂都流入容器中，一旦有试剂流到瓶外，要立即擦净。切记不允许试剂沾染标签，如图 1－6 所示。

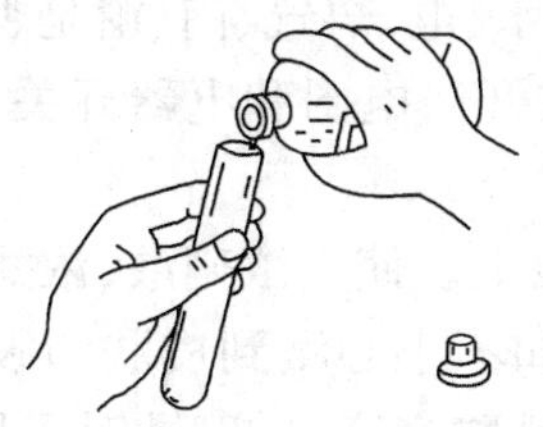

图 1－5　往试管中倒取液体试剂

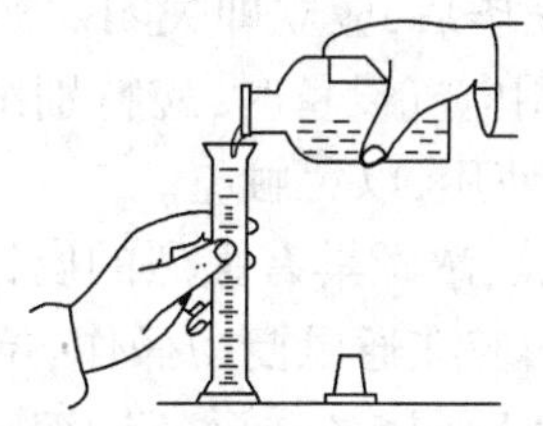

图 1－6　用量筒量取液体

4. 取用试剂规则

(1) 试剂不能与手接触。

(2) 要用洁净的药勺，量筒或滴管取用试剂，绝对不准用同一种工具同时连续取用多种试剂。取完一种试剂后，应将工具洗净（药勺要擦干）后，方可取用另一种试剂。

(3) 试剂取用后一定要将瓶塞盖紧，不可放错瓶盖和滴管，绝不允许张冠李戴，用完后将瓶放回原处。

(4) 已取出的试剂不能再放回原试剂瓶内。

另外取用试剂时应本着节约精神，尽可能少用，这样既便于操作和仔细观察现象，又能得到较好的实验结果。

三、分析化学实验室规则

(1) 进入实验室必须穿着工作服，熟悉实验室的环境和安全通道。

(2) 做好预习和准备工作，明确实验目的和实验原理，熟悉实验内容和实验步骤，写好预习报告。检查实验所需药品、仪器是否齐全。

(3) 实验时保持安静，严格遵守操作规程，切忌机械“照方抓药”；积极思考、仔细观察、详细做好记录。

(4) 要爱护使用仪器和实验设备，注意节约水电和煤气。不要随意动用他人仪器，公用仪器设备用毕应及时洗净送回原处，仪器损坏要及时登记。

(5) 仪器摆放整齐，保持台面整洁。废纸、火柴梗和碎玻璃等应倒入垃圾箱，废液应倒入废液缸内，切勿倒入水槽，以防堵塞或锈蚀下水管道。

(6) 对于不熟悉的仪器设备应仔细阅读使用说明，听从教师指导，切不可随意动手，以防仪器损坏或事故发生。

(7) 按规定量取用药品，注意节约。称取药品后，及时盖好原瓶盖；放在指定地方的药品不得擅自拿走。

(8) 要养成良好的职业习惯，认真、忠实地记录原始数据和实验现象。

(9) 试验结束后，将所用实验仪器洗净并整齐地放回原处。清洗实验台，打扫实验室卫生，检查门、窗、水、电、煤气等是否关闭。

四、分析化学实验室安全知识

在分析化学实验中，经常使用腐蚀性的、易燃的、易爆炸的或有毒的化学试剂；大量使用易损的玻璃仪器和某些精密分析仪器;使用煤气、水电等。为确保实验的正常进行和人身安全,必须严格遵守实验室的安全规则。

(1)实验室内严禁饮食、吸烟,一切化学物品禁止入口。实验完毕后,须洗手。水、电、煤气、灯使用完毕后,应立即关闭。离开实验室时,应仔细检查水、电、煤气、门、窗是否均已关好。

(2)使用电气设备时,应特别细心,切不可用湿润的手去开启电闸和电器开关。凡是漏电的仪器不要使用,以免触电。

(3)浓酸、浓碱具有强烈的腐蚀性,切勿溅在皮肤和衣服上。使用浓硝酸、浓盐酸、浓硫酸和氨水时,均应在通风橱中操作,绝不允许在实验室加热。如不小心溅到皮肤和眼内,应立即用水冲洗,然后用5%碳酸氢钠溶液(酸腐蚀时采用)或5%硼酸溶液(碱腐蚀时采用)冲洗,最后用水冲洗。

(4)正确保管和使用可燃物。易燃液体废液应设置专用储器收集,不得倒入下水道,以免引起燃爆事故。乙醚、酒精、丙酮、二硫化碳、苯等有机溶剂易燃,实验室不得存放过多,存放易燃液体周围不得有明火。使用乙醚、四氯化碳、苯、丙酮等有机溶剂时,一定要远离火焰和热源。使用完后将试剂瓶塞严,放在阴凉处保存。

(5)操作有毒气体(如 H_2S、Cl_2、Br_2、NO_2 和 HF 等)应在通风橱内进行。汞盐、砷化物、氰化物等剧毒物品,使用时应特别小心。氰化物不能接触酸,因作用时产生 HCN,剧毒。氰化物废液应倒入碱性亚铁盐溶液中,使其转化为亚铁氰化铁盐类,然后作废液处理,严禁直接倒入下水道或废液缸中。

(6)分析天平、分光光度计、气相色谱仪等均为分析化学实验中使用的精密仪器,使用时应严格遵守操作规程。仪器使用完毕后,拔去插头,将仪器各部分旋钮恢复到原来位置。

(7)实验室应保持室内整齐、干净,废纸、废屑应放入废纸箱,废酸、废碱等小心倒入废液缸。

第五节 分析天平与称量

分析天平是分析检验常用的称量仪器,常规的分析操作都要使用分析天平,分析天平的称量误差直接影响分析结果。因此,必须了解常见分析天平的结构,学会正确的称量方法。

一、分析天平的分类和性能

1. 分析天平的分类

常见的分析天平可分为电光天平和电子天平。分析天平的种类和特点见表1-7。

表1-7 分析天平的种类和特点

<table>
<tr><th>分类依据</th><th colspan="3">天平种类名称</th><th>特点</th></tr>
<tr><td rowspan="6">天平的构造原理</td><td rowspan="5">杠杆式机械天平</td><td rowspan="4">双盘等臂天平</td><td>摆动天平</td><td></td></tr>
<tr><td>阻尼天平</td><td>有阻尼器</td></tr>
<tr><td>普通标牌天平</td><td></td></tr>
<tr><td>微分标牌天平</td><td>有光学读数装置,也称为电光天平</td></tr>
<tr><td colspan="2">不等臂双刀单盘天平</td><td>采用全量机械减码,操作简便</td></tr>
<tr><td colspan="3">电子天平</td><td>采用电磁力平衡原理,没有刀口刀承,
无机械磨损,数字显示</td></tr>
</table>

续表

分类依据	天平种类名称	特　点
加码器加码范围	部分机械加码	
	全部机械加码	
根据分度值大小	常量分析天平	0.1mg/分度
	微量天平	0.01mg/分度
	超微量天平	0.001mg/分度

2. 天平的计量性能

天平的计量性能主要包括稳定性、灵敏性、正确性和示值不变性,这四种特性互相关联且不可分割。稳定性是指已经平衡的天平受到外力扰动,离开平衡位置后,能自动恢复到原来平衡位置的能力。天平稳定性的好坏取决于天平横梁重心的位置,当横梁重心位置在支点下方适中位置,天平越稳定。由于天平的稳定性是与灵敏性、示值不变性密切相关的,所以天平的计量检定,只要求检定灵敏性、正确性和示值不变性三大计量性能。

对于电子天平,天平的四大计量性能依然是判定天平优劣的依据。

1)稳定性

对于电子天平来说,其平衡位置总是通过模拟指示或数字指示的示值来表现的,所以,一旦对电子天平施加某一瞬时的干扰——虽然示值发生了变化,但干扰消除后,天平又能恢复到原来的示值,则称该电子天平是稳定的。

2)灵敏性

天平的灵敏性,就是天平能觉察出放在天平衡量盘上的物体质量改变量的能力。天平的灵敏性,可以通过角灵敏度或线灵敏度、分度灵敏度、数字(分度)灵敏度来表示。对于电子天平,主要是通过分度灵敏度或数字(分度)灵敏度来表示的。天平能觉察出来的质量改变量越小,则说明天平越灵敏。

3)正确性

天平的正确性,就是天平示值的正确性,它表示天平示值接近(约定)真值的能力。从误差角度来看,天平的正确性,就是反映天平示值的系统误差大小的程度。对于杠杆式天平,天平的正确性主要表现在天平臂比的正确性。但是,无论是机械天平,还是电子天平,天平的正确性还表现在天平的模拟标尺或数字标尺的示值正确性,以及由于在天平衡量盘上各点放置载荷时的示值正确性。

4)示值不变性

天平的示值不变性,是指天平在相同条件下,多次测定同一物体,所得测定结果的一致程度。对于电子天平,依然有天平示值的不变性,如对电子天平重复性、再现性的控制;零位及回零误差的控制;空载或加载时天平在规定时间的天平示值漂移的控制等。

二、分析天平的构造和使用

1. 等臂双盘天平的构造和使用

等臂双盘天平是根据杠杆原理制成的,如图 1-7 所示。将质量为 m_1 的物体和质量为 m_2

的砝码分别放在天平的左右秤盘上，当达到平衡时，支点两边的力矩相等，即

$$F_1L_1 = F_2L_2$$

式中

$$F_1 = m_1 \cdot g,\ F_2 = m_2 \cdot g$$

因为 $L_1 = L_2$，则 $m_1 = m_2$，即被称物体的质量等于砝码的质量。这就是等臂天平的称量原理。

等臂分析天平用3个玛瑙三棱体的锐利的棱边（刀口）作为支点B（刀口朝下）和力点A、C（刀口朝上）。这3个刀口必须完全平行并且位于同一水平面上，如图1-8虚线所示。

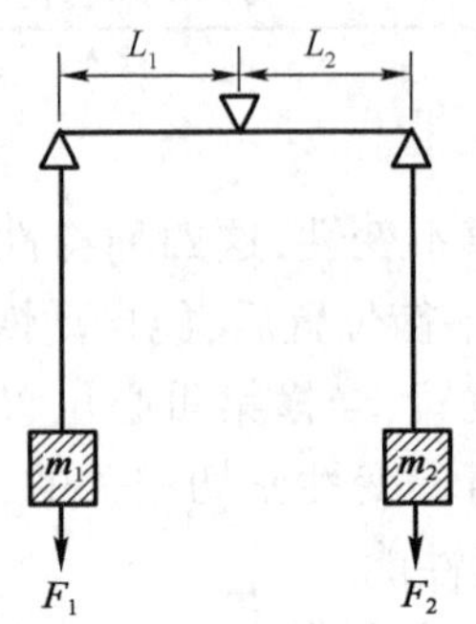

图1-7 等臂天平原理

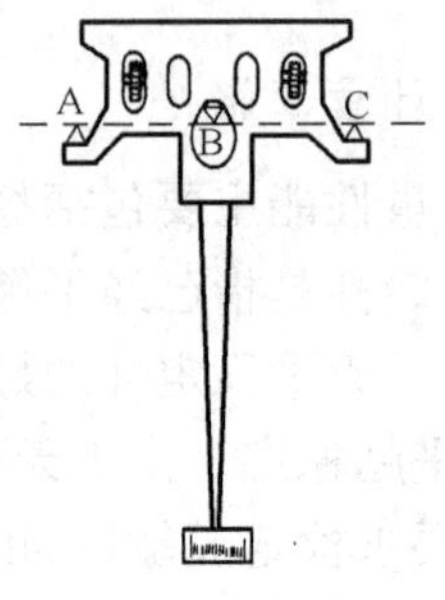

图1-8 等臂天平横梁

等臂电光分析天平的使用方法：

（1）天平零点的调整。天平零点是指空载的天平处于平衡状态时指针的位置。当天平经检查妥当后，缓慢放开旋钮，让天平自由摆动，屏幕上随即映出光标刻度。若天平恰好平衡，则指示线和光屏的零线重合，这就表明天平的零点在“0”上；若指示线不在光屏的零线上，但偏“0”不远，这时可用调零拨杆调节光屏左右位置使两线重合；若用调零拨杆仍调不到零点，就要用天平梁上的平衡螺丝来调节。

（2）放置砝码进行试重。根据粗称的结果，把略多于粗称结果的砝码放在右盘（大的放中央，小的放在大砝码的周围）。没有进行粗称，应估计样品的质量，尽量选择一个大致相当的砝码。然后缓慢开启旋钮，观察光屏上的标尺移动方向，判断样品和砝码的质量是否相当，若标尺向负方向移动，表示砝码质量比物品大，应适当减去砝码或挂码；若标尺向正方向快速移动并出了标盘端线，则表明砝码质量比物品小，要重新加上或减去适当的砝码或挂码，再进行试重；试重时，天平的启动旋钮只能至半开状态。取放砝码的原则是：先大后小，中间截取。

（3）读数与记录。若标尺向正方向缓慢移动，并在标尺刻度端线以内某位置达平衡，这时即可读数。被称物品在10mg以下的数值，可从光屏的标尺上直接读出，标尺上一大格为1mg，一小格为0.1mg；1000mg以下的数值，可从机械加码部分读出；1g以上的数值，可以从砝码盒中取出的砝码读出（秤盘上砝码的数值）。将读取的数值及时记录在记录本上。

（4）结束工作。称量完毕后，记下物品的质量。取出物品，关好天平门，将挂码指数盘（环码）恢复到“000”位置。切断电源，罩好天平外罩，并将称量物品放回原干燥器中。

2. 单盘天平的构造和使用

单盘天平只有2个刀口，1个是支点刀，1个是承重刀。砝码和被称物在同一个悬挂系统中，在称量时加上被称物体，减去悬挂系统上的砝码，使横梁始终保持全载平衡状态，即用放置在秤盘上的被称物替代悬挂系统中的砝码，使横梁保持原有的平衡位置，所减去的砝码的质量等于被称物的质量。这就是替代法称量的原理。

单盘天平的使用方法：

(1)准备工作。打开电源，检查天平盘是否干净；如果水平仪中的水泡偏离中心，则缓慢调节左边或右边的调整脚螺钉使水泡位于中心；如果减码数字窗口不为“0”，则调节相应的减码手轮使窗口都显示“0”字；旋动微读手钮，使微读轮上的“0”线对准微读数字窗口左边的指标线。

(2)校正天平零点。停动手钮是天平的总开关，它控制托梁架和光源的微动开关，手钮位于垂直状态时，天平处于关闭状态。将停动手钮缓缓向前转动90°(尖端指向操作者)，天平即处于开启状态，投影屏上显示出缓慢移动的标尺投影，待标尺稳定后，旋动天平右后方的零调手钮，使标尺上的“00”线位于投影屏右边的夹线正中，即已调定零点，关闭天平。

(3)称量。推开天平侧门，放被称物于秤盘中心，关上侧门；将停动手钮向后(背向操作者)转动约30°，此时天平处于“半开”状态，横梁可摆动15个分度左右，半开状态仅可调整砝码；先转动10～90g减码手轮，同时观察投影屏，当转动手轮至屏中标尺向上移动并显示负值时，随即退回1个数(如左边一个窗口的数字由2退回为1)，此时已调定10g组砝码；如此操作，再依次转动1～9g减码手轮和0.1～0.9g减码手轮以调定1g组和0.1g组砝码，将停动手钮缓慢向前转动至水平状态(天平由半开状态经关闭至全开)，待标尺停稳后，再按顺时针方向转动微读手钮使标尺中离夹线最近的一条线移至夹线中央。重复一次关、开天平，若标尺的平衡位置没有改变即可读数。标尺上每一分度为1mg，微读轮动10个刻度，则标尺准确移动1个分度，微读数字窗口只读1位数(0.1～0.9mg)。记录读数关闭天平。

(4)复原。取出被称物，关上侧门，将各数字窗口均恢复为“0”。当天第一次使用天平时，可检查零点有无变化，将电源开关关闭，盖上防尘罩。

3. 电子天平的构造和使用

电子天平是最新一代的天平，它是根据电磁力平衡原理，直接称量，全量程不需要砝码，放上被测物质后，在几秒钟内达到平衡，直接显示读数，具有称量速度快、精度高的特点。它的支撑点采取弹簧片代替机械天平的玛瑙刀口，用差动变压器取代升降枢装置，用数字显示代替指针刻度。因此具有体积小、使用寿命长、性能稳定、操作简便和灵敏度高的特点。此外，电子天平还具有自动校正、自动去皮、超载显示、故障报警等功能，以及质量电信号输出功能，且可与打印机计算机联用，进一步扩展其功能，如统计称量的最大值、最小值、平均值和标准偏差等。由于电子天平具有机械天平无法比拟的优点，尽管其价格偏高，但也越来越广泛地应用于各个领域，并逐步取代机械天平。

电子天平的使用方法：

(1)使用前检查天平是否水平，如不是水平，应调整水平。

(2)称量前接通电源预热30min。

(3)校准。首次使用天平必须校准天平，特别是天平被移动位置或在使用一段时间后，应对天平重新校准，校准程序可按说明书要求。

(4)称量。按下显示屏的开关键，待显示稳定零点后，将物品放到秤盘上，关上防风门，显示稳定后即可读取称量值。操纵相应的按键可以实现“去皮”“增重”“减重”等称量功能。

(5)清洁。污染时用含少量中性洗涤剂的柔软布擦拭，勿用有机溶剂和化纤布。样品盘可清洁，充分干燥后再装到天平上。

三、称量方法

根据不同的称量对象，需采用相应的称量方法。一般可分为固体样品和液体样品称量方法。

1.固体样品的称量

1)直接称样法

天平零点调定后,将被称物直接放在秤盘上,所得读数即为被称物的质量。这种称量方法适用于称量洁净干燥的器皿、棒状或块状的金属及其他整块的不易潮解或升华的固体样品。注意:不得用手直接取放被称物,可采用戴手套、垫纸条、用镊子或钳子等适宜的办法。

2)固定质量称样法

固定质量称样法用于称量不易吸水、在空气中稳定的试样,如金属、矿石等。例如,配制浓度为0.1000mol·L^{-1}的重铬酸钾标准溶液1000mL,需称取4.904g重铬酸钾。在例行分析中,为了便于计算结果或利用计算图表,往往要求称取某一指定质量的被测样品,这时可采用固定质量称样法。此法要求试样在空气中稳定。称量方法如下:在天平上准确称出容器的质量(容器可以是小表面皿、小烧杯、不锈钢制的小簸箕或碗形容器、电光纸等),然后在天平上增加欲称取质量数的砝码,用药勺盛试样,在容器上方轻轻振动,使试样徐徐落入容器,调整试样的量至达到指定质量。称量完后,将试样全部转移入实验容器中(表面皿可用水洗涤数次,称量纸上必须不黏附试样)。

固定质量称样法也可用于称取不是指定质量的试样。

3)递减称样法(减量法)

递减称样法因减少被称物质与空气接触的机会,故适于称量易吸水、易氧化或与二氧化碳反应的物质以及称量几份同一试样。称量方法如下:取适量待称样品置于一干燥洁净的容器(称量瓶、小滴瓶等)中,在天平上准确称量后,取出欲称取量的样品置于实验器皿中,再次准确称量,两次称量读数之差,即为所称得样品的质量。如此重复操作,可连续称取若干份样品。这种称量方法适用于一般的颗粒状、粉末状试剂或试样及液体试样。

称量瓶的使用方法:称量瓶是一种用于准确称量一定质量的固体试样的小玻璃容器,一般呈圆柱形,有磨口及配套的玻璃瓶盖,分高形和扁形。常用的规格有15mm×30mm、25mm×40mm、40mm×30mm、50mm×40mm等。

称量瓶用时不可直接用手拿,而应用纸条套住瓶身中部,用手指捏紧纸条进行操作,这样可避免手汗和体温的影响,如图1-9所示。从称量瓶倒出试样时,应在盛接样品的容器上方打开瓶盖并用瓶盖的下面轻敲称量瓶口的右上部,使样品缓缓倾入容器,如图1-10所示。估计倾出的样品已够量时,一边轻敲瓶口一边将瓶身扶正,盖好瓶盖后方可离开容器的上方,再将称量瓶放回天平盘上准确称量其质量。两次质量之差即为倒入接受容器里的试样质量。若称取三份试样,只要连续称量四次即可。这种称样方法简便、快速、准确,是常用的一种称量方法。

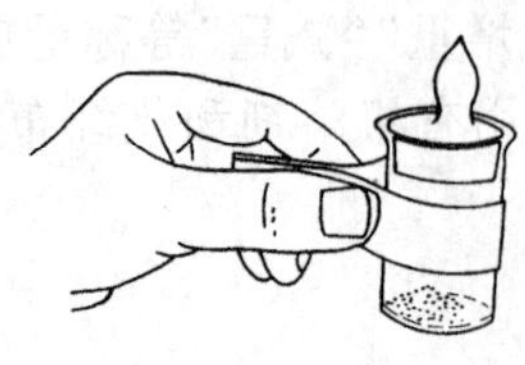

图1-9　称量瓶

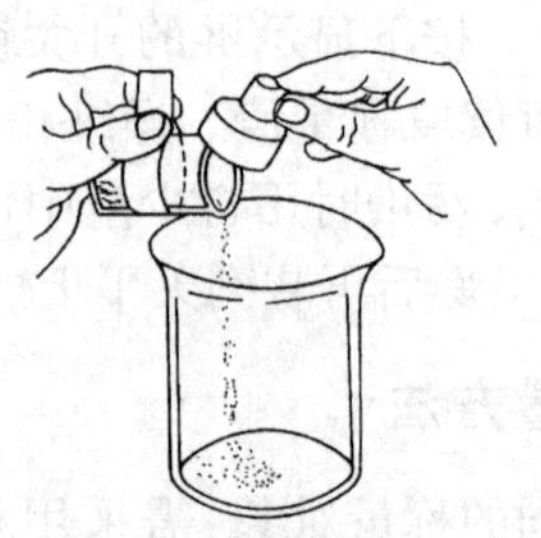

图1-10　从称量瓶倾倒试样的方法

2. 液体样品的称量

液体样品的准确称量比较麻烦。根据不同样品的性质有多种称量方法，现就主要的称量方法简单介绍。

(1)性质较稳定、不易挥发的样品可装在干燥的小滴瓶中用减量法称取，应预先粗测每滴样品的大致质量。

(2)较易挥发的样品可用增量法称量。例如，称取浓 HCl 试样时，可先在 100mL 具塞锥形瓶中加 20mL 水，准确称量后，加入适量的试样，立即盖上瓶塞，再进行准确称量，然后即可进行测定。

(3)易挥发或与水作用强烈的样品需要采取特殊的方法进行称量。挥发性液体试样的称量需用软质玻璃管吹制一个具有细管的球泡，称为安瓿，用于吸取挥发性试样，熔封后进行称量。沸点低于 15℃的试样，球泡壁均匀，在木板上敲击不碎。先称出空安瓿瓶质量，然后将球泡部在火焰中微热，赶出空气，立即将毛细管插入试样中，同时将安瓿球浸在冰浴中(碎冰 + 食盐或干冰 + 乙醇)待试样吸入到所需量(不超过球泡 2/3)，移开试样瓶，使毛细管部试样吸入，用小火焰熔封毛细管收缩部分，将熔下的毛细管部分赶去试样，和安瓿一起称量，两次称量之差即为试样质量。盛装沸点低于 20℃的试样时应戴上有机玻璃防护面罩。

例如，发烟硫酸及浓硝酸样品一般采用直径约 10mm、带毛细管的安瓿球称取。已准确称量的安瓿球经火焰微热后，毛细管尖插入样品，球泡冷却后可吸入 12mL 样品，用火焰封住管尖后准确称量。将安瓿球放入盛有适量水的具塞锥形瓶中，摇碎安瓿球，样品与水混合并冷却后即可进行测定。

技能训练 1－1　分析天平的称量练习

一、训练目的

通过训练掌握分析天平的基本操作，学会分析天平常用称量方法，能够准确记录实验数据。

二、仪器与试剂

(1)仪器：电子天平、表面皿、称量瓶、小烧杯(100mL)、药匙。

(2)试剂：固体 Na_2CO_3、重铬酸钾。

三、操作步骤

(1)增量称样法称取 4.904g 重铬酸钾。

①检查天平水平，如不是水平，调整天平底座螺母将天平调整水平。

②称量前接通电源预热 30min。

③按下显示屏的开关键，待显示稳定零点后，在天平上准确称出小烧杯的质量，操纵相应的按键可以实现“去皮”使显示屏上显示 0.0000g。

④用药勺盛重铬酸钾试样，在小烧杯上方轻轻振动，使试样徐徐落入小烧杯中，直至达到 4.904g 为止。

⑤称量完毕，关闭天平，填写操作记录。

(2)减量法称取 Na_2CO_3样品 0.2～0.3g(三份)。

①准备一洁净、干燥的称量瓶，加入约 1g 固体 Na_2CO_3，准确称量，记下质量为 m_1。

②用纸条套住称量瓶，用左手从天平中取出称量瓶，右手用小块纸垫住瓶盖，在小烧杯的上方打开，用盖轻轻敲击称量瓶，转移试样 0.2～0.3g 于小烧杯 1 中，然后准确称出称量瓶和剩余的试样质量为 m_2，以同样方法转移试样 0.2～0.3g 于小烧杯 2 中，再准确称出称量瓶和剩余的试样质量为 m_3，依次再称出第三份试样。

③操作结束后检查天平盘内有无脏物，如有用毛刷刷净。关闭天平，罩上天平罩。

四、数据记录和处理

具体数据记录和处理见表 1－8。

表 1－8　减量法称量练习数据记录表

称量名称(称量序号)	1	2	3
称量瓶＋样品质量(倾出样品前)，g	m_1 =	m_2 =	m_3 =
称量瓶＋样品质量(倾出样品后)，g	m_2 =	m_3 =	m_4 =
称出样品质量，g	$m_2 - m_1$ =	$m_3 - m_2$ =	$m_4 - m_3$ =

思考与练习1-3

1. 称量前如何检查天平？水平和零点如何调整？
2. 用减量法称取多份试样时应注意什么？

本 章 知 识 要 点

一、误差的分类、检验及对策

误差的分类、检验及对策见表 1－9。

表 1－9　误差的分类、检验及对策

误差	特点	原因	检验与对策
系统误差	单向性、重复性、可测性	方法误差	改变或校正方法
		仪器误差	校准仪器
		试剂误差	提高试剂、水纯度，空白试验
		操作误差	加强训练
偶然误差	服从统计规律	难以控制，无法避免的偶然因素	增加测定次数，对测定数据作统计处理，正确表达结果的精密度

二、准确度与精密度的关系

准确度表示测量的准确性，精密度表示测量的重现性。精密度是保证准确度的先决条件。

精密度不符合要求，表示所测结果不可靠，失去衡量准确度的前提；精密度高不能保证准确度高。换言之，准确的实验一定是精密的，精密的实验不一定是准确的。

三、分析结果的表示方法

报告分析结果时，比较完整的一般应有：测定次数、被测组分含量（平均值$\overline{x}$）和测定的精密度（平均偏差$\overline{d}$或标准偏差S）。

在记录数据和计算过程中，要注意有效数字的保留问题。数字修约规则和实例见表1－10。

表1－10　数字修约规则和实例

修约规则（顺口溜）	实　例	
	修约前数字	修约后数字（要求小数点后保留一位）
四要舍	18.3432	18.3
六要入	27.4743	27.5
五后有数要进位	4.0521	4.1
五后没数看前方	0.5500	0.6
前为奇数就进位	0.6500	0.6
前为偶数全舍光	3.0500	3.0（0视为偶数）
不论舍去多少位都要一次修停当	3.54546	3.5

计算时的常用基本规则是：加减运算时，应以小数点后位数最少的数据为准。乘除运算时，应以有效数字位数最少的为准。

四、分析实验用水与化学试剂

分析实验室用水分为三个级别：一级水、二级水、三级水。一般分析实验室使用三级水，可以采用蒸馏法、离子交换法、电渗析法和电泳法制备。

化学试剂根据用途可分为一般化学试剂和特殊化学试剂。根据国家标准，一般化学试剂按其纯度和杂质含量的高低可分为四级。特殊化学试剂如高纯试剂、色谱试剂与制剂、生化试剂等大都只有一个级别。基准试剂的纯度相当于（或高于）一级品，是滴定分析中标定标准溶液的基准物质，也或直接用于配制标准溶液；色谱试剂与制剂包括色谱用固体吸附剂、固定液、载体、标样等；生化试剂用于各种生物化学实验。

本章考核要点

考核范围	考核内容	鉴定方式	考核比例，%
知识要求	①分析化学的分类方法 ②误差的种类、来源及减免方法 ③误差的表示方法 ④实验数据的记录与处理 ⑤有效数字的意义及运算规则 ⑥分析实验室用水和化学试剂的选择	笔试	30

续表

考核范围		考核内容	鉴定方式	考核比例,%
操作要求	称量	①称量前是否检查天平的平衡状态 ②减量法操作正确 ③称量完毕后一切回复原位 ④检查零点	操作	30
	原始记录 数据处理	①及时、准确、无涂改,字迹端正、清楚,内容齐全 ②有效数字位数与仪器精度符合	操作	20
	分析结果	称取试样的质量≤±5%	操作	10
	结束工作	台面干净、整洁,正确使用玻璃仪器和其他器皿	操作	10

本章自测题

一、填空题

1. 定量分析中,影响测定结果准确度的是__________误差;影响测定结果精密度的是__________误差。

2. 在分析过程中,读取滴定管读数时,最后一位数字 n 次读数不一致,对分析结果引起的误差属于__________误差。

3. 不加试样,按照试样分析步骤和条件平行进行的分析试验,称为__________。通过它主要可以消除由试剂、蒸馏水及器皿引入的杂质造成的__________。

4. 下列数据包括有效数字的位数:6.020×10^{-3}为__________位;1.60×10^{-5}为__________位;0.003080 为__________位;pH = 10.85 为__________位;pK_a = 4.75 为__________位;0.0903mol · L^{-1}为__________位。

5. 在分析化学的数据处理中,加和减的运算规则是按照__________位数最少的一个数据来决定结果的保留有效数字位数;而乘除法的结果则是和算式中__________最少的数据相同。

二、选择题

1. 从精密度好就可以断定分析结果可靠的前提是(　　)。

A. 偶然误差小　　B. 系统误差小

C. 平均偏差小　　D. 标准偏差小

2. 下列论述正确的是(　　)。

A. 准确度高,一定需要精密度高　　B. 进行分析时,过失误差是不可避免的

C. 精密度高,准确度一定高　　D. 精密度高,系统误差一定小

3. 误差的正确定义是(　　)。

A. 某一测量值与其算数平均值之差　　B. 含有误差之值与真值之差

C. 测量值与其真值之差　　D. 错误值与其真值之差

4. 测定精密度好,表示(　　)。

A. 系统误差小　　B. 偶然误差小　　C. 相对误差小　　D. 标准偏差小

5. 托盘天平读数误差在 2g 以内，要保证称样相对误差为 1%，分析样品应称至（　　）。

A. 100g　　B. 200g　　C. 150g　　D. 50g

6. 下列叙述正确的是（　　）。

A. 溶液 pH 值为 11.32，读数有 4 位有效数字

B. 0.0150g 试样的质量有 4 位有效数字

C. 测量数据的最后一位数字不是准确值

D. 从 50mL 滴定管中，可以准确放出 5.000mL 标准溶液

三、简答题

1. 分析化学是如何分类的？

2. 什么是分析结果的准确度和精密度？二者关系如何？

3. 解释名词：绝对误差、相对误差、个别绝对偏差、平均偏差、相对平均偏差、标准偏差、相对标准偏差。

4. 下列情况各引起什么误差？如果是系统误差，应如何消除？

(1) 砝码腐蚀；

(2) 称量时，试样吸收了空气的水分；

(3) 天平零点稍有变动；

(4) 读取滴定管读数时，最后一位数字估测不准；

(5) 以含量为 98% 的金属锌作为基准物质标定 EDTA 溶液的浓度；

(6) 试剂中含有微量待测组分；

(7) 重量法测定 SiO_2 时，试液中硅酸沉淀不完全；

(8) 天平两臂不等长。

5. 某人分析某药品含量，称取此药品试样 0.0520g，最后计算此药品的质量分数为 96.24%。该结果是否合理？为什么？

6. 今欲配制 $0.02000 mol \cdot L^{-1}$ $K_2Cr_2O_7$ 溶液 500mL，所用天平的准确度为 ±0.1mg，若相对误差要求为 ±0.1%，则称取 $K_2Cr_2O_7$ 时，应准确称取到哪一位？

四、计算题

1. 测定一铜矿试样铜的质量分数，两次测得结果为 24.82%，24.89%，已知铜的实际质量分数为 24.90%，求分析结果的绝对误差和相对误差。

2. 测定某样品中氮的质量分数时，6 次平均测定的结果是：20.48%，20.55%，20.58%，20.60%，20.53%，20.50%。计算这组数据的平均值，平均偏差、标准偏差。

3. 某样品两人分析结果为

甲：40.15%，40.14%，40.16%，40.15%

乙：40.25%，40.01%，40.10%，40.24%

试问哪一个结果比较可靠？说明理由。

4. 某样品中钙的含量的分析结果为：1.61%，1.53%，1.54%，1.83%。试用 Q 检验法检验并说明 1.83% 是否应该舍去（置信度 90%）。

第二章　滴定分析法

学习指南　通过本章的学习应了解滴定分析法的滴定过程和方法特点；理解标准溶液、基准物质、滴定分析法、化学计量点、滴定终点、终点误差等基本概念；掌握溶液浓度的表示方法；掌握滴定分析中的有关计算；掌握滴定分析仪器操作规范并能熟练进行溶液配制、滴定等操作，掌握滴定管、移液管等滴定分析仪器的校准方法。

第一节　滴定分析法概述

一、基本概念

滴定分析法又称为容量分析法，是定量分析中的一个重要组成部分，在生产实践中应用较广，是最常见的一种分析方法。滴定分析法是指将一种已知准确浓度的试剂溶液，通过滴定管滴加到一定量的待测组分的溶液中，到所加试剂与待测组分按化学计量关系完全反应为止，然后根据标准溶液的浓度和所消耗的体积，计算出待测组分的含量。这一类分析方法称为滴定分析法。

在滴定分析中所使用的已知准确浓度的试剂溶液称为“标准溶液”或称“滴定剂”。滴加溶液的操作过程称为“滴定”。当滴加的标准溶液与待测组分按化学计量关系恰好完全反应的这一点称为化学计量点。在滴定过程中，化学计量点一般是利用外加试剂颜色的改变来判断，这种外加试剂称为“指示剂”。指示剂正好发生颜色变化的转变点称为“滴定终点”。实际分析操作中由于指示剂不一定恰好在化学计量点时变色，即滴定终点与理论上的化学计量点不一定恰好符合而引起的误差称为“终点误差”。

二、滴定分析对化学反应的要求

不是所有的化学反应都能用于滴定分析，适用于滴定分析的化学反应必须符合下列要求：

(1)反应必须定量进行，无副反应。即反应必须按一定的化学方程式进行，而且反应能进行完全，通常要求达到99.9%以上，是定量分析结果处理的基础。

(2)反应必须迅速完成。对于反应速率较慢的反应，可采用改变温度、酸度、加催化剂等方法加快反应速率。

(3)反应不受其他杂质的干扰。

(4)有适当的方法确定终点。

三、滴定分析的方法分类

滴定分析是以化学反应为基础的。根据滴定反应的类型，滴定分析法可分为酸碱滴定法、配位滴定法、沉淀滴定法及氧化还原滴定法等。

1. 酸碱滴定法

以酸碱中和反应为基础的一种滴定分析法,可用来测定酸性物质和碱性物质,其反应实质为

$$H^+ + OH^- \xlongequal{} H_2O$$

2. 配位滴定法

以配位反应为基础的一种分析法,可用来测定多数金属离子。常用乙二胺四乙酸的钠盐(简称为 EDTA)作配位剂,发生如下反应:

$$M^{n+} + Y^{4-} \xlongequal{} MY^{n-4}$$

式中,M^{n+}表示 n 价金属离子,Y^{4-}表示 EDTA 的阴离子。

3. 沉淀滴定法

以生成沉淀的反应为基础的一种分析法,可用来测定 Ag^+、SCN^-和卤素离子等,如:

$$Ag^+ + Cl^- \xlongequal{} AgCl\downarrow$$

4. 氧化还原滴定法

以氧化还原反应为基础的一种分析法,可用来测定具有氧化性或还原性的物质,如:

$$MnO_4^- + 5Fe^{2+} + 8H^+ \xlongequal{} Mn^{2+} + 5Fe^{3+} + 4H_2O$$

上述方法各有其特点和局限性,同一物质有时可用几种不同的方法进行测定。

四、滴定分析仪器操作技术

1. 滴定管

滴定管是准确测量滴定时放出滴定溶液体积的玻璃容器。滴定管由具有准确刻度的细长玻璃管及开关组成,可根据需要连续放出不同体积的液体,并准确读出液体体积。

1)滴定管的种类

根据长度和容积的不同,滴定管可分为常量滴定管、半微量滴定管和微量滴定管。

常量滴定管容积有 50mL、25mL,刻度最小 0.1mL,最小可读到 0.01mL。半微量滴定管容量 10mL,刻度最小 0.05mL,最小可读到 0.01mL,其结构一般与常量滴定管较为类似。微量滴定管容积有 1mL、2mL、5mL、10mL,刻度最小 0.01mL,最小可读到 0.001mL。此外还有半微量半自动滴定管,它可以自动加液,但滴定仍需手动控制。

根据所滴定液体的不同,滴定管可分为酸式滴定管和碱式滴定管,如图 2-1 所示。

图 2-1(a)是酸式滴定管,又称具塞滴定管,它的下端有玻璃旋塞开关,用来装酸性溶液、氧化性溶液及盐类溶液,一般的标准溶液均可用酸式滴定管,但因碱性滴定液常使玻璃塞与玻璃孔黏合,以至难以转动,故 NaOH 等碱性滴定液宜用碱式滴定管。但碱性滴定液只要使用时间不长,用毕后立即用水冲洗,亦可使用酸式滴定管。

酸式滴定管的玻璃活塞是固定配合该滴定管的,所以不能任意更换。要注意玻璃活塞是否旋转自如,通常是取出活塞,拭干,在活塞两端沿圆周抹一薄层凡士林作润滑剂,然后将活塞插入,顶紧,旋转几下使凡士林分布均匀即可,再在活塞尾端套一橡皮圈,使之固定。注意凡士林不要涂得太多,否则易使活塞中的小孔或滴定管下端管尖堵塞。酸式滴定管在使用前应试漏。

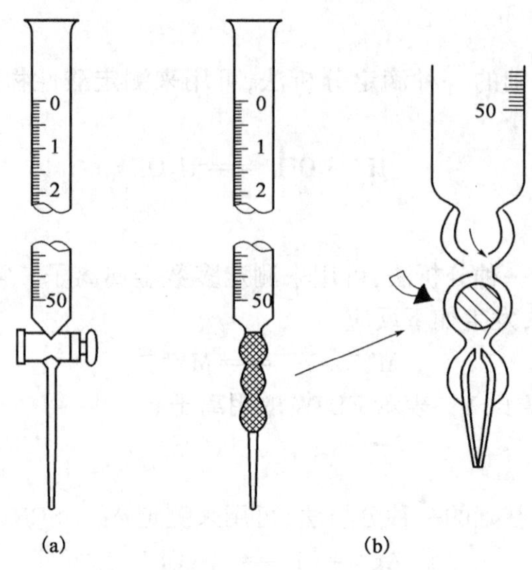

图 2－1　酸式滴定管和碱式滴定管

图 2－1(b)是碱式滴定管,又称无塞滴定管,它的下端有一根橡皮管,中间有一个玻璃珠,用来控制溶液的流速,一般用作碱性溶液与无氧化性溶液的滴定,凡可与橡皮管起作用的溶液均不可装入碱式滴定管中,如 $KMnO_4$、$K_2Cr_2O_7$、碘液等。

在使用前,应检查橡皮管是否破裂或老化,及玻璃珠大小是否合适,无渗漏后才可使用。碱式滴定管的准确度不如酸式滴定管,主要是因为橡皮管的弹性会造成液面的变动。由于不怕碱的聚四氟乙烯活塞的使用,克服了普通酸式滴定管怕碱的缺点,使酸式滴定管可以做到酸碱通用,所以碱式滴定管的使用大为减少。

2)使用前的准备

(1)滴定管的洗涤。

滴定管使用前必须先洗涤,洗涤时以不损伤内壁为原则。洗涤前,关闭旋塞,倒入约 10mL 洗液,打开旋塞,放出少量洗液洗涤管尖,然后边转动边向管口倾斜,使洗液布满全管。最后从管口放出(也可用铬酸洗液浸洗),后用自来水冲净,再用蒸馏水洗三次,每次 10～15mL。

碱式滴定管的洗涤方法与酸式滴定管不同,碱式滴定管可以将管尖与玻璃珠取下,放入洗液浸洗。管体倒立入洗液中,用吸耳球将洗液吸上洗涤。

(2)检查试漏。

滴定管洗净后,先检查旋塞转动是否灵活,是否漏水。先关闭旋塞,将滴定管充满水,用滤纸在旋塞周围和管尖处检查。然后将旋塞旋转 180°,直立两分钟,再用滤纸检查。如漏水,酸式管涂凡士林;碱式滴定管使用前应先检查橡皮管是否老化,检查玻璃珠是否大小适当,若有问题,应及时更换。酸式滴定管涂凡士林的方法如图 2－2 所示。

(3)润洗。

滴定管在使用前还必须用操作溶液润洗三次,每次 10～15mL。润洗液弃去。

(4)装液排气泡。

洗涤后再将操作溶液注入至零线以上,检查活塞周围是否有气泡。若有,将滴定管倾斜 30℃,开大活塞使溶液冲出,排出气泡。滴定剂装入必须直接注入,不能使用漏斗或其他器皿辅助。

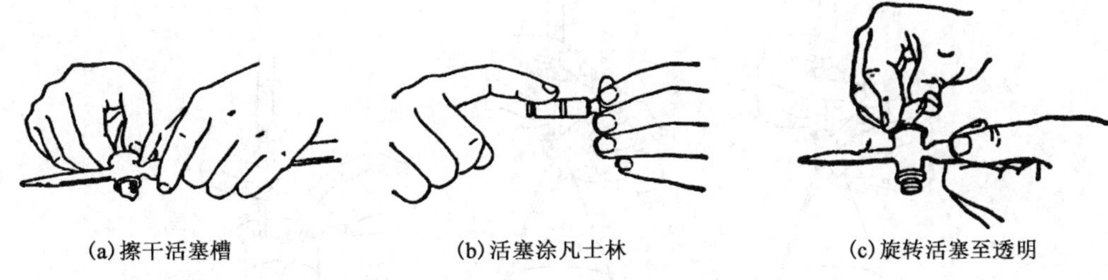

(a)擦干活塞槽　　(b)活塞涂凡士林　　(c)旋转活塞至透明

图 2-2　酸式滴定管涂凡士林方法

碱式滴定管排气泡的方法,如图 2-3 所示:将碱式滴定管管体竖直,左手拇指捏住玻璃珠,使橡胶管弯曲,管尖斜向上约 45℃,挤压玻璃珠处胶管,使溶液冲出,以排除气泡。

(5)读数。

放出溶液后(装满或滴定完后)需等待 1~2min 后方可读数。读数时,将滴定管从滴定管架上取下,左手捏住上部无液处,保持滴定管垂直。视线与弯月面最低点刻度水平线相切,如图 2-4 所示。视线若在弯月面上方,读数就会偏高;若在弯月面下方,读数就会偏低。若为有色溶液,其弯月面不够清晰,则读取液面最高点。一般初读数为 0.00 或 0~1mL 之间的任一刻度,以减小体积误差。

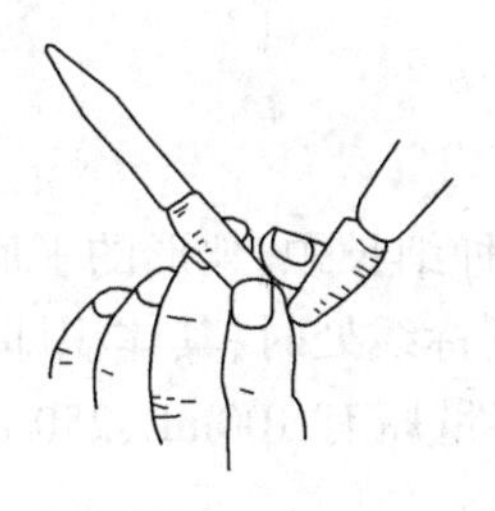

图 2-3　碱式滴定管排气泡的方法

视线偏高
25
视线正常
26
视线偏低

图 2-4　滴定管的正确读数方法

有的滴定管背面有一条蓝带,称为蓝带滴定管。蓝带滴定管的读数与普通滴定管类似,当蓝带滴定管盛溶液后将有两个弯月面相交,此交点的位置即为蓝带滴定管的读数位置。

3)滴定管的操作方法

(1)滴定操作。

滴定时,应将滴定管垂直地夹在滴定管夹上,滴定台应呈白色。滴定管离锥瓶口约 1cm,用左手控制旋塞,拇指在前,食指中指在后,无名指和小指弯曲在滴定管和旋塞下方之间的直角中。转动旋塞时,手指弯曲,手掌要空。右手三指拿住瓶颈,瓶底离台约 2~3cm,滴定管下端深入瓶口约 1cm,微动右手腕关节摇动锥形瓶,边滴边摇使滴下的溶液混合均匀。摇动锥瓶的规范方式为:右手执锥瓶颈部,手腕用力使瓶底沿顺时针方向画圆,要求使溶液在锥瓶内均匀旋转,形成漩涡,溶液不能有跳动。管口与锥瓶应无接触。在转动时,中指及食指不要伸直,应该微微弯曲,轻轻向左扣住,这样既容易操作,又可防止把活塞顶出。碱式滴定管操作方法:滴定时,以左手握住滴定管,拇指在前,食指在后,用其他指头辅助固定管尖。用拇指和食指捏住玻璃珠所在部位,向前挤压胶管,使玻璃珠偏向手心,溶液就可以从空隙中流出,如图 2-5 所示。

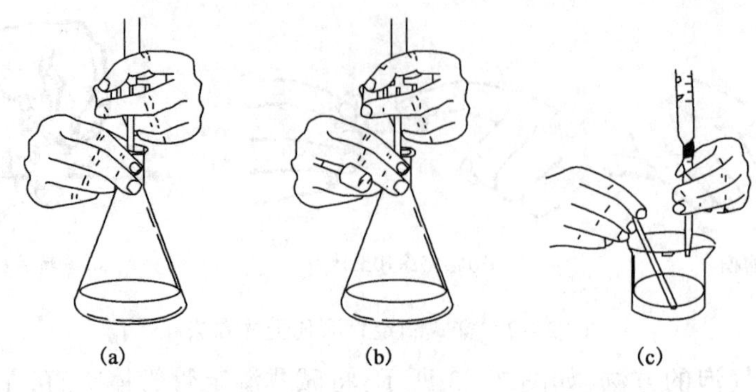

图 2-5　滴定操作

（2）滴定速度。

滴定时不应太快，每秒钟放出 3～4 滴为宜，液体流速由快到慢，起初可以“连滴成线”，之后逐滴滴下，快到终点时则要半滴半滴地加入。半滴的加入方法是：小心放下半滴滴定液悬于管口，用锥瓶内壁靠下，然后用洗瓶冲下。

（3）终点操作。

当锥瓶内指示剂指示终点时，立刻关闭活塞停止滴定。洗瓶淋洗锥形瓶内壁。取下滴定管，右手执管上部无液部分，使管垂直，目光与液面平齐，读出读数。读数时应估读一位。滴定结束，滴定管内剩余溶液应弃去，洗净滴定管，夹在夹上备用。

2. 容量瓶

容量瓶主要用于准确地配制一定摩尔浓度的溶液。它是一种细长颈、梨形的平底玻璃瓶，配有磨口塞。瓶颈上刻有标线，当瓶内液体在所指定温度下达到标线处时，其体积即为瓶上所注明的容积数。一种规格的容量瓶只能量取一个量。常用的容量瓶有 100mL、250mL、500mL 等多种规格，如图 2-6 所示。容量瓶的拿法如图 2-7 所示。

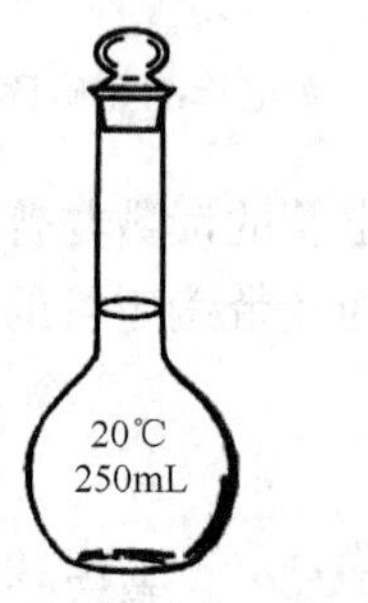

图 2-6　容量瓶

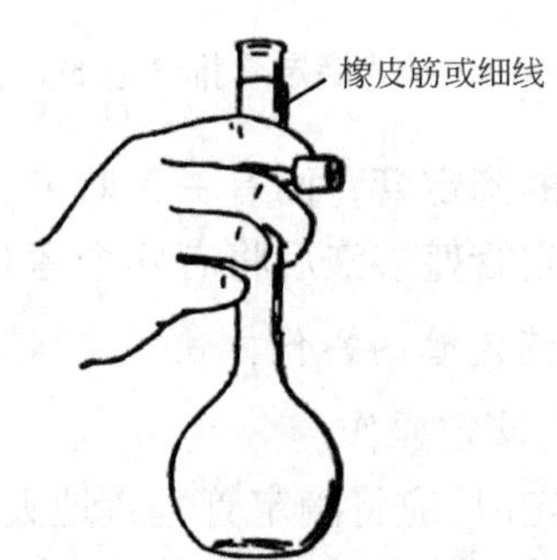

图 2-7　容量瓶的拿法

使用容量瓶配制溶液的方法是：

（1）使用前检查瓶塞处是否漏水。具体操作方法是：在容量瓶内装入半瓶水，塞紧瓶塞，用右手食指顶住瓶塞，另一只手五指托住容量瓶底，将其倒立（瓶口朝下），观察容量瓶是否漏水。若不漏水，将瓶正立且将瓶塞旋转 180°后，再次倒立，检查是否漏水，若两次操作，容量瓶瓶塞周围皆无水漏出，即表明容量瓶不漏水。经检查不漏水的容量瓶才能使用。

（2）把准确称量好的固体溶质放在烧杯中，用少量溶剂溶解。然后把溶液转移到容量瓶里。为保证溶质能全部转移到容量瓶中，要用溶剂多次洗涤烧杯，并把洗涤溶液全部转移到容量瓶里。转移时要用玻璃棒引流。方法是将玻璃棒一端靠在容量瓶颈内壁上,注意不要让玻璃棒其他部位触及容量瓶口,防止液体流到容量瓶外壁上,如图 2-8 所示。

(3)向容量瓶内加入的液体液面离标线 1cm 左右时,应改用滴管小心滴加,最后使液体的弯月面与标线正好相切。若加水超过刻度线,则需重新配制。

(4)盖紧瓶塞,用倒转和摇动的方法使瓶内的液体混合均匀,如图 2-9 所示。静置后如果发现液面低于刻度线,这是因为容量瓶内极少量溶液在瓶颈处润湿产生损耗,所以并不影响所配制溶液的浓度,故不要在瓶内添水,否则,将使所配制的溶液浓度降低。

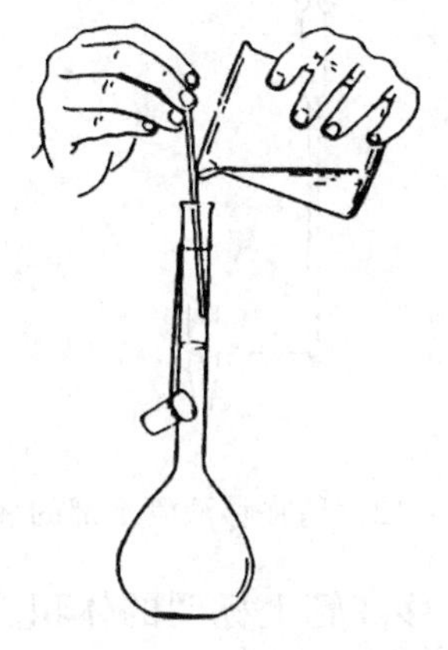

图 2-8　溶液的转移

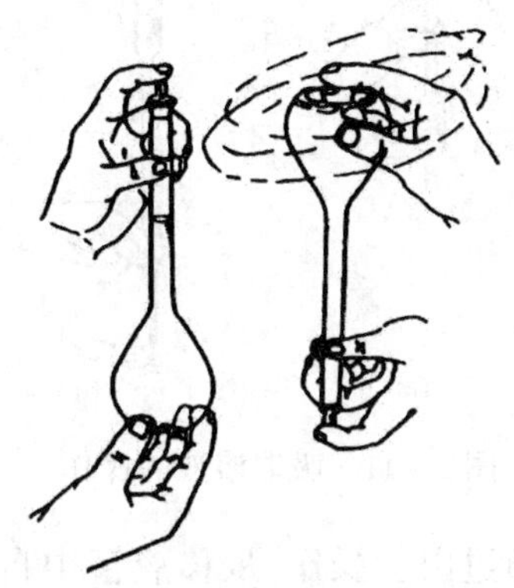

图 2-9　溶液的摇匀

3. 移液管和吸量管

移液管和吸量管是准确移取一定量液体的工具。移液管是一根细长中间膨大的玻璃管,在管的上端有刻度线。膨大部分标有它的容积和标定时的温度。在一定的温度下,移液管的标线至下端出口间的容量是一定的。吸量管是带有多刻度的玻璃管,用它可以吸取不同体积的溶液。

1)移液管和吸量管的选择

要求准确地移取一定体积的溶液时,可用各种不同容量的移液管。常用的移液管有 10mL、25mL 和 50mL 等,每支移液管上都标有它的容量和使用温度。吸量管可用来吸取 10mL 以下的液体,如图 2-10所示为常用的移液管和吸量管。

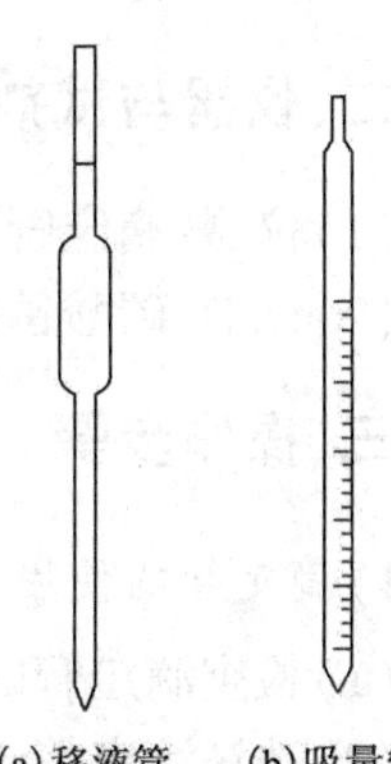

(a)移液管　(b)吸量管

图 2-10　移液管和吸量管

2)移液管和吸量管的使用方法

移液管和吸量管的使用方法相同,下面以移液管为例进行说明。

(1)依次用洗液、自来水、蒸馏水洗涤移液管(可以用洗耳球将洗液等吸入移液管内进行洗涤),洗净的移液管内壁应不挂水珠;然后用被移取的液体洗三次(每次用量不必太多,吸液体至刚进球部即可),以免移取的液体被残留在移液管内壁的蒸馏水所稀释。

(2)移取液体时,把移液管的尖端伸入液体中,右手拇指及中指拿住管颈标线以上的地方,左手拿洗耳球,并用洗耳球把液体吸入移液管内至标线以上。迅速拿走洗耳球,以右手的食指按住管口。然后稍微放松食指,使液面缓慢、平稳地下降,直到液体凹面与标线相切,即按紧食指,使液体不再流出。

(3)把移液管的尖端靠在接受容器的内壁上，放松食指，令液体自由流出。这时应使容器倾斜而使移液管直立。等液体不再流出时，还要稍等片刻，再把移液管拿开，具体操作如图2－11所示。最后，移液管的尖端还会剩余少量液体，但原来在标定移液管的体积时，并未把这部分液体计算在内，如图2－12所示。所以不必要用外力把这点液体吹入接受容器内。

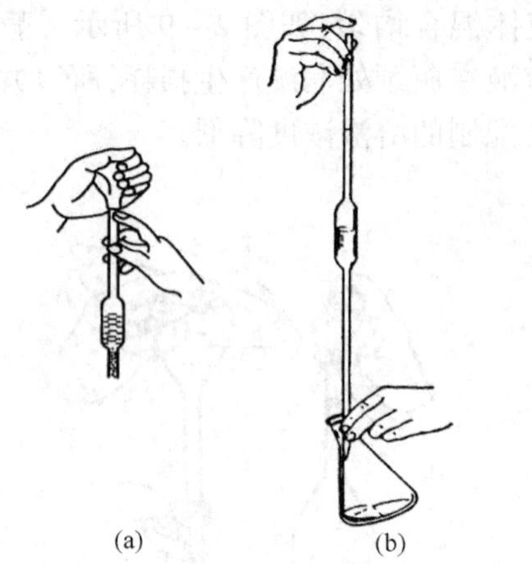

图2－11　吸取溶液的操作

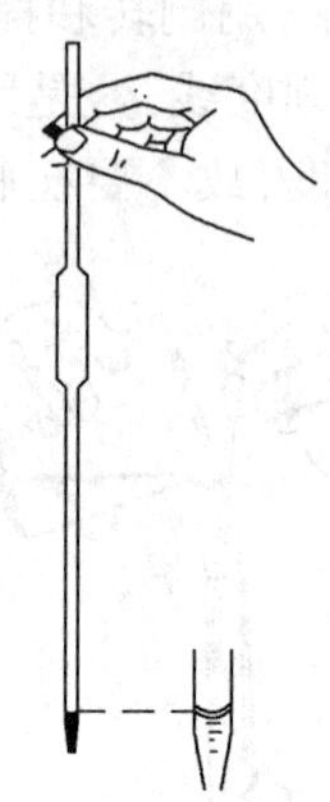

图2－12　留在移液管下部的液体

(4)通过以上操作，从移液管中自由流出的液体正好是移液管上标明的体积。如果实验所要求的准确度较高，还需要对移液管进行较正。

技能训练2－1　滴定分析仪器使用练习

一、训练目的

通过训练，掌握滴定分析仪器的洗涤方法和使用方法；初步掌握滴定管、容量瓶和移液管的基本操作方法。

二、仪器与试剂

(1)仪器：滴定管、容量瓶、移液管、锥形瓶、烧杯、量筒。

(2)试剂：碳酸钠固体。

三、操作步骤

1)滴定管的使用

(1)检查滴定管的质量和刻度等标志。

(2)洗涤滴定管至无水珠挂壁。

(3)试漏，若为酸式滴定管可涂抹凡士林，若为碱式滴定管则确认橡胶部分无老化。

(4)用待装溶液润洗滴定管。

(5)装好溶液，排除气泡。

(6)将溶液调至零刻线。

(7)练习滴定基本操作，能熟练控制滴定速度，并准确读数。

(8)用后清洗滴定管，倒置夹在滴定管架上。

2)容量瓶的使用

(1)检查容量瓶的质量和刻度等标志,容量瓶应无破损,玻璃磨口瓶塞合适不漏水。

(2)洗涤容量瓶至不挂水珠。

(3)试漏合格后进行以下操作,如漏水应更换容量瓶。

(4)容量瓶的操作。

①称量。准确称量1.5~2g固体Na_2CO_3。

②溶解。在小烧杯中用约50mL水溶解Na_2CO_3样品。

③转移。将Na_2CO_3溶液沿玻璃棒转移到容量瓶中。

④初步摇匀。用洗瓶加水稀释至容量瓶总体积的3/4左右,水平摇动容量瓶使溶液初步混匀,此过程不要盖瓶塞,不能倒置。

⑤定容。加水至距离标线约1cm处,放置1~2min,再小心加水至弯月面最低点和刻度线上缘相切,注意容量瓶应竖直放置,视线应水平。

⑥混匀。塞紧瓶塞,倒置摇动容量瓶10次以上,注意要数次提起容量瓶塞,混匀溶液。

(5)用完后清洗,在瓶口和瓶塞间夹一片纸,放在指定位置。

3)移液管和吸量管的使用

(1)检查移液管的质量和刻度等标志。移液管上管口应平整,流液口没有破损,主要标志应有商标、标准温度、标称容量及单位、移液管的级别和规格等。

(2)移液管的洗涤。依次用自来水、洗涤剂或铬酸洗液、自来水洗至不挂水珠,再用蒸馏水淋洗三次以上。

(3)移液操作。用25mL移液管移取蒸馏水,练习移液操作。

①用待吸液润洗3次。

②吸取溶液。用洗耳球将待吸液吸至刻度线稍上方,此时注意正确握持移液管及洗耳球,堵住管口,用滤纸擦干外壁。

③调液面。将弯月面最低点调至刻度线上缘相切。注意观察视线应水平,移液管要保持竖直,用一个洁净小烧杯在流液口下接取。

④放出溶液。将移液管移至另一接收器(多为锥形瓶)中,保持移液管竖直,接收器倾斜,移液管的流出口紧触接收器内壁。放松手指,让液体自然流出,流完后停留15s,保持触点,将管尖在靠点处靠壁左右转动。

(4)洗净移液管,放置在移液管架上。

(5)吸量管的操作与移液管基本相同,取一支10mL吸量管,同上述步骤操作,但放出溶液时,可以控制溶液的不同体积并移入锥形瓶中。

四、注意事项

1)酸碱滴定管使用注意事项

(1)使用时必须先检查是否漏液。

(2)用滴定管取滴液体时必须洗涤、润洗。

(3)滴定管在装满标准溶液后,管外壁的溶液要擦干,以免流下或溶液挥发而使管内溶液降温(在夏季影响尤大)。

(4)手持滴定管时,也要避免手心紧握装有溶液部分的管壁,以免手温高于室温(尤其在冬季)而使溶液的体积膨胀,造成读数误差。

(5)读数前要将管内的气泡赶尽、尖嘴内充满液体。每次滴定须从刻度零开始,以使每次测定结果能抵消滴定管的刻度误差。在装满标准溶液后,滴定前"初读"零点,应静置1~2min再读一次,如液面读数无改变,仍为零,才能滴定。

(6)滴定时目光应集中在锥形瓶内的颜色变化上,不要去注视刻度变化,而忽略反应的进行。

(7)滴定管读数可垂直夹在滴定管架上或手持滴定管上端以便自由地垂直读取刻度,读数时还应该注意眼睛的位置与液面处在同一水平面上,否则将会引起误差。读数应该在弯月面下缘最低点,但遇标准溶液颜色太深,不能观察下缘时,可以读液面两侧最高点,"初读"与"终读"应用同一标准。

(8)滴定管有无色、棕色两种,一般要求避光的滴定液(如硝酸银标准溶液、硫代硫酸钠标准溶液等),需用棕色滴定管。

2)容量瓶的使用注意事项

(1)容量瓶只能配制一定容量的溶液,溶剂总量不能超过容量瓶的标线,一旦超过,必须重新进行配置。

(2)容量瓶只能用于配制溶液,不能储存溶液。因为溶液会腐蚀瓶体,从而使容量瓶的精度受到一些影响。

(3)使用容量瓶时不能在容量瓶里进行溶质的溶解,而是要把溶质在烧杯中溶解后转移到容量瓶里。

(4)容量瓶不能进行加热,如果溶质在溶解过程中放热,要待溶液冷却后再进行转移,因为温度升高瓶体将膨胀,导致体积不准确。

3)移液管和吸量管的使用注意事项

(1)移液管和吸量管不应在烘箱中烘干。

(2)移液管和吸量管不能移取太热或太冷的溶液。

(3)同一实验中应尽可能使用同一支移液管。

(4)移液管和吸量管提出液面后,应用滤纸将沾在移液管外壁的液体擦掉。

(5)看刻度时,应将移液管的刻度与眼睛平行,以最下面的弯月面为准。

(6)移液管在使用完毕后,应立即用自来水及蒸馏水冲洗干净,置于移液管架上。

(7)在使用吸量管时,为了减少测量误差,每次都应从最上面刻度(0刻度)处为起始点,往下放出所需体积的溶液,而不是需要多少体积就吸取多少体积。

思考与练习2-1

1. 玻璃仪器洗净的标志是什么?
2. 使用铬酸洗液时应注意什么?
3. 移液管、滴定管和容量瓶这几种滴定分析仪器,哪些要用操作溶液润洗3次?为什么?
4. 移液管和容量瓶能否烘干、加热?

第二节 标准溶液

滴定分析法必须使用标准溶液,最后要通过标准溶液的浓度和用量来计算被测组分的含量。因此,正确配制标准溶液,准确标定其浓度,对于提高滴定分析的准确度具有重要意义。

一、标准溶液的浓度

1. *物质的量浓度*

标准溶液的浓度通常用物质的量浓度表示。物质的量浓度是指单位体积溶液中所含溶质的物质的量。物质 B 的物质的量浓度以符号 c_B 表示,单位是 $mol \cdot L^{-1}$,其表达式为

$$c_B = \frac{n_B}{V_B} \tag{2-1}$$

其中

$$n_B = \frac{m_B}{M_B} \tag{2-2}$$

式中,n_B 表示溶质 B 的物质的量。

摩尔(mol)是国际单位制的基本单位,它是一系统的物质的量。该系统中所包含的基本单元数与 0.012kg 碳 -12 的原子数目相等。使用摩尔时,必须指明基本单元。基本单元可以是组成物质的原子、分子、离子、电子等任何粒子,或者是按照需要人为地选定的这些粒子的特定组合。所选定的基本单元不同,摩尔质量的数值不同,其物质的量浓度也不同。如每升溶液中含 98.08g H_2SO_4,若以 H_2SO_4 为基本单元,则 $M_{H_2SO_4}$ 为 $98.08g \cdot mol^{-1}$,$n_{H_2SO_4}$ 为 1mol,$c_{H_2SO_4} = 1.00mol \cdot L^{-1}$;若以 $1/2H_2SO_4$ 为基本单元,则 $M_{1/2H_2SO_4}$ 为 $49.04g \cdot mol^{-1}$,$n_{1/2H_2SO_4}$ 为 2mol,$c_{1/2H_2SO_4} = 2.00mol \cdot L^{-1}$。

一种物质选用什么样的基本单元,应根据具体反应而定。一般情况,在酸碱反应中以转移一个质子的特定组合作为反应物质的基本单元。如反应

$$H_2SO_4 + NaOH = NaHSO_4 + 2H_2O$$

应选"H_2SO_4"作为基本单元。在下述反应中则应选"$1/2H_2SO_4$"为基本单元。

$$H_2SO_4 + 2NaOH = Na_2SO_4 + 2H_2O$$

可见同一物质在不同的化学反应中可选择不同的基本单元。在氧化还原反应中应以转移一个电子的特定组合作为反应物的基本单元。如反应

$$2MnO_4^- + 5C_2O_4^{2-} + 16H^+ = 2Mn^{2+} + 8H_2O + 10CO_2\uparrow$$

$KMnO_4$ 的基本单元为 $1/5KMnO_4$,$Na_2C_2O_4$ 的基本单元为 $1/2Na_2C_2O_4$。

【例 2-1】 4.18g Na_2CO_3 溶于 75.0mL 水中,分别以 Na_2CO_3 和 $1/2Na_2CO_3$ 为基本单元,求 Na_2CO_3 溶液的物质的量浓度。

解:若以 Na_2CO_3 为基本单元,则 $M_{Na_2CO_3}$ 为 $105.99g \cdot mol^{-1}$,根据式(2-2)得

$$n_{Na_2CO_3} = \frac{m_{Na_2CO_3}}{M_{Na_2CO_3}} = \frac{4.18}{105.99} = 0.0394(mol)$$

根据式(2-1)得

$$c_{Na_2CO_3} = \frac{n_{Na_2CO_3}}{V_{Na_2CO_3}} = \frac{0.0394}{75.0 \times 10^{-3}} = 0.525(mol \cdot L^{-1})$$

若以 $1/2Na_2CO_3$ 为基本单元，则 $M_{1/2Na_2CO_3}$ 为 $53.00g \cdot mol^{-1}$，即

$$n_{1/2Na_2CO_3} = \frac{4.18}{53.00} = 0.0789(mol)$$

$$c_{1/2Na_2CO_3} = \frac{0.0789}{75.0 \times 10^{-3}} = 1.052(mol \cdot L^{-1})$$

2. 滴定度

滴定度是指 1mL 标准溶液相当于待测组分的质量（单位为 $g \cdot mL^{-1}$），用 $T_{待测物/滴定剂}$ 表示。在分析测定中，如滴定消耗 V(mL) 标准溶液，则被测物质的质量为

$$m = TV \tag{2-3}$$

例如，$T_{Na_2CO_3/HCl} = 0.05300g \cdot mL^{-1}$，用上述标准溶液滴定纯碱试样溶液，滴定用去22.00mL，则试样中 Na_2CO_3 的质量为

$$m = T_{Na_2CO_3/HCl} \times V = 0.05300 \times 22.00 = 1.166(g)$$

这种表示浓度的方法，在分析同一物质时，可以简化计算，很快得出分析结果。

二、标准溶液的制备

1. 基准物质

能用于直接配制或标定标准溶液的物质称为基准物质。在实际应用中大多数标准溶液是先配制成近似浓度，然后用基准物质来标定其准确的浓度。

基准物质必须符合下列条件：

(1) 物质必须具有足够的纯度；其纯度为 99.9% 以上；

(2) 物质的组成（包括结晶水）应与化学式完全相符；

(3) 性质稳定，干燥时不分解，称量时不吸收水分和二氧化碳，不失去结晶水，不被空气中的氧气所氧化等；

(4) 基准物质的摩尔质量应尽可能大，以减小称量的相对误差。

利用基准物质，除可直接配制成标准溶液外，更多的是用来确定未知溶液的准确浓度。

基准物质在使用之前一般需经过干燥处理。常用基准物质及其干燥条件和应用范围见书后附表 3。

2. 标准溶液的配制

标准溶液配制的方法一般有两种，即直接配制法和间接配制法。

1) 直接配制法

准确称取一定量的基准物质，用蒸馏水溶解后定量转移至容量瓶中，加蒸馏水稀释至一定刻度，充分摇匀，根据所称物质的质量和定容的体积计算出该标准溶液的准确浓度。

2) 间接配制法

对不符合基准物质条件的试剂，如 HCl、H_2SO_4、NaOH、KOH、$KMnO_4$、$Na_2S_2O_3$ 等，不能直接配制成标准溶液，可采用间接法配制。即先配制成近似于所需浓度的溶液，然后再用基准物质或另一种标准溶液来确定它的准确浓度。用基准物质或另一种标准溶液来确定所配标准溶液准确浓度的过程称为标定。例如 HCl 易挥发且纯度不高，只能粗略配制成近似浓度的溶液，然后以无水碳酸钠为基准物质，标定 HCl 溶液的准确浓度。

间接法配制标准溶液的标定方法有两种：

(1)用基准物质标定。称取一定量的基准物质，溶解后用待标定的溶液滴定。根据基准物质的质量和待标定溶液所消耗的体积，求出该溶液的准确浓度。例如，欲配制 $0.1mol \cdot L^{-1}$ 的 NaOH 溶液，先配制成大约为这个浓度的溶液，然后用该溶液滴定准确称量的邻苯二甲酸氢钾。根据化学计量点时所消耗的 NaOH 溶液体积和邻苯二甲酸氢钾的质量，即可求出 NaOH 溶液的准确浓度。

(2)与标准溶液比较。准确移取一定量的待标定溶液，用已知浓度的标准溶液进行滴定；或者反过来，准确移取一定量的标准溶液，用待标定的溶液滴定。根据化学计量点时两种溶液所消耗的体积和标准溶液的浓度，就可求出待标定溶液的准确浓度。这种用标准溶液来测未知待标定溶液准确浓度的操作称为“比较”。例如，欲标定 $0.1mol \cdot L^{-1}$ HCl 溶液的准确浓度，可以利用实验室中现有的 NaOH 标准溶液，通过比较的方法确定 HCl 溶液的准确浓度。

显然，比较法不及直接标定好。如标准溶液浓度不准确，就会影响被标定溶液的准确性。因此，标定时应尽量采用直接标定法。

 **思考与练习2-2**

1. 基准物质的条件之一是摩尔质量要大，为什么？

2. 1000mL H_2SO_4 溶液中含有 9.810g H_2SO_4，求 $c_{1/2H_2SO_4}$ 及 $c_{H_2SO_4}$。

第三节　滴定分析的计算

一、滴定分析计算原则

滴定分析的计算原则是等物质的量反应规则。这一规则是指在滴定分析中，对于一定的化学反应，若根据滴定反应选取适当的基本单元，则滴定到达化学计量点时，被测组分的物质的量等于所消耗标准溶液的物质的量。

设 A 为标准溶液，B 为待测组分，滴定反应为

$$aA + bB = cC + dD$$

则根据等物质的量反应规则有：$n_{1/bA} = n_{1/aB}$。如反应

$$2MnO_4^- + 5C_2O_4^{2-} + 16H^+ = 2Mn^{2+} + 8H_2O + 10CO_2\uparrow$$

若选 $1/5KMnO_4$ 为 $KMnO_4$ 的基本单元，$1/2Na_2C_2O_4$ 为 $Na_2C_2O_4$ 的基本单元，在化学计量点时，$n_{1/5KMnO_4} = n_{1/2Na_2C_2O_4}$。

二、滴定分析计算方法及示例

1. 两种溶液之间的计算

若用标准溶液 A 滴定待测物质 B，在化学计量点时，两者物质的量相等，即 $n_A = n_B$，则有

$$c_A V_A = c_B V_B \qquad (2-4)$$

进行溶液稀释的计算时，由于稀释前后其基本单元没有变化，溶质物质的量也不变，若以

1、2 分别表示浓度改变前后的两种状态，则有

$$c_1V_1 = c_2V_2 \tag{2-5}$$

【例 2-2】 准确量取 30.00mL NaOH 溶液，用 $c_{1/2H_2SO_4}=0.1200mol \cdot L^{-1}$ 的 H_2SO_4 溶液滴定，到达化学计量点时消耗 H_2SO_4 溶液的体积为 33.93mL，计算氢氧化钠溶液的物质的量浓度。

解：滴定反应为

$$2NaOH + H_2SO_4 = Na_2SO_4 + 2H_2O$$

根据式（2-4）可知

$$C_{NaOH} = \frac{c_{1/2H_2SO_4} \times V_{1/2H_2SO_4}}{V_{NaOH}}$$

$$= \frac{0.1200 \times 33.93}{30.00} = 0.1357(mol \cdot L^{-1})$$

【例 2-3】 有 $0.1035mol \cdot L^{-1}$ NaOH 标准溶液 500mL，欲使其浓度恰好调整为 $0.1000mol \cdot L^{-1}$，需加水多少毫升？

解：设应加水的体积为 V(mL)，根据溶液稀释前后，其溶质的物质的量相等的原则：

$$c_1V_1 = c_2V_2$$

$$0.1035 \times 500 = (500 + V) \times 0.1000$$

$$V = \frac{(0.1035 - 0.1000) \times 500}{0.1000} = 17.5(mL)$$

2. *溶液与固体物质之间的计算*

（1）直接配制标准溶液时浓度的计算：设基准物质 B 的摩尔质量为 $M_B(g \cdot mol^{-1})$，质量为 m_B(g)，若将其配制成体积为 V(L) 的标准溶液，则浓度为

$$c_B = \frac{n_B}{V} = \frac{m_B}{VM_B} \tag{2-6}$$

（2）间接配制标准溶液时浓度的计算：用基准物标定，设所称基准物质的质量为 m_B，其摩尔质量为 M_B，标准溶液的浓度为 C_A 和体积 V_A，则

$$c_A = \frac{m_B}{V_AM_B} \tag{2-7}$$

（3）若用标准溶液 A 滴定被测物质 B，则 B 物质的质量可用下式计算：

$$m_B = c_AV_AM_B \tag{2-8}$$

【例 2-4】 准确称取基准物质 $K_2Cr_2O_7$ 1.471g，溶解后定量转移至 250mL 容量瓶中。此 $K_2Cr_2O_7$ 溶液的浓度为多少？

解：根据式（2-6）

$$c_B = \frac{n_B}{V} = \frac{m_B}{VM_B}$$

$$c_{K_2Cr_2O_7} = \frac{1.471}{0.2500 \times 294.2} = 0.02000(mol \cdot L^{-1})$$

【例 2-5】 称取硼砂（$Na_2B_4O_7 \cdot 10H_2O$）0.4710g，用以标定 HCl 溶液。已知化学计量点时消耗 HCl 溶液 25.20mL，求 HCl 溶液的浓度。

解：滴定反应式为

$$2HCl + Na_2B_4O_7 + 5H_2O = 4H_3BO_3 + 2NaCl$$

以 $1/2Na_2B_4O_7 \cdot 10H_2O$ 为基本单元，$M_{1/2Na_2B_4O_7 \cdot 10H_2O} = 190.68g \cdot moL^{-1}$，根据式(2－7)，则

$$c_{HCl} = \frac{0.4710}{25.20 \times 10^{-3}L \times 190.68}$$
$$= 0.0980(mol \cdot L^{-1})$$

3.求待测组分的质量 m_B 或质量分数 w_B

设 A 为标准溶液，B 为待测组分，试样的质量为 m_S，则

$$w_B = \frac{m_B}{m_S} = \frac{c_A V_A M_B}{m_S} \times 10^{-3} \quad (\text{体积 } V \text{ 以 mL 为单位时}) \qquad (2-9)$$

m_S如未全部滴定，而是取一部分进行滴定，应将 m_S乘以适当的分数。如 m_S溶解后定容为 250mL，取出 25.00mL 进行滴定，则每份样品质量应是 $m_S \times 25/250$。如滴定样品溶液之前，做了空白试验，则式(2－9)中的 V_A应减去空白试验所消耗的滴定剂体积。

【例 2－6】 称取工业草酸($H_2C_2O_4 \cdot 2H_2O$)1.680g，溶解于 250mL 容量瓶中，移取25.00mL，以 $0.1045mol \cdot L^{-1}$ NaOH 溶液滴定，消耗 24.65mL，求工业草酸的纯度。

解：滴定的主要反应为

$$2NaOH + H_2C_2O_4 = Na_2C_2O_4 + 2H_2O$$

以 $1/2H_2C_2O_4 \cdot 2H_2O$ 为基本单元，$M_{1/2H_2C_2O_4 \cdot 2H_2O} = 63.05g \cdot moL^{-1}$，则

$$w_{H_2C_2O_4 \cdot 2H_2O} = \frac{c_{NaOH} \cdot V_{NaOH} \cdot M_{1/2H_2C_2O_4 \cdot 2H_2O}}{m \times 25/250} \times 100\%$$
$$= \frac{0.1045 \times 0.02465 \times 63.05}{1.680 \times 25/250} \times 100\%$$
$$= 96.67\%$$

4.溶液浓度之间的换算

(1)物质的量浓度与滴定度的换算：若 $T_{B/A}$表示标准溶液 A 对被测组分 B 的滴定度，则

$$T_{B/A} = \frac{c_A M_B}{1000}(g \cdot mL^{-1}) \qquad (2-10)$$

(2)质量分数与物质的量浓度的换算：当溶液的密度为 ρ 时，物质的量浓度与质量分数的关系式为

$$c_B = \frac{1000\rho w_B}{M_B} \qquad (2-11)$$

【例 2－7】 已知 HCl 标准溶液的浓度为 $0.09908mol \cdot L^{-1}$，则 HCl 标准溶液对 NaOH 的滴定度 $T_{NaOH/HCl}$为多少？

解：滴定反应为

$$HCl + NaOH = NaCl + H_2O$$

根据式(2－10)得

$$T_{NaOH/HCl} = \frac{0.09908 \times 40.00}{1000} = 0.00396(g \cdot mL^{-1})$$

【例 2－8】 已知某氢氧化钠溶液的质量分数为 6.8%，密度 $\rho = 1.02g \cdot mL^{-1}$，求该氢氧化钠溶液的物质的量浓度。

解:根据式(2-11)得

$$c_{\mathrm{NaOH}}=\frac{1000\times\rho\times w_{\mathrm{NaOH}}}{M_{\mathrm{NaOH}}}=\frac{1000\times1.02\times6.8\%}{40}=1.734(\mathrm{mol}\cdot\mathrm{L}^{-1})$$

思考与练习2-3

1. 指出下列划线物质的基本单元:

$$\underline{Mg(OH)_2}+2HCl=\!=\!=MgCl_2+2H_2O$$

$$\underline{Mg(OH)_2}+HCl=\!=\!=Mg(OH)Cl+H_2O$$

$$I_2+\underline{2Na_2S_2O_3}=\!=\!=2NaI+Na_2S_4O_6$$

$$\underline{K_2Cr_2O_7}+96KI+7H_2SO_4=\!=\!=Cr_2(SO_4)_3+4K_2SO_4+3I_2+7H_2O$$

2. 将0.8462g $Na_2S_2O_3\cdot5H_2O$ 配制成50.00mL溶液,求 $c_{Na_2S_2O_3}$。

技能训练2-2 滴定基本操作练习

一、训练目的

通过训练,掌握滴定分析仪器的洗涤方法和使用方法;进一步熟练滴定管、容量瓶和移液管的基本操作;初步掌握甲基橙和酚酞指示剂滴定终点的判断方法。

二、仪器和试剂

(1)仪器:滴定管,容量瓶、移液管、锥形瓶、烧杯、量筒等玻璃仪器。

(2)试剂:6mol · L^{-1}的盐酸溶液、NaOH固体、1g · L^{-1}的甲基橙溶液、酚酞指示剂。

三、操作步骤

1. 配制 $c_{HCl}=0.1mol\cdot L^{-1}$ 的HCl溶液500mL

(1)计算配制500mL浓度为0.1mol · L^{-1}的HCl溶液需量取6mol · L^{-1}的盐酸溶液的体积。

(2)用洁净量筒量取计算量的6mol · L^{-1}的HCl溶液倒入500mL烧杯中,加入约500mL蒸馏水,摇匀。转移到试剂瓶中,盖上瓶盖,贴好标签,标签上写明:试剂名称、浓度、配制日期、配制者姓名。

2. 配制 $c_{NaOH}=0.1mol\cdot L^{-1}$ 的NaOH溶液500mL

(1)计算配制500mL浓度为0.1mol · L^{-1}的NaOH溶液需称取固体NaOH的质量。

(2)在托盘天平上用表面皿迅速称取计算量的NaOH固体于500mL烧杯中,加入100mL水溶解后稀释至刻度,转移到试剂瓶中,盖上橡皮瓶盖,贴好标签,标签上写明:试剂名称、浓度、配制日期、配制者姓名。

3. 酸碱溶液相互滴定练习

(1)将酸式滴定管洗净,旋塞涂油、试漏。用0.1mol · L^{-1}的HCl溶液润洗三次,再装入

HCl 溶液至 0 刻线以上，排除滴定管下端的气泡，调节液面至 0.00mL。

(2)将碱式滴定管洗净，试漏。用 0.1mol · L^{-1} 的 NaOH 溶液润洗三次，再装入 NaOH 溶液至 0 刻线以上，排除玻璃球下部管中的气泡，调节液面至 0.00mL。

(3)从滴定管中放出溶液操作。从酸式滴定管中准确放出 20.00mL 0.1mol · L^{-1} 的 HCl 溶液于 250mL 锥形瓶中。放出溶液时用左手控制旋塞，右手拿锥形瓶颈，使滴定管下端深入瓶口约 1cm，控制 10mL · min^{-1}，即每秒滴入 3 ~4 滴的速度滴入溶液，左手不能离开旋塞任溶液自行流下。

(4)滴定。在上述锥形瓶中加 2 滴酚酞指示剂，用 NaOH 溶液进行滴定。滴定时左手控制玻璃珠稍上方的乳胶管，逐滴滴出 NaOH 溶液，右手拿锥形瓶颈，边滴边摇动锥形瓶，使其沿同一方向做圆周运动。同时注意观察滴落点周围颜色的变化。

(5)滴定终点颜色的判断。开始滴定时，滴落点周围溶液无明显的颜色变化，滴定速度可稍快，当滴落点周围出现暂时性的颜色变化(浅粉红色)时，应一滴一滴地加入。近终点时，颜色扩散到整个溶液，摇动 1 ~2 次才消失，此时应加一滴。摇几下，最后加入半滴溶液，并用蒸馏水冲洗瓶壁。到溶液由无色突然变成粉红色时且 30s 内不褪色即到终点，记录消耗 NaOH 溶液的体积(读数至 0.01mL)。再放出 2.00mL HCl 溶液(此时酸式滴定管读数为 22.00mL)，继续用 NaOH 溶液滴定至粉红色，记录滴定终点读数。连续滴定 5 次，得到 5 组数据，均为累计体积。计算每次滴定的体积比 V_{HCl}/V_{NaOH} 及体积比的相对平均偏差。

(6)按上述方法在 250mL 锥形瓶中放入 0.1mol · L^{-1} 的 NaOH 溶液 20mL，加一滴甲基橙指示剂，用 HCl 溶液滴定到由黄变橙，记录消耗 HCl 溶液的体积(读数至 0.01mL)。再放出 2.00mL NaOH 溶液(此时碱式滴定管读数为 22.00mL)，继续用 HCl 溶液滴定至橙色，记录滴定终点读数。此时连续滴定 5 次，得到 5 组数据，均为累计体积。计算每次滴定的体积比 V_{HCl}/V_{NaOH} 及体积比的相对平均偏差。

上述操作应反复练习，直至无论用碱式滴定管还是酸式滴定管时，其体积比 V_{HCl}/V_{NaOH} 的相对平均偏差都不超过 0.2%。

4. 实验结束

实验结束后将实验仪器洗净，摆放整齐。将滴定管倒置夹在滴定管架上(酸式滴定管的活塞要打开)。

四、注意事项

(1)摇动锥形瓶时，使溶液朝一个方向做圆周运动，但是勿使瓶口接触滴定管，溶液也不能溅出。

(2)注意观察液滴落点周围溶液颜色变化。开始时应边摇边滴，滴定速度可稍快，但是不要形成水流。滴定时要不断振荡锥形瓶，接近终点时要放慢速度一滴一滴地加入，并边滴边振荡，直至溶液出现明显的颜色变化，准确到达终点为止。

(3)当看到加入一滴标准液时，溶液变色并在半分钟内不褪色，即说明已达到滴定终点。

五、数据记录与处理

NaOH 溶液滴定 HCl 溶液数据记录见表 2 -1。

表 2-1　NaOH 溶液滴定 HCl 溶液数据记录(酚酞做指示剂)

项　目	1	2	3	4	5
V_{HCl},mL	20.00	22.00	24.00	26.00	28.00
V_{NaOH},mL					
V_{HCl}/V_{NaOH}					
V_{HCl}/V_{NaOH}平均值					
相对平均偏差,%					

HCl 溶液滴定 NaOH 溶液数据记录见表 2-2。

表 2-2　HCl 溶液滴定 NaOH 溶液数据记录(甲基橙做指示剂)

项　目	1	2	3	4	5
V_{NaOH},mL	20.00	22.00	24.00	26.00	28.00
V_{HCl},mL					
V_{HCl}/V_{NaOH}					
V_{HCl}/V_{NaOH}平均值					
相对平均偏差,%					

思考与练习2-4

1. 使用酸、碱滴定管为什么要用欲装溶液洗涤？怎样操作？
2. 锥形瓶使用前是否要干燥？
3. 每次从滴定管放出溶液或开始滴定时,为什么要从“0”开始？
4. 滴定速度应如何控制？怎样才能使滴定恰好在终点停止而不过量？

技能训练 2-3　滴定分析仪器的校准

一、训练目的

通过训练了解容量仪器校准的意义和方法;初步掌握滴定管、移液管等滴定仪器的绝对校准和容量瓶与移液管间相对校准的操作;进一步熟悉分析天平的称量操作。

二、仪器和试剂

仪器:分析天平,滴定管(50mL),容量瓶(100mL),移液管(25mL),锥形瓶(50mL),温度计。

三、操作步骤

1. 准备工作

(1)校正用蒸馏水至少须在天平室内放置 1h 以上。

(2)待校正的仪器洗至内壁完全不挂水珠。滴定管、移液管不必干燥,容量瓶必须干燥。

2. 滴定管的校准

用铬酸洗液洗净1支50mL具塞滴定管，用洁布擦干外壁，倒挂于滴定台上5min以上，打开旋塞，用洗耳球使水从管尖（即流液口）充入。仔细观察液面上升过程中是否变形（即弯液面边缘是否起皱），如变形，应重新洗涤。

洗净的滴定管注入纯水至液面距最高标线以上约5mm处，垂直挂在滴定台上，等待30s后调节液面至0.00mL。然后由滴定管放出10mL水（放出速度$10mL \cdot min^{-1}$）至预先称过质量的50mL具塞锥形瓶，盖上瓶塞，再称出它的质量（精确至0.01g），两次质量之差即为放出水的质量。用同样的方法称出滴定管从0到15mL、0到20mL、0到25mL、0到30mL、0到35mL、0到40mL、0到45mL、0到50mL刻度间水的质量，用实验温度时水的质量来除相对应水的体积换算校正值，即可得到相当于滴定管各部分容积的实际毫升数。每支滴定管重复校准一次。

例如，在15℃时，由滴定管中放出10.00mL水，其质量为10.01g，为此算出水的实际体积为10.01 ÷ 0.9979 = 10.03（mL），因此，滴定管这段容积的误差为10.03 − 10.00 = +0.03（mL）。使用时应将视容量为10.00mL加上校正值+0.03mL，才等于真实容量10.00 + 0.03 = 10.03（mL）。

不同温度下纯水的密度见表2－3。

表2－3　不同温度下纯水的密度

温度t，℃	ρ_w，$g \cdot cm^{-3}$	温度t，℃	ρ_w，$g \cdot cm^{-3}$	温度t，℃	ρ_w，$g \cdot cm^{-3}$
8	0.9886	15	0.9979	22	0.9968
9	0.9985	16	0.9978	23	0.9966
10	0.9984	17	0.9976	24	0.9963
11	0.9983	18	0.9975	25	0.9961
12	0.9982	19	0.9973	26	0.9959
13	0.9981	20	0.9972	27	0.9956
14	0.9980	21	0.9970	28	0.9954

3. 容量瓶的绝对校准

用铬酸洗液洗净一个100mL容量瓶，晾干，在电子天平上称准至0.01g。取下容量瓶注水至标线以上几毫米，等待2min。用滴管吸出多余的水，使液面最低点与标线上边缘相切（此时调定液面的做法与使用时有所不同），再放到电子天平称出容量瓶和水的总质量。然后插入温度计测量水温。两次所称得质量之差即为该瓶所容纳纯水的质量，最后计算该瓶的实际容量。

$$V_{实} = [m_{瓶+水} - m_{瓶}]/\rho_t \quad (2-12)$$

$$校准值\ \Delta V = [m_{瓶+水} - m_{瓶}]/\rho_t - V \quad (2-13)$$

式中　V——容量瓶的标示体积，mL；

$V_{实}$——真实体积，mL；

ρ_t——校准温度时水的密度，$g \cdot mL^{-1}$。

4. 移液管和吸量管的绝对校准

用移液管或吸量管准确移取纯水至外壁干燥并已准确称量的50mL具塞锥形瓶中，准确称量其质量。将所得纯水的质量除以该温度时水的密度(从表 2－4 中查出)即得该移液管或吸量管的真实体积。计算方法同式(2－12)。

5. 移液管与容量瓶的相对校准

在分析化学实验中,常利用容量瓶配制溶液,并用移液管取出其中一部分进行测定,此时重要的不是知道容量瓶与移液管的准确容量,而是二者的容量是否为准确的整数倍关系。例如,用 25mL 移液管从 100mL 容量瓶中取出一份溶液是否确为 1/4,这就需要进行这两件量器的相对校准。

将 100mL 容量瓶洗净、晾干(可用几毫升乙醇润洗内壁后倒挂在漏斗板上),用 25mL 移液管准确吸取纯水 4 次至容量瓶中(移液管的操作与上述校准时相同),若液面最低点不与标线上边缘相切,其间距超过 1mm,应重新做一标记。在以后的实验中,此移液管和容量瓶配套使用时,应以新标记为准。

四、注意事项

1. 如室温有变化须在每次放水时记录水的温度。
2. 每个仪器(每段)应校正两次,两次校正水的质量之差应小于 0.01g。
3. 由滴定管中放出水时勿将水滴在磨口上。
4. 滴定管、移液管的操作一定要正确。

五、数据记录与处理

滴定管校准记录格式见表 2－4。

表 2－4　滴定管校准记录格式

V_0,mL	$m_{水+瓶}$,g	$m_{瓶}$,g	$m_{水}$,g	V,mL	ΔV,mL
0.00～10.00					
0.00～15.00					
0.00～20.00					
0.00～25.00					
0.00～30.00					
0.00～35.00					
0.00～40.00					
0.00～45.00					
0.00～50.00					

思考与练习2-5

1. 容量仪器为什么要校准?
2. 称量纯水所用的具塞锥形瓶为什么要避免将磨口部分和瓶塞沾湿?
3. 分段校准滴定管时,为何每次要从 0.00mL 开始?

本 章 知 识 要 点

一、滴定分析法

滴定分析法是最重要的化学分析法。它是以化学计量反应为基础的分析方法，主要适合于常量分析。适用于滴定分析的反应必须反应完全，能定量进行，无副反应，反应速率快，并有适当的方法确定终点。

在滴定分析过程中，一般是利用指示剂的变色确定滴定终点。应该注意，滴定终点和化学计量点很难达到一致，因此而产生的误差称为终点误差。在实际操作中，一是选择合适的指示剂，二是认真操作，控制好终点，使滴定终点尽可能接近化学计量点。

滴定分析按其反应类型不同可分为：酸碱滴定法、配位滴定法、沉淀滴定法及氧化还原滴定法等。

二、标准溶液及其浓度表示方法

滴定分析的依据是化学反应计量关系，根据消耗标准溶液的体积及标准溶液的准确浓度计算被测物质的含量。因此，正确配制标准溶液是能否得到准确结果的关键。

1. 配制标准溶液的方法——直接配制法和间接配制法

(1)只有基准物质可以用直接配制法配制标准溶液。

(2)间接配制法是先配制大致所需浓度的溶液，再标定出其准确浓度。标定的方法有：①用基准物质标定；②与另一种标准溶液比较。

2. 标准溶液的浓度表示法

(1)物质的量浓度是指单位体积溶液中所含溶质的物质的量。

(2)滴定度是指 1mL 标准溶液相当于待测组分的质量(单位为 $g \cdot mL^{-1}$)，用 $T_{待测物/滴定剂}$ 表示。

(3)物质的量浓度与滴定度的换算：

$$T_{B/A} = \frac{c_A M_B}{1000}$$

三、滴定分析计算原则

滴定分析的计算是按照等物质的量反应规则。该规则的关键是能正确选取物质的基本单元。当待测组分与滴定剂按照化学计量关系完全反应时，待测组分物质的量与滴定剂物质的量相等，即 $n_A = n_B$，由此得出以下三个基本关系式：

(1)两种溶液之间的计算：

$$c_A V_A = c_B V_B$$

(2)溶液与固体物质之间的计算：

$$c_A = \frac{m_B}{V_A M_B}$$

(3)求待测物质的质量分数：

$$w_B = \frac{m_B}{m_S} = \frac{c_A V_A M_B}{m_S} \times 10^{-3}$$

根据以上基本关系式，可进行有关溶液浓度 c_B、待测组分的质量 m_B 或质量分数 w_B 的计算等。

本章考核要点

考核范围		考核内容	考核方式	考核比例,%
知识要求		①滴定分析基本概念 ②标准溶液的配制方法 ③标准溶液浓度的表示方法 ④滴定分析相关计算	笔试	15
	移液管使用	①润洗方法正确 ②移取正确、熟练 ③放出溶液操作正确	操作	25
	滴定管使用	①洗涤、检漏、润洗、排气泡方法正确 ②滴定速度控制得当，最后半滴处理正确 ③滴定手法正确、熟练，摇瓶方法正确 ④终点控制好 ⑤体积读取正确	操作	30
	原始记录 数据处理	①及时、准确、无涂改、字迹端正，清楚，内容齐全 ②有效数字位数与仪器精度符合	操作	10
	分析结果精密度	平行测定间的相对平均偏差 <0.2%	操作	10
结束工作		台面干净、整洁，正确使用玻璃仪器和其他器皿	操作	10

本章自测题

一、填空题

1. 在滴定分析中，滴定终点与理论上的化学计量点不可能恰好符合，它们之间的误差称为__________。

2. 适用于滴定分析法的化学反应必须具备的条件是__________、__________、__________。

3. 根据标准溶液的浓度和所消耗的体积，算出待测组分的含量，这一类分析方法统称为__________。滴加标准溶液的操作过程称为__________。滴加的标准溶液与待测组分恰好完全反应的这一点，称为__________。

4. 按化学反应类型分类，滴定分析法分为__________、__________、__________和__________等四大类。

5. 如果分析结果的精密度好，但准确度差，是由于测定过程中产生了较大的__________误差。

二、选择题

1. 滴定分析法的分类依据是(　　)。

A. 化学分析　　B. 称量分析　　C. 分析天平　　D. 化学反应

2. 优级纯试剂简称为(　　)。

A. A. R.　　B. C. P.　　C. G. R.　　D. L. R.

3. 用 0.1mol · L^{-1} HCl 溶液滴定 0.16g 纯 Na_2CO_3(M = 105.99g · moL^{-1})溶液至甲基橙变色为终点,需 V_{HCl} 为(　　)。

A. 10mL　　B. 20mL　　C. 30mL　　D. 40mL

4. 基准物质应具备的条件为(　　)。

A. 稳定　　B. 最好具有较大的摩尔质量

C. 易溶解　　D. 必须具有足够的纯度,物质的组成与化学式完全符合

5. 下列物质中只能用间接法配制一定浓度的溶液,然后再标定的是(　　)。

A. NaOH　　B. $KHC_8H_4O_4$　　C. HCl　　D. $H_2C_2O_4 \cdot 2H_2O$

三、简答题

1. 什么是化学计量点和滴定终点? 它们有什么区别?

2. 什么是基准物质? 它有什么用途?

3. 标定标准溶液的方法有哪些? 各适用于什么情况?

4. 什么是等物质的量反应规则? 如何正确选取基本单元?

四、计算题

1. 已知 4.35g Na_2CO_3 溶于 100.00mL 水中,求 $c_{Na_2CO_3}$。

2. 欲配制 $c_{1/6K_2Cr_2O_7}$ = 0.1000mol · L^{-1} $K_2Cr_2O_7$ 标准溶液 500mL,应称取基准物质 $K_2Cr_2O_7$ 多少克?

3. 已知 $c_{1/2H_2SO_4}$ 标准溶液的浓度为 0.2004mol · L^{-1},用此溶液滴定未知浓度的 NaOH 溶液 25.00mL,用去 12.64mL,试计算 NaOH 溶液的浓度。

4. 已知浓硫酸的密度为 1.84g · mL^{-1},其中 H_2SO_4 的质量分数约为 96%,求其物质的量浓度。若配制 0.1503mol · L^{-1} H_2SO_4 溶液 1L,应取浓硫酸多少毫升?

5. 现有 0.05000mol · L^{-1} NaOH 溶液 500mL,欲使其浓度增浓为 0.2000mol · L^{-1},需加入 0.5000mol · L^{-1} NaOH 溶液多少毫升?

6. 用碳酸钠(Na_2CO_3)标定 HCl 溶液时,欲使滴定时消耗 0.2000mol · L^{-1} 的 HCl 溶液 25.30mL,应称取分析纯 Na_2CO_3 多少克?

7. 计算下列溶液的滴定度,以 g · mL^{-1} 表示:

(1)用 c_{HNO_3} = 0.1000mol · L^{-1} 溶液滴定 CaO 和 $CaCO_3$;

(2)用 c_{NaOH} = 0.1032mol · L^{-1} 溶液滴定 H_2SO_4 和 CH_3COOH。

8. 称取 3.1680g 工业纯碱试样,用 c_{HCl} = 0.2000mol · L^{-1} 标准溶液滴定,用甲基橙为指示剂,化学计量点时消耗 HCl 溶液 28.30mL,求纯碱的纯度。

第三章　酸碱滴定法

学习指南　酸碱滴定法是非常重要的滴定分析方法。通过本章的学习应掌握常见物质水溶液 pH 值的计算、缓冲溶液的配制方法、酸碱标准溶液的配制和标定方法、酸碱滴定的基本原理及指示剂的选择原则，并且能熟练掌握滴定管、移液管和吸量管的基本操作，能运用酸碱滴定法测定物质的含量。

酸碱滴定法是以酸碱中和反应为基础的滴定分析方法。其反应实质是 H^+ 与 OH^- 中和生成难解离的水：

$$H^+ + OH^- \longrightarrow H_2O$$

酸碱中和反应的特点是：反应速度快，反应过程简单，副反应少，有很多指示剂可供选用以确定滴定终点。这些特点都有利于进行滴定分析。因此，酸碱滴定法是应用非常广泛的滴定分析方法之一。

第一节　水溶液中的酸碱解离平衡

一、酸碱质子理论

1923 年，丹麦化学家布朗斯特提出的酸碱质子理论认为：凡是能给出质子（H^+）的物质都是酸。如 HCl、HAc、H_2CO_3、HCO_3^-、NH_4^+ 等。凡是能接受质子（H^+）的物质都是碱。如 OH^-、NH_3、Ac^-、HCO_3^-、CO_3^{2-} 等。可见酸碱可以是阳离子、阴离子，也可以是中性分子。它们的关系可用下式表示：

$$HA(酸) \rightleftharpoons H^+ + A^-(碱)$$

上述反应称为酸碱半反应。反应中 HA 给出一个质子形成酸根 A^-；反之，A^- 接受质子后又可生成 HA。HA 和 A^- 称为共轭酸碱对，如：

$$HAc \rightleftharpoons H^+ + Ac^-$$

$$HCl \rightleftharpoons H^+ + Cl^-$$

$$H_2CO_3 \rightleftharpoons H^+ + HCO_3^-$$

$$HCO_3^- \rightleftharpoons H^+ + CO_3^{2-}$$

有些物质，如 HCO_3^- 等，在某一条件下可以给出质子表现为酸，在另一条件下又可以接受质子表现为碱，这样的物质称为两性物质。

应该指出的是上述酸碱半反应不能单独进行。当一种酸给出质子时，溶液中必定有一种碱接受质子。酸碱反应的实质是两个共轭酸碱对之间的质子传递。例如，HAc 在水溶液中解离时，HAc 是给出质子的酸，而溶剂水是接受质子的碱，两个酸碱对相互作用达到平衡状态。

半反应1　　　　　　　　$HAc \rightleftharpoons H^+ + Ac^-$

半反应2　　　　　　　　$H_2O + H^+ \rightleftharpoons H_3O^+$

总反应　　　　　　　　$HAc + H_2O \rightleftharpoons H_3O^+ + Ac^-$

　　　　　　　　　　　酸1　碱2　　　酸2　碱1

同样，碱在水溶液中的解离过程也必须有溶剂分子参加，如 NH_3 的解离反应式如下：

半反应1　　　　　　　　$NH_3 + H^+ \rightleftharpoons NH_4^+$

半反应2　　　　　　　　$H_2O \rightleftharpoons OH^- + H^+$

总反应　　　　　　　　$NH_3 + H_2O \rightleftharpoons OH^- + NH_4^+$

　　　　　　　　　　　碱1　酸2　　　碱2　酸1

在上述反应中，H_2O 既可以作为酸给出质子生成共轭碱 OH^-，也可以作为碱接受质子生成共轭酸 H_3O^+，因此 H_2O 也是两性物质。水分子间的质子转移作用如下：

$$H_2O + H_2O \rightleftharpoons H_3O^+ + OH^-$$

这种在溶剂分子之间发生的质子传递作用，称为溶剂水的质子自递反应，反应的平衡常数称为水的质子自递常数，用 K_w 表示：

$$K_w = [H_3O^+][OH^-] = 10^{-14}$$

根据酸碱质子理论，酸碱中和反应、盐的水解等，其实质都是质子的转移过程。

二、酸碱解离常数

根据酸碱质子理论，当弱酸或弱碱加入溶剂后，就发生质子传递反应，并产生相应的共轭碱或共轭酸。如 HAc 及其共轭碱在水中发生解离反应为

$$HAc + H_2O \rightleftharpoons H_3O^+ + Ac^-$$

$$Ac^- + H_2O \rightleftharpoons HAc + OH^-$$

反应的平衡常数称为酸或碱的解离常数，分别用 K_a 和 K_b 表示。酸的解离常数 K_a 为

$$K_a = \frac{[Ac^-] \cdot [H^+]}{[HAc]}$$

其共轭碱 Ac^- 的解离常数 K_b 为

$$K_b = \frac{[HAc] \cdot [OH^-]}{[Ac^-]}$$

显然，对于共轭酸碱对 HAc 和 Ac^-，其之间的关系为

$$K_a \cdot K_b = \frac{[H^+] \cdot [Ac^-]}{[HAc]} \cdot \frac{[HAc] \cdot [OH^-]}{[Ac^-]} = [H^+] \cdot [OH^-] = K_w = 1.0 \times 10^{-14}$$

即一元共轭酸碱对的 K_a 和 K_b 的关系为

$$K_a \cdot K_b = K_w \qquad (3-1)$$

【例3-1】 已知 HAc 的 $K_a = 1.75 \times 10^{-5}$，求 HAc 的共轭碱 Ac^- 的 K_b。

解： HAc 在水溶液中发生如下解离：

$$HAc \rightleftharpoons H^+ + Ac^-$$

因为 HAc 和 Ac^- 是共轭酸碱对，所以根据式(3-1)得

$$K_b = \frac{K_w}{K_a} = \frac{10^{-14}}{1.75 \times 10^{-5}} = 5.6 \times 10^{-10}$$

多元酸(碱)在水溶液中的解离是逐级进行的。例如,$H_2C_2O_4$ 能形成两个共轭酸碱对:

$$H_2C_2O_4 \underset{+H^+, K_{b2}}{\overset{-H^+, K_{a1}}{\rightleftharpoons}} HC_2O_4^- \underset{+H^+, K_{b1}}{\overset{-H^+, K_{a2}}{\rightleftharpoons}} C_2O_4^{2-}$$

每个共轭酸碱对的 K_a 和 K_b 存在如下关系:

$$K_{a1} \cdot K_{b2} = K_{a2} \cdot K_{b1} = K_w$$

在水溶液中,酸碱的强度用它们在水溶液中的解离常数的大小来衡量,K_a 值越大,表示该酸给出质子的能力越强,其酸性越强;反之,K_b 值越大,表示该碱接受质子的能力越强,其碱性越强。

思考与练习3-1

1. 指出下列物质对应的共轭酸碱对:H_2S、CO_3^{2-}、HPO_4^{2-}、H_3PO_4、H_3O^+。
2. 写出 H_3PO_4 解离形成的三个共轭酸碱对,并表示出 K_a 和 K_b 之间的关系。
3. 比较同浓度的 NH_3、HCO_3^- 和 HPO_4^{2-} 的碱性强弱及它们的共轭酸的酸性强弱。

第二节　酸碱指示剂

一、酸碱指示剂的作用原理

酸碱指示剂一般是结构复杂的有机弱酸和弱碱,其酸式和碱式具有不同的颜色。当溶液的 pH 值改变时,指示剂由酸式变为碱式,或由碱式变为酸式。由于指示剂本身结构发生变化从而引起溶液颜色的变化。

例如:甲基橙是一种有机弱碱,在水溶液中发生如下的离解作用:

$$(CH_3)_2N-C_6H_4-N=N-C_6H_4-SO_3^- \underset{OH^-}{\overset{H^+}{\rightleftharpoons}} (CH_3)_2\overset{+}{N}=C_6H_4=N-NH-C_6H_4-SO_3$$

黄色(偶氮式)　　　　红色(醌式)

以上平衡关系表明,增大溶液的酸度,平衡向右移动,溶液由黄色转变为红色;反之,溶液则由红色转变为黄色。可见,酸碱指示剂的变色与溶液的 pH 值有关。

类似甲基橙,其酸式和碱式型体都有颜色的指示剂称为双色指示剂。酚酞的酸式型体无色,碱式型体红色,因此酚酞属于单色指示剂。

二、酸碱指示剂的变色范围

以弱酸指示剂 HIn 为例进一步说明指示剂颜色变化与溶液酸度的关系。在溶液中指示剂 HIn 的解离平衡用下式表示:

$$HIn \rightleftharpoons H^+ + In^-$$

指示剂解离平衡常数为

$$K_{HIn} = \frac{[H^+] \cdot [In^-]}{[HIn]} \quad 或 \quad \frac{[HIn]}{[In^-]} = \frac{[H^+]}{K_{HIn}}$$

$$pH = pK_{HIn} - \lg \frac{[HIn]}{[In^-]}$$

一般来说，当$\frac{[HIn]}{[In^-]}\geqslant 10$时，看到 HIn 的颜色（酸色），此时 $pH\leqslant pK_{HIn}-1$；当$\frac{[HIn]}{[In^-]}\leqslant 1/10$时，看到 In^- 的颜色（碱色），此时 $pH\geqslant pK_{HIn}+1$。只有当溶液的 pH 值由 $pK_{HIn}-1$ 变化到 $pK_{HIn}+1$（或由 $pK_{HIn}+1$ 变化到 $pK_{HIn}-1$）时，才能观察到指示剂由酸（碱）色变化到碱（酸）色。因此，这一颜色变化的 pH 值范围，即 $pH=pK_{HIn}\pm 1$ 称为指示剂的理论变色范围，为 2 个 pH 单位。但由于人们对不同颜色的敏感程度不同，实际观察到的大多数指示剂的变色范围都小于 2 个 pH 单位。常用的酸碱指示剂及其变色范围见表 3－1。

表 3－1　常用的酸碱指示剂

指示剂	酸　色	碱　色	pK_{HIn}	变色范围 pH 值	用法	每 10mL 试液用量，滴
百里酚蓝	红	黄	1.65	1.2～2.8	0.1% 的 20% 乙醇溶液	1～2
甲基黄	红	黄	3.25	2.9～4.0	0.1% 的 90% 乙醇溶液	1
甲基橙	红	黄	3.45	3.1～4.4	0.05% 的水溶液	1
溴酚蓝	黄	紫	4.1	3.0～4.6	0.1% 的 20% 乙醇溶液	1
溴甲酚绿	黄	蓝	5.0	4.0～5.6	0.1% 的水溶液	1～3
甲基红	红	黄	5.0	4.4～6.2	0.1% 的 60% 乙醇溶液或其钠盐水溶液	1
溴百里酚蓝	黄	蓝	7.25	6.2～7.6	0.1% 的 20% 乙醇溶液或其钠盐水溶液	1
酚红	红	橙黄	7.35	6.8～8.0	0.1% 的 60% 乙醇溶液或其钠盐水溶液	1～3
酚酞	无	红	9.1	8.0～9.6	0.1% 的 90% 乙醇溶液	1～3
百里酚酞	无	蓝	10.0	9.4～10.6	0.1% 的 90% 乙醇溶液	1～2

当溶液中$\frac{[HIn]}{[In^-]}=1$时，溶液呈现两种颜色的中间色。$pH=pK_{HIn}$ 称为指示剂的理论变色点。

三、影响指示剂变色范围的因素

1. 指示剂用量

在滴定过程中，如果指示剂的用量过多或过少，浓度过高或过低都会使终点颜色变化不明显，从而影响终点的判断，降低滴定分析的准确度。另外，指示剂本身也会消耗一定的标准溶液，用量过多，会引起较大的终点误差。因此，使用酸碱指示剂时用量要合适。对单色指示剂来说，用量过多会使其变色范围向 pH 值减小的方向移动。例如，在 50～100mL 溶液中加入 2～3 滴 0.1% 酚酞，溶液在 pH＝9 时出现微红色；若加 10～15 滴酚酞，则在 pH＝8 时溶液即出现微红色。

2. 温度

温度的变化会引起指示剂解离常数的改变，指示剂的变色范围也随之改变。例如，在 18℃时，甲基橙指示剂的变色范围为 pH＝3.1～4.4，而在 100℃时，则为 pH＝2.5～3.7。

3. 溶剂

指示剂在不同的溶剂中解离常数不同，因此，其变色范围也会不同。例如，甲基橙在水溶液中 $pK_{HIn}=3.4$，在甲醇中则为 3.8。

四、混合指示剂

混合指示剂是利用颜色间的互补关系,使终点变色敏锐,变色范围变窄。在某些酸碱滴定过程中,滴定的突跃范围较小,若使用单一指示剂,因其变色范围较宽,所以终点颜色变化不明显,会引起较大的终点误差。在这种情况下使用混合指示剂可正确地指示滴定终点,提高分析结果的准确度。

混合指示剂有两种类型:一是由两种和两种以上指示剂按一定比例混合而成,如溴甲酚绿和甲基红;二是由某种指示剂中加入一种惰性染料混合而成。

例如,甲基橙和靛蓝二磺酸钠组成的混合指示剂,靛蓝二磺酸钠为蓝色染料,在滴定过程中不变色,对甲基橙的颜色变化起衬托作用。该混合指示剂在不同 pH 值的溶液中颜色变化如下:

溶液酸度	甲基橙+靛蓝二磺酸钠	甲基橙
pH≥4.4	黄绿色	黄色
pH=4.0	浅灰色	橙色
pH≤3.1	紫色	红色

可见,甲基橙和靛蓝二磺酸钠混合指示剂由黄绿色(或紫色)变为紫色(或黄绿色),中间呈近乎无色的浅灰色,颜色变化明显,易于观察,且变色范围窄。

常用的混合指示剂列于表 3-2 中。

表 3-2 几种常用的混合指示剂

指示剂组成	变色点(pH 值)	酸式色	碱式色	备注
1 份 0.1% 甲基橙水溶液+ 1 份 0.25% 靛蓝二磺酸钠水溶液	4.1	紫	黄绿	pH=4.1(灰色)
3 份 0.1% 溴甲酚绿乙醇溶液+ 1 份 0.2% 甲基红乙醇溶液	5.1	酒红	绿	
1 份 0.1% 溴甲酚绿钠盐水溶液+ 1 份 0.1% 氯酚红钠盐水溶液	6.1	黄绿	蓝绿	
1 份 0.1% 中性红乙醇溶液+ 1 份 0.1% 次甲基蓝乙醇溶液	7.0	蓝紫	绿	pH=7.0(紫蓝)
1 份 0.1% 甲酚红钠盐水溶液+ 3 份 0.1% 百里酚蓝钠盐水溶液	8.3	黄	紫	pH=8.2(玫瑰色) pH=8.4(紫色)
1 份 0.1% 百里酚蓝的 50% 乙醇溶液+ 3 份 0.1% 酚酞的 50% 乙醇溶液	9.0	黄	紫	

第三节 酸碱标准溶液的配制和标定

酸碱滴定法常用的酸标准溶液有 HCl 溶液和 H_2SO_4 溶液。HCl 溶液价格低廉,尤其是稀 HCl 溶液无氧化还原性,酸性强且稳定,因此用得较多。H_2SO_4 标准溶液虽然稳定性较好,但其第二步解离常数较小，滴定突跃范围相应要小一些，终点时指示剂变色不敏锐，所以一般在温度较高滴定时才考虑用 H_2SO_4 作标准溶液。常用的碱标准溶液是 NaOH 溶液有时也用 KOH 溶液。

一、盐酸标准溶液的配制和标定

1. 配制

市售盐酸的密度为 $1.19g \cdot mL^{-1}$，HCl 的质量分数约为 37%，其物质的量浓度约 $12mol \cdot L^{-1}$。由于市售浓盐酸常含有杂质，且具有挥发性，因此采用间接配制法。

配制时先计算出所需浓盐酸的体积。例如，要配制浓度为 $0.1mol \cdot L^{-1}$ 的 HCl 溶液 500mL，经计算需要上述市售浓盐酸 4.2mL。用量筒量取约 4.5mL 浓盐酸（因浓盐酸有挥发性，量取时应适当多些）配成大致所需浓度的溶液，然后再标定出准确浓度。

2. 标定

（1）常用于标定 HCl 溶液的基准物是无水碳酸钠和硼砂。

在《化学试剂 标准滴定溶液的制备》（GB/T 601—2016）中，使用无水碳酸钠（Na_2CO_3）作基准物，用前先将无水碳酸钠在 270 ~ 300℃下灼烧至恒重，然后放在干燥器中保存备用。标定时，用减量法准确称取一定质量的无水碳酸钠于锥形瓶中，用蒸馏水溶解，滴入 10 滴甲基红 - 溴甲酚绿混合指示剂，再用 HCl 溶液滴定至溶液由绿色变为暗红色。近终点时煮沸赶除 CO_2 后继续滴定至暗红色。平行测定 4 次。滴定反应为

$$Na_2CO_3 + 2HCl = 2NaCl + H_2O + CO_2$$

同时做空白试验，用下式计算待标定盐酸溶液的准确浓度：

$$c_{HCl} = \frac{m}{(V - V_0) \times M_{1/2Na_2CO_3} \times 10^{-3}}$$

式中 m——称取基准物 Na_2CO_3 的质量，g；

V——盐酸溶液的体积，mL；

V_0——空白试验消耗盐酸溶液的体积，mL；

$M_{1/2Na_2CO_3}$——$1/2Na_2CO_3$ 摩尔质量，$g \cdot mol^{-1}$。

（2）如果实验室中有 NaOH 标准溶液，可以用与 NaOH 标准溶液比较的方法。以酚酞作指示剂，用 NaOH 标准溶液滴定一定体积的 HCl 溶液，滴定至浅粉红色为终点。然后利用 NaOH 标准溶液的浓度和体积计算 HCl 标准溶液的准确浓度。

二、氢氧化钠标准溶液的配制和标定

1. 配制

固体氢氧化钠具有很强的吸湿性，容易吸收空气中的 CO_2 和水分而含有少量 Na_2CO_3，还含有少量的硅酸盐、硫酸盐和氯化物等杂质，因此应用间接配制法配制。为了配制不含 Na_2CO_3 的 NaOH 标准溶液可采取下列措施：

（1）先配制 50% 浓 NaOH 溶液，待 Na_2CO_3 沉下后，吸取上清液稀释。

（2）称取稍多的固体 NaOH，用少量水迅速洗涤 2 ~ 3 次，除去固体表面的碳酸盐，用水溶解，配制溶液。

2. 标定

(1)常用于标定 NaOH 标准溶液的基准物是邻苯二甲酸氢钾。

准确称取于 105 ~ 110℃烘箱中干燥至恒重的邻苯二甲酸氢钾,用无 CO_2 的水溶解,加 2 滴酚酞指示剂,用 NaOH 溶液滴定至溶液呈浅粉红色,半分钟不褪为终点。平行测定 4 次。滴定反应为:

$$NaOH + KHC_8H_4O_4 = KNaC_8H_4O_4 + H_2O$$

同时做空白试验,用下式计算待标定氢氧化钠溶液的准确浓度:

$$c_{NaOH} = \frac{m}{(V - V_0) \times M_{KHC_8H_4O_4} \times 10^{-3}}$$

式中 m——称取基准物邻苯二甲酸氢钾的质量,g;

V——氢氧化钠溶液的体积,mL;

V_0——空白试验消耗氢氧化钠溶液的体积,mL;

$M_{KHC_8H_4O_4}$——$KHC_8H_4O_4$ 摩尔质量,g · mol^{-1}。

(2)也可用与 HCl 标准溶液比较的方法确定 NaOH 溶液的准确浓度。

思考与练习3-2

1. 欲配制 0.1mol · L^{-1}的盐酸溶液 500mL,应量取约多少毫升密度为 1.19g · mL^{-1}、质量分数为 37% 的浓盐酸?

2. 用邻苯二甲酸氢钾作基准物标定 NaOH 溶液,待标定的 NaOH 溶液浓度约 0.1mol · L^{-1},希望消耗 NaOH 溶液的体积为 25mL 左右,应称取邻苯二甲酸氢钾多少克?

技能训练 3 - 1　0.1mol · L^{-1} NaOH 标准溶液的配制与标定

一、训练目的

通过训练,学会间接配制法配制标准滴定溶液,掌握 NaOH 标准溶液的配制和标定方法。熟练掌握滴定操作和酚酞指示剂的终点颜色判断。

二、仪器与试剂

(1)仪器:滴定管、锥形瓶、分析天平、托盘天平、500mL 烧杯、玻璃棒。

(2)试剂:氢氧化钠固体、邻苯二甲酸氢钾(于 105 ~ 110℃烘干至恒重)、酚酞指示剂。

三、操作步骤

1. 配制

计算配制 500mL c_{NaOH} = 0.1mol · L^{-1}氢氧化钠标准溶液应称取氢氧化钠的质量,用托盘天平称取计算量的氢氧化钠于一洁净的 500mL 烧杯中。加入蒸馏水到刻线处,用玻璃棒搅拌均匀。

将配制好的标准溶液倒入预先准备好的洁净的 500mL 试剂瓶中。(注意:氢氧化钠溶液应装入带胶塞的白色试剂瓶中)。在标签上填写标准溶液名称、浓度和配制时间,在试剂瓶上贴上填写好的标签,并将试剂瓶存放在指定的位置,留待下次测定使用。

2. 标定

准确称取基准物质邻苯二甲酸氢钾 0.5 ~ 0.6g 于 250mL 锥形瓶中,加 25mL 新煮沸并冷却的蒸馏水使之溶解,滴加 2 滴酚酞指示剂,用 NaOH 溶液滴定,溶液由无色变为浅粉红色,30s 不褪色即为终点。记录消耗 NaOH 溶液的体积。平行测定 3 次。

3. 清理

清洗仪器,整理工作台,将试剂仪器摆放整齐。

四、结果计算

NaOH 标准溶液的浓度计算公式如下:

$$c_{NaOH}=\frac{m_{KHC_8H_4O_8}}{V_{NaOH}\times10^{-3}\times M_{KHC_8H_4O_8}}$$

式中 c_{NaOH}——NaOH 标准溶液的浓度,$mol\cdot L^{-1}$;

$m_{KHC_8H_4O_4}$——邻苯二甲酸氢钾的质量,g;

$M_{KHC_8H_4O_4}$——邻苯二甲酸氢钾的摩尔质量,$g\cdot mol^{-1}$。

思考与练习3-3

1. 实验中为什么用新煮沸并冷却的蒸馏水溶解邻苯二甲酸氢钾?
2. 作平行实验时,为什么每次滴定管读数均要从“零”开始?
3. 标定 NaOH 浓度时产生误差的原因主要有哪些?如何消除?

技能训练 3-2 0.1mol·L^{-1} HCl 标准溶液的配制与标定

一、训练目的

通过训练,掌握 HCl 标准溶液的配制和标定方法,熟练掌握滴定操作和甲基橙指示剂的终点颜色判断。

二、仪器与试剂

(1)仪器:滴定管、锥形瓶、分析天平、量筒、500mL 烧杯、玻璃棒。

(2)试剂:浓盐酸、基准物无水碳酸钠(于 270 ~ 300℃烘干至恒重)、甲基橙指示剂。

三、操作步骤

1. 配制

计算配制 500mL $c_{HCl}=0.1mol\cdot L^{-1}$盐酸标准溶液应量取浓盐酸的体积,用量筒量取计算量的浓盐酸于一预先盛有一定量水的 500mL 烧杯中。加入蒸馏水到刻线处,用玻璃棒搅拌均匀。

将配制好的标准溶液倒入预先准备好的洁净的500mL试剂瓶中。在标签上填写标准溶液名称、浓度和配制时间,在试剂瓶上贴上填写好的标签,并将试剂瓶存放在指定的位置,留待下次测定使用。

2. 标定

准确称取基准物质无水碳酸钠0.15～0.2g于250mL锥形瓶中,加25mL水使之溶解,滴加1滴甲基橙指示剂,用HCl溶液滴定,当溶液由黄色变为橙色时,加热煮沸2min,冷却后再继续滴定至溶液呈现橙色30s不褪色即为终点。记录消耗HCl溶液的体积。平行测定3次。

3. 清理

清洗仪器,整理工作台,将试剂仪器摆放整齐。

四、结果计算

HCl标准溶液的浓度计算公式如下:

$$c_{HCl} = \frac{m_{Na_2CO_3}}{V_{HCl} \times 10^{-3} \times M_{1/2Na_2CO_3}}$$

式中 c_{HCl}——HCl标准溶液的浓度,$mol \cdot L^{-1}$;

V_{HCl}——滴定消耗HCl标准溶液的体积,mL;

$m_{Na_2CO_3}$——Na_2CO_3碳酸钠的质量,g;

$M_{1/2Na_2CO_3}$——以$1/2Na_2CO_3$为基本单元的摩尔质量,$g \cdot mol^{-1}$。

思考与练习3-4

1. 标定盐酸溶液时,称取基准物质无水Na_2CO_3的质量为什么要求在0.15～0.2g范围?
2. 滴定近终点时,为什么要将溶液煮沸冷却后再继续滴定?

第四节　酸碱缓冲溶液的选择和配制

一、缓冲溶液的组成及作用原理

酸碱缓冲溶液是一种能对溶液酸度起稳定作用的溶液。在分析化学中,许多定量分析过程都要求在一定的酸度条件下进行,因此酸碱缓冲溶液在滴定分析过程中起着非常重要的作用。

缓冲溶液一般分两类:一类是普通缓冲溶液,主要由浓度较大的弱酸及其共轭碱、弱碱及其共轭酸组成,如HAc－NaAc、NH_3－NH_4Cl等,这类缓冲溶液主要用于控制溶液酸度;另一类是标准缓冲溶液,由逐级解离常数相差较小的两性化合物组成,如酒石酸氢钾,也可由共轭酸碱对组成,如$H_2PO_4^-$－HPO_4^{2-},主要用于测定pH值的参比标准溶液。此外,浓度较大的强酸($pH<2$)、强碱($pH>12$)也可作为缓冲溶液。

下面以HAc－NaAc组成的缓冲体系为例说明缓冲溶液的作用原理。HAc－NaAc在溶液中按下式解离:

$$NaAc \longrightarrow Na^+ + Ac^-$$

$$HAc \rightleftharpoons H^+ + Ac^-$$

如果向此溶液中加入少量强酸时,加入的 H^+ 与溶液中的 Ac^- 结合成难解离的HAc,使HAc解离平衡向左移动,溶液中[H^+]增加不多,pH值变化很小。如果向此溶液中加入少量强碱,则加入的 OH^- 与 H^+ 结合成水,HAc继续解离,平衡向右移动,溶液中[H^+]降低不多,pH值变化仍很小。当溶液被加水稀释时,HAc和NaAc的浓度都相应降低,但HAc的解离度会相应增大,也使[H^+]变化不大。因此缓冲溶液具有控制溶液酸度的能力。

二、缓冲溶液pH值的计算

以弱酸和弱酸盐组成的缓冲溶液HAc-NaAc为例。设HAc的分析浓度为 c_a,NaAc的分析浓度为 c_s。HAc和NaAc在溶液中按下式解离:

$$NaAc \longrightarrow Na^+ + Ac^-$$

$$HAc \rightleftharpoons H^+ + Ac^-$$

由于同离子效应,近似认为[HAc] $= c_a$,另NaAc的水解作用受到抑制,[Ac^-] $= c_s$,所以

$$K_a = \frac{[H^+] \cdot [Ac^-]}{[HAc]} = \frac{[H^+] \cdot c_s}{c_a}$$

$$[H^+] = K_a \frac{c_a}{c_s}$$

$$pH = pK_a - \lg \frac{c_a}{c_s} \qquad (3-2)$$

同理,对于弱碱和弱碱盐组成的缓冲溶液,其[OH^-]及pH值计算公式如下:

$$[OH^-] = K_b \frac{c_b}{c_s}$$

$$pOH = pK_b - \lg \frac{c_b}{c_s} \qquad (3-3)$$

【例3-2】 由 $0.1mol \cdot L^{-1}$ HAc溶液和 $0.1mol \cdot L^{-1}$ NaAc溶液所组成缓冲体系的pH值是多少?若往其中加入 $0.001mol \cdot L^{-1}$ HCl溶液,pH值将变为多少?

解:已知 $c_a = c_s = 0.1mol \cdot L^{-1}$,查书后附表1得 $K_a = 1.9 \times 10^{-5}$。根据式(3-2)得

$$pH = pK_a = -\lg(1.9 \times 10^{-5})$$

$$pH = 4.72$$

加入HCl溶液时,其中的 H^+ 与 Ac^- 结合成HAc,即

$$H^+ + Ac^- \rightleftharpoons HAc$$

于是,c_a 增加 $0.001mol \cdot L^{-1}$,c_s 减少 $0.001mol \cdot L^{-1}$。此时pH值为

$$pH = pK_a - \lg \frac{c_a}{c_s}$$

$$= 4.72 - \lg \frac{0.101}{0.099}$$

$$= 4.71$$

可见,加入 $0.001mol \cdot L^{-1}$ HCl溶液前后pH值变化很小。

从式(3－2)和式(3－3)可以看出，酸碱缓冲溶液的pH值，主要取决于缓冲体系中弱酸或弱碱的解离常数 K_a 和 K_b。对于同一种缓冲溶液，pK_a 或 pK_b 是常数，溶液的pH值随溶液的浓度比稍有改变。适当改变浓度比 c_a/c_s 或 c_b/c_s，可在一定范围内配制不同pH值的缓冲溶液。当浓度比为1时，缓冲溶液具有最大缓冲能力，且 $pH = pK_a$ 或 $pOH = pK_b$；当浓度比小于等于1/10或大于等于10时，缓冲能力就很小了，因此，$pH = pK_a \pm 1$ 或 $pOH = pK_b \pm 1$ 是缓冲溶液的有效作用范围，简称缓冲范围。例如，缓冲溶液 HAc－NaAc 的 $pK_a = 4.74$，其缓冲范围为3.74～5.74。缓冲溶液 $NH_3 - NH_4Cl$，$pK_a = 9.26$，因此，该缓冲溶液可在8.26～10.26范围内起到缓冲作用。

每一种缓冲溶液只具有一定的缓冲能力，通常用缓冲容量来衡量缓冲溶液缓冲能力的大小。缓冲容量是使1L缓冲溶液的pH值增加或减少一个单位时所需要加入强碱或强酸的物质的量。缓冲容量越大，其缓冲能力越强。

三、缓冲溶液的选择和配制

常用的缓冲溶液种类很多，应根据实际情况选用不同的缓冲溶液。在选用缓冲溶液时应注意，所选用的缓冲溶液应对分析过程没有干扰，所需控制的pH值应在缓冲溶液的缓冲范围之内，缓冲溶液应有足够的缓冲容量。还应注意，应使其中酸（碱）组分的 pK_a（pK_b）等于或接近于所需要控制的pH值。若需要控制溶液的酸度在 pH＝5 左右，可以选择 HAc－NaAc 作缓冲溶液；若需要控制溶液的酸度在 pH＝9 左右，可选择 $NH_3 - NH_4Cl$ 作缓冲溶液。几种常用的缓冲溶液见表3－3。

表3－3　常用的缓冲溶液

缓冲溶液	酸的存在形式	碱的存在形式	pK_a
氨基乙酸－HCl	$^+NH_3CH_2COOH$	$^+NH_3CH_2COO^-$	2.35
一氯乙酸－NaOH	$CH_2ClCOOH$	CH_2ClCOO^-	2.86
HAc－NaAc	HAc	Ac^-	4.74
六次甲基四胺－HCl	$(CH_2)_6N_4H^+$	$(CH_2)_6N_4$	5.15
$NaH_2PO_4 - Na_2HPO_4$	$H_2PO_4^-$	HPO_4^{2-}	7.20
$Na_2B_4O_7$－HCl	H_3BO_3	$H_2BO_3^-$	9.24
$NH_3 - NH_4Cl$	NH_4^+	NH_3	9.26
$NaHCO_3 - Na_2CO_3$	HCO_3^-	CO_3^{2-}	10.30

由一对共轭酸碱组成的缓冲溶液应用比较广泛。这类缓冲溶液的配制方法可参见书后附表2或查阅相关手册，也可根据具体要求计算出各组分的用量。

【例3－3】 要配制 pH＝5.0 的 HAc－NaAc 缓冲溶液 1000mL，用去 50g NaAc，问需用 $6.0mol \cdot L^{-1}$ 的 HAc 溶液多少毫升？

解：缓冲溶液中 Ac^- 的浓度为

$$c_{Ac^-} = \frac{50}{82.03 \times 1.000} = 0.61 (mol \cdot L^{-1})$$

因为对于 HAc－NaAc 缓冲溶液：

$$[H^+] = K_a \cdot \frac{c_a}{c_s}$$

所以缓冲溶液中 HAc 的浓度为

$$c_{HAc} = \frac{[H^+]}{K_a} \cdot c_{Ac^-} = \frac{1.0 \times 10^{-5}}{1.75 \times 10^{-5}} \times 0.61 = 0.35(mol \cdot L^{-1})$$

需用 $6.0mol \cdot L^{-1}$ HAc 的体积为

$$V_{HAc} = \frac{1.000 \times 0.35}{6.0} = 0.057(L) = 57(mL)$$

思考与练习3-5

欲配制 pH = 10.0 的 $NH_3 - NH_4Cl$ 缓冲溶液 1000mL，用去 51g 固体 NH_4Cl，需用 $15mol \cdot L^{-1}$ 的 $NH_3 \cdot H_2O$ 溶液多少毫升？

技能训练 3 -3　缓冲溶液的配制及其性质

一、训练目的

通过训练，掌握缓冲溶液的配制方法及性质，学习如何观察实验现象并能对实验现象进行分析。

二、仪器与试剂

（1）仪器：烧杯、试管、量筒、吸量管、吸水纸。

（2）试剂：$0.1mol \cdot L^{-1}$（HAc、NaAc、NaH_2PO_4、Na_2HPO_4、$NH_3 \cdot H_2O$、NH_4Cl、HCl、NaOH）溶液、甲基红溶液、广泛 pH 试纸、精密 pH 试纸。

三、操作步骤

1. 缓冲溶液的配制与 pH 值的测定

（1）pH = 5：$0.1mol \cdot L^{-1}$ NaAc 溶液 6.4mL + $0.1mol \cdot L^{-1}$ HAc 溶液 3.6mL；

（2）pH = 7：$0.1mol \cdot L^{-1}$ Na_2HPO_4溶液 3.9mL + $0.1mol \cdot L^{-1}$ NaH_2PO_4溶液 6.1mL；

（3）pH = 9：$0.1mol \cdot L^{-1}$ $NH_3 \cdot H_2O$ 溶液 3.6mL + $0.1mol \cdot L^{-1}$ NH_4Cl 溶液 6.4mL。

2. 缓冲溶液的性质

（1）取 3 支试管，依次加入蒸馏水，pH = 5 的 HCl 溶液，pH = 9 的 NaOH 溶液各 3mL，用 pH 试纸测其 pH 值，然后向各管加入 5 滴 $0.1mol \cdot L^{-1}$ HCl，再测其 pH 值。用相同的方法，试验 5 滴 $0.1mol \cdot L^{-1}$ NaOH 对上述三种溶液 pH 值的影响。

（2）取 3 支试管，依次加入已配制的 pH = 5.0、pH = 7.0、pH = 9.0 的缓冲溶液各 3mL。然后向各管加入 5 滴 $0.1mol \cdot L^{-1}$ HCl，用精密 pH 试纸测其 pH 值。用相同的方法，试验 5 滴 $0.1mol \cdot L^{-1}$ NaOH 对上述三种缓冲溶液 pH 值的影响。

（3）取 5 支试管，依次分别加入 pH = 4 的 HCl 溶液，pH = 10 的 NaOH 溶液及 pH = 5.0 缓冲溶液、pH = 7.0 缓冲溶液、pH = 9.0 的缓冲溶液各 1mL，用精密 pH 试纸测定各管中溶液的 pH 值。然后向各管中加入 10mL 水，混匀后再用精密 pH 试纸测其 pH 值，考查稀释上述五种溶液 pH 值的影响。通过以上实验结果,说明缓冲溶液的什么性质。

3. 缓冲溶液的缓冲容量

(1)缓冲容量与缓冲组分浓度的关系:取两支大试管,在一试管中加入 $0.1mol \cdot L^{-1}$ HAc 和 $0.1mol \cdot L^{-1}$ NaAc 各 3mL,另一试管中加入 $1mol \cdot L^{-1}$ HAc 和 $1mol \cdot L^{-1}$ NaAc 各 3mL,混匀后用精密 pH 试纸测定两试管内溶液的 pH 值(是否相同)?在两试管中分别滴入 2 滴甲基红指示剂,溶液呈何色?(甲基红在 $pH < 4.2$ 时呈红色,$pH > 6.3$ 时呈黄色)。然后在两试管中分别逐滴加入 $1mol \cdot L^{-1}$ NaOH 溶液(每加入 1 滴 NaOH 均需摇匀),直至溶液的颜色变成黄色。记录各试管所滴入 NaOH 的滴数,说明哪一试管中缓冲溶液的缓冲容量大。

(2)缓冲容量与缓冲组分比值的关系:取两支大试管,用吸量管在一试管中加入 NaH_2PO_4 和 Na_2HPO_4 各 10mL,另一试管中加入 2mL $0.1mol \cdot L^{-1}$ Na_2HPO_4 和 18mL $0.1mol \cdot L^{-1}$ NaH_2PO_4,混匀后用精密 pH 试纸分别测量两试管中溶液的 pH 值。然后在每试管中各加入 1.8mL $1mol \cdot L^{-1}$ NaOH,混匀后再用精密 pH 试纸分别测量两试管中溶液的 pH 值。

思考与练习3-6

1. 如何做缓冲溶液的性质比较实验?
2. 通过性质比较实验说明缓冲溶液具有哪些性质。

第五节　一元酸碱的滴定

一、酸碱溶液 pH 值的计算

1. 酸碱水溶液的酸度

酸度是指溶液中氢离子的活度。当溶液的浓度不太大时,活度近似等于浓度。因此,酸度可以说是溶液中氢离子的浓度。通常用 pH 值表示,即 $pH = -\lg[H^+]$。

酸的浓度和酸度在概念上是不同的。酸的浓度是指某种酸的物质的量浓度,又称酸的总浓度或该种酸的分析浓度,包括溶液中未离解酸的浓度和已离解酸的浓度。

有时,对于碱性较强的物质,可用碱度表示其酸碱性的强弱,碱度通常用 pOH 值表示。对于水溶液来说

$$pH + pOH = 14.0$$

2. 酸碱溶液 pH 值的计算

1)一元强酸(碱)溶液

强酸(碱)在水溶液中完全解离。因此,其 H^+(OH^-)的浓度等于强酸(碱)的浓度。如 $0.01mol \cdot L^{-1}$ HCl 溶液:

$$[H^+] = 0.01mol \cdot L^{-1} \qquad pH = 2.0$$

$0.01mol \cdot L^{-1}$ NaOH 溶液:

$$[OH^-] = 0.01mol \cdot L^{-1} \qquad pOH = 2.0 \qquad pH = 12.0$$

2)一元弱酸(碱)溶液

弱酸(碱)在水溶液中只有少部分电离。现以一元弱酸 HA 为例说明一元弱酸溶液 pH 值的计算方法,HA 在水溶液中存在下列平衡关系:

$$HA \rightleftharpoons H^+ + A^-$$

$$K_a = \frac{[H^+] \cdot [A^-]}{[HA]}$$

设弱酸的分析浓度为 c_a,解离平衡时 $[H^+]=[A^-]$,未离解部分 $[HA]=c_a-[H^+]$。

由于弱酸的解离度较小,且 $c_a \gg [H^+]$,因此近似认为 $[HA] \approx c_a$,故

$$K_a = \frac{[H^+]^2}{c_a}$$

$$[H^+] = \sqrt{K_a \cdot c_a} \qquad (3-4)$$

当 $c_a/K_a \geqslant 500$ 时,用上式计算弱酸的 pH 值,其相对误差不大于 2.5%。

同理,一元弱碱溶液 $[OH^-] = \sqrt{K_b \cdot c_b}$ (3-5)

【例 3-4】 求 0.50mol · L^{-1} HAc 水溶液的 pH 值。

解: $HAc \rightleftharpoons H^+ + Ac^-$

查附表 1 可知 $K_a = 1.75 \times 10^{-5}$,$c_a = 0.50mol \cdot L^{-1}$,代入式(3-4)得

$$[H^+] = \sqrt{1.75 \times 10^{-5} \times 0.50} = 2.96 \times 10^{-3}(mol \cdot L^{-1})$$

$$pH = 2.53$$

【例 3-5】 求 0.10mol · L^{-1} $NH_3 \cdot H_2O$ 溶液的 pH 值。

解: $NH_3 \cdot H_2O \rightleftharpoons NH_4^+ + OH^-$

查附表 1 可知 $K_b = 1.8 \times 10^{-5}$,$c_a = 0.10mol \cdot L^{-1}$,代入式(3-5)得

$$[OH^-] = \sqrt{1.8 \times 10^{-5} \times 0.10} = 6.57 \times 10^{-3}(mol \cdot L^{-1})$$

$$pOH = 3.18, pH = 10.82$$

3)水解性盐溶液

由于盐类的离子与水中的 H^+ 或 OH^- 作用生成弱酸或弱碱,而使溶液中 OH^- 或 H^+ 离子浓度增大,这种现象称为盐的水解。强酸强碱盐如 NaCl 在水溶液中完全电离成 Na^+ 和 Cl^-,溶液呈中性,不水解。而强碱弱酸盐如 NaAc 在水溶液中水解显碱性,强酸弱碱盐如 NH_4Cl 在水溶液中水解显酸性。

强碱弱酸盐 NaAc 在水溶液中全部电离成 Na^+ 和 Ac^-,电离出的 Ac^- 与水中的 H^+ 结合成难以电离的 HAc 分子,使溶液中 H^+ 浓度降低,使水的电离平衡向右移动,溶液中 $[OH^-]$ 不断增加,直至达到新的平衡,因此 NaAc 溶液呈碱性。

$$NaAc \longrightarrow Na^+ + Ac^-$$

$$+$$

$$H_2O \rightleftharpoons OH^- + H^+$$

$$\Updownarrow$$

$$HAc$$

Ac^- 是 HAc 的共轭碱,在水溶液中有下列酸碱平衡:

$$Ac^- + H_2O \rightleftharpoons HAc + OH^-$$

可见,NaAc 可作为一元弱碱来处理,由于 $K_w = K_a K_b$,根据式(3-5)得

$$[OH^-] = \sqrt{\frac{K_w}{K_a} \cdot c_s} \tag{3-6}$$

同理,强酸弱碱盐如 NH_4Cl,水解后溶液显酸性,$[H^+]$可按下式计算:

$$[H^+] = \sqrt{\frac{K_w}{K_b} \cdot c_s} \tag{3-7}$$

【例 3-6】 求 $0.10mol \cdot L^{-1}$ NaAc 溶液的 pH 值。

解:已知 $K_a = 1.75 \times 10^{-5}$,$c_s = 0.10mol \cdot L^{-1}$,则

$$[OH^-] = \sqrt{\frac{1.0 \times 10^{-14}}{1.75 \times 10^{-5}} \times 0.10}$$
$$= 7.55 \times 10^{-6}(mol \cdot L^{-1})$$
$$pOH = 5.12$$
$$pH = 8.88$$

【例 3-7】 求 $0.050mol \cdot L^{-1}$ NH_4Cl 溶液的 pH 值。

解:已知 $K_b = 1.8 \times 10^{-5}$,$c_s = 0.050mol \cdot L^{-1}$,则

$$[H^+] = \sqrt{\frac{1.0 \times 10^{-14}}{1.8 \times 10^{-5}} \times 0.050}$$
$$= 5.3 \times 10^{-6}(mol \cdot L^{-1})$$
$$pH = 5.28$$

4)两性物质溶液

两性物质溶液在水溶液中既可给出质子,又可失去质子,其酸碱平衡关系比较复杂。一般用以下简式计算溶液中 H^+ 浓度。

如 NaH_2PO_4 $$[H^+] = \sqrt{K_{a_1} \cdot K_{a_2}} \tag{3-8}$$

Na_2HPO_4 $$[H^+] = \sqrt{K_{a_2} \cdot K_{a_3}} \tag{3-9}$$

思考与练习3-7

1. 强酸弱碱盐 NH_4Cl 在水溶液中为什么显酸性?
2. 计算下列溶液的 pH 值:

(1)$0.001mol \cdot L^{-1}$ KOH (2)$0.40mol \cdot L^{-1}$ HCOOH

(3)$0.15mol \cdot L^{-1}$ NH_2OH (4)$0.1mol \cdot L^{-1}$ NH_4NO_3

(5)$0.001mol \cdot L^{-1}$ NaCN (6)$0.04mol \cdot L^{-1}$ $NaHCO_3$

二、强碱滴定强酸

在酸碱滴定过程中,只有了解溶液 pH 值变化情况,特别是化学计量点附近 pH 值的变化,才能正确地选用指示剂。描述滴定过程中 pH 值随标准溶液的加入量的变化而不断变化的曲线称为滴定曲线。对于不同类型的滴定过程,pH 值的变化情况不同,将得到不同的滴定曲线。

下面讨论几种常见的滴定过程。

以 0.1000mol · L^{-1} NaOH 溶液滴定 20.00mL 0.1000mol · L^{-1} HCl 溶液为例，讨论强碱滴定强酸的滴定过程。滴定反应为

$$NaOH + HCl \longrightarrow NaCl + H_2O$$

现将整个滴定过程分成四个阶段来考虑。

（1）滴定开始前：溶液 pH 值主要取决于 HCl 溶液的分析浓度，pH 值计算如下：

$$[H^+] = c_{HCl} = 0.1000 mol \cdot L^{-1}$$

$$pH = 1.00$$

（2）从滴定开始到化学计量点前：此时溶液的 pH 值取决于剩余 HCl 物质的量，若加入 19.98mL NaOH 溶液，剩余 HCl 溶液的体积为 0.02mL。pH 值计算如下：

$$[H^+] = \frac{c_{HCl} \times \text{剩余 HCl 溶液的体积}}{\text{溶液总体积}}$$

$$= \frac{0.1000 \times 0.02}{20.00 + 19.98}$$

$$= 5 \times 10^{-5} (mol \cdot L^{-1})$$

$$pH = 4.30$$

（3）化学计量点时：此时 NaOH 溶液和 HCl 溶液恰好完全中和，溶液呈中性，pH = 7.00。

（4）化学计量点后：此时溶液的 pH 值主要取决于过量的 NaOH 溶液。若加入 20.02mL NaOH 溶液，则 NaOH 溶液过量 0.02mL。

$$[OH^-] = \frac{c_{NaOH} \times \text{过量 NaOH 溶液的体积}}{\text{溶液总体积}}$$

$$= \frac{0.1000 \times 0.2}{20.00 + 20.02}$$

$$= 5 \times 10^{-5} (mol \cdot L^{-1})$$

$$pH = 9.70$$

利用上述方法可计算出滴定过程中任何一点的 pH 值，并将主要计算结果列于表 3－4 中。然后以 NaOH 溶液的加入量为横坐标，以对应的 pH 值为纵坐标作图，可得到用 NaOH 溶液滴定 HCl 溶液的滴定曲线，如图 3－1 所示。

表 3－4　用 0.1000mol · L^{-1} NaOH 溶液滴定 20.00mL 0.1000mol · L^{-1} HCl 溶液

加入 NaOH 溶液体积，mL	剩余 HCl 溶液体积，mL	过量 NaOH 溶液体积，mL	pH 值
0.00	20.00		1.00
18.00	2.00		2.28
19.80	0.20		3.30
19.98	0.02		4.30
20.00	0.00		7.00
20.02		0.02	9.70
20.20		0.20	10.70
22.00		2.00	11.70
40.00		20.00	12.50

从表3－4和图3－1可以看出，随着NaOH溶液的不断加入，溶液的pH值不断升高。开始变化比较缓慢，曲线上升较平缓。在化学计量点附近，NaOH溶液的加入量对pH值影响非常明显。从化学计量点前剩余0.02mL HCl溶液到过量0.02mL NaOH溶液，NaOH溶液加入量仅变化0.04mL(1滴)，而溶液的pH值却从4.30增加到9.70，变化了5.4个pH单位，形成了滴定曲线的突跃部分。化学计量点后，pH值变化又较缓慢。分析化学上将化学计量点前后±0.1%误差范围内的pH值的变化称为pH值突跃范围。因此，用0.1000mol·L^{-1} NaOH溶液滴定20.00mL 0.1000mol·L^{-1} HCl溶液的pH值突跃范围为4.30～9.70。

理想的指示剂应恰好在化学计量点时变色。实际上，凡是在突跃范围内变色的指示剂都在滴定所允许的误差范围之内。因此，选择指示剂的原则是指示剂的突跃范围全部或部分落在pH值突跃范围内的指示剂都可使用。上述滴定过程可供选择的指示剂有很多，如酚酞、甲基红、甲基橙等。

如果溶液浓度改变，化学计量点时溶液pH值不变，但pH值突跃的长短却不相同，酸碱溶液越浓，化学计量点附近的pH值突跃越长，选择指示剂越方便，但要造成较大的误差，如图3－2所示。因此，常用的酸碱标准溶液的浓度为0.1mol·L^{-1}左右，一般不低于0.01mol·L^{-1}，不高于1.0mol·L^{-1}。

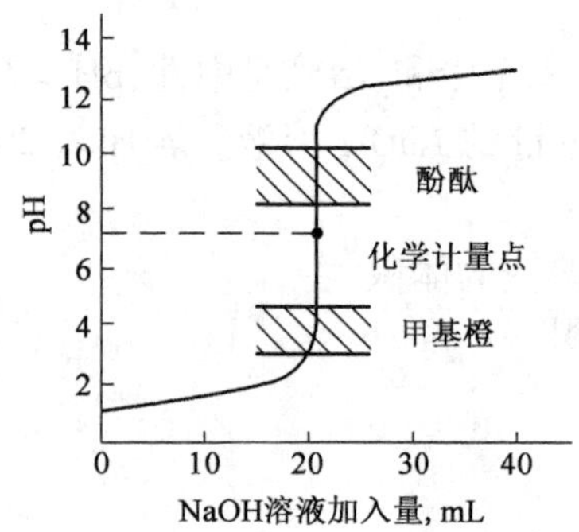

图3－1　0.1000mol·L^{-1}NaOH溶液滴定20.00mL 0.1000mol·L^{-1} HCl溶液的滴定曲线

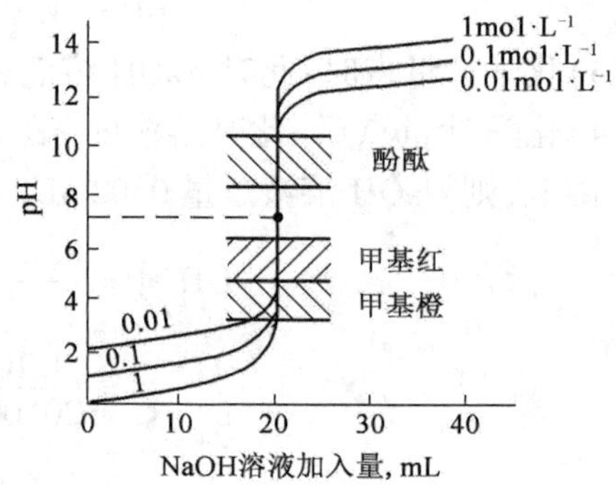

图3－2　不同浓度NaOH溶液滴定相同浓度HCl溶液的滴定曲线

用强酸滴定强碱时滴定曲线与强碱滴定强酸互相对称，溶液pH值变化方向相反。颜色的变化由浅到深容易观察，而由深变浅则不易观察。因此应选择在滴定终点时使溶液颜色由浅变深的指示剂。强酸和强碱中和时，尽管酚酞和甲基橙都可以用，但用酸滴定碱时，甲基橙加在碱里，达到化学计量点时，溶液颜色由黄变红，易于观察，故选择甲基橙。用碱滴定酸时，酚酞加在酸中，达到化学计量点时，溶液颜色由无色变为红色，易于观察，故选择酚酞。

三、强碱滴定弱酸

以0.1000mol·L^{-1} NaOH溶液滴定20.00mL 0.1000mol·L^{-1} HAc溶液为例，计算强碱滴定弱酸滴定过程pH值变化情况。滴定反应为

$$NaOH + HAc = NaAc + H_2O$$

(1)滴定开始前：溶液的pH值由HAc溶液的浓度决定。因为HAc是弱酸，因此溶液的pH值根据式(3－2)计算：

$$[H^+] = \sqrt{K_a \cdot c_a} = \sqrt{1.75 \times 10^{-5} \times 0.1000} = 1.32 \times 10^{-3} (mol \cdot L^{-1})$$

$$pH = 2.88$$

(2)从滴定开始到化学计量点前：这一阶段剩余的 HAc 与反应生成的 NaAc 组成缓冲体系，溶液的 pH 值应按缓冲溶液的计算公式来计算。若加入 19.98mL NaOH 溶液，剩余 HAc 溶液 0.02mL，pH 值计算如下：

$$c_a = \frac{0.02 \times 0.1000}{20.00 + 19.98} = 5.0 \times 10^{-5}(mol \cdot L^{-1})$$

$$c_s = \frac{19.98 \times 0.1000}{20.00 \times 19.98} = 5.0 \times 10^{-1}(mol \cdot L^{-1})$$

$$pH = 7.72$$

(3)化学计量点时：加入 20.00mL NaOH 溶液，HAc 全部被中和成 NaAc，NaAc 水解使溶液呈碱性，溶液 pH 值根据强碱弱酸盐的计算公式计算：

$$[OH^-] = \sqrt{\frac{1.0 \times 10^{-14}}{1.75 \times 10^{-5}} \times 0.050} = 5.34 \times 10^{-6}(mol \cdot L^{-1})$$

$$pOH = 5.27 \qquad pH = 8.73$$

(4)化学计量点后：由于过量的 NaOH 存在抑制了 NaAc 的水解，溶液的 pH 值主要取决于过量的 NaOH，计算方法与强碱滴定强酸相同。若加入 20.02mL NaOH 溶液，NaOH 溶液过量 0.02mL，溶液的 pH 值为 9.70。

用上述方法求出滴定过程中 pH 值变化数据，并列入表 3－5 中，绘出滴定曲线，如图 3－3 所示。

表 3－5　用 0.1000mol·L^{-1} NaOH 溶液滴定 20.00mL 0.1000mol·L^{-1} HAc 溶液

加入 NaOH 溶液体积，mL	剩余 HCl 溶液体积，mL	过量 NaOH 溶液体积，mL	pH 值
0.00	20.00		2.88
18.00	2.00		4.72
19.80	0.20		6.72
19.98	0.02		7.73
20.00	0.00		8.73
20.02		0.02	9.70
20.20		0.20	10.70
22.00		2.00	11.70
40.00		20.00	12.50

与 NaOH 溶液滴定 HCl 溶液相比较，NaOH 溶液滴定 HAc 溶液的滴定曲线有以下特点：

(1)由于 HAc 是弱酸，在水溶液中部分解离，溶液中[H^+]较相同浓度的 HCl 低，pH = 2.87，所以滴定曲线的起始 pH 值比 NaOH 溶液滴定 HCl 溶液高出 1.88 个 pH 单位。

(2)NaOH 溶液滴定 HAc 溶液滴定曲线的突跃部分较 NaOH 溶液滴定 HCl 溶液的要小得多，且在碱性范围内，化学计量点 pH 值呈碱性。因此只能选择在弱碱性范围内变色的指示剂，如酚酞。

(3)强碱滴定弱酸的滴定突跃大小决定于弱酸的浓度和它的解离常数。如果被滴定的酸比 HAc 更弱，则滴定到化学计量点时，溶液 pH 值更高，化学计量点时 pH 值突跃更小，如图 3－4

所示。

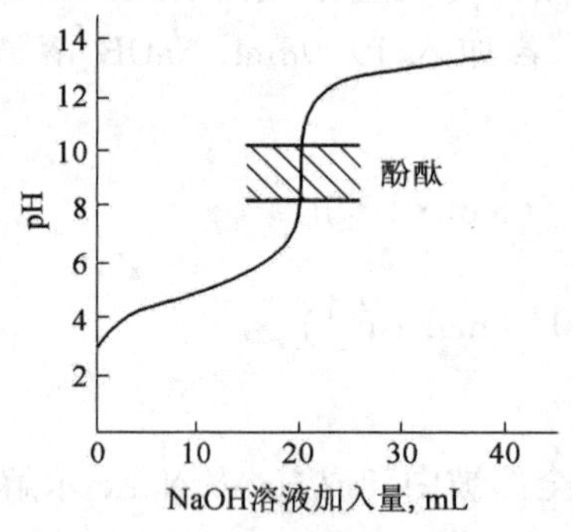

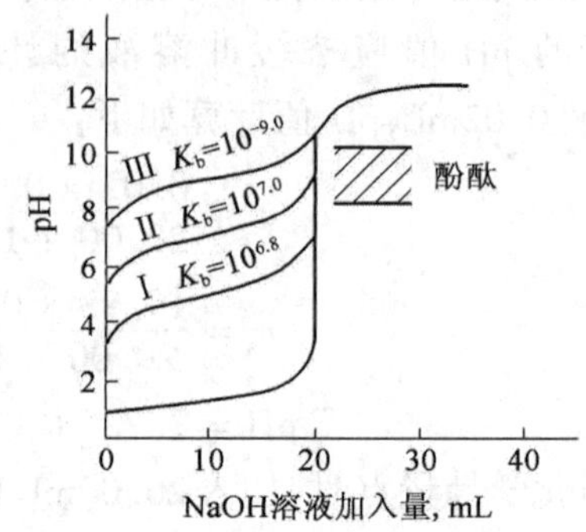

图 3－3　0.1000mol · L^{-1} NaOH 溶液滴定 20mL 0.1000mol · L^{-1} HAc 溶液的滴定曲线

图 3－4　0.1mol · L^{-1} NaOH 溶液滴定 0.1mol · L^{-1} 不同强度的弱酸的滴定曲线

一般来说，如果要求滴定误差≤0.1%，只有 $c_a \cdot K_a \geqslant 10^{-8}$ 的弱酸才能用强碱准确滴定。判断弱碱能否被直接滴定的依据 $c_b \cdot K_b \geqslant 10^{-8}$。用强酸滴定弱碱时，其滴定曲线与强碱滴定弱酸相似，只是 pH 值变化相反，化学计量点时 pH 值突跃较小且处在酸性范围内。

思考与练习3-8

1. 计算并画出用 0.1000mol · L^{-1} HCl 滴定 20.00mL 0.1000mol · L^{-1} NaOH 的滴定曲线，选择合适的指示剂，并与强碱滴定强酸的滴定曲线相比较有何异同。

2. 计算并画出用 0.1000mol · L^{-1} HCl 滴定 20.00mL 10.1000mol · L^{-1} $NH_3 \cdot H_2O$ 的滴定曲线，并选择合适的指示剂。

技能训练 3－4　醋酸含量的测定

一、训练目的

通过训练，掌握强碱滴定弱酸的方法；进一步熟悉滴定分析操作技术和吸量管的使用方法。

二、仪器与试剂

(1) 仪器：滴定管、锥形瓶、容量瓶、移液管、吸量管。

(2) 试剂：c_{NaOH} = 0.1mol · L^{-1} 氢氧化钠标准溶液、酚酞指示剂（ρ = 10g · L^{-1} 的乙醇溶液）。

三、操作步骤

准确吸取 1mL 醋酸样品，放于 100mL 容量瓶中，用蒸馏水稀释至刻度，摇匀。吸取 25mL 上述溶液，注入 250mL 锥形瓶中，加 2 滴酚酞指示剂，以 0.1mol · L^{-1} 的 NaOH 标准溶液滴定至浅粉红色半分钟不褪为终点，记下消耗 NaOH 标准溶液体积。平行测定 3 次。

清洗仪器，整理工作台，将试剂仪器摆放整齐。

四、结果计算

HAc 的质量浓度计算公式如下：

$$w_{HAc}=\frac{c_{NaOH}V_{NaOH}\times 10^{-3}\times M_{HAc}}{V_{HAc}\times\frac{25}{250}}\times 1000$$

式中 w_{HAc}——HAc 的质量浓度，$g\cdot L^{-1}$；

c_{NaOH}——NaOH 标准溶液的浓度，$mol\cdot L^{-1}$；

V_{NaOH}——NaOH 标准溶液消耗的体积，mL；

M_{HAc}——HAc 的摩尔质量，$g\cdot mol^{-1}$；

V_{HAc}——吸取 HAc 试样的体积，mL。

思考与练习3-9

1. 测定 HAc 时，为什么选用酚酞作指示剂？
2. 使用吸量管取醋酸样品时，应注意什么？

第六节　多元酸碱的滴定

一、多元酸的滴定

多元酸大多是二元弱酸或三元弱酸，它们在水溶液中是分步解离的。下面以 NaOH 溶液滴定 H_3PO_4 溶液为例进行讨论。

H_3PO_4 是三元酸，在水溶液中分三级解离：

$$H_3PO_4 \rightleftharpoons H^+ + H_2PO_4^- \qquad K_{a_1}=7.5\times 10^{-3}$$

$$H_2PO_4^- \rightleftharpoons H^+ + HPO_4^{2-} \qquad K_{a_2}=6.3\times 10^{-8}$$

$$HPO_4^{2-} \rightleftharpoons H^+ + PO_4^{3-} \qquad K_{a_3}=4.4\times 10^{-13}$$

其中，中和反应也是分步的。如果用 0.1000mol · L^{-1} NaOH 标准溶液滴定 0.1000mol · L^{-1} H_3PO_4 溶液，H_3PO_4 首先被中和成 $H_2PO_4^-$，反应式如下：

$$NaOH + H_3PO_4 = NaH_2PO_4 + H_2O$$

反应完全时，达到第一化学计量点，此时 pH = 4.66，可选用甲基橙作指示剂。继续用 NaOH 溶液滴定，$H_2PO_4^-$ 被进一步中和成 HPO_4^{2-}，反应式如下：

$$NaOH + NaH_2PO_4 = Na_2HPO_4 + H_2O$$

反应完全时，达到第二化学计量点，此时 pH = 9.78，可选用百里酚酞作指示剂。H_3PO_4 解离出的第三个 H^+ 的 $K_{a_3}=4.4\times 10^{-13}$，说明酸性太弱，不能用 NaOH 溶液直接滴定。上述滴定过程的滴定曲线如图 3－5 所示。

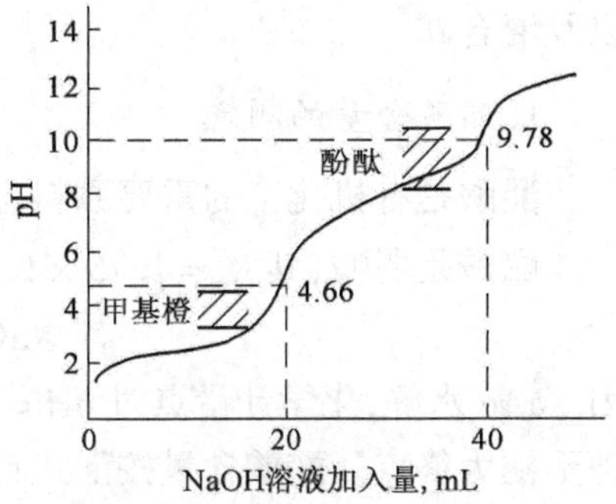

图 3－5　NaOH 溶液滴定 H_3PO_4 溶液的滴定曲线

从以上讨论可以总结出滴定多元酸的一般规律：第

一，多元酸解离出的几个 H^+ 能否被准确滴定，要看各级的 c_aK_a 的值，若 $c_aK_a \geqslant 10^{-8}$，则这一级解离的 H^+ 可以被准确滴定。第二，多元酸能否被分步滴定，要看其相邻两级的 K_a 之比，若相邻两级的 K_a 之比大于 10^4，则该多元酸可被分步滴定，如 H_3PO_4。

二、多元碱的滴定

多元碱的滴定与多元酸的滴定相类似。若相邻两级的 K_b 之比大于 10^4，则该多元碱可被分步滴定。若 $c_bK_b \geqslant 10^{-8}$，则这一级解离的 OH^- 可以被准确滴定。

例如，用 HCl 溶液滴定 Na_2CO_3 溶液，滴定分两步进行，滴定曲线如图 3－6 所示。在第一化学计量点时，Na_2CO_3 被中和成 $NaHCO_3$，滴定反应为

$$HCl + Na_2CO_3 \xlongequal{} NaCl + NaHCO_3$$

此时，可用酚酞作指示剂。在第二化学计量点时，$NaHCO_3$ 被中和成 Na_2CO_3，滴定反应为

$$HCl + NaHCO_3 \xlongequal{} NaCl + CO_2 + H_2O$$

此时，可用甲基橙作指示剂。但由于 CO_2 的生成，使溶液酸度有所增大，终点出现过早，指示剂变色不够敏锐，因此在快到第二化学计量点时，应剧烈摇动溶液加速 H_2CO_3 的分解。为了提高滴定的准确度，当滴定到甲基橙刚变为橙色时，将溶液加热煮沸，驱逐出 CO_2 后冷却，继续滴定至溶液出现橙色。

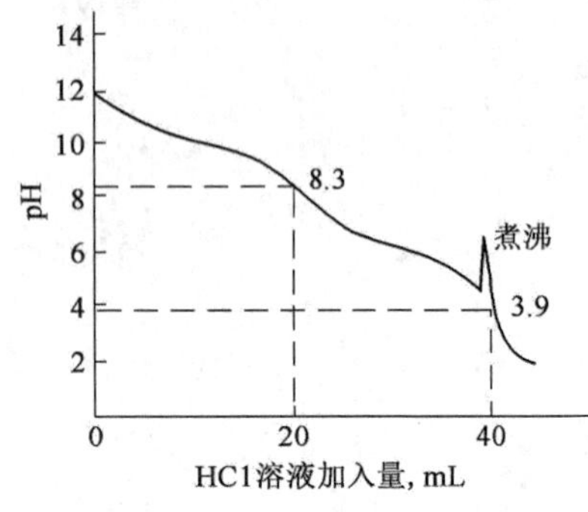

图 3－6　HCl 溶液滴定 Na_2CO_3 溶液的滴定曲线

第七节　酸碱滴定方式及应用

酸碱滴定法应用相当广泛。许多本身具有酸碱性的物质，以及一些能与酸碱直接或间接发生定量反应的物质都可用酸碱滴定法测定其含量，还可以间接测定一些本身不具有酸碱性的物质。按滴定方式不同叙述如下。

一、直接滴定

可以被直接滴定的物质有强酸、强碱、$c_a \cdot K_a \geqslant 10^{-8}$ 的弱酸、$c_b \cdot K_b \geqslant 10^{-8}$ 的弱碱、混合酸以及混合碱。

1. 醋酸含量的测定

醋酸是有机化工的重要原料，主要用于合成树脂、合成有机农药等，也可作为有机溶剂。

醋酸是弱酸，其 $K_a = 1.75 \times 10^{-5}$，可以用 NaOH 标准溶液直接滴定。滴定反应为：

$$NaOH + HAc \xlongequal{} NaAc + H_2O$$

因 NaAc 水解，化学计量点时 pH = 8.73，应选用酚酞作指示剂，滴定至溶液出现粉红色，半分钟不褪为终点。醋酸含量按下式计算：

$$\rho_{HAc} = \frac{c_{NaOH} \times V_{NaOH} \times 10^{-3} \times M_{HAc}}{V_{HAc}} \times 1000 \quad (g \cdot L^{-1})$$

2. 混合碱分析

工业烧碱（NaOH）在生产和储存过程中，因吸收空气中 CO_2 而含有少量的纯碱（Na_2CO_3），Na_2CO_3 中常含有 $NaHCO_3$。对 NaOH 和 Na_2CO_3、Na_2CO_3 和 $NaHCO_3$ 的分析称为混合碱分析。混合碱分析一般采用双指示剂法。

1）NaOH 和 Na_2CO_3 的混合碱

测定时，先在混合碱中加入酚酞指示剂，用 HCl 标准溶液滴定至溶液红色刚好褪去，达到第一化学计量点。此时，NaOH 被完全中和成 NaCl，Na_2CO_3 被中和成 $NaHCO_3$，设这时消耗 HCl 溶液的体积为 V_1，滴定反应为

$$HCl + NaOH = NaCl + H_2O$$

$$HCl + Na_2CO_3 = NaHCO_3 + NaCl$$

再用甲基橙作指示剂滴定至溶液由黄色变为橙色到达第二化学计量点。此时，第一步反应生成的 $NaHCO_3$ 被中和成 NaCl，设这时消耗 HCl 溶液的体积为 V_2，滴定反应为

$$HCl + NaHCO_3 = NaCl + CO_2 + H_2O$$

根据以上反应方程式可知，滴定 NaOH 消耗 HCl 溶液体积为（$V_1 - V_2$），滴定 Na_2CO_3 消耗 HCl 溶液体积为 $2V_2$。若混合碱试样的质量为 m，则

$$w_{NaOH} = \frac{c_{HCl} \cdot (V_1 - V_2) \cdot M_{NaOH}}{m} \times 100\%$$

$$w_{Na_2CO_3} = \frac{1/2 c_{HCl} \cdot 2V_2 \cdot M_{Na_2CO_3}}{m} \times 100\%$$

2）$NaHCO_3$ 和 Na_2CO_3 的混合碱

对 $NaHCO_3$ 和 Na_2CO_3 的混合碱进行分析也采用双指示剂法。在第一化学计量点，酚酞变色，设这时消耗标准酸的体积为 V_1，滴定反应为

$$HCl + Na_2CO_3 = NaHCO_3 + NaCl$$

第二化学计量点，甲基橙指示剂变色，设这时消耗标准酸的体积为 V_2，滴定反应为

$$HCl + NaHCO_3 = NaCl + CO_2 + H_2O$$

根据以上反应方程式可知，滴定 $NaHCO_3$ 消耗 HCl 溶液体积为 $V_2 - V_1$，滴定 Na_2CO_3 消耗 HCl 溶液体积为 $2V_1$，计算公式如下：

$$w_{NaHCO_3} = \frac{c_{HCl} \cdot (V_2 - V_1) \cdot M_{NaHCO_3}}{m} \times 100\%$$

$$w_{Na_2CO_3} = \frac{1/2 c_{HCl} \cdot 2V_1 \cdot M_{Na_2CO_3}}{m} \times 100\%$$

二、返滴定

在待测物质上先加入一种过量的标准溶液，待反应完全后，再用另一种标准溶液滴定剩余的前一种标准溶液，这种滴定方式称返滴定或剩余滴定。返滴定适用于反应较慢，需要加热，或者直接滴定缺乏适当指示剂等情况。

1. 氨水的分析

氨水是弱碱，其 $K_b = 1.8 \times 10^{-5}$，可以用 HCl 标准溶液直接滴定，但因其易挥发，直接滴定

会导致结果偏低,因此常采用返滴定法。滴定反应为

$$NH_3 \cdot H_2O + HCl = NH_4Cl + H_2O$$

$$NaOH + HCl = NaCl + H_2O$$

因为有 NH_4Cl 存在,所以化学计量点时 pH =5.3,用甲基红作指示剂。用下式计算 NH_3 的含量:

$$w_{NH_3} = \frac{(c_{HCl} \cdot V_{HCl} - c_{NaOH} \cdot V_{NaOH}) \times M_{NH_3}}{m} \times 100\%$$

2. 酯类的分析

酯类与过量的 NaOH 标准溶液共热会发生皂化反应:

$$CH_3COOC_2H_5 + NaOH \xlongequal{\triangle} CH_3COONa + C_2H_5OH$$

反应完全后,用酚酞作指示剂,用 HCl 标准溶液返滴定剩余的 NaOH 标准溶液,即可测得酯的含量。

三、置换滴定

有些物质本身没有酸碱性或酸碱性很弱不能直接滴定,可利用某些化学反应使它们转化为相当量的酸或碱,然后再用标准碱或标准酸进行滴定,这种方式称置换滴定。

1. 铵盐的测定

铵盐属于强碱弱酸盐。常见的铵盐有硫酸铵、硝酸铵、氯化铵等。因其对应的弱碱的解离常数较大,所以铵盐的酸性较弱,不能用标准碱直接滴定。

测定铵盐可采用蒸馏法和甲醛法。但蒸馏法操作费时,仪器装置又较复杂;而甲醛法方便快速,在工农业上被广泛使用。下面主要介绍甲醛法:

甲醛与 NH_4^+ 作用定量地生成 H^+ 和质子化的六亚甲基四胺($K_a = 7.1 \times 10^{-6}$),反应为

$$4NH_4 + 6HCHO = (CH_2)_6N_4H^+ + 3H^+ + 6H_2O$$

用酚酞作指示剂,用 NaOH 标准溶液滴定,总反应为

$$4NH_4^+ + 4NaOH + 6HCHO = (CH_2)_6N_4 + 4Na^+ + 10H_2O$$

2. 硼酸的测定

硼酸 H_3BO_3 是极弱的酸,$K_a = 5.8 \times 10^{-10}$,不能用强碱直接滴定。但它能与某些多元醇,如甘油、甘露醇反应生成一种配合酸——甘油硼酸,K_a 约为 10^{-6}。

$$2\ \begin{matrix} H_2C—OH \\ | \\ HC—OH \\ | \\ H_2C—OH \end{matrix} + H_3BO_3 = \left[\begin{matrix} H_2C—OH & & HO—CH_2 \\ | & & | \\ HC—O & & O—CH \\ | & B & | \\ H_2C—O & & O—CH_2 \end{matrix} \right]^- H^+ + 3H_2O$$

然后用 NaOH 标准溶液滴定,化学计量点时 pH 值为 9 左右,可用酚酞或百里酚酞作指示剂。

思考与练习3-10

下列酸溶液能否被分步滴定?能滴定到哪一级?

(1)草酸　　(2)酒石酸　　(3)H_2CO_3　　(4)H_3PO_4

技能训练3－5　工业硫酸中硫酸含量的测定

一、训练目的

通过训练，了解强碱滴定强酸的滴定过程，能够选择合适的指示剂；学会对化工产品的主成分进行分析；掌握滴定终点的控制，熟练掌握半滴操作的技术。

二、仪器与试剂

（1）仪器：滴定管、称量瓶、锥形瓶等实验室常用玻璃仪器。

（2）试剂：$c_{NaOH}=0.5mol \cdot L^{-1}$的氢氧化钠标准滴定溶液、甲基红—亚甲基蓝指示液。

三、操作步骤

（1）用已准确称量的带磨口盖的小称量瓶，称取约0.7g试样（精确至0.0001g），小心移入盛有50mL水的250mL锥形瓶中，冷却至室温，加2～3滴混合指示剂，用氢氧化钠标准滴定溶液滴定至灰绿色即为终点。平行测定3次。

（2）实验结束，清洗仪器，整理工作台，将试剂仪器摆放整齐。

四、注意事项

（1）为防止浓硫酸挥发，要选择带磨口盖的小称量瓶进行称量。

（2）指示剂的选择。选用变色点pH值较低的指示剂甲基红—亚甲基蓝混合指示剂（红紫5.2～灰蓝5.4～绿5.6），由红紫变为灰绿，相比使用甲基橙为指示剂，终点敏锐、终点误差较小。

五、结果计算

工业硫酸中硫酸的质量分数，数值以%表示，按下式计算：

$$w_{H_2SO_4}=\frac{c_{NaOH} \cdot V_{NaOH} \cdot M_{1/2H_2SO_4}}{m \times 1000} \times 100$$

式中　V_{NaOH}——试样消耗氢氧化钠标准滴定溶液的体积，mL；

c_{NaOH}——氢氧化钠标准滴定溶液的浓度，$mol \cdot L^{-1}$；

m——试样的质量，g；

$M_{1/2H_2SO_4}$——硫酸的摩尔质量（$M_1=49.04$），$g \cdot mol^{-1}$。

技能训练3－6　烧碱液分析

一、训练目的

通过训练，掌握双指示剂法测定烧碱液中氢氧化钠和碳酸钠含量的方法；进一步熟练滴定终点的控制。

二、仪器与试剂

（1）仪器：滴定管、锥形瓶、容量瓶、移液管。

（2）试剂：$c_{HCl}=0.1mol \cdot L^{-1}$盐酸标准溶液、1%酚酞指示剂、0.1%甲基橙指示剂。

三、操作步骤

准确吸取25mL碱液样品，放于250mL容量瓶中，用蒸馏水稀释至刻度，摇匀。用移液管准确吸取25mL上述溶液，注入250mL锥形瓶中，加2滴酚酞指示剂，以$0.1mol \cdot L^{-1}$的HCl标准溶液滴定至浅粉红色恰好褪去，记下消耗HCl标准溶液的体积V_1。再加1滴甲基橙指示剂，继续以$0.1mol \cdot L^{-1}$的HCl标准溶液滴定至溶液由黄色变橙色为终点，记下体积V_2。平行测定3次。

实验结束，清洗仪器，整理工作台，将试剂仪器摆放整齐。

四、结果计算

NaOH和Na_2CO_3的含量计算公式如下：

$$w_{NaOH}=\frac{c_{HCl}\times(V_1-V_2)\times M_{NaOH}}{m}\times 100\%$$

$$w_{Na_2CO_3}=\frac{\frac{1}{2}\times c_{HCl}\times 2V_2\times M_{Na_2CO_3}}{m}\times 100\%$$

式中 c_{HCl}——HCl标准溶液的浓度，$mol \cdot L^{-1}$；

M_{NaOH}——氢氧化钠的摩尔质量，$g \cdot mol^{-1}$；

$M_{Na_2CO_3}$——碳酸钠的摩尔质量，$g \cdot mol^{-1}$。

思考与练习3-11

1. 用双指示剂法测定烧碱的操作过程应注意哪些问题？为什么？
2. 如果样品是Na_2CO_3和$NaHCO_3$的混合物，试拟定用双指示剂法进行测定的基本步骤。

本章知识要点

一、各种酸碱溶液pH值的计算

欲计算一种溶液的酸度，首先要弄清所讨论的溶液是属于哪种类型的溶液，是强酸（碱）还是弱酸（碱）？是强碱弱酸盐或是强酸弱碱盐？是否为缓冲体系？然后根据具体情况选择相应的公式计算。现将几种常见情况计算溶液酸度的简化公式归纳列表，见表3－6。

表3－6 几种常见情况计算溶液酸度的简化公式

溶液类型	简化公式	举例	溶液类型	简化公式	举例
一元强酸	$[H^+]=c_a$	HCl	强碱弱酸盐	$[OH^-]=\sqrt{\frac{K_w}{K_a}c_s}$	NaAc
一元强碱	$[OH^-]=c_b$	NaOH	弱酸弱酸盐	$[H^+]=K_a\frac{c_a}{c_s}$	HAc＋NaAc

续表

溶液类型	简化公式	举例	溶液类型	简化公式	举例
一元弱酸	$[H^+]=\sqrt{K_a c_a}$	HAc	弱碱弱碱盐	$[OH^-]=K_b\frac{c_b}{c_s}$	NH_3+NH_4Cl
一元弱碱	$[OH^-]=\sqrt{K_b c_b}$	NH_3	两性物质	$[H^+]=\sqrt{K_{a_1}K_{a_2}}$	NaH_2PO_4
强酸弱碱盐	$[H^+]=\sqrt{\frac{K_w}{K_b}c_s}$	NH_4Cl	两性物质	$[H^+]=\sqrt{K_{a_2}K_{a_3}}$	Na_2HPO_4

二、缓冲溶液

(1)缓冲溶液的作用是调节和控制溶液的酸度。常用的缓冲溶液有弱酸及其弱酸盐,如 HAc - NaAc,弱碱及其弱碱盐,如 NH_3-NH_4Cl。另外,浓度较大的强酸($pH<2$)、强碱($pH>12$)也可作为缓冲溶液。

(2)缓冲溶液的 pH 值主要决定于缓冲体系中弱酸或弱碱的解离常数 K_a 和 K_b。$pH=pK_a\pm1$ 或 $pOH=pK_b\pm1$ 是缓冲溶液的有效作用范围,简称缓冲范围。

(3)几种常见缓冲溶液的配制方法见书后附表 2。

三、滴定曲线与指示剂的选择

(1)不同类型的酸碱滴定过程,其 pH 值变化情况不同,突跃范围也不同。具体变化情况可用滴定曲线来描述。

(2)选择指示剂的原则:指示剂的变色范围全部或部分处于 pH 值突跃范围之内的指示剂均可使用。

现将常见的选择指示剂的原则列于表 3 - 7 中。

表 3 - 7 常见的选择指示剂的原则

滴定类型	pH 值突跃范围	化学计量点 pH 值	常用指示剂
强碱滴定强酸	较大	7	酚酞或甲基橙
强酸滴定强碱	较大	7	甲基橙或酚酞
强碱滴定弱酸	较小	>7	酚酞或百里酚酞
强酸滴定弱碱	较小	<7	甲基橙或甲基红

(3)多元酸或多元碱的滴定过程中突跃范围较小,用单一指示剂终点颜色变化不敏锐,可采用混合指示剂。

四、酸碱滴定法应用

(1)直接滴定:可以被直接滴定的物质有强酸、强碱、$c_a\cdot K_a\geqslant10^{-8}$ 的弱酸、$c_b\cdot K_b\geqslant10^{-8}$ 的弱碱、混合酸以及混合碱,如硫酸、醋酸、混合碱的分析。

(2)返滴定:适用于易挥发、反应较慢、需要加热,或者直接滴定缺乏适当指示剂等情况,如氨水的分析。

(3)置换滴定:对于一些本身没有酸碱性或酸碱性很弱的物质,不能用酸碱标准溶液直接滴定,可采用置换滴定的方式,如硼酸含量的测定、某些有机物含量的测定。

本章考核要点

考核范围		考核内容	鉴定方式	考核比例,%
知识要求		①酸碱滴定法测定原理 ②强碱滴定强酸的滴定过程 ③酸碱指示剂的选择原则 ④多元酸滴定的条件、分步滴定的条件 ⑤多元碱滴定的条件 ⑥双指示剂法滴定原理	笔试	15
技能要求	移液管使用	①润洗方法正确 ②移取正确、熟练 ③放出溶液操作正确	操作	10
	使用滴定管	①洗涤、检漏、润洗、排气泡方法正确 ②滴定速度控制得当,最后半滴处理正确 ③滴定手法正确、熟练,摇瓶方法正确 ④终点控制好 ⑤体积读取正确	操作	25
	实验数据记录及处理	①及时、准确地记录原始数据 ②公式运用正确;无计算错误,计量单位正确	操作	20
	分析结果	平行测定间所允许的相对平均偏差符合标准中所规定的要求	操作	20
安全与其他		①合理安排时间,与同组人员团结合作 ②保持整洁有序的工作环境	操作	10

本章自测题

一、填空题

1. 酸碱滴定法是以________反应为基础的滴定分析方法。

2. 酸碱指示剂的变色与________有关。指示剂的 pH 值变色范围用________式表示,指示剂的理论变色点为________。

3. 在酸碱滴定中,酸碱溶液浓度越大,滴定的突跃范围越________;酸碱的强度越大,滴定的突跃范围越________。

4. HCl 标准溶液通常采用________法制备,以________为基准物标定。标定时,应选用________(甲基橙或酚酞)作指示剂。

5. NaOH 标准溶液应采用________法制备,以________为基准物标定。标定时,应选用________(甲基橙或酚酞)作指示剂。

6. 由于氨水具有________性,故不宜采用直接滴定法测其纯度,一般采用________法测定。

二、选择题

1. 酚酞指示剂是(　　)指示剂。

A. 酸性　　B. 中性　　C. 碱性　　D. 金属

2. 先向被测溶液中加入过量的滴定剂，待反应完成后，再用另一种标准溶液滴定剩余的滴定剂，这种滴定方式称为(　　)滴定法。

A. 直接　　B. 返　　C. 置换　　D. 间接

3. 下列溶液具有缓冲作用的有(　　)。

A. $1mol \cdot L^{-1}$ HAc　　B. $1mol \cdot L^{-1}$ HCl

C. $1mol \cdot L^{-1}$ NH_4Cl　　D. 饱和酒石酸氢钾

4. 指示剂用量过多，则(　　)。

A. 终点变色更易观察　　B. 并不产生任何影响

C. 终点变色不明显　　D. 滴定准确度更高

5. 下列混合物属于混合指示剂的是(　　)。

A. 溴甲酚绿 + 甲基红　　B. 甲基红 + 硼砂

C. 百里酚蓝 + NaCl　　D. 甲基黄 + 淀粉

三、简答题

1. 酸的浓度与酸度在概念上有什么不同？
2. 什么是缓冲溶液？举例说明缓冲溶液的组成。
3. 酸碱指示剂的变色原理及变色范围？选择酸碱指示剂的原则是什么？
4. 什么是滴定突跃范围？突跃范围的大小与哪些因素有关？
5. 酸碱滴定方式有哪些？举例说明各适用于什么情况？
6. 用 NaOH 溶液滴定 HCl 溶液，为什么选择酚酞作指示剂，而不能用甲基橙？
7. 用基准物 Na_2CO_3 标定溶液 HCl 时，为什么要在近终点时加热赶去 CO_2？

四、计算题

1. 用 $0.1mol \cdot L^{-1}$ NaOH 溶液滴定 20.00mL $0.1mol \cdot L^{-1}$ 甲酸溶液，化学计量点时 pH 值为多少？应选择何种指示剂指示滴定终点？

2. 称取 Na_2CO_3 基准试剂 6.9160g 溶于水，在容量瓶中稀释至 250mL，用移液管移取 25mL，以甲基橙为指示剂滴定，用去 HCl 溶液 25.98mL，求该溶液的物质的量浓度。

3. 准确称取邻苯二甲酸氢钾基准试剂 1.0681g，溶解后以酚酞为指示剂，用 NaOH 溶液滴定，消耗 25.10mL，求该 NaOH 溶液的浓度。

4. 称取混合碱试样 0.3010g，用酚酞作指示剂，滴定时用去 $0.1060mol \cdot L^{-1}$ HCl 溶液 20.10mL，继续用甲基橙作指示剂，共用去 HCl 溶液 47.70mL。判断混合碱的组分，并计算试样中各组分的质量分数。

5. 称取粗铵盐 1.000g，加过量 NaOH 溶液，加热逸出的氨用 56.00mL $0.2500mol \cdot L^{-1}$ H_2SO_4 溶液吸收，过量的酸用 $0.5000mol \cdot L^{-1}$ NaOH 溶液回滴，用去碱 21.56mL，计算试样中 NH_3 的质量分数。

第四章　配位滴定法

学习指南　配位滴定法主要测定金属离子。通过本章的学习应了解 EDTA 的性质及 EDTA 与金属离子反应的特点；掌握溶液酸度对配合物稳定性的影响；了解金属指示剂的作用原理及选择原则；掌握 EDTA 标准溶液的配制和标定方法；掌握配位滴定法的应用。

利用形成配合物反应为基础的滴定分析方法称为配位滴定法，又称络合滴定法。例如，用 $AgNO_3$ 标准溶液测定电镀液中 CN^- 的含量，反应式如下：

$$Ag^+ + 2CN^- \rightleftharpoons [Ag(CN)_2]^-$$

当滴定到化学计量点时，稍过量的 $AgNO_3$ 标准溶液与 $[Ag(CN)_2]^-$ 反应生成 $Ag[Ag(CN)_2]$ 白色沉淀，使溶液变混浊，指示滴定终点的到达，反应式如下：

$$Ag^+ + [Ag(CN)_2]^- \rightleftharpoons Ag[Ag(CN)_2]\text{(白色)}$$

绝大多数金属离子都能与无机配位剂发生配位反应，但能用于滴定分析的并不多，原因是多数无机配合物的稳定常数较小，特别是由于逐级生成 MLn 型多级配位物，使反应平衡变得复杂，难以确定化学计量关系，也不易找到合适的指示剂，致使配位滴定方法受到很大局限。

适用于配位滴定的反应，必须具备下列条件：

(1)生成的配合物要有确定的组成，即中心离子与配位剂严格按一定比例化合；

(2)生成的配合物要有足够的稳定性，一般要求稳定常数 $K_{MY} > 10^8$；

(3)配位反应速率要足够快；

(4)有适当的指示剂或其他方法指示滴定终点。

20 世纪 40 年代，以氨羧配位剂为代表的有机配位剂开始用于滴定分析。它们与金属离子的配位反应能满足上述要求，因此在生产和科研中得到广泛的应用，配位滴定法也从此成为一种重要的化学分析方法。

氨羧配位剂是以氨基二乙酸 $[—N(CH_2COOH)_2]$ 为基体的配位剂，已开发的氨羧配位剂有数十种，其中应用最广泛的是乙二胺四乙酸，简称 EDTA。本章主要讨论使用 EDTA 进行配位滴定的方法。

第一节　EDTA 标准溶液的配制与标定

一、EDTA 的性质

EDTA 的结构式为

```
HOOCCH2               CH2COO-
       \H+         H+/
        N—CH2—CH2—N
       /            \
-OOCCH2              CH2COOH
```

两个羧基上的 H^+ 转移到 N 原子上，形成双偶极离子。

为方便起见，通常用 H_4Y 表示 EDTA 的分子式。EDTA 微溶于水(22℃时，每 100mL 水溶解 0.02g)，难溶于酸和一般有机溶剂，但易溶于氨性溶液或苛性碱溶液中，生成相应的盐溶液。因此，分析工作中常应用它的二钠盐，即乙二胺四乙酸二钠盐，用 $Na_2H_2Y \cdot 2H_2O$ 表示，习惯上也称为 EDTA。

$Na_2H_2Y \cdot 2H_2O$ 是一种白色结晶状粉末，无臭、无味、无毒，易精制，稳定。室温下其饱和溶液的浓度约为 $0.3mol \cdot L^{-1}$，水溶液 pH 值约为 4.4。22℃时，每 100mL 水溶解 11.1g。H_4Y 溶于水时，两个羧基可再接受 H^+，成为 H_6Y^{2+}，这样 EDTA 相当于六元酸。

二、EDTA 与金属离子反应的特点

由 EDTA 的结构式可知，它的阴离子 Y^{4-} 具有两个胺基氮和四个羧基氧，而氮、氧原子都有孤对电子，能与金属离子形成配位键。因此 EDTA 能与周期表中大部分金属离子形成稳定的配合物。其配位反应有以下特点：

(1)生成的配合物比较稳定，配位反应比较完全。例如，EDTA 与 Co^{3+} 形成一种八面体的配合物，其结构如图 4－1 所示。它具有五个五元环，具有这种环形结构的配合物称为螯合物。根据有机结构理论和配合物理论的研究，能形成五元环或六元环的螯合物，都是较稳定的。表 4－1 列出了一些常见金属离子与 EDTA 生成配合物的稳定常数。由此可见，金属离子与 EDTA 生成的配合物的稳定性与金属离子的价态有关。除了一价金属离子外，其余金属离子配合物的 $\lg K_{MY}$ 值一般大于 8，适宜进行配位滴定。

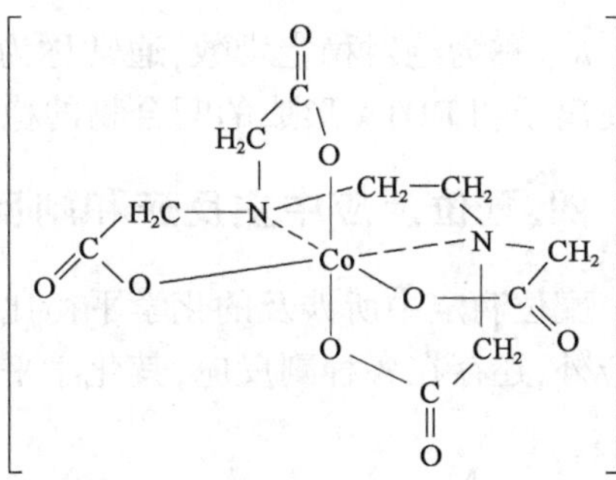

图 4－1　Co^{3+} 与 EDTA 螯合物的立体结构

表 4－1　EDTA 与一些金属离子的配合物的稳定常数

金属离子	$\lg K_{MY}$	金属离子	$\lg K_{MY}$	金属离子	$\lg K_{MY}$
Na^+	1.66	Ce^{3+}	15.98	Hg^{2+}	21.8
Li^+	2.79	Al^{3+}	16.1	Cr^{3+}	23.0
Ba^{2+}	7.76	Co^{2+}	16.31	Th^{4+}	23.2
Sr^{2+}	8.63	Zn^{2+}	16.50	Fe^{3+}	25.1
Mg^{2+}	8.69	Pb^{2+}	18.04	V^{3+}	25.90
Ca^{2+}	10.69	Y^{3+}	18.09	Bi^{3+}	27.94
Mn^{2+}	14.04	Ni^{2+}	18.67		
Fe^{2+}	14.33	Cu^{2+}	18.80		

(2)EDTA 与不同价态金属离子生成配合物时，化学计量反应系数比一般为 1∶1。例如，

$$M^{2+} + H_2Y^{2-} \rightleftharpoons MY^{2-} + 2H^+$$

$$M^{3+} + H_2Y^{2-} \rightleftharpoons MY^- + 2H^+$$

$$M^{4+} + H_2Y^{2-} \rightleftharpoons MY + 2H^+$$

少数高价金属离子例外，例如，五价钼与 EDTA 形成 Mo∶Y＝2∶1的螯合物 $(MoO_2)_2Y^{2-}$。

(3)无色金属离子与 EDTA 生成的配合物无色，有利于指示剂指示滴定终点。有色金属离子与 EDTA 生成的配合物都有色，如 NiY^{2-} 蓝绿、CuY^{2-} 深蓝、CoY^{2-} 紫红、MnY^{2-} 紫红、CrY^{-} 深紫、FeY^{-} 黄色，都比原金属离子的颜色深，滴定这些离子时，浓度要稀一些，否则影响终点观察。

(4)生成的配合物易溶于水，大多反应迅速，所以配位滴定可以在水溶液中进行。

(5)EDTA 与金属离子的配合能力与溶液酸度密切相关，这是由于 EDTA 是弱酸的缘故。

上述这些特点说明 EDTA 与金属离子的配位反应能够符合滴定分析的要求。

三、配合物的稳定常数

金属离子与 EDTA 形成配合物的稳定性，可用该配合物的稳定常数 K_{MY} 来表示。为讨论简便，可略去化学式中的电荷，简写成

$$M + Y \rightleftharpoons MY$$

其稳定常数为

$$K_{MY} = \frac{[MY]}{[M][Y]} \qquad (4-1)$$

K_{MY} 称为绝对稳定常数，通常称为稳定常数。这个数值越大，配合物就越稳定。一些常见金属离子和 EDTA 形成的配合物的稳定常数的对数值见表 4-1。

四、配位反应中主反应和副反应

配位滴定中所涉及的化学平衡比较复杂，除了金属离子(M^{+})与 EDTA 离子(Y)之间的主反应外，还存在各种副反应，其化学平衡表示如下：

$$M \;(\text{with } L,\ OH^-) \quad + \quad Y \;(\text{with } H^+,\ N) \quad \rightleftharpoons \quad MY \;(\text{with } H^+,\ OH^-) \qquad \text{(主反应)}$$

M + L	M + OH^-	Y + H^+	Y + N	MY + H^+	MY + OH^-	
ML	MOH	HY	NY	MHY	M(OH)Y	(副反应)
ML_2	$M(OH)_2$	H_2Y				
⋮	⋮	⋮				
ML_n	$M(OH)_n$	H_6Y				

M 可与 OH^- 或其他配位剂(L)反应，Y 可与 H^+ 或其他金属离子(N)反应，MY 可与 H^+、OH^- 反应，这些反应，统称为副反应。M 或 Y 发生的副反应，都不利于主反应向右进行，而 MY 发生副反应，则有利于主反应向右进行。这些副反应中以 Y 与 H^+ 的副反应和 M 与 L 的副反应是影响主反应的两个主要因素，尤其是酸度的影响更为重要，如滴定 Mg^{2+} 必须在 pH < 12 的溶液中进行，否则会产生 $Mg(OH)_2$ 沉淀。

五、EDTA 的解离平衡与酸效应

在水溶液中，EDTA 分六级解离平衡：

$$H_6Y^{2+} \rightleftharpoons H^+ + H_5Y^+ \qquad K_{a_1} = 10^{-0.90}$$

$$H_5Y^+ \rightleftharpoons H^+ + H_4Y \qquad K_{a_2} = 10^{-1.60}$$

$$H_4Y \rightleftharpoons H^+ + H_3Y^- \qquad K_{a_3} = 10^{-2.00}$$

$$H_3Y^- \rightleftharpoons H^+ + H_2Y^{2-} \qquad K_{a_4} = 10^{-2.67}$$

$$H_2Y^{2-} \rightleftharpoons H^+ + HY^{3-} \qquad K_{a_5} = 10^{-6.16}$$

$$HY^{3-} \rightleftharpoons H^+ + Y^{4-} \qquad K_{a_6} = 10^{-10.26}$$

因此,EDTA 在水溶液中以 H_6Y^{2+}、H_5Y^+、H_4Y、H_3Y^-、H_2Y^{2-}、HY^{3-}及 Y^{4-}等 7 种形态存在,其总浓度等于各种形式浓度之和。在不同酸度下,各种存在形式的平衡浓度不同,其分配比如图 4-2 所示。从图中看到,在 pH < 1 的强酸性溶液中,EDTA 主要以 H_6Y^{2+}形态存在,在 pH = 2.67 ~ 6.16 溶液中,主要以 H_2Y^{2-}形态存在,仅在 pH > 10.26 碱性溶液中,主要以 Y^{4-}形态存在。

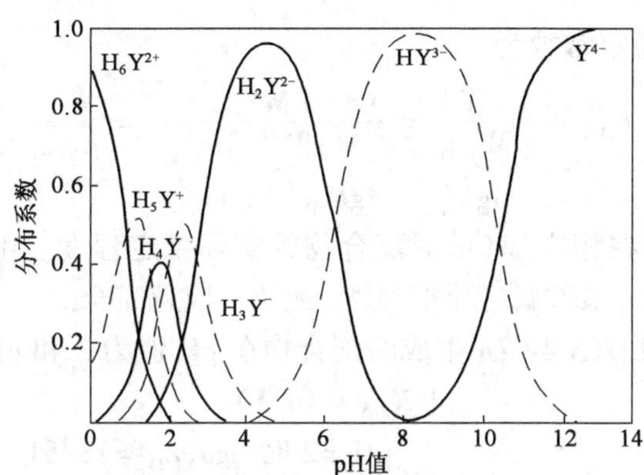

图 4-2　EDTA 各种存在形式在不同 pH 值时的分布曲线

在 EDTA 的 7 种形态中,真正能与金属离子配合的是 Y^{4-},所以 Y^{4-}的浓度称为 EDTA 的有效浓度。由 EDTA 的解离平衡和图 4-2 可知,Y^{4-}浓度的大小与溶液的酸度有关,酸度降低,Y^{4-}的浓度提高,EDTA 的配位能力越强;酸度提高,Y^{4-}的浓度降低,使 EDTA 的配位能力降低。这种由于 H^+存在使 EDTA 配位能力下降的现象称为 EDTA 的酸效应。酸效应的大小用酸效应系数 $a_{Y(H)}$ 来描述:

$$a_{Y(H)} = \frac{c_Y}{[Y^{4-}]} \tag{4-2}$$

式中,c_Y 表示 EDTA 的总浓度,$[Y^{4-}]$为游离的 Y^{4-}的浓度。显然,$a_{Y(H)}$ 值与溶液酸度有关,它随溶液 pH 值增大而减小。当 $a_{Y(H)} = 1$ 时,$c = [Y^{4-}]$,表示 EDTA 全部以 Y^{4-}形式存在,此时溶液 pH≥12。表 4-2 列出了不同 pH 值时酸效应系数的对数值。

表 4-2　EDTA 在不同 pH 值时的酸效应系数的对数值

pH 值	$\lg a_{Y(H)}$	pH 值	$\lg a_{Y(H)}$	pH 值	$\lg a_{Y(H)}$
0.0	23.64	3.4	9.70	6.8	3.55
0.4	21.32	3.8	8.85	7.0	3.32
0.8	19.08	4.0	8.44	7.5	2.78
1.0	18.01	4.4	7.64	8.0	2.27
1.4	16.02	4.8	6.84	8.5	1.77
1.8	14.27	5.0	6.45	9.0	1.28
2.0	13.51	5.4	5.69	9.5	0.83
2.4	12.19	5.8	4.98	10.0	0.45
2.8	11.09	6.0	4.65	11.0	0.07
3.0	10.60	6.4	4.06	12.0	0.01

六、配合物的条件稳定常数

前面讲的稳定常数 K_{MY} 是未考虑副反应时的绝对稳定常数，实际上只适合 pH≥12 时的情况。在实际滴定中，由于受到酸效应等副反应的影响，配合物的稳定性发生改变。在一定条件下配合物的稳定常数称为条件稳定常数，又称表观稳定常数。

若只考虑酸效应的影响，因为 $a_{Y(H)} = \frac{c_Y}{[Y^{4-}]}$，所以没有参加反应的 EDTA 的浓度为 $c_Y = [Y^{4-}] \times a_{Y(H)}$，条件稳定常数为

$$K'_{MY} = \frac{[MY]}{[M]c_Y} = \frac{[MY]}{[M][Y^{4-}]a_{Y(H)}} = \frac{K_{MY}}{a_{Y(H)}} \quad (4-3)$$

用对数表示为

$$\lg K'_{MY} = \lg K_{MY} - \lg a_{Y(H)} \quad (4-4)$$

条件稳定常数说明了在相应 pH 值时配合物的实际稳定程度。由表 4-2 和式(4-4)可知，pH 值越大，$\lg a_{Y(H)}$ 越小，条件稳定常数越大，配位反应越完全。

【例 4-1】 试判断 EDTA 与 Zn 生成的配合物在 pH 值为 2 和 pH 值为 10 时是否稳定。

解：从表 4-1 查得： $\lg K_{ZnY} = 16.50$，

从表 4-2 查得： pH = 2 时，$\lg a_{Y(H)} = 13.51$

pH = 10 时，$\lg a_{Y(H)} = 0.45$

因此 pH = 2 时，$\lg K'_{ZnY} = \lg K_{ZnY} - \lg a_{Y(H)} = 16.50 - 13.51 = 2.99$

pH = 10 时，$\lg K'_{ZnY} = \lg K_{ZnY} - \lg a_{Y(H)} = 16.50 - 0.45 = 16.05$

可见，pH 值为 10 时，ZnY 是很稳定的，而在 pH 值为 2 时 ZnY 已不稳定。

计算结果表明，在不同 pH 值条件下，配合物的稳定性差别较大，因此用 $\lg K'_{MY}$ 更能定量的说明配合物在某一 pH 值时的实际稳定程度。

由例 4-1 可知，溶液 pH 值越大，配合物的稳定性越大，对配位滴定越有利。但 pH 值过大会使某些金属离子水解生成氢氧化物沉淀。任何金属离子的配位滴定都要在一定的酸度范围内进行。在实际操作中，需加入一定量的缓冲溶液以保持溶液的酸度基本稳定。

显然，降低酸度能增大配合物的稳定性，有利于提高配位滴定的准确性。但酸度太低，金属离子易水解生成氢氧化物沉淀，使金属离子浓度降低。另一方面，在酸性溶液中 EDTA 与金属离子能部分形成 MHY 型酸式配合物；在碱性溶液中 EDTA 与金属离子能部分形成 $M(OH)_nY$ 型碱式配合物。这些混合物的生成对总的配位能力也会产生影响。

由于配位滴定过程中有下列反应产生：

$$M + H_2Y^{2-} \rightleftharpoons MY + 2H^+$$

随着滴定的进行，不断释放的 H^+ 使溶液酸度增高，会降低 $\lg K'_{MY}$ 值，影响反应的完全。为使配位滴定顺利进行，必须加入一定量的缓冲溶液，以保持溶液酸碱度基本不变。

思考与练习4-1

1. 配合物的绝对稳定常数和条件稳定常数有什么不同？为什么要引入条件稳定常数？
2. 配位滴定过程中，为什么常需加入缓冲溶液？
3. 计算并说明在 pH = 5.0 时能否用 EDTA 准确滴定 Ca^{2+}。

技能训练 4－1　0.02mol·L^{-1} EDTA 标准溶液的配制与标定

一、训练目的

通过训练，掌握 EDTA 标准溶液的配制和标定方法；熟悉铬黑 T(EBT) 指示剂的作用原理。

二、仪器和试剂

(1) 仪器：滴定管、锥形瓶、移液管、分析天平、500mL 烧杯、玻璃棒。

(2) 试剂：EDTA(分析纯)、ZnO(于 800℃ ±50℃灼烧至恒重)、1∶1 氨水、1∶1 盐酸、氨—氯化铵缓冲溶液(pH 值 =10)(54g NH_4Cl 溶于 200mL 水中，再加 350mL 氨水，以水稀释至 1L，摇匀)、EBT($\rho = 5g \cdot L^{-1}$，即 0.50g EBT 加 2.0g 盐酸羟胺，溶于 100mL 乙醇中)。

三、操作步骤

1. 配制

计算配制 500mL $c_{EDTA} = 0.02mol \cdot L^{-1}$ EDTA 标准溶液应称取 EDTA 的质量，用托盘天平称取计算量的 EDTA 于一洁净的 500mL 烧杯中。加入蒸馏水到刻线处，用玻璃棒搅拌均匀。

将配制好的 EDTA 标准溶液倒入预先准备好的洁净的 500mL 试剂瓶中。在标签上填写标准溶液名称、浓度和配制时间，在试剂瓶上贴上填写好的标签，并将试剂瓶存放在指定的位置，留待下次测定使用。

2. 标定

准确称取灼烧过的基准物 ZnO 约 0.4g，放入 100mL 烧杯中，加少量水润湿，加 2mL 盐酸溶液(1+1)，微热使其溶解，冷却后，加水 25mL，摇匀，转移至 250mL 容量瓶中，烧杯应用水洗涤 2～3 次，洗涤液也转移至容量瓶中，以水稀释至刻度，摇匀备用。

用移液管吸取 25mL Zn^{2+} 标准溶液放入 250mL 锥形瓶中，加 50mL 水，用氨水调节至 pH 值约为 8(此时 $Zn(OH)_2$ 开始析出，溶液浑浊)，加 10mL 氨—氯化铵缓冲溶液及 4 滴 EBT 指示剂量。用 EDTA 溶液滴定，当溶液由酒红色变纯蓝色时为终点。记录消耗 EDTA 溶液的体积。平行滴定 3 次。

3. 清理

清洗仪器，整理工作台，将试剂仪器摆放整齐。

四、结果计算

Zn^{2+} 标准溶液的浓度和 EDTA 标准溶液的浓度计算公式如下：

$$c_{EDTA} = \frac{\frac{m_{ZnO}}{M_{ZnO}} \times \frac{25}{250}}{V_{EDTA} \times 10^{-3}}$$

式中　m_{ZnO} ——基准物 ZnO 的质量，g；

M_{ZnO} ——基准物 ZnO 的摩尔质量，$g \cdot mol^{-1}$；

c_{EDTA} ——EDTA 标准溶液的浓度，$mol \cdot L^{-1}$；

V_{EDTA} ——滴定消耗 EDTA 标准溶液的体积，mL。

第二节　提高配位滴定选择性的方法

一、酸效应曲线与干扰情况的判断

由于 EDTA 能与大多数金属离子形成稳定的配合物，而被滴定的试液一般又含有多种金属离子，它们在配位滴定中就可能彼此干扰。因此，提高配位滴定的选择性，就是设法消除共存离子的干扰，这是配位滴定法需要解决的重要问题。通常利用控制酸度、加入掩蔽剂等方法排除干扰，实现选择性滴定。

由理论推导得知，准确滴定（误差≤0.1%）金属离子 M 的条件是

$$\lg c_M K'_{MY} \geq 6 \qquad (4-5)$$

式中　c_M——金属离子的浓度。

式（4－5）又称为配位滴定准确性的判断式。通常当 c_M 为$0.01 mol \cdot L^{-1}$时，则准确滴定条件要求 $\lg K'_{MY} \geq 8$。

将 $\lg K'_{MY} = 8$ 代入式（4－4），得

$$\lg K_{MY} - \lg \alpha_{Y(H)} = 8$$

$$\lg \alpha_{Y(H)} = \lg K_{MY} - 8 \qquad (4-6)$$

将各种金属离子的 $\lg K_{MY}$值代入式（4－6）中，可算出 EDTA 滴定该种金属离子相对应的最高允许酸度时的 $\lg \alpha_{Y(H)}$ 值，再从表 4－2 查出与它相对应的 pH 值，即为滴定这一金属离子的最低允许 pH 值或最高允许酸度。

【例 4－2】　试求用 $0.01 mol \cdot L^{-1}$ EDTA 溶液滴定同浓度 Mg^{2+} 的最低允许 pH 值。

解：查表 4－1，$\lg K_{MgY} = 8.70$，代入式（4－6），得

$$\lg \alpha_{Y(H)} = 8.70 - 8 = 0.70$$

查表 4－2，用内插法求出 $\lg \alpha_{Y(H)}$ 为 0.70 时的 pH 值为 9.7，即此项滴定最低允许 pH 值为 9.7。实际分析时可选择 pH 值为 10。但 pH 值不能超过 12，否则生成 $Mg(OH)_2$ 沉淀将影响分析结果的准确性。一般把金属离子生成 $M(OH)_n$ 沉淀时的 pH 值作为滴定金属离子的最高允许 pH 值或最低允许酸度，即用 EDTA 只滴定一种金属离子时，可在其最高和最低允许 pH 值范围选择滴定的酸度条件。

利用式（4－6）可以求出用 EDTA 准确滴定各种金属离子的最低允许 pH 值。以 pH 值为纵坐标，金属离子的 $\lg K_{MY}$ 为横坐标，绘制成图 4－3 所示的曲线，称为 EDTA 的酸效应曲线。

利用酸效应曲线可以解决以下问题：

（1）选择滴定的酸度条件。图中金属离子位置所对应的 pH 值，就是单独滴定该金属离子时所允许的最小的 pH 值。例如，滴定 Fe^{3+} 时，pH 值必须大于 1，否则，配位反应不完全，不能准确滴定。

（2）第二横坐标是用 $\lg \alpha_{Y(H)}$ 表示的，它与 $\lg K_{MY}$之间相差 8 个单位，因此该图还可作为 pH－$\lg \alpha_{Y(H)}$ 曲线使用。

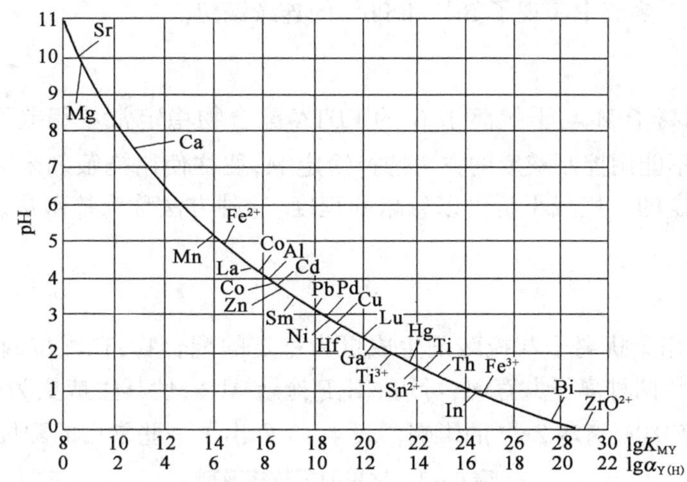

图4－3　EDTA的酸效应曲线(金属离子浓度为0.01mol·L^{-1})

(3)判断干扰情况。一般地说,酸效应曲线上被测离子下面的离子都干扰其滴定;上面的离子是否干扰则要看它们与EDTA形成的稳定常数相差多少以及所选的酸度是否适宜而确定。经验表明,当两种离子浓度基本相近时,若两者配合物的稳定常数之差大于或等于5,即可通过控制溶液酸度进行滴定而互相不干扰。例如,相同浓度的Zn^{2+}和Sn^{2+}两种离子共存,在pH＝4滴定Zn^{2+}时,Sn^{2+}将产生干扰。这是因为在pH＝4条件下,Sn^{2+}会同时被EDTA滴定,使测定结果偏高;若在pH＝1.8滴定Sn^{2+},由于$\lg K_{SnY}-\lg K_{ZnY}=22.11-16.50=5.61>5$,所以$Zn^{2+}$不产生干扰。

二、消除干扰的方法

1.控制溶液酸度

各种金属离子与EDTA生成配合物的稳定常数不同,滴定的最高允许酸度也不同。若溶液中含有浓度相近的两种金属离子M和N,当它们与EDTA配合物的稳定常数相差足够大时(即满足$\lg K_{MY}-\lg K_{NY}\geqslant 5$),通过控制溶液酸度,可做到选择滴定M或进行M和N的连续滴定。

通常把$\lg c_N K'_{NY}\leqslant 1$即$\lg K'_{NY}\leqslant 3$,作为EDTA滴定金属离子M而N不干扰的条件。将$\lg K'_{NY}\leqslant 3$代入式(4－5)得$\lg\alpha_{Y(H)}\geqslant \lg K_{NY}-3$,求出$\lg\alpha_{Y(H)}$对应的pH值,即为金属离子N不干扰M滴定的酸度条件。

【例4－3】 当试液中Bi^{3+}、Pb^{2+}的浓度各为0.01mol·L^{-1}时,欲用EDTA标准溶液连续滴定Bi^{3+}和Pb^{2+},试选择滴定的酸度条件。

解:由表4－1查得,$\lg K_{BiY}=27.94$　$\lg K_{PbY}=18.04$,则

$$\lg K_{BiY}-\lg K_{PbY}=27.94-18.04=9.90>5$$

由图4－3查得,滴定Bi^{3+}的最高允许酸度约为pH＝0.4,滴定Pb^{2+}的最高允许酸度约为pH＝3.3,即当pH＞0.4时,Bi^{3+}可被定量滴定,pH＞3.3时,Pb^{2+}可被定量滴定。

滴定Bi^{3+}而Pb^{2+}不干扰的条件是$\lg\alpha_{Y(H)}\geqslant \lg K_{PbY}-3$,即$\lg\alpha_{Y(H)}\geqslant 15.04$,由图4－3查得pH≤1.5,这就是$Pb^{2+}$存在下滴定$Bi^{3+}$的最低酸度。所以,对于这两种离子的混合溶液,可先在pH＝0.4～1.5条件下滴定Bi^{3+},然后在pH＞3.3条件下滴定Pb^{2+}。通常选用二甲酚橙指示剂,先在pH为1的条件下滴定Bi^{3+},然后加入六次甲基四胺提高pH＝5～6,继续滴定

Pb^{2+}。这样就在同一溶液中实现了 Bi^{3+} 和 Pb^{2+} 的连续滴定。

2. 使用掩蔽剂

如果被测金属离子 M 与干扰离子 N 的 EDTA 配合物稳定常数相差不大，甚至 $\lg K_{MY} < \lg K_{NY}$，这种情况就不能用控制酸度的方法选择滴定 M，往往使用掩蔽剂来降低干扰离子 N 的浓度，使其对 M 滴定的干扰减小至可以忽略的程度，这种方法称为掩蔽法。常用的掩蔽法有以下几种。

1）配位掩蔽法

这种方法是利用干扰离子与掩蔽剂生成更为稳定的配合物，在配位滴定中应用很广泛。例如，在 Al^{3+} 和 Zn^{2+} 两种离子共存时，可用 NH_4F 掩蔽 Al^{3+}，使其生成更为稳定的 AlF_6^{3-} 配离子，以消除 Al^{3+} 对 EDTA 滴定 Zn^{2+} 的影响。表 4－3 列出了一些常用的配位掩蔽剂。

表 4－3　常用的配位掩蔽剂

名　称	使用 pH 值范围	被掩蔽的离子	备　注
KCN	>8	Co^{2+}、Ni^{2+}、Cu^{2+}、Zn^{2+}、Hg^{2+}、Ag^{+}、Ti^{3+} 及铂族元素	剧毒！必须在碱性溶液中使用
NH_4F	4～6	Al^{3+}、Ti^{4+}、Sn^{4+}、Zr^{4+}、W^{6+} 等	用 NH_4F 比 NaF 好，因为 NH_4F 加入 pH 值变化大
	10	Al^{3+}、Mg^{2+}、Ca^{2+}、Sr^{2+}、Ba^{2+} 及稀土元素	
三乙醇胺（TEA）	10	Al^{3+}、Sn^{4+}、Ti^{4+}、Fe^{3+}	与 KCN 并用，可提高掩蔽效果
	11～12	Fe^{3+}、Al^{3+} 及少量 Mn^{2+}	
酒石酸	1.2	Sb^{3+}、Sn^{4+}、Fe^{3+} 及 5mg 以下的 Cu	有抗血酸存在
	2	Fe^{3+}、Sn^{4+}、Mn^{2+}	
	5.5	Fe^{3+}、Al^{3+}、Sn^{4+}、Ca^{2+}	
	6～7.5	Mg^{2+}、Cu^{2+}、Fe^{3+}、Al^{3+}、Mo^{4+}、Sb^{3+}、W^{6+}	
	10	Al^{3+}、Sn^{4+}	

2）氧化还原掩蔽法

这种方法是利用氧化还原反应，改变干扰离子价态，以消除其干扰，如 Bi^{3+}、Fe^{3+} 离子混合溶液中 Bi^{3+} 的滴定。由于 Bi^{3+} 和 Fe^{3+} 的 EDTA 配合物的稳定常数相差较小（$\lg K_{BiY} = 27.94$，$\lg K_{FeY} = 25.1$），Fe^{3+} 干扰 Bi^{3+} 的滴定。这时可加入抗坏血酸或羟胺等，将 Fe^{3+} 还原为 Fe^{2+}，EDTA 与 Fe^{2+} 络合物的稳定常数小得多（$\lg K_{FeY} = 14.3$），因而避免了干扰。

3）沉淀掩蔽法

这种方法是利用选择性沉淀剂作掩蔽剂，使干扰离子形成沉淀，以降低其浓度。例如，用 EDTA 测定水中钙时，可向含有 Ca^{2+}、Mg^{2+} 的水中加入 NaOH 溶液，使 pH > 12，Mg^{2+} 生成 $Mg(OH)_2$ 沉淀，而不干扰 EDTA 滴定 Ca^{2+}。

思考与练习4-3

1. 欲连续滴定溶液中 Fe^{3+}、Al^{3+} 和 Ca^{2+} 的含量，试利用 EDTA 的酸效应曲线拟定主要滴定条件（pH 值）。

2. 欲测定含 Bi^{3+}、Pb^{2+}、Al^{3+} 和 Mg^{2+} 溶液中 Pb^{2+} 含量，其他三种离子是否干扰？拟出测定的简要方案。

三、金属指示剂

1. 作用原理

配位滴定中所使用的指示剂称为金属指示剂。它是一种能与金属离子生成有色配合物的有机染料显色剂，滴定时以它与金属离子配位前后颜色不同来确定终点。现以金属指示剂铬黑 T 为例说明其作用原理。

铬黑 T(Eriochrome Black T,EBT)，属偶氮染料，与金属离子形成红色配合物，结构式为

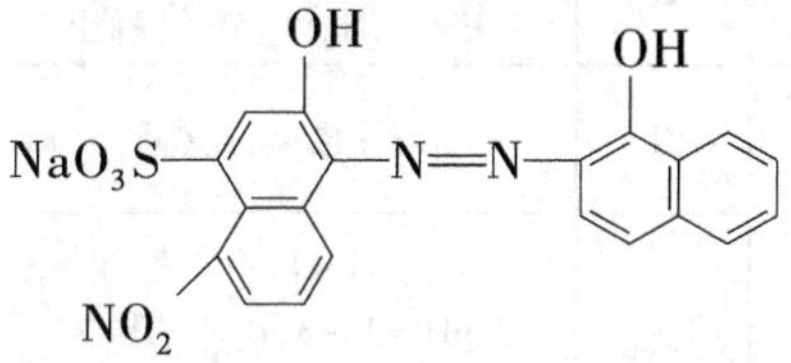

OH OH

NaO_3S—N═N—

NO_2

铬黑 T 可简写为 NaH_2In，在溶液中有以下平衡：

$$\underset{\text{红紫色}}{\underset{pH<6.3}{H_2In^-}} \rightleftharpoons \underset{\text{蓝色}}{\underset{pH=8\sim11}{HIn^{2-}}} \rightleftharpoons \underset{\text{橙黄色}}{\underset{pH>11.5}{In^{3-}}}$$

为区别其本身颜色，使终点观察明显，在滴定时应控制溶液在 pH = 7 ~ 11 范围内进行。实践表明，使用铬黑 T 指示剂最适宜的酸度范围是 pH = 9.5 ~ 10.5。

例如，在 pH = 10 的 Mg^{2+} 溶液中，加入少量铬黑 T 为指示剂，用 EDTA 标准溶液进行滴定，滴定前溶液呈红色，反应如下：

$$Mg^{2+} + \underset{\text{蓝色}}{HIn^{2-}} \rightleftharpoons \underset{\text{红色}}{MgIn^-} + H^+$$

在滴定过程中所发生的反应为：$Mg^{2+} + H_2Y^{2-} \rightleftharpoons MgY^{2-} + 2H^+$，$MgY^{2-}$ 是无色的。

化学计量点前溶液一直保持红色，化学计量点时溶液由红色变为蓝色即为滴定终点。

$$\underset{\text{红色}}{MgIn^-} + H_2Y^{2-} \rightleftharpoons MgY^{2-} + \underset{\text{蓝色}}{HIn^{2-}}$$

2. 金属指示剂应具备的条件

(1) 金属指示剂本身的颜色应与金属离子和金属指示剂形成配合物的颜色有明显的区别。

(2) 指示剂与金属离子形成配合物的稳定性应适当小于 EDTA 与金属离子形成的配合物的稳定性。一般要求：$\lg K'_{MIn} > 4$ 且 $\lg K'_{MY} - \lg K'_{MIn} \geq 2$。

(3) 指示剂不与被测金属离子产生封闭现象。若 $\lg K'_{MIn} > \lg K'_{MY}$，在化学计量点时就会出现虽然滴入了过量的 EDTA，也不能从金属指示剂配合物中夺取金属离子(M)，因而无法确定滴定终点的现象。这种现象称为指示剂的封闭现象。例如，在滴定 Mg^{2+} 时，有少量 Fe^{3+} 杂质存在，由于 Fe^{3+} 和 EDTA 能生成稳定配合物，在化学计量点时即使过量较多的 EDTA 也不能把铬黑 T 从 Fe^{3+} – 铬黑 T 的配合物中置换出来，影响终点变色的敏锐，使终点推迟。为了消除这种封闭现象，在加入铬黑 T 之前，应加入少量三乙醇胺与 Fe^{3+} 生成更稳定的配合物，则干扰消除。

(4) 指示剂与金属离子形成的配合物应易溶于水。如果形成胶体或沉淀，滴定终点时 MIn

中指示剂被 EDTA 的置换作用缓慢,会使终点拖长,这种现象称为指示剂的僵化现象。例如,使用 PAN 指示剂时容易发生僵化现象。将溶液适当加热或加入少量乙醇,可以避免发生僵化现象。

3. 常用的金属指示剂

配合滴定中常用金属指示剂见表 4-4。

表 4-4　常用金属指示剂

指示剂	使用 pH 值范围	颜色变化		直接滴定离子	配制方法
		In	MIn		
铬黑 T (EBT)	8~10	蓝	红	pH = 10, Mg^{2+}、Zn^{2+}、Cd^{2+}、Pb^{2+}、Hg^{2+}、Mn^{2+} 稀土	1g 铬黑 T 与 100g NaCl 混合研细 5g · L^{-1} 醇溶液加 20g 盐酸羟胺
钙指示剂 (NN)	12~13	蓝	红	pH = 12~13, Ca^{2+}	0.5g 与 100g NaCl 研细混匀
二甲酚橙 (XO)	<6	黄	红紫	pH < 1, ZrO^{2+} pH = 1~3, Bi^{3+}、Th^{4+} pH = 5~6, Zn^{2+}、Pb^{2+}、Cd^{2+}、Hg^{2+}、稀土	2g · L^{-1} 水溶液
PAN	2~12	黄	红	pH = 2~3, Bi^{3+}、Th^{4+} pH = 4~5, Cu^{2+}、Ni^{2+}	1g · L^{-1} 或 2g · L^{-1} 乙醇溶液
K-B 指示剂	8~13	黄绿	红	pH = 10, Mg^{2+}、Zn^{2+} pH = 13, Ca^{2+}	100g 酸性铬蓝 K 与 2.5g 萘酚绿 B 和 50g KNO_3 混合研细
磺基水杨酸 (SS)	1.5~2.5	无	紫红	pH = 1.5~2.5, Fe^{3+}	100g · L^{-1} 水溶液

技能训练 4-2　工业用水总硬度的测定

一、训练目的

通过训练,掌握配位滴定法测定水总硬度的方法,掌握水硬度的表示方法,了解消除干扰的意义。

二、仪器和试剂

(1)仪器:滴定管、锥形瓶、移液管。

(2)试剂:c_{EDTA} = 0.02mol · L^{-1} EDTA 标准溶液、氨—氯化铵缓冲溶液(pH = 10)、EBT(ρ = 5g · L^{-1})指示剂、钙指示剂、c_{NaOH} = 4mol · L^{-1} NaOH 溶液、三乙醇胺溶液(ρ = 200g · L^{-1})、Na_2S 溶液(ρ = 20g · L^{-1})。

三、操作步骤

1. 总硬度的测定

准确移取水样 100mL 于 250mL 锥形瓶中,加 50mL 蒸馏水,加入 3mL 三乙醇胺溶液、5mL 氨—氯化铵缓冲溶液,1mL Na_2S 溶液,加 3~4 滴 EBT 指示剂,用 0.02mol · L^{-1} EDTA 标准溶液滴定至溶液由酒红色变纯蓝色为终点，记录消耗 EDTA 的体积 V_1。平行测定 3 次。

2. 钙硬度的测定

准确移取 100mL 水样于 250mL 锥形瓶中，加 $4mol \cdot L^{-1}$ NaOH 溶液 4mL，再加少量钙指示剂，用 $0.02mol \cdot L^{-1}$ EDTA 标准溶液滴定至溶液由酒红色变为蓝色为终点，记录 EDTA 的体积 V_2。平行测定 3 次。

3. 清理

清洗仪器，整理工作台，将试剂仪器摆放整齐。

四、结果计算

总硬度以 $CaCO_3(mg \cdot L^{-1})$ 表示：

$$\rho_{总CaCO_3} = \frac{c_{EDTA} V_1 M_{CaCO_3}}{V} \times 10^3$$

钙硬度以 $CaCO_3(mg \cdot L^{-1})$ 表示：

$$\rho_{钙CaCO_3} = \frac{c_{EDTA} V_2 M_{CaCO_3}}{V} \times 10^3$$

式中 $\rho_{总CaCO_3}$——水样的总硬度，$mg \cdot L^{-1}$；

$\rho_{钙CaCO_3}$——水样的钙硬度，$mg \cdot L^{-1}$；

c_{EDTA}——EDTA 标准溶液的浓度，$mol \cdot L^{-1}$；

M_{CaCO_3}——基准物 $CaCO_3$ 的摩尔质量，$g \cdot mol^{-1}$；

V_1——步骤 1 消耗 EDTA 的体积，mL；

V_2——步骤 2 消耗 EDTA 的体积，mL；

V——吸取水样的体积，mL。

 **思考与练习4-4**

1. 测定水的总硬度时哪些离子有干扰，如何计算？
2. 根据实验，试求镁离子浓度。

第三节 配位滴定方式及应用

在配位滴定中，采用不同的滴定方式可以扩大方法的应用范围，有时还能提高配位滴定的选择性。常用的滴定方式有以下几种。

一、直接滴定

用 EDTA 标准溶液直接滴定被测离子是配位滴定中常用的滴定方式。直接滴定具有简便、快速，引入误差较小等优点。只要配位反应能符合滴定分析的要求，有合适的指示剂，加入必要的试剂（如掩蔽剂），控制好溶液的酸度，应当尽量采用直接滴定法。

应用实例——水的总硬度测定。

水的总硬度通常是指钙镁含量而言,测定水的总硬度就是测定水中 Ca^{2+}、Mg^{2+} 的总量。通常把钙和镁的总量折算成 $CaCO_3$ 或 CaO 的量来表示。

(1)水的总硬度的测定。先在试样水中加入 NH_3-NH_4Cl 缓冲溶液控制水样 pH = 10,加入铬黑 T 作指示剂,此时,EDTA 与金属离子生成酒红色的配合物,反应式如下:

$$Mg^{2+} + HIn^{2-} \rightleftharpoons MgIn + H^+$$

用 EDTA 标准溶液直接滴定,化学计量点前,EDTA 先与水中的 Ca^{2+} 配位,再与 Mg^{2+} 配位。由于 EDTA 与钙、镁生成的配合物是无色的,因此化学计量点前溶液始终呈现酒红色,滴定反应为:

$$Ca^{2+} + H_2Y^{2-} \rightleftharpoons CaY^{2-} + 2H^+$$

$$Mg^{2+} + H_2Y^{2-} \rightleftharpoons MgY^{2-} + 2H^+$$

到达化学计量点时,EDTA 夺取 $MgIn^-$ 中的 Mg^{2+},使指示剂游离出来,溶液由酒红色变为蓝色,即为终点。

$$MgIn^- + H_2Y^{2-} \rightleftharpoons MgY^{2-} + HIn^{2-} + H^+$$

根据 EDTA 的用量计算水中的钙镁总量:

①以每升水中 $CaCO_3$ 或 CaO 的毫克数($mg \cdot L^{-1}$)表示:

$$\rho_{CaCO_3} = \frac{c_{EDTA} \times V \times M_{CaCO_3}}{V_{水}} \times 1000$$

②用“度”来表示,即每升水中含有 10mg CaO 为 1°表示:

$$\rho_{CaO} = \frac{c_{DETA} \times V \times M_{CaO}}{V_{水} \times 10} \times 1000$$

式中 c_{EDTA}——EDTA 标准溶液的浓度,$mol \cdot L^{-1}$;

V——测定时消耗 EDTA 的体积,L;

$V_{水}$——所取水样的体积,L;

M_{CaCO_3}——$CaCO_3$ 的摩尔质量,$g \cdot mol^{-1}$;

M_{CaO}——CaO 的摩尔质量,$g \cdot mol^{-1}$。

水样中若含有 Fe^{3+}、Al^{3+}、Cu^{2+} 时,对铬黑 T 有封闭作用,可加入 Na_2S 使 Cu^{2+} 成为 CuS 沉淀;在碱性溶液中加入三乙醇胺掩蔽 Fe^{3+} 和 Al^{3+}。

(2)如需分别测得钙硬和镁硬,可另取同样量水样,加入 NaOH 溶液调 pH 值为 12,于是溶液中 Mg^{2+} 以 $Mg(OH)_2$ 沉淀形式被掩蔽。然后加钙指示剂,以 EDTA 标准溶液滴定 Ca^{2+}。两次测定结果之差,即为 Mg^{2+} 的含量。

二、返滴定

当被测金属离子与 EDTA 的配位反应速度缓慢,或找不到符合要求的指示剂时,可采用返滴定法。

应用实例——铝盐中铝含量的测定。

铝盐不能用 EDTA 直接滴定,因为 Al^{3+} 与 EDTA 的配位反应速率缓慢,Al^{3+} 又封闭二甲酚橙指示剂,因此通常采用返滴定测定。其程序是:往试液中加入过量的 EDTA 标准溶液,煮沸几分钟,让配位反应进行完全,冷却后将溶液 pH 值调到 5~6,以二甲酚橙作指示剂,用 Zn^{2+}

标准溶液返滴定剩余的 EDTA。

三、置换滴定

若被测金属离子与 EDTA 生成的配合物不够稳定,或没有合适的指示剂时,可采用置换滴定法。此法是在试液中加入一种金属的 EDTA 配合物,利用该配合物与被测离子之间发生的置换反应,置换出符合化学计量关系的这种金属离子,然后用 EDTA 标准溶液进行滴定。还可以用另一种配位剂置换待测金属离子与 EDTA 配合物中的 EDTA,释放出来的 EDTA 再用其他金属离子标准溶液进行滴定。

应用实例——银含量的测定。

Ag^+ 与 EDTA 的配合物不够稳定($\lg K_{AgY}=7.32$),不能用 EDTA 直接滴定,可采用置换滴定方式。在待测试液中加入过量的 $Ni(CN)_4^{2-}$,将发生下列反应:

$$2Ag^+ + Ni(CN)_4^{2-} = 2Ag(CN)_2^- + Ni^{2+}$$

$Ni(CN)_4^{2-}$ 非常稳定,不与 EDTA 发生反应。待上述置换反应完成后,在 pH = 10 的氨性缓冲溶液中,用紫脲酸铵作指示剂,用 EDTA 标准溶液滴定置换出的 Ni^{2+},从而可计算出银的含量。

四、间接滴定

若被测金属离子与 EDTA 的配合物不稳定,或者测定不能与 EDTA 配位的非金属离子,可以利用某种化学反应,用 EDTA 标准溶液滴定该化学反应的生成物或剩余的试剂,以间接求出被测物质的含量。

应用实例——硫酸盐的测定。

在制碱和无机盐工业中,有时需要测定卤水或母液中硫酸盐的含量。SO_4^{2-} 不能与 EDTA 作用,但可在试液中加入已知量的 $BaCl_2$ 标准溶液,使其与 SO_4^{2-} 生成 $BaSO_4$ 沉淀,过量的 Ba^{2+} 再用 EDTA 滴定。加入 $BaCl_2$ 物质的量减去滴定所用 EDTA 物质的量,就等于试液中 SO_4^{2-} 物质的量。这项测定可用铬黑 T 作指示剂,在 NH_3-NH_4Cl 缓冲溶液中进行。由于铬黑 T 与 Ba^{2+} 生成配合物的颜色变化不明显,而有 Mg^{2+} 存在时能使终点颜色变化清晰,故常用 $BaCl_2$ 和 $MgCl_2$ 混合液。这种情况下,试液中的钙、镁等离子也都参加反应,需从总的 EDTA 用量中加以扣除。

技能训练 4-3　铝盐中铝含量的测定

一、训练目的

通常训练,了解返滴定方式,掌握返滴定法测定铝盐含量的方法。

二、仪器和试剂

(1)仪器:电子天平、滴定管、100mL 容量瓶、锥形瓶。

(2)试剂:$0.02mol \cdot L^{-1}$ EDTA 标准溶液、$0.02mol \cdot L^{-1}$ Zn^{2+} 标准溶液、百里酚蓝指示剂($\rho=1g \cdot L^{-1}$的 20% 乙醇溶液)、二甲酚橙指示剂($\rho=2g \cdot L^{-1}$)、1:1 HCl 溶液(1 份 HCl 和 1 份水等体积混合)、1:1氨水溶液(1 份氨水和 1 份水等体积混合)、环六亚钾基四胺溶液($\rho=200g \cdot L^{-1}$)、NH_4F(分析纯)。

三、操作步骤

准确称取工业硫酸铝样品约 0.5g，加入 1∶1 HCl 溶液 3mL，加 50mL 水溶解，移入 100mL 容量瓶中，以水稀释至刻度。

准确吸取 10mL 上述试液于 250mL 锥形瓶中，加 20mL 水及 30mL 0.02mol · L^{-1} 的 EDTA，加 4 ~ 5 滴百里酚蓝，用 1∶1 氨水溶液中和至黄色，煮沸 2min，取下，加入环六亚甲基四胺溶液 10mL 及二甲酚橙指示剂 2 滴，冷却后以 0.02mol · L^{-1} 的锌盐标准溶液滴定至溶液由黄色变成紫红色（不计体积）。然后往溶液中加入 2g NH_4F，加热煮沸 2min，再用 0.02mol · L^{-1} 的锌盐标准溶液滴定至溶液由黄色变紫红色为止，记下锌盐标准溶液的体积。平行滴定 3 次。

四、结果计算

铝盐试样中，铝的质量分数计算公式如下：

$$w_{Al} = \frac{(c_{EDTA}V_{EDTA} - c_{Zn^{2+}}V_{Zn^{2+}}) \times 10^{-3} \times M_{Al}}{m \times \frac{10}{100}} \times 100\%$$

式中 w_{Al} ——铝盐试样中铝的质量分数，%；

c_{EDTA}——EDTA 标准溶液的浓度，mol · L^{-1}；

V_{EDTA} ——EDTA 标准溶液的体积，mL；

$c_{Zn^{2+}}$ ——Zn^{2+} 标准溶液的浓度，mol · L^{-1}；

$V_{Zn^{2+}}$ ——滴定时消耗 Zn^{2+} 标准溶液的体积，mL；

M_{Al} ——Al 的摩尔质量，g · mol^{-1}；

m ——铝盐试样的质量，g。

 思考与练习4-5

1. 第一次用锌盐滴定为什么不计体积？两次滴定终点颜色为什么必须一致？
2. 测定步骤中加入氨水和环六亚甲基四胺的目的是什么？

本 章 知 识 要 点

本章主要介绍用 EDTA（乙二胺四乙酸的二钠盐）作配位剂的配位滴定分析法，此法主要用于测定金属离子。

一、EDTA 的性质及其分析特性

EDTA 是一种氨羧配位剂，它与金属离子反应能生成易溶于水且结构相当稳定的配合物，EDTA 与不同价态金属离子反应配位比大多为 1∶1，反应速度快，非常适用于滴定分析。因此，EDTA 是配位滴定中应用最广泛的配位剂。

二、影响 EDTA 配位能力的因素

EDTA 与金属离子配位反应的副反应很多，其中以酸度对配位滴定的影响最为重要。

将金属离子能够被准确滴定的最低允许 pH 值计算出来，绘成曲线，即为酸效应曲线，酸效应曲线主要有以下用途：

(1)确定滴定金属离子的最低允许 pH 值。

(2)若溶液中有其他干扰离子共存时，可通过酸效应曲线判断干扰情况，并确定消除干扰的方案。

(3)确定连续滴定几种金属离子的酸度条件。

三、提高配位滴定选择性的方法

(1)若两种金属离子的 $\lg K_{NY} \geqslant 5$，可通过控制溶液酸度的方法进行滴定。

(2)若两种金属离子的 $\lg K_{NY} < 5$，则可使用掩蔽剂掩蔽干扰离子。常用的掩蔽方法有配位掩蔽法、氧化还原掩蔽法、沉淀掩蔽法。

四、金属指示剂

金属指示剂本身是一种配位剂，利用它与金属离子配位前后颜色不同来确定终点。指示剂与金属离子形成的配合物必须满足下列条件：

(1)与指示剂本身的颜色有明显的不同。

(2)要足够稳定，一般要求：$\lg K'_{MIn} > 4$ 且 $\lg K'_{MY} - \lg K'_{MIn} \geqslant 2$。

(3)不应产生封闭现象和僵化现象。

五、应用实例

(1)直接滴定法测定水的总硬度。

(2)返滴定法测定铝盐中铝的含量。

(3)置换滴定法测定银的含量。

(4)间接滴定法测定硫酸盐的含量。

本章考核要点

考核范围		考核内容	鉴定方式	考核比例,%
知识要求		①EDTA 与金属离子生成配合物的特点 ②酸效应曲线及其用途 ③金属指示剂的作用及应具备的条件 ④提高配位滴定选择性的方法	笔试	20
技能要求	测定	①称量基准物操作规范 ②容量瓶使用前洗涤、试漏，转移溶液、稀释、摇动等操作规范 ③移液管洗涤、润洗方法正确，移取溶液手法正确、熟练 ④滴定管洗涤、润洗方法正确 ⑤滴定操作规范，滴定终点判断准确	操作	30
	实验数据记录及处理	①原始记录表格设计合理，及时准确记录数据，有效数字位数与仪器精度符合 ②公式运用正确，无计算错误	操作	20
	分析结果	①精密度，平行测定间的相对平均偏差 <0.2% ②准确度，测定结果准确在规定范围内	操作	20

续表

考核范围	考核内容	鉴定方式	考核比例,%
安全与其他	①合理安排时间,在规定的时间内完成 ②保持整洁有序的工作环境	操作	10

本章自测题

一、填空题

1. 一般情况下水溶液中的 EDTA 总是以________等________种型体存在,其中以________与金属离子形成的配合物最稳定,但仅在________时,EDTA 才主要以此种型体存在。

2. 溶液酸度越大,酸效应系数越________,[Y^{4-}]越________,EDTA 的配位能力则越________。

3. 若被测离子 M 与干扰离子 N 浓度相同,那么可利用控制溶液酸度的方法进行选择性滴定的条件是________。

4. 在配位滴定中,常用的掩蔽干扰离子的方法有________法、________法和________法。

二、选择题

1. 有色的金属离子与 EDTA 形成的配合物(　　)。

A. 可能有色　　B. 可能无色　　C. 颜色变浅　　D. 颜色变深

2. 在 EDTA 络合滴定中,下列有关酸效应的叙述,正确的是(　　)。

A. 酸效应系数越大,配合物的稳定性越大

B. 酸效应系数越小,配合物的稳定性越大

C. pH 值越大,酸效应系数越大

D. 酸效应曲线表示的是各金属离子能够准确滴定的最高 pH 值

3. 在 Fe^{3+}、Al^{3+}、Ca^{2+}、Mg^{2+}的混合物中,用 EDTA 法测定 Ca^{2+}、Mg^{2+},要消除 Fe^{3+}、Al^{3+}的干扰,采用(　　)。

A. 沉淀分离法　　B. 控制酸度法　　C. 配合掩蔽法　　D. 离子交换法

4. 配位滴定的直接法,其滴定终点所呈现的颜色是(　　)。

A. 金属指示剂与待测金属离子形成的配合物的颜色

B. 游离金属指示剂的颜色

C. EDTA 与待测金属离子形成配合物的颜色

D. 上述 A 项与 B 项的混合色

5. 指示剂僵化现象产生的原因是(　　)。

A. MIn 在水中溶解度太小　　B. MIn 不够稳定

C. MIn 十分稳定　　D. 以上都不对

三、简答题

1. 什么是配位滴定法?用于配位滴定的反应必须符合哪些条件?

2. 写出 EDTA 的化学结构式及其简式。简述 EDTA 与金属离子形成配合物的特点。

3. 为什么说溶液的酸度是影响 M – EDTA 配合物稳定性的一个重要因素？

4. 以铬黑 T 为例简述金属指示剂的变色原理。

5. 什么是指示剂的封闭现象和僵化现象？

6. 用 EDTA 标准溶液滴定 Al^{3+} 时一般不采用直接滴定法，为什么？用哪种方法合适？

四、计算题

1. 计算 pH = 5.0 和 pH = 8.0 时的 $\lg K'_{MnY}$。

2. 称取干燥 $Al(OH)_3$ 凝胶 0.3986g，于 250mL 容量瓶中溶解后，吸取 25mL，精确加入 0.05140mol · L^{-1} EDTA 标准溶液 25.00mL，过量的 EDTA 溶液用 0.04998mol · L^{-1} 锌标准溶液回滴，用去 15.02mL，求样品中 Al_2O_3 的含量。

3. 取 100mL 水样，用氨性缓冲液调节至 pH = 10，以铬黑 T 为指示剂，用 0.008826 mol · L^{-1} EDTA 标准溶液滴定至终点，共消耗 12.58mL，计算水的总硬度。如果将上述水样再取 100mL，用 NaOH 溶液调节 pH = 12.5，加入钙指示剂，用上述 EDTA 标准溶液滴定至终点，消耗 10.11mL，试分别求出水样中 Ca^{2+} 和 Mg^{2+} 的量。

4. 测定无机盐中 SO_4^{2-}，取样 3.000g，溶解于水并稀释至 250.0mL，取 25.00mL，加入 0.05000mol · L^{-1} $BaCl_2$ 溶液 25.00mL，加热沉淀完全后，用 0.02000mol · L^{-1} EDTA 滴定未反应的 Ba^{2+}，用去 17.15mL。计算该无机盐中 SO_4^{2-} 的质量分数。

5. 测定锆英石中 ZrO_2、Fe_2O_3 含量。称取 1.000g 试样，以适当的熔样方法制成 200.0mL 试样溶液。移取 50.00mL 试液，调至 pH = 0.8，加入盐酸羟胺还原 Fe^{3+}，以二甲酚橙为指示剂，用 0.01000mol · L^{-1} EDTA 溶液滴定，用去 10.00mL。加入浓硝酸，加热，使 Fe^{2+} 被氧化成 Fe^{3+}，将溶液调至 pH = 1.5，以磺基水杨酸作指示剂，用上述 EDTA 溶液滴定，用去 20.00mL。计算试样中 ZrO_2 和 Fe_2O_3 的百分含量。

第五章　氧化还原滴定法

学习指南　氧化还原滴定法是应用非常广泛的滴定分析方法。通过本章的学习，应了解氧化还原反应的特点和氧化还原平衡；掌握标准电极电位、条件电极电位的概念和应用；重点掌握高锰酸钾法、重铬酸钾法、碘量法的测定原理、滴定条件及应用。

氧化还原滴定法是以氧化还原反应为基础的滴定分析方法。利用氧化还原滴定法可以直接或间接测定许多无机物和有机物。因此，氧化还原滴定法是应用非常广泛的滴定分析方法之一。

氧化还原反应是氧化剂和还原剂之间的电子转移反应，反应机理比较复杂，反应速率慢，还常常伴有副反应。因此，在氧化还原滴定过程中，控制反应条件是能否得到准确分析结果的关键。

可以用来进行氧化还原滴定的反应很多，按所用氧化剂的不同分为高锰酸钾法、重铬酸钾法、碘量法和溴量法等。本章重点介绍几种氧化还原滴定法的基本原理和应用。

第一节　电极电位及氧化还原平衡

一、标准电极电位和条件电极电位

任一氧化还原电对都有其相应的电极电位。如果用 Ox 表示某一电对的氧化型，Red 表示其还原型，则该电对的半反应为

$$\mathrm{Ox} + ne \rightleftharpoons \mathrm{Red}$$

25℃时，该电对的电极电位可用能斯特方程表示为

$$E_{\mathrm{Ox/Red}} = E^{\ominus}_{\mathrm{Ox/Red}} + \frac{0.059}{n}\lg\frac{\alpha_{\mathrm{Ox}}}{\alpha_{\mathrm{Red}}} \qquad (5-1)$$

式中　n——半反应转移的电子数；

α_{Ox}、α_{Red}——氧化态和还原态的活度；

$E^{\ominus}$——该电对的标准电极电位。

在一定温度下，氧化态和还原态的活度都为 $1\mathrm{mol}\cdot\mathrm{L}^{-1}$ 时的电极电位是标准电极电位。部分氧化还原电对的标准电极电位列于附表 4 中。

实际上，我们往往知道的是有关物质的浓度，而不是活度。在用能斯特方程计算电对的电极电位时，一般忽略溶液中离子强度的影响，用浓度代替活度。但在实际工作中，溶液中离子的活度影响是很大的。当溶液的酸度或组分改变时，电对的氧化型和还原型的存在形式也不

同,氧化态和还原态的有效浓度发生改变,电极电位也随之改变。这样,实际电位与计算结果相差很大。为了解决这个问题,人们通过实验测定了在一定的介质条件下氧化态和还原态的分析浓度都为 $1mol \cdot L^{-1}$时校正了各种外界因素影响后的实际电位,称为条件电极电位,用符号 $E^{\ominus\prime}$表示。部分氧化还原电对的条件电极电位列于附表 5 中。

标准电极电位和条件电极电位的关系与配位反应中绝对稳定常数 K 和条件稳定常数 K' 的关系相似。条件电位校正了各种外界因素的影响,用它来处理氧化还原问题,比较符合实际情况。

引入了条件电位以后,氧化还原电对的实际电位可用下式计算:

$$E = E^{\ominus\prime} + \frac{0.059}{n}\lg\frac{c_{Ox}}{c_{Red}} \tag{5-2}$$

若缺少所需条件下的条件电位值,可用条件相近的条件电位值代替。查不到条件电位的氧化还原电对,只好用标准电位代替条件电位作近似计算。

【例 5-1】 在 $1mol \cdot L^{-1}$ HCl 溶液中,若 $c_{Fe^{3+}} = 0.01mol \cdot L^{-1}$, $c_{Fe^{2+}} = 0.001mol \cdot L^{-1}$,则计算 Fe^{3+}/Fe^{2+} 电对的电极电位。

解:查附表 5,半反应 $Fe^{3+} + e \rightleftharpoons Fe^{2+}$ 在 $1mol \cdot L^{-1}$ HCl 溶液中的 $E^{\ominus\prime} = 0.70V$,则

$$\begin{aligned} E &= E^{\ominus\prime}_{Fe^{3+}/Fe^{2+}} + 0.059\lg\frac{c_{Fe^{3+}}}{c_{Fe^{2+}}} \\ &= 0.70 + 0.059 \times \lg\frac{0.01}{0.001} \\ &= 0.76(V) \end{aligned}$$

二、电极电位的应用

1. 判断氧化剂、还原剂的相对强弱

氧化剂和还原剂的相对强弱可用氧化还原电对的电极电位来衡量。电极电位数值越大,表示该电对中的氧化态得到电子的能力越强,是较强的氧化剂;电极电位数值越小,表示该电对中还原态失去电子的能力越强,是较强的还原剂。

【例 5-2】 根据电极电位指出下列电对在 $1mol \cdot L^{-1}$ $HClO_4$ 溶液中最强的氧化剂和最强的还原剂,并列出各氧化型物质的氧化能力和各还原型物质的还原能力强弱的次序。

Fe^{3+}/Fe^{2+}　　MnO_4^-/Mn^{2+}　　Ce^{4+}/Ce^{3+}

解:查附表 5 得,在 $1mol \cdot L^{-1}$ $HClO_4$ 中

$Fe^{3+} + e \rightleftharpoons Fe^{2+}$　　$E^{\ominus\prime}(Fe^{3+}/Fe^{2+}) = 0.732V$

$MnO_4^- + 8H^+ + 5e \rightleftharpoons Mn^{2+} + 4H_2O$　　$E^{\ominus\prime}(MnO_4^-/Mn^{2+}) = 1.45V$

$Ce^{4+} + e \rightleftharpoons Ce^{3+}$　　$E^{\ominus\prime}(Ce^{4+}/Ce^{3+}) = 1.70V$

因为　$E^{\ominus\prime}(Ce^{4+}/Ce^{3+}) > E^{\ominus\prime}(MnO_4^-/Mn^{2+}) > E^{\ominus\prime}(Fe^{3+}/Fe^{2+})$

所以,在 $1mol \cdot L^{-1}$ $HClO_4$ 溶液中最强的氧化剂是 Ce^{4+},最强的还原剂是 Fe^{2+}。

各氧化型物质在 $1mol \cdot L^{-1}$ $HClO_4$ 溶液中氧化能力的顺序为 $Ce^{4+} > MnO_4^- > Fe^{3+}$;各还原型物质在 $1mol \cdot L^{-1}$ $HClO_4$ 溶液中还原能力的顺序为 $Fe^{2+} > Mn^{2+} > Ce^{3+}$。

2. 判断氧化还原反应方向

根据氧化还原电对的条件电位或标准电位可以判断氧化还原反应的方向。两电对中,电

位较高电对中的氧化型与电位较低电对中的还原型相互反应，即强氧化剂与强还原剂相互作用，生成弱还原剂和弱氧化剂。

例如，判断在 1mol · L^{-1} HCl 溶液中下列反应的方向：

$$2Fe^{3+} + Sn^{2+} \rightleftharpoons 2Fe^{2+} + Sn^{4+}$$

查附表 5 得，在 1mol · L^{-1} HCl 溶液中，$E^{\ominus'}(Fe^{3+}/Fe^{2+}) = 0.70V$，$E^{\ominus'}(Sn^{4+}/Sn^{2+}) = 0.14V$。由于 $E^{\ominus'}(Fe^{3+}/Fe^{2+}) > E^{\ominus'}(Sn^{4+}/Sn^{2+})$，所以 Fe^{3+} 的氧化能力大于 Sn^{4+}；Sn^{2+} 的还原能力大于 Fe^{2+}。因此，上述反应向右进行。

应该注意，若用标准电位判断反应方向，必须考虑氧化态和还原态的浓度、溶液的酸度、生成沉淀、形成配合物等因素的影响。这些因素可能使氧化态或还原态的存在形式发生变化，以致有可能改变反应方向。例如，用间接碘量法测定 Cu^{2+} 的反应：

$$2Cu^{2+} + 4I^- \rightleftharpoons 2CuI\downarrow + I_2$$

$E^{\ominus}(Cu^{2+}/Cu^+) = 0.14V$，$E^{\ominus}(I_2/I^-) = 0.54V$。从标准电位看，$E^{\ominus}(I_2/I^-) > E^{\ominus}(Cu^{2+}/Cu^+)$，似乎 I_2 能够氧化 Cu^+，反应向左进行，但事实上反应向右进行，I^- 能还原 Cu^{2+} 且还原得很完全。这是因为 Cu^{2+}/Cu^+ 电对中的 Cu^+ 与溶液中 I^- 生成了难溶的 CuI 沉淀，使溶液中 $[Cu^+]$ 极小，导致其半反应的电位显著增高，Cu^{2+} 成了较强的氧化剂。

3. *判断氧化还原反应进行的程度*

氧化还原反应进行的程度可用反应的平衡常数 K 来衡量。例如下述氧化还原反应：

$$n_2 Ox_1 + n_1 Red_2 \rightleftharpoons n_2 Red_1 + n_1 Ox_2$$

两电对的电极电位分别为

$$E_1 = E_1^{\ominus'} + \frac{0.059}{n_1}\lg\frac{c_{Ox_1}}{c_{Red_1}}$$

$$E_2 = E_2^{\ominus'} + \frac{0.059}{n_2}\lg\frac{c_{Ox_2}}{c_{Red_2}}$$

当反应达到平衡时，$E_1 = E_2$，则：

$$E_1^{\ominus'} + \frac{0.059}{n_1}\lg\frac{c_{Ox_1}}{c_{Red_1}} = E_2^{\ominus'} + \frac{0.059}{n_2}\lg\frac{c_{Ox_2}}{c_{Red_2}}$$

$$E_1^{\ominus'} - E_2^{\ominus'} = \frac{0.059}{n_2}\lg\frac{c_{Ox_2}}{c_{Red_2}} - \frac{0.059}{n_1}\lg\frac{c_{Ox_1}}{c_{Red_1}}$$

$$= \frac{0.059}{n_1 n_2}\lg\left(\frac{c_{Ox_2}}{c_{Red_2}}\right)^{n_1}\left(\frac{c_{Ox_1}}{c_{Red_1}}\right)^{n_2}$$

因为反应的平衡常数 K 为 $$K = \frac{(c_{Red_1})^{n_2}\cdot(c_{Ox_2})^{n_1}}{(c_{Ox_1})^{n_2}\cdot(c_{Red_2})^{n_1}}$$

则有 $$\lg K = \frac{(E_1^{\ominus'} - E_2^{\ominus'})n_1 n_2}{0.059} \tag{5-3}$$

由式(5-3)可见，氧化还原反应的平衡常数可由有关电对的条件电极电位求得。氧化还原平衡常数的大小主要由两电对的条件电极电位之差决定。两电对的电位差值越大，平衡常数越大，反应进行得越完全。如果按滴定分析的允许误差为 0.1% 推算，一般认为当 $\lg K \geqslant 6$ 即 $E_1^{\ominus'} - E_2^{\ominus'} \geqslant 0.4V$ 时，氧化还原反应进行得较完全，这样的反应才能用于滴定分析。但要注意，两电对的电极电位相差很大，仅仅说明该氧化还原反应有进行完全的可能，但不一定能定量反应，也不一定能迅速完成。

4. 计算化学计量点时的电位

化学计量点时的电位可利用参加反应的两电对的电极电位值求得。对于任一氧化还原反应：

$$n_2\mathrm{Ox}_1 + n_1\mathrm{Red}_2 \rightleftharpoons n_2\mathrm{Red}_1 + n_1\mathrm{Ox}_2$$

当反应达到化学计量点时，两电对的电极电位值相等，即：

$$E = E_{\mathrm{Ox_1/Red_1}} = E_{\mathrm{Ox_2/Red_2}}$$

因此可推导出化学计量点时电位值为

$$E = \frac{n_1 E^{\ominus'}_{\mathrm{Ox_1/Red_1}} + n_2 E^{\ominus'}_{\mathrm{Ox2/Red_2}}}{n_1 + n_2} \qquad (5-4)$$

三、影响氧化还原反应速率的因素

1. 反应物的浓度

一般来说，增加反应物的浓度可加快反应速率。对于有 H^+ 参加的反应，提高酸度也能加快反应速率。例如，在酸性溶液中，一定量的 $K_2Cr_2O_7$ 和 KI 反应：

$$Cr_2O_7^{2-} + 6I^- + 14H^+ \rightleftharpoons 2Cr^{3+} + 3I_2 + 7H_2O$$

此反应速率较慢，增大 I^- 的浓度或提高溶液的酸度，可以使反应速率加快。实验证明，在 $0.3 \sim 0.4 \mathrm{mol \cdot L^{-1}}$ 酸度下，KI 过量约 5 倍，放置 5min，反应可进行完全。

2. 温度的影响

对大多数反应来说，溶液的温度每升高 10℃，反应速率增快 2 ~ 3 倍。例如，在酸性溶液中，高锰酸钾与草酸的反应

$$2MnO_4^- + 5C_2O_4^{2-} + 16H^+ \rightleftharpoons 2Mn^{2+} + 10CO_2 + 8H_2O$$

在室温下反应速率很慢，如将溶液加热至 75 ~ 85℃，反应速率则大大加快。

对于易挥发的物质（如 I_2）或加热时易被空气氧化的物质，就不能利用升高溶液的温度的办法来增大反应速率，否则会引起误差。

3. 催化剂

使用催化剂是加快反应速率的有效方法之一。例如，在酸性溶液中以 $KMnO_4$ 滴定 $H_2C_2O_4$，即使加热，反应速率仍较慢，若加入 Mn^{2+}，则反应速率大为提高。这里 Mn^{2+} 就是催化剂。

4. 诱导反应

在氧化还原反应中，一种反应的进行能够诱发和促进另一种反应的现象，称为诱导作用。前一种反应称为诱导反应，后一种反应称为受诱反应。例如，在酸性溶液中，$KMnO_4$ 氧化 Cl^- 的反应速率很慢，当溶液中同时存在 Fe^{2+} 时，$KMnO_4$ 与 Fe^{2+} 的反应即可大大加速它与 Cl^- 的反应。此时，

$$MnO_4^- + 5Fe^{2+} + 8H^+ = Mn^{2+} + 5Fe^{3+} + 4H_2O \qquad \text{（诱导反应）}$$

$$2MnO_4^- + 10Cl^- + 16H^+ = 2Mn^{2+} + 5Cl_2 + 8H_2O \qquad \text{（受诱反应）}$$

上述反应中 $KMnO_4$ 称为作用体，Fe^{2+} 称为诱导体，Cl^- 称为受诱体。

诱导反应和催化反应的不同之处在于，催化剂参加反应后并不改变其原来的组成和形态；但在诱导反应中，诱导体参加反应后变为其他物质。

思考与练习5-1

1. 在 Sn^{2+}、Fe^{2+} 的混合溶液中，欲使 Sn^{2+} 氧化为 Sn^{4+}，而 Fe^{2+} 不被氧化，请根据标准电极电位判断应选择下列哪种氧化剂：

(1) H_2O_2　　(2) KIO_3　　(3) $HgCl_2$　　(4) Hg_2Br_2

2. 若用 $KMnO_4$ 标准溶液滴定 Fe^{2+}，计算反应的平衡常数和化学计量点时电位值。反应式为

$$MnO_4^- + 5Fe^{2+} + 8H^+ \longrightarrow Mn^{2+} + 5Fe^{3+} + 4H_2O$$

四、氧化还原滴定

1. 氧化还原滴定曲线

在氧化还原滴定过程中，随着标准溶液的不断加入，有关电对的电极电位也随之改变，这种变化情况可用氧化还原滴定曲线来描述。滴定过程中，各点的电位可以通过实验测得，也可以用能斯特方程式计算。

图 5－1 是在 1mol·L^{-1} H_2SO_4 溶液中，用 0.1000mol·L^{-1} $Ce(SO_4)_2$ 标准溶液滴定 20.00mL 0.1000mol·L^{-1} $FeSO_4$ 溶液的滴定曲线。由图可见，氧化还原反应滴定曲线的形状与酸碱滴定曲线相似。在化学计量点附近滴定剂 $Ce(SO_4)_2$ 溶液由不足 0.1% 到过量 0.1%，引起溶液电位由 0.86V 突跃到 1.26V，其化学计量点电位为 1.06V。可以证明，滴定曲线上电位突跃的大小与两个氧化还原电对条件电位之差有关，两个电对条件电位相差越大，电位突跃就越大；反之就越小。一般来说，两电对的条件电位之差大于 0.4V 时，选用氧化还原指示剂确定终点，才能得到准确的分析结果。

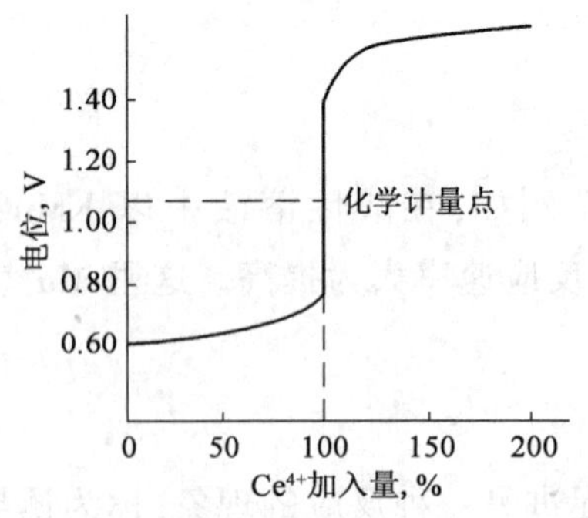

图 5－1　用 0.1000mol·L^{-1} $Ce(SO_4)_2$ 标准溶液滴定 20mL 0.1mol·L^{-1} $FeSO_4$ 溶液的滴定曲线

2. 氧化还原滴定终点的确定

在氧化还原滴定中，除了用电位法确定终点外，还可以根据所使用的标准溶液的不同选用不同类型的指示剂来确定滴定终点。氧化还原滴定中所用的指示剂有以下几类：

1) 自身指示剂

在氧化还原滴定过程中，有些溶液或被测的物质本身有颜色，则滴定时就无须另加指示剂，它本身的颜色变化起着指示剂的作用，这称为自身指示剂。例如，以 $KMnO_4$ 标准溶液滴定 $FeSO_4$ 溶液：

$$MnO_4^- + 5Fe^{2+} + 8H^+ \rightleftharpoons Mn^{2+} + 5Fe^{3+} + 4H_2O$$

由于 $KMnO_4$ 本身具有紫红色，而 Mn^{2+} 几乎无色，所以，当滴定到化学计量点时，稍微过量的

$KMnO_4$就使被测溶液出现粉红色，表示滴定终点已到。实验证明，$KMnO_4$的浓度约为$2\times10^{-6}mol\cdot L^{-1}$时，就可以观察到溶液的粉红色。

2）专属指示剂

可溶性淀粉与游离碘生成深蓝色配合物的反应是专属反应。当I_2被还原为I^-时，蓝色消失；当I^-被氧化为I_2时，蓝色出现。当I_2的浓度为$2\times10^{-6}mol\cdot L^{-1}$时即能看到蓝色，反应极灵敏。因而淀粉是碘法的专属指示剂。

3）氧化还原指示剂

氧化还原指示剂是一些本身具有氧化还原性质的有机化合物，它的氧化态和还原态具有不同的颜色，因而可指示氧化还原滴定终点。现以In（Ox）和In（Red）分别表示指示剂的氧化态和还原态，则其氧化还原半反应如下：

$$Ox + ne \rightleftharpoons Red$$

根据能斯特方程式得：

$$E = E^{\ominus'} + \frac{0.059}{n}\lg\frac{c_{Ox}}{c_{Red}}$$

随着滴定过程中溶液电位的改变，浓度比也在改变，因而溶液的颜色也发生变化。同酸碱指示剂的变色情况相似，当c_{Ox}/c_{Red}在1/10～10之间时，我们可观察到指示剂颜色的变化，因此，氧化还原指示剂变色的电位范围是

$$E_{In} = E_{In}^{\ominus'} \pm \frac{0.059}{n}(V)$$

一些常用氧化还原指示剂列于表5－1中。

表5－1 常用的氧化还原指示剂

指示剂	$E_{In}^{\ominus'}$，V $[H^+]=1mol\cdot L^{-1}$	颜色变化	
		氧化态	还原态
次甲基蓝	0.36	蓝	无色
二苯胺	0.76	紫	无色
二苯胺磺酸钠	0.84	紫红	无色
邻苯氨基苯甲酸	0.89	紫红	无色
邻二氮菲亚铁	1.06	浅蓝	红色

选择氧化还原指示剂的原则是：指示剂的电位变化范围应当处在滴定的电位突跃范围之内。在实际工作中，一般只计算化学计量点时电位，氧化还原指示剂的条件电位要尽量与反应的化学计量点的电位相一致。

第二节 高锰酸钾法

一、方法概述

高锰酸钾法是利用高锰酸钾（$KMnO_4$）作氧化剂进行滴定分析的方法。$KMnO_4$是一种强氧化剂，在不同介质中氧化能力和还原产物有所不同。

在强酸性溶液中：

$$MnO_4^- + 8H^+ + 5e \rightleftharpoons Mn^{2+} + 4H_2O \qquad E^\ominus = 1.51V$$

在中性或弱碱性溶液中：

$$MnO_4^- + 2H_2O + 3e \rightleftharpoons MnO_2 + 4OH^- \qquad E^\ominus = 0.595V$$

在强碱性溶液中：

$$MnO_4^- + e \rightleftharpoons MnO_4^{2-} \qquad E^\ominus = 0.564V$$

由以上电极电位值可知，$KMnO_4$ 在强酸性溶液中氧化能力最强。因此，高锰酸钾法一般在强酸性溶液中进行，酸度以 $1 \sim 2mol \cdot L^{-1}$为宜。调节酸度要用硫酸，不能使用盐酸和硝酸，因为盐酸具有还原性，能与高锰酸钾作用；硝酸具有氧化性，它可能氧化被滴定的物质。在弱酸性、中性或弱碱性溶液中，生成褐色的 MnO_2 沉淀，影响终点观察。

1. 测定范围

（1）直接滴定许多还原性物质，如 Fe^{2+}、H_2O_2、C_2O、As（Ⅲ）、Sb（Ⅲ）等。

（2）返滴定测定一些氧化性物质，如 MnO_2、$Cr_2O_7^{2-}$、PbO_2 等。

（3）间接测定一些本身不具有氧化还原性但能与还原剂或氧化剂定量反应的物质。如测定 Ca^{2+} 含量时，先将 Ca^{2+} 沉淀为 CaC_2O_4，然后用稀硫酸溶解沉淀，再用 $KMnO_4$ 标准溶液滴定溶液中的 $C_2O_4^{2-}$，间接求出 Ca^{2+} 的含量。

（4）在强碱性条件下，$KMnO_4$ 能够氧化很多有机物，故可利用 $KMnO_4$ 的氧化性在强碱性溶液中测定某些有机物的含量，如甲醇、甲酸等。

2. 指示剂

高锰酸钾法利用 $KMnO_4$ 作自身指示剂，不需另加指示剂。$KMnO_4$ 本身是紫红色的，浓度为 $2 \times 10^{-6} mol \cdot L^{-1}$的溶液即显示粉红色，化学计量点后稍过量的高锰酸钾使溶液呈现粉红色来指示滴定终点。

3. 优缺点

高锰酸钾法的优点是氧化能力强，应用范围广，一般不需另加指示剂。高锰酸钾法的缺点是 $KMnO_4$ 标准溶液常含有少量杂质，不够稳定；因高锰酸钾氧化能力强，能和许多还原性物质发生作用，所以干扰较严重。

二、$KMnO_4$ 标准滴定溶液

1. 配制

纯 $KMnO_4$ 溶液相当稳定。但市售 $KMnO_4$ 试剂中常含有少量 MnO_2 和硫酸盐、硝酸盐、氯化物等杂质。另外，蒸馏水中常含有少量的有机物质，能使 $KMnO_4$ 还原，且还原产物能促进 $KMnO_4$ 自身分解。因此，不能用直接配制法配制 $KMnO_4$ 标准滴定溶液。应用间接配制法，先配制近似浓度的溶液，再用基准物质标定。

为了配制比较稳定的 $KMnO_4$ 溶液，可称取稍多于计算用量的 $KMnO_4$ 试剂，试剂溶于一定体积蒸馏水中，将溶液缓缓煮沸 15min，冷却，暗处放置一周，使溶液中可能存在的还原性物质完全被氧化，然后用微孔玻璃漏斗过滤，除去沉淀物。滤液存储于另一棕色瓶中，置暗处保存。如果长期使用，必须定期标定。

2. 标定

标定 $KMnO_4$ 的基准物质较多，有 $Na_2C_2O_4$、$H_2C_2O_4 \cdot 2H_2O$ 和纯铁丝等。其中最常用的是 $Na_2C_2O_4$，因为它不含结晶水，易提纯，且性质稳定。在 H_2SO_4 溶液中，用 $Na_2C_2O_4$ 标定 $KMnO_4$ 的反应为

$$2MnO_4^- + 5C_2O_4^{2-} + 16H^+ \xlongequal{} 2Mn^{2+} + 10CO_2 + 8H_2O$$

为了使反应定量、较迅速地完成，应注意以下滴定条件：

(1)溶液温度。在室温下反应缓慢，通常将溶液加热到 70～85℃，但温度不能超过 90℃；否则，在酸性溶液中，会有部分 $H_2C_2O_4$ 分解，导致标定结果偏高。反应为

$$H_2C_2O_4 \xlongequal{\triangle} H_2O + CO_2 + CO$$

(2)溶液酸度。一般滴定时溶液酸度控制在 0.5～1.0mol·L^{-1}。若酸度太低，易生成 MnO_2 沉淀；若酸度过高，又会造成草酸分解。

(3)滴定速度。滴定开始时，滴定速度不宜太快，一定要等到第一滴 $KMnO_4$ 溶液的颜色褪去之后才接着加第二滴。此后，反应生成的 Mn^{2+} 的催化作用使反应速率逐渐加快，故滴定速度也可随之加快，但也不能太快；否则加入的 $KMnO_4$ 溶液来不及和 $C_2O_4^{2-}$ 反应，在热的酸性溶液中，自身发生分解而使结果偏低。反应为

$$4MnO_4^- + 12H^+ \xlongequal{} 4Mn^{2+} + 5O_2 + 6H_2O$$

(4)终点判断。用 $KMnO_4$ 溶液滴定至溶液呈现浅粉红色，半分钟不褪为滴定终点。

注意：标定好的 $KMnO_4$ 溶液放置一段时间以后，若发现有 $MnO(OH)_2$ 沉淀析出，应重新过滤并标定。

三、应用实例

1. 过氧化氢含量的测定——直接滴定

过氧化氢又称双氧水，通常用作氧化剂、漂白剂；但 H_2O_2 遇到更强的氧化剂时，它显示还原剂的性质。用强氧化剂 $KMnO_4$ 可在酸性溶液中直接滴定 H_2O_2，滴定反应为

$$2MnO_4^- + 5H_2O_2 + 6H^+ \xlongequal{} 2Mn^{2+} + 5O_2 + 8H_2O$$

滴定反应可在室温下顺利进行。滴定开始时反应速率较慢，随着 Mn^{2+} 的生成，反应速度逐渐加快，也可以在滴定前加几滴 Mn^{2+} 溶液作催化剂，但不能加热，以防分解。

2. 软锰矿中 MnO_2 的测定——返滴定

软锰矿的主要成分是 MnO_2，此外还有锰的低价氧化物、氧化铁等。利用 MnO_2 的氧化性，在试样中加入过量的 $Na_2C_2O_4$ 溶液，缓慢加热使其溶解，直至 MnO_2 被全部还原，还原反应为

$$MnO_2 + H_2C_2O_4 + 2H^+ \xlongequal{} Mn^{2+} + 2CO_2 + 2H_2O$$

待反应完全后，用 $KMnO_4$ 标准溶液返滴定过量的 $Na_2C_2O_4$，即可计算出试样中 MnO_2 的含量。

3. 钙盐中钙的测定——间接滴定

Ca^{2+} 不具有氧化性，也不具有还原性，但可利用 Ca^{2+} 在一定条件下能定量生成草酸盐沉淀的性质，用 $KMnO_4$ 法间接测定。先将样品处理成溶液后，然后将 Ca^{2+} 全部沉淀为 CaC_2O_4，沉淀经过滤、洗涤后溶于稀 H_2SO_4 中，用 $KMnO_4$ 标准溶液滴定生成的 $H_2C_2O_4$，从而间接求得 Ca^{2+} 的含量。反应如下：

$$Ca^{2+} + C_2O_4^{2-} \xlongequal{} CaC_2O_4$$

$$CaC_2O_4 + 2H^+ \xlongequal{} Ca^{2+} + H_2C_2O_4$$

$$5H_2C_2O_4 + 2MnO_4^- + 6H^+ \xlongequal{} 2Mn^{2+} + 10CO_2 + 8H_2O$$

凡是能与 $C_2O_4^{2-}$ 定量生成沉淀的金属离子，只要它本身不与 $KMnO_4$ 反应，如钍和某些稀土离子等，都可用上述方法测定。

4. 某些有机物含量的测定

在碱性溶液中，过量的 $KMnO_4$ 能定量地氧化某些有机物，如甘油、甲酸、甲醇等。例如，用高锰酸钾法测定甲醇，可将一定过量的 $KMnO_4$ 标准溶液加到碱性试样中，反应如下：

$$CH_3OH + 6MnO_4^- + 8OH^- \xlongequal{} CO_3^{2-} + 6MnO_4^{2-} + 6H_2O$$

待反应完成后，将溶液酸化，用 $FeSO_4$ 标准溶液滴定，使所有高价锰还原为 Mn^{2+}，即可算出消耗 $FeSO_4$ 的物质的量，同样可计算出反应前加入的 $KMnO_4$ 标准溶液相当于 $FeSO_4$ 物质的量，由两者差值即可求出甲醇含量。应用本方法还能测定水中有机污染物的含量。

四、计算示例

【例 5-3】 称取石灰石试样 0.1492g，溶于盐酸并将钙沉淀为 CaC_2O_4。沉淀经过滤洗涤后再溶于稀 H_2SO_4 溶液中，以 $c_{1/5KMnO_4} = 0.1025mol \cdot L^{-1}$ 的 $KMnO_4$ 溶液滴定至终点，用去 18.34mL。计算石灰石中 $CaCO_3$ 的质量分数。

解：滴定反应为

$$Ca^{2+} + C_2O_4^{2-} \xlongequal{} CaC_2O_4$$

$$CaC_2O_4 + 2H^+ \xlongequal{} Ca^{2+} + H_2C_2O_4$$

$$2MnO_4^- + 5C_2O_4^{2-} + 16H^+ \xlongequal{} 2Mn^{2+} + 10CO_2 + 8H_2O$$

因为 $1CaCO_3 \propto 1Ca^{2+} \propto 1CaC_2O_4 \propto 1C_2O_4^{2-} \propto 2e$，所以 $CaCO_3$ 基本单元应取 $1/2CaCO_3$。石灰石中 $CaCO_3$ 的质量分数为

$$\begin{aligned} w_{CaCO_3} &= \frac{c_{1/5KMnO_4} V_{KMnO_4} M_{1/2CaCO_3}}{m_s} \times 100\% \\ &= \frac{0.1025 \times 18.34 \times 10^{-3} \times 50.04}{0.1492} \times 100\% \\ &= 63.05\% \end{aligned}$$

1. 标定 $KMnO_4$ 溶液时，酸度过低在滴定中将出现什么现象，对测定结果有什么影响？
2. 用 $KMnO_4$ 法测定 H_2O_2 含量时，能否用加热的方法提高反应速度，为什么？

技能训练 5-1 $KMnO_4$ 标准溶液的配制与标定

一、训练目的

通过训练，掌握 $KMnO_4$ 标准溶液的配制和标定方法；掌握高锰酸钾滴定操作条件的控制。

二、仪器和试剂

(1)仪器:滴定管、锥形瓶、移液管、分析天平、500mL 烧杯、玻璃棒。

(2)试剂:$KMnO_4$(分析纯)、$Na_2C_2O_4$基准物(于 105 ~110℃烘干至恒重)、硫酸(3mol·L^{-1}、取 168mL 浓 H_2SO_4缓慢注入 833mL 水中)。

三、操作步骤

1. 配制 $c_{1/5KMnO_4}$为 0.1mol·L^{-1}的 $KMnO_4$溶液 500mL

计算配制 500mL $c_{1/5KMnO_4}$ =0.1mol·L^{-1} $KMnO_4$标准溶液所需 $KMnO_4$的质量,用托盘天平称取计算量的 $KMnO_4$于一洁净的 500mL 烧杯中。用量筒加水 250mL 溶解。盖上表面皿,缓慢煮沸 15min。冷却后置于暗处,放置两周,用 4 号玻璃滤锅(该玻璃滤锅在同样的 $KMnO_4$溶液中煮沸 15min)过滤,除去 MnO_2,滤液存于棕色瓶中待标定。

2. 标定

准确称取 0.15 ~0.20g 烘干过的基准物 $Na_2C_2O_4$,放入 250mL 锥形瓶中,加入新煮沸过的蒸馏水 50mL 及 3mol·L^{-1} H_2SO_4 15mL,加热至 75 ~85℃(开始冒蒸汽时的温度),立即用 $KMnO_4$溶液滴定(当第一滴 $KMnO_4$的粉红色褪去后,才能加第二滴。滴定结束时,溶液温度不应低于 60℃),溶液呈粉红色,半分钟不褪为终点。记录消耗 $KMnO_4$溶液的体积,平行测定 3 次。

3. 清理

清洗仪器,整理工作台,将试剂仪器摆放整齐。

四、结果计算

$KMnO_4$标准溶液的浓度计算公式如下:

$$c_{1/5KMnO_4} = \frac{m_{Na_2C_2O_4}}{M_{1/2Na_2C_2O_4} V_{KMnO_4} \times 10^{-3}}$$

式中 $c_{1/5KMnO_4}$——$KMnO_4$标准溶液的浓度,mol·L^{-1};

$m_{Na_2C_2O_4}$——基准物 $Na_2C_2O_4$的质量,g;

$M_{1/2Na_2C_2O_4}$——以 $1/2Na_2C_2O_4$为基本单位的 $Na_2C_2O_4$的摩尔质量,g·mol^{-1};

V_{KMnO_4}——滴定消耗 $KMnO_4$标准溶液的体积,mL。

思考与练习5-3

1. 配制 $KMnO_4$溶液时,为什么要将 $KMnO_4$溶液煮沸一定时间并放置数天?能否用滤纸过滤 $KMnO_4$溶液?

2. $KMnO_4$溶液应装入哪种滴定管?如何读数?

3. 影响反应速度的因素有哪些?如何控制本实验的滴定速度?

技能训练5-2 过氧化氢含量的测定

一、训练目的

通过训练，掌握 $KMnO_4$法测定过氧化氢含量的方法；进一步熟练用吸量管取样的操作。

二、仪器和试剂

(1)仪器：滴定管、锥形瓶、移液管、吸量管、容量瓶。

(2)试剂：$c_{1/5KMnO_4}=0.1mol\cdot L^{-1}$的 $KMnO_4$标准溶液、硫酸溶液($1mol\cdot L^{-1}$)。

三、操作步骤

(1)用吸量管准确量取1mL过氧化氢试样(H_2O_2含量约30%)，放入装有约200mL水的250mL容量瓶中，再用水稀释至刻度，摇匀。用移液管吸取上述溶液25mL放于250mL锥形瓶中，加入$1mol\cdot L^{-1}$ H_2SO_4溶液20mL，以$0.1mol\cdot L^{-1}$的 $KMnO_4$标准溶液滴定至浅粉红色，半分钟不褪为终点。记录消耗 $KMnO_4$标准溶液的体积；平行测定3次。

(2)清洗仪器，整理工作台，将试剂仪器摆放整齐。

四、结果计算

过氧化氢质量浓度的计算公式如下：

$$\rho_{H_2O_2}=\frac{c_{1/5KMnO_4}V_{KMnO_4}\times 10^{-3}\times M_{1/2H_2O_2}}{V\times\frac{25}{250}}\times 1000$$

式中 $\rho_{H_2O_2}$——过氧化氢的质量浓度，$g\cdot L^{-1}$；

$M_{1/2H_2O_2}$——以$1/2H_2O_2$为基本单位的H_2O_2的摩尔质量，$g\cdot mol^{-1}$；

V——测定时量取过氧化氢试液的体积，mL。

思考与练习5-4

1. 滴定开始反应慢，能否加热？为什么？
2. 使用吸量管取样应注意什么？

第三节 碘量法

一、方法概述

碘量法是以I_2的氧化性和I^-的还原性为基础的氧化还原滴定法。碘量法的基本反应是

$$I_2+2e \rightleftharpoons 2I^- \qquad E^{\ominus}=0.54V$$

由电对的电极电位值可知，I_2 是一种较弱的氧化剂，能与较强的还原剂作用，而 I^- 是一种中等强度的还原剂，能与许多氧化剂作用。因此，碘量法可以用直接和间接两种方式进行滴定。

1. 直接碘量法

直接碘量法也叫碘滴定法。它是利用 I_2 的氧化性直接滴定一些还原性较强的物质，如 S^{2-}、SO_3^{2-}、Sn^{2+}、$S_2O_3^{2-}$ 和维生素 C 等。由于 I_2 的氧化性较弱，所以，直接碘量法不如间接碘量法应用广泛。

直接碘量法应在酸性或中性条件下进行，不能在碱性条件下使用。若溶液的 $pH>8$，I_2 会发生歧化反应：

$$3I_2 + 6OH^- = IO_3^- + 5I^- + 3H_2O$$

2. 间接碘量法

间接碘量法又称滴定碘法。它是利用 I^- 与氧化剂反应，定量地析出 I_2，然后用还原剂 $Na_2S_2O_3$ 标准溶液滴定析出的 I_2，反应如下：

$$I_2 + 2S_2O_3^{2-} = 2I^- + S_4O_6^{2-}$$

利用这一方法可以测定很多氧化性物质，如 ClO^-、$Cr_2O_7^{2-}$、Cu^{2+}、IO_3^-、BrO_3^- 等，还可以测定甲醛、葡萄糖、油脂等有机化合物，所以间接碘量法应用相当广泛。

淀粉是碘量法的专属指示剂。直接碘量法以出现蓝色为滴定终点，间接碘量法以蓝色消失为滴定终点。应注意的是，在间接碘量法中，淀粉指示剂应在近终点时加入，以防止较多的 I_2 被淀粉包裹而导致终点滞后。

二、反应条件

1. 溶液酸度

$S_2O_3^{2-}$ 与 I_2 的反应必须在中性或弱酸性溶液中进行，因为在碱性溶液中，I_2 会发生歧化反应，同时 $S_2O_3^{2-}$ 会被 I_2 氧化成 SO_4^{2-}：

$$S_2O_3^{2-} + 4I_2 + 10OH^- = 2SO_4^{2-} + 8I^- + 5H_2O$$

$$3I_2 + 6OH^- = IO_3^- + 5I^- + 3H_2O$$

在强酸性溶液中，$Na_2S_2O_3$ 会分解，I^- 也容易被空气中的 O_2 氧化：

$$S_2O_3^{2-} + 2H^+ = SO_2 + S\downarrow + H_2O$$

$$4I^- + 4H^+ + O_2 = 2I_2 + 2H_2O$$

2. 防止 I_2 挥发和 I^- 被空气氧化

碘量法的误差来源主要有两个方面：一是碘易挥发；二是在酸性溶液中 I^- 易被空气中的 O_2 氧化。为了减小滴定误差，保证分析结果的准确度，在滴定过程中应采取以下措施：

(1) 加入过量的 KI(一般比理论量大 2～3 倍)，使 I_2 生成易溶于水的 I_3^-。

(2) KI 与氧化性物质间的反应需在密闭的碘量瓶中进行。为使反应完全，加入 KI 后要在暗处放置 5～10min，避免阳光照射，并用水封住瓶口。

(3) 反应完全后立即用 $Na_2S_2O_3$ 标准溶液滴定。

(4) 滴定 I_2 时不要剧烈摇动，应尽量轻摇、慢摇，以减少 I_2 的挥发。

(5)溶液的酸度不宜太高,否则会增加 I^- 被空气氧化的速率。

(6)滴定速度要适当快些。

三、$Na_2S_2O_3$ 和 I_2 标准滴定溶液

1. $Na_2S_2O_3$ 标准滴定溶液的配制与标定

固体 $Na_2S_2O_3 \cdot 5H_2O$ 一般都含有少量杂质,易风化,因此不能直接配制标准滴定溶液,应先配制成大致所需浓度的溶液,再进行标定。

$Na_2S_2O_3$ 溶液不稳定,易分解,浓度容易改变,主要原因是:

(1)溶于水中的 CO_2 的作用。CO_2 溶于水生成 H_2CO_3,$Na_2S_2O_3$ 在酸性溶液中会缓慢分解:

$$Na_2S_2O_3 + H_2CO_3 \xlongequal{生} NaHCO_3 + NaHSO_3 + S$$

这个分解作用一般在配制溶液后的 10 天内进行,因此配制好的溶液要放置 10 天后再标定。

(2)空气中氧的氧化作用:

$$2Na_2S_2O_3 + O_2 \xlongequal{} 2Na_2SO_4 + 2S$$

此反应速率较慢,但水中微量的 Cu^{2+} 和 Fe^{3+} 等杂质能加速反应。

(3)微生物的作用:水中的细菌能促进 $Na_2S_2O_3$ 溶液的分解,这是 $Na_2S_2O_3$ 溶液浓度变化的主要原因。

(4)光线可促进 $Na_2S_2O_3$ 分解。

因此,配制 $Na_2S_2O_3$ 标准滴定溶液要用新煮沸并冷却的蒸馏水,这样可以除去 CO_2、O_2,杀死细菌;加入少量 Na_2CO_3 使溶液呈微碱性,防止 $Na_2S_2O_3$ 分解。配制好的 $Na_2S_2O_3$ 溶液应储存于棕色瓶中,暗处放置 10 天左右,过滤后再进行标定。

标定 $Na_2S_2O_3$ 的基准物质有 $K_2Cr_2O_7$、KIO_3 和 $KBrO_3$ 等,其中 $K_2Cr_2O_7$ 价廉,易提纯,是最常用的基准物。标定反应如下:

$$Cr_2O_7^{2-} + 6I^- + 14H^+ \xlongequal{} 2Cr^{3+} + 3I_2 + 7H_2O$$

$$2S_2O_3^{2-} + I_2 \xlongequal{} S_4O_6^{2-} + 2I^-$$

标定时,准确称取一定量的基准物 $K_2Cr_2O_7$,在 $0.4mol \cdot L^{-1}$左右的酸性溶液中,加入过量 5 倍的 KI,暗处放置 5 ~ 10min。反应完全后,加 150mL 水,用 $Na_2S_2O_3$ 溶液滴定至近终点(溶液出现稻草黄色)时,加淀粉指示剂,继续滴定至溶液由蓝色变为亮绿色为终点。

滴定过程中应始终保持溶液为弱酸性或近中性。加水的目的一是降低酸度,二是减少 Cr^{3+} 的绿色对终点的影响。滴定至终点后,经过 5 ~ 10min,溶液又会出现蓝色。这是由空气氧化 I^- 所引起的,属正常现象。若滴定至终点后溶液迅速变蓝,可能是酸度不足或放置时间不够造成的,应弃去重做。

2. I_2 标准滴定溶液的配制与标定

因为碘挥发性强,准确称量有一定困难,所以不宜用直接法配制。

碘微溶于水(每升水中约溶解 0.3g),易溶于 KI 溶液中形成 I_3^-,反应为

$$I_2 + I^- \xlongequal{} I_3^-$$

配制时,应将 I_2、KI 与少量水一起研磨溶解后再用水稀释,配制近似浓度的溶液。碘溶液应储存于棕色瓶中,暗处放置,防止见光或受热,并避免与橡皮等有机物接触,以免浓度发生变化。

I_2 标准溶液的准确浓度可用已知准确浓度的 $Na_2S_2O_3$ 标准溶液比较求得,也可用基准物

质 As_2O_3 来标定。As_2O_3 有剧毒，难溶于水，易溶于碱性溶液中，使用前应在干燥器中干燥至恒重。将 As_2O_3 溶于 NaOH 溶液中，使之生成亚砷酸钠：

$$As_2O_3 + 6NaOH \longrightarrow 2Na_3AsO_3 + 3H_2O$$

用 I_2 溶液滴定，反应为

$$AsO_3^{3-} + I_2 + H_2O \rightleftharpoons AsO_4^{3-} + 2I^- + 2H^+$$

此反应是可逆的，为使反应进行完全，可加固体 $NaHCO_3$ 中和反应生成的 H^+，保持溶液 pH = 8 左右。

四、应用实例

1. 维生素 C 含量的测定——直接碘量法

维生素 C 又名抗坏血酸，简称 Vc，其分子式为 $C_6H_8O_6$，摩尔质量为 176.12g · mol^{-1}。维生素 C 是预防和治疗坏血病及促进身体健康的药品，也是分析中常用的掩蔽剂。

维生素 C 分子中的烯二醇基具有还原性，能被 I_2 定量地氧化成二酮基，所以维生素 C 可以用 I_2 标准溶液直接滴定，滴定反应为

$$C_6H_8O_6 \text{ (烯二醇式)} + I_2 \rightleftharpoons C_6H_6O_6 \text{ (二酮式)} + 2HI$$

应注意的是，维生素 C 的还原性很强，在空气中易被氧化，在碱性介质中更容易被氧化。因此，溶解试样要用新煮沸并冷却的蒸馏水，驱除水中的溶解氧，滴定时加入一些 HAc，使溶液保持弱酸性，以减少其他氧化剂的影响，造成分析结果偏低。

2. 铜含量的测定——间接碘量法

在弱酸性的铜溶液中加入过量的 KI，则 Cu^{2+} 与过量的 KI 反应定量地析出 I_2，反应为

$$2Cu^{2+} + 5I^- \longrightarrow 2CuI\downarrow + I_3^-$$

这里 I^- 既是还原剂（将 Cu^{2+} 还原为 Cu^+），又是沉淀剂（将 Cu^+ 沉淀为 CuI），还是配位剂（将 I_2 配位为 I_3^-）。生成的 I_2 用 $Na_2S_2O_3$ 标准溶液滴定，以淀粉为指示剂，以蓝色褪去为终点。滴定反应为

$$I_2 + 2S_2O_3^{2-} \longrightarrow 2I^- + S_4O_6^{2-}$$

由于 CuI 沉淀表面吸附 I_2，往往使这部分 I_2 还未被滴定而溶液已经褪色，造成分析结果偏低，因此，可在临近终点时加入 SCN^-，使 CuI 转化为溶解度更小的 CuSCN：

$$CuI + SCN^- \longrightarrow CuSCN\downarrow + I^-$$

CuSCN 不吸附 I_2，消除了由部分 I_2 被吸附造成的误差。

若待测溶液中有 Fe^{3+} 共存，Fe^{3+} 也能氧化 I^- 而干扰铜的测定，可加入 NH_4HF_2，使 F^- 与 Fe^{3+} 生成 FeF_6^{3-}，降低铁电对电位，使 Fe^{3+} 不能氧化 I^-。同时，HF_2^- 实际上是一酸碱缓冲体系（pH = 3 ~ 4），可保证间接碘量法所要求的弱酸性条件。

五、计算示例

【例 5 - 4】 以间接碘量法测定铜合金中铜的含量，称取试样 0.2408g，加入过量的碘化

钾，反应析出的碘用 0.1000mol · L^{-1} $Na_2S_2O_3$ 标准溶液滴定，消耗 $Na_2S_2O_3$ 标准溶液 20.40mL。计算试样中铜的质量分数。

解：滴定反应为

$$2Cu^{2+} + 4I^- \longrightarrow 2CuI\downarrow + I_2$$

$$I_2 + 2S_2O_3^{2-} \longrightarrow 2I^- + S_4O_6^{2-}$$

因为 $1Cu^{2+} \propto 1/2I_2 \propto 1Na_2S_2O_3 \propto 1e$，所以其基本单元为 Cu^{2+}。试样中铜的质量分数为

$$w_{Cu^{2+}} = \frac{c_{Na_2S_2O_3}V_{Na_2S_2O_3}M_{Cu^{2+}}}{m} \times 100\%$$

$$= \frac{0.1000 \times 20.40 \times 10^{-3} \times 63.55}{0.2408} \times 100\%$$

$$= 53.84\%$$

思考与练习5-5

1. 间接碘量法测定铜含量时，加入过量 KI 的目的是什么？
2. 间接碘量法的误差来源有哪些？在滴定过程中应如何避免？

技能训练 5-3 硫代硫酸钠标准溶液的配制与标定

一、训练目的

通过训练，掌握硫代硫酸钠（$Na_2S_2O_3$）标准溶液的配制和标定方法；掌握 $Na_2S_2O_3$ 溶液的标定操作条件的控制。

二、仪器和试剂

（1）仪器：滴定管、碘量瓶、移液管、分析天平、500mL 烧杯、玻璃棒。

（2）试剂：KI 固态（分析纯）、$K_2Cr_2O_7$ 基准物（于 120℃ 烘干至恒重）、硫酸溶液（20%）、5g · L^{-1} 淀粉溶液（将 0.5g 可溶性淀粉加 10mL 水，调成糊状，一边搅拌一边倒入 90mL 沸水中，微沸后，取下冷却备用，临用时配制；或加入 1mL 碘化汞溶液，可用一星期以上）。

三、操作步骤

1. 配制 0.1mol · L^{-1} 的 $Na_2S_2O_3$ 溶液 250mL

计算配制 250mL $c_{Na_2S_2O_3}$ = 0.1mol · L^{-1} $Na_2S_2O_3$ 标准溶液所需 $Na_2S_2O_3$ 的质量，用托盘天平称取计算量的 $Na_2S_2O_3$ 于一洁净的 500mL 烧杯中，加入一定量新煮沸并冷却的蒸馏水，待完全溶解后，加入少量 Na_2CO_3（每升约 0.2g），然后用新煮沸并冷却的蒸馏水稀释至 250mL。将溶液储存于棕色瓶中，于暗处放置两周后过滤、标定。

2. 标定

准确称取烘干过的基准物 $K_2Cr_2O_7$ 约 0.15g，放入 250mL 碘量瓶中，加入 25mL 水溶解，加

2g 固体 KI，再加 15mL 3mol · L^{-1} H_2SO_4溶液，立即塞紧瓶盖，摇匀后，于暗处放置 10min。加 150mL 水（15 ~ 20℃），用 0.1mol · L^{-1} $Na_2S_2O_3$标准溶液滴定，近终点时（黄绿色）加 3mL 淀粉指示液，继续滴定至溶液变为亮绿色。记录消耗 $Na_2S_2O_3$溶液的体积。平行测定 3 次。

3. 清理

清洗仪器，整理工作台，将试剂仪器摆放整齐。

四、结果计算

$Na_2S_2O_3$标准溶液的浓度计算公式如下：

$$c_{Na_2S_2O_3} = \frac{m_{K_2Cr_2O_7}}{M_{1/6K_2Cr_2O_7} V_{Na_2S_2O_3} \times 10^{-3}}$$

式中 $c_{Na_2S_2O_3}$——$Na_2S_2O_3$标准溶液的浓度，mol · L^{-1}；

$m_{K_2Cr_2O_7}$——基准物 $K_2Cr_2O_7$的质量，g；

$M_{1/6K_2Cr_2O_7}$——以 $1/6K_2Cr_2O_7$为基本单位的 $K_2Cr_2O_7$的摩尔质量，g · mol^{-1}；

$V_{Na_2S_2O_3}$——滴定消耗 $Na_2S_2O_3$标准溶液的体积，mL。

思考与练习5-6

1. 配制 $Na_2S_2O_3$溶液时，用新沸水及加入少量 Na_2CO_3并放置几天的原因是什么？
2. 标定 $Na_2S_2O_3$标准溶液时，加 KI 后放置 5min 的原因是什么？
3. 为什么要在近终点时加淀粉指示剂？

技能训练 5 -4　胆矾中 $CuSO_4 \cdot 5H_2O$ 的测定

一、训练目的

通过训练，掌握间接碘量法测定 $CuSO_4 \cdot 5H_2O$ 含量的基本原理、方法、结果表示方法和计算。

二、仪器和试剂

（1）仪器：滴定管、碘量瓶、移液管、吸量管、容量瓶。

（2）试剂：$c_{Na_2S_2O_3}$ = 0.1mol · L^{-1} $Na_2S_2O_3$标准溶液、硫酸溶液（1mol · L^{-1}）、w = 100g · L^{-1}的 KI 溶液（使用前配置）、w = 100g · L^{-1}的 KSCN 溶液、5g · L^{-1}淀粉指示剂。

三、操作步骤

（1）准确称取胆矾试样 0.5 ~ 0.6g，置于碘量瓶中，加 1mol · L^{-1} H_2SO_4的溶液 5mL、10% 的 KI 溶液 10mL，迅速盖上瓶盖，摇匀，放置 3min，此时出现 CuI 白色沉淀。打开碘量瓶塞，用少量水冲洗瓶塞及瓶内壁，立即用 0.1mol · L^{-1} $Na_2S_2O_3$标准溶液滴定至呈浅黄色，加 3mL 淀粉指示剂，继续滴定至浅蓝色，再加 10% 的 KSCN 溶液 10mL，继续用 $Na_2S_2O_3$标准溶液滴定至蓝色刚好消失为终点。此时溶液为米色的 CuSCN 悬浮液。记录消耗 $Na_2S_2O_3$标准溶液的体积；平行测定3次。

(2)清洗仪器，整理工作台，将试剂仪器摆放整齐。

四、结果计算

试样中 $CuSO_4 \cdot 5H_2O$ 的质量分数按下式计算：

$$w_{CuSO_4 \cdot 5H_2O} = \frac{c_{Na_2S_2O_3} V_{Na_2S_2O_3} \times 10^{-3} \times M_{CuSO_4 \cdot 5H_2O}}{m} \times 100\%$$

式中 $w_{CuSO_4 \cdot 5H_2O}$——试样中 $CuSO_4 \cdot 5H_2O$ 的质量分数，%；

$c_{Na_2S_2O_3}$——$Na_2S_2O_3$标准溶液的浓度，$mol \cdot L^{-1}$；

$V_{Na_2S_2O_3}$——滴定消耗 $Na_2S_2O_3$标准溶液的体积，mL；

m——称取胆矾试样的质量，g。

思考与练习5-7

1. 测定铜含量时，加入KI为何要过量？
2. 本实验中加入KSCN的作用是什么？应在何时加入？为什么？
3. 间接碘量法误差的主要来源有哪些？如何避免？

第四节 其他氧化还原滴定法

一、重铬酸钾法

1. 方法概述

重铬酸钾($K_2Cr_2O_7$)也是一种较强的氧化剂，在酸性溶液中，$K_2Cr_2O_7$ 被还原为 Cr^{3+}，其半反应和标准电位为

$$Cr_2O_7^{2-} + 14H^+ + 6e \rightleftharpoons 2Cr^{3+} + 7H_2O \qquad E^{\ominus} = 1.33V$$

$Cr_2O_7^{2-}/Cr^{3+}$电对的标准电极电位虽然比 $KMnO_4$ 的标准电位低些，但与 $KMnO_4$ 法比较，具有以下一些优点：

(1)$K_2Cr_2O_7$ 容易提纯，在140～150℃时干燥后，可直接配制标准溶液。

(2)$K_2Cr_2O_7$ 标准溶液非常稳定，可长期保存和使用。曾有人发现，保存24年的 $0.02mol \cdot L^{-1}K_2Cr_2O_7$ 溶液，其浓度无显著改变。

(3)$K_2Cr_2O_7$ 氧化能力弱于 $KMnO_4$。在 $1mol \cdot L^{-1}$ HCl 溶液中，$K_2Cr_2O_7/Cr^{3+}$ 的 $E^{\ominus\prime}$ = 1.00V，而 Cl_2/Cl^- 的 $E^{\ominus\prime}$ = 1.33V。在室温下，$K_2Cr_2O_7$ 不与 Cl^- 作用，故可在HCl溶液中用 $K_2Cr_2O_7$ 滴定 Fe^{2+}。

重铬酸钾法常用二苯胺磺酸钠或邻苯氨基苯甲酸作指示剂。

2. 应用实例

重铬酸钾法最重要的应用是测定铁的含量。下面介绍铁矿石中全铁含量的测定。

试样一般用盐酸溶液加热分解，在热的浓盐酸中，用 $SnCl_2$ 将 Fe^{3+} 还原为 Fe^{2+}，过量的 $SnCl_2$ 用 $HgCl_2$ 氧化除去，此时溶液中析出 Hg_2Cl_2 丝状白色沉淀，然后在 1 ~ 2mol · L^{-1} 的 $H_2SO_4-H_3PO_4$ 混合酸介质中，以二苯胺磺酸钠作指示剂，用 $K_2Cr_2O_7$ 标准溶液滴定 Fe^{2+}。

溶液由浅绿色变为紫红色为滴定终点，测定过程主要反应如下：

$$2Fe^{3+} + Sn^{2+} \xlongequal{} 2Fe^{2+} + Sn^{4+}$$

$$Sn^{2+} + 2HgCl_2 \xlongequal{} Sn^{4+} + 2Cl^- + Hg_2Cl_2$$

$$6Fe^{2+} + Cr_2O_7^{2-} + 14H^+ \xlongequal{} 6Fe^{3+} + 2Cr^{3+} + 7H_2O$$

为减少终点时因指示剂变色稍早而造成的误差，常在被滴定的溶液中加入 H_3PO_4 溶液，使 Fe^{3+} 生成无色而稳定的 $Fe(HPO_4)_2^-$，消除 Fe^{3+} 的黄色对终点观察的干扰，同时降低 Fe^{3+} 的浓度，从而降低 Fe^{3+}/Fe^{2+} 电对的电位，使滴定突跃范围增大。二苯胺磺酸钠指示剂的变色范围较好地落在突跃范围之内，避免了指示剂引起的终点误差。

上述方法简便准确，在生产上广泛应用。但该法在预还原中使用了含汞试剂，造成环境污染。为了保护环境，现提倡采用无汞测铁法，如 $SnCl_2-TiCl_3$ 联合还原法。试样用 $H_2SO_4-H_3PO_4$ 混酸溶解后，先用 $SnCl_2$ 还原大部分 Fe^{3+}，再以钨酸钠为指示剂，用 $TiCl_3$ 还原剩余的 Fe^{3+}，至溶液出现蓝色，俗称钨蓝，表明 Fe^{3+} 已被全部还原。再加水稀释，以 Cu^{2+} 为催化剂，稍过量的 Ti^{3+} 被水中的溶解氧氧化。钨蓝也被氧化，蓝色褪去。其后的测定步骤与有汞法相同。

二、溴酸钾法

1. 方法概述

溴酸钾法是利用溴酸钾作氧化剂进行滴定分析的方法。$KBrO_3$ 是一种强氧化剂，在酸性溶液中 BrO_3^- 被还原为 Br^-，其半反应为

$$BrO_3^- + 6H^+ + 6e \rightleftharpoons Br^- + 3H_2O \qquad E^{\ominus}_{BrO_3^-/Br^-} = 1.44V$$

$KBrO_3$ 试剂易提纯，可以作为基准物质直接配制标准溶液，其浓度可用间接碘量法标定。在酸性溶液中，$KBrO_3$ 与过量的 KI 反应定量地析出 I_2：

$$BrO_3^- + 6I^- + 6H^+ \xlongequal{} 3I_2 + Br^- + 3H_2O$$

然后用淀粉作指示剂，用 $Na_2S_2O_3$ 标准溶液进行滴定。

溴酸钾法按滴定方式不同分为直接法和间接法。

直接法是在酸性溶液中，以甲基橙或甲基红作指示剂，用 $KBrO_3$ 标准溶液直接滴定一些还原性物质，化学计量点后稍过量的 $KBrO_3$ 溶液氧化指示剂，使甲基橙褪色，从而指示滴定终点。利用此法可测定 As(Ⅲ)、Sb(Ⅲ)、Fe(Ⅱ)、N_2H_4 等还原性物质。

间接法又叫溴量法，常与碘量法配合测定有机物。Br_2 可以与许多有机物定量发生取代反应或加成反应，但其水溶液很不稳定，因此不适合做标准溶液。通常是在 $KBrO_3$ 标准溶液中加入过量的 KBr，将溶液酸化，BrO_3^- 与 Br^- 与发生如下反应：

$$BrO_3^- + 5Br^- + 6H^+ \xlongequal{} 3Br_2 + 3H_2O$$

生成的溴与被测有机物反应，待反应完全后，用 KI 还原剩余的 Br_2：

$$Br_2 + 2I^- \xlongequal{} I_2 + 2Br^-$$

再用 $Na_2S_2O_3$ 标准溶液滴定析出的 I_2。

2. 应用实例

溴酸钾法主要用于测定有机物。下面介绍苯酚含量的测定。

苯酚又名石炭酸，是煤焦油的主要成分之一，也是许多合成染料、医药和农药的主要原料，还被广泛用于消毒、杀菌等。由于苯酚广泛应用，对环境造成污染，因此测定苯酚的含量是常规检测的主要项目之一。

用溴量法测定苯酚含量时，先在苯酚试液中加入一定量且过量的 $KBrO_3 - KBr$ 标准溶液，酸化后生成 Br_2，其中一部分与苯酚反应生成三溴苯酚：

$$C_6H_5OH + 3Br_2 = C_6H_2Br_3OH + 3HBr$$

反应完全后，加入过量的 KI，使剩余的 Br_2 全部参加反应，反应析出的 I_2 再用 $Na_2S_2O_3$ 标准溶液滴定。滴定反应为

$$Br_2 + 2I^- = I_2 + 2Br^-$$

$$I_2 + 2S_2O_3^{2-} = 2I^- + S_4O_6^{2-}$$

同时做空白试验，由空白试验消耗 $Na_2S_2O_3$ 溶液的体积和滴定试样消耗 $Na_2S_2O_3$ 溶液的体积，即可间接求出试样中苯酚的含量。

三、计算示例

【例 5-5】 计算 $c_{1/6K_2Cr_2O_7} = 0.1200mol \cdot L^{-1}$ $K_2Cr_2O_7$ 溶液对 Fe 及 Fe_2O_3 的滴定度。如果称取铁矿试样 0.2504g，溶解后将 Fe^{3+} 还原为 Fe^{2+}，然后用上述溶液滴定，用去 22.80mL，求试样中分别以 Fe 及 Fe_2O_3 表示的含铁量。

解：滴定反应为

$$6Fe^{2+} + Cr_2O_7^{2-} + 14H^+ = 6Fe^{3+} + 2Cr^{3+} + 7H_2O$$

因为 $1Fe_2O_3 \propto 2Fe^{2+} \propto 2e$，所以 Fe_2O_3 的基本单元为 $1/2Fe_2O_3$，Fe 的基本单元为 Fe。

$$T_{Fe/K_2Cr_2O_7} = c_{1/6K_2Cr_2O_7} \times 10^{-3} \times M_{Fe}$$

$$= 0.1200 \times 10^{-3} \times 55.85 = 0.006702(g \cdot mL^{-1})$$

$$T_{Fe_2O_3/K_2Cr_2O_7} = c_{1/6K_2Cr_2O_7} \times 10^{-3} \times M_{Fe_2O_3}$$

$$= 0.1200 \times 10^{-3} \times 79.85 = 0.009582(g \cdot mL^{-1})$$

$$w_{Fe} = \frac{T_{Fe/K_2Cr_2O_7} V_{K_2Cr_2O_7}}{m_s} = \frac{0.006702 \times 22.80}{0.2504} = 61.02\%$$

$$w_{Fe_2O_3} = \frac{T_{Fe_2O_3/K_2Cr_2O_7} V_{K_2Cr_2O_7}}{m_s} = \frac{0.009582 \times 22.80}{0.2504} = 87.25\%$$

本 章 知 识 要 点

一、氧化还原滴定对化学反应的要求

(1)反应进行完全，通常要求有 99.9% 以上的被测物参加反应。氧化还原反应进行的程度可用氧化还原平衡常数的大小来衡量，计算氧化还原平衡常数公式如下：

$$\lg K = \frac{(E_1^{\Theta'} - E_2^{\Theta'})n_1 n_2}{0.059}$$

由上式可知,两电对的条件电位之差越大,平衡常数越大,反应越完全。氧化还原滴定要求两电对的条件电位值之差应不小于0.4V。

(2)反应能按一定的化学方程式定量完成。氧化还原反应往往反应机理较复杂,常常伴有副反应,因此,在滴定过程中要根据反应特点严格控制反应条件。

(3)反应速率要快。在氧化还原滴定过程中,主要采用以下方法提高反应速率:增加反应物浓度、升高温度、使用催化剂。

二、确定氧化还原滴定终点的方法

(1)在高锰酸钾法中使用 $KMnO_4$ 自身指示剂确定终点。

(2)碘量法用淀粉专属指示剂确定终点。

(3)其他方法可选用常用的氧化还原指示剂确定终点,选择的原则是:指示剂的电位变色范围应在滴定的突跃范围之内。实际工作中,一般只计算化学计量点时电位值,所选用的氧化还原指示剂的条件电位应尽量与化学计量点时的电位值相接近。化学计量点时电位值可用下式计算:

$$E = \frac{n_1 E^{\Theta'}_{Ox_1/Red_1} + n_2 E^{\Theta'}_{Ox_2/Red_2}}{n_1 + n_2}$$

三、常用的氧化还原滴定法

常用的氧化还原滴定法见表5-2。

表5-2 常用的氧化还原滴定法

方法名称	反应实质	酸度条件	标准溶液	指示剂	应用实例
高锰酸钾法	$MnO_4^- + 5e + 8H^+ \rightleftharpoons Mn^{2+} + 4H_2O$	H_2SO_4 强酸介质条件	$KMnO_4$	$KMnO_4$ 自身指示剂	直接法测 H_2O_2 含量 返滴定测 MnO_2 含量
重铬酸钾法	$Cr_2O_7^{2-} + 6e + 14H^+ \rightleftharpoons 2Cr^{3+} + 7H_2O$	HCl介质条件	$K_2Cr_2O_7$	二苯胺磺酸钠	铁矿石中全铁量的测定
间接碘量法	$2I^- + 2e \rightleftharpoons I_2$ $I_2 + 2S_2O_3^{2-} \rightleftharpoons 2I^- + S_4O_6^{2-}$	中性或弱酸性	$Na_2S_2O_3$	淀粉	铜含量的测定
间接溴酸钾法(溴量法)	$BrO_3^- + 5Br^- + 6H^+ \rightleftharpoons 3Br_2 + H_2O$	酸性	$KBrO_3 - KBr$	淀粉	苯酚含量的测定

本章考核要点

考核范围	考核内容	鉴定方式	考核比例,%
知识要求	①氧化还原滴定法的测定原理 ②高锰酸钾法的测定条件及应用 ③碘量法的测定条件及应用	笔试	15

续表

考核范围		考核内容	鉴定方式	考核比例,%
技能要求	标准溶液的配制与标定	①正确配制高锰酸钾和硫代硫酸钠标准溶液,配制浓度在要求范围内 ②标签书写内容齐全,粘贴位置合适 ③基准物称量操作正确,称取量在规定量 ±10% 范围内 ④滴定操作熟练正确,滴定速度控制好 ⑤滴定终点判断准确	操作	15
	物质含量的测定	①试样称量操作正确 ②滴定操作规范,终点判断准确 ③原始记录及时、准确 ④正确处理实验数据	操作	15
	分析结果	精密度:平行测定间的相对平均偏差 <0.2%	操作	20
		准确度:测定结果准确在规定范围内	操作	20
安全与其他		①合理安排时间,和同组人员团结合作 ②保持整洁有序的工作环境	操作	15

本 章 自 测 题

一、填空题

1. 电对氧化能力的强弱是由其________来衡量的。电对的电位值越大,其氧化态型的氧化能力越________。

2. 高锰酸钾标准溶液采用________法配制。

3. 两电对的条件电位值相差越大,氧化还原反应的平衡常数越________,反应进行得越完全。

4. 碘量法用________作指示剂,直接碘量法的终点是从________色变为________色。

5. 氧化还原滴定曲线中电位突跃的大小与两电对的条件电位值之差有关。差值越大,电位突跃就越________。

二、选择题

1. 使用碘量法溶解的介质应在(　　)。

A. 强酸性溶液　　B. 中性及微酸性溶液

C. 碱性溶液　　D. 中性及弱碱性溶液

2. 二苯胺磺酸钠常用于(　　)中的指示剂。

A. 高锰酸钾法　　B. 碘量法　　C. 重铬酸钾法　　D. 溴量法

3. 可用直接法配制的标准溶液是(　　)。

A. $KMnO_4$　　B. $Na_2S_2O_3$　　C. $K_2Cr_2O_7$　　D. I_2(市售)

4. 在酸性溶液中,用 $KMnO_4$ 标准溶液滴定草酸的反应速率是(　　)。

A. 瞬时完成　　B. 开始缓慢,以后逐渐加快

C. 始终缓慢　　D. 开始滴定时快,然后缓慢

5. 可用于氧化还原滴定的两电对电位值之差必须(　　)。

A. 大于0.8V　　B. 大于0.4V　　C. 小于0.8V　　D. 小于0.4V

三、简答题

1. 举例说明氧化还原法所用的指示剂有几种类型。

2. $KMnO_4$ 和 $Na_2C_2O_4$ 在酸性溶液中反应时,Mn^{2+}的存在有何影响?

3. $KMnO_4$ 滴定法,在酸性溶液中的反应常用 H_2SO_4 来酸化,而不用 HNO_3 或 HCl,为什么?

4. 用 $Na_2C_2O_4$ 作基准物标定 $KMnO_4$ 溶液时,应注意什么?

5. 氧化还原滴定法和酸碱滴定法在原理上有什么本质的不同?

6. 根据电极电位如何判断氧化还原反应进行的方向?

四、计算题

1. 已知 $E^{\ominus}(Fe^{3+}/Fe^{2+})=0.77V$,某一 $FeSO_4$ 的溶液,其中有 10% 的 Fe^{2+} 被氧化成 Fe^{3+},计算此时 Fe^{3+}/Fe^{2+}电对的电位值。

2. 在 $1mol \cdot L^{-1}$ H_2SO_4 溶液中,用 $0.1000mol \cdot L^{-1}$ $Ce(SO_4)_2$ 标准溶液滴定 $0.1000mol \cdot L^{-1}Fe^{2+}$,求化学计量点时的电位。

3. 求 $c_{1/5KMnO_4}=0.5240mol \cdot L^{-1}$的 $KMnO_4$ 溶液对 $FeSO_4 \cdot 7H_2O$ 的滴定度。

4. 称取基准物 $Na_2C_2O_4$ 0.1125g,溶解后用 $KMnO_4$ 溶液滴定,到终点用去 19.50mL,求 $KMnO_4$物质的量浓度 $c_{1/5KMnO_4}$。

5. 称取软锰矿试样(主要成分为 MnO_2)0.5000g,加入 0.7500g $H_2C_2O_4 \cdot 2H_2O$,于稀 H_2SO_4 溶液中加热至反应完全,过量的 $H_2C_2O_4 \cdot 2H_2O$ 用 $c_{1/5KMnO_4}=0.1002mol \cdot L^{-1}$的 $KMnO_4$ 溶液滴定,用去 30.00mL。计算试样中 MnO_2 的含量。

6. 欲配制 $c_{1/6K_2Cr_2O_7}=0.05mol \cdot L^{-1}$的 $K_2Cr_2O_7$标准溶液 500 mL,应称取 $K_2Cr_2O_7$基准物多少克?

第六章　沉淀滴定法

学习指南　通过本章的学习应掌握莫尔法、佛尔哈德法、法扬司法的测定原理和指示剂、滴定剂的滴定条件，标准溶液的配制和标定方法，各种滴定方法的适用范围，并能运用沉淀滴定法测定待测物质的含量。

沉淀滴定法是以沉淀反应为基础的一种滴定分析方法。虽然沉淀反应很多，但由于条件限制，能用于沉淀滴定法的反应并不多，能用于滴定分析的沉淀反应必须符合下列条件：

(1)生成的沉淀溶解度必须很小，组成恒定。

(2)沉淀反应迅速，并能定量地完成。

(3)有简单、可靠的方法确定滴定终点。

因此许多沉淀反应不能完全符合上述条件。目前，在生产上应用较广的是以生成难溶性银盐沉淀为基础的沉淀滴定法，例如：

$$Ag^+ + Cl^- \longrightarrow AgCl\downarrow$$

$$Ag^+ + SCN^- \longrightarrow AgSCN\downarrow$$

利用生成难溶银盐的反应来进行滴定分析的方法，称为银量法。银量法可以测定 Cl^-、Br^-、I^-、Ag^+、SCN^- 等，还可以测定经过处理而能定量地产生这些离子的有机物，如六六六、二氯酚等有机药物。

银量法主要用于化学工业，如烧碱厂食盐水的测定，电解液中 Cl^- 的测定，以及一些含卤素的有机化合物的测定。在环境检测、农药检验、化学工业及冶金工业等方面具有重要的意义。

根据确定滴定终点采用的指示剂不同，银量法分为莫尔法、佛尔哈德法和法扬司法。

第一节　莫　尔　法

一、基本原理

以 K_2CrO_4 为指示剂的银量法称为莫尔法。如以 K_2CrO_4 作指示剂，在中性或弱碱性溶液中用 $AgNO_3$ 标准溶液可以直接滴定 Cl^-。滴定反应为

$$Ag^+ + Cl^- \longrightarrow AgCl\downarrow\text{（白色）}\qquad K_{SP} = 1.8\times10^{-10}$$

$$2Ag^+ + CrO_4^{2-} \longrightarrow Ag_2CrO_4\downarrow\text{（砖红色）}\qquad K_{SP} = 1.1\times10^{-12}$$

根据分步沉淀的原理，由于 AgCl 的溶解度($1.3\times10^{-5}mol\cdot L^{-1}$)小于 Ag_2CrO_4 的溶解度($7.9\times10^{-5}mol\cdot L^{-1}$)，因此在含有 Cl^- 和 CrO_4^{2-} 的溶液中，用 $AgNO_3$ 标准溶液进行滴定，AgCl 首先沉淀出来。当滴定到化学计量点附近时，溶液中 Cl^- 浓度越来越小，Ag^+ 浓度越来越

大，直至$[Ag^+]^2[CrO_4^{2-}] > K_{sp(Ag_2CrO_4)}$时，立即生成砖红色的$Ag_2CrO_4$沉淀，以此指示滴定终点。

如果Cl^-的浓度为0.10mol·L^{-1}，CrO_4^{2-}的浓度为0.010mol·L^{-1}，则生成AgCl沉淀时Ag^+浓度为

$$[Ag^+] = \frac{K_{sp(AgCl)}}{[Cl^{-1}]} = \frac{1.8\times10^{-10}}{0.10} = 1.8\times10^{-9}(mol\cdot L^{-1})$$

生成Ag_2CrO_4沉淀时Ag^+的浓度为

$$[Ag^+] = \sqrt{\frac{K_{sp(Ag_2CrO_4)}}{[CrO_4^{2-}]}} = \sqrt{\frac{1.1\times10^{-12}}{0.010}} = 1.0\times10^{-5}(mol\cdot L^{-1})$$

当Ag_2CrO_4开始析出沉淀时，溶液中Cl^-的浓度为

$$[Cl^-] = \frac{K_{sp(AgCl)}}{[Ag^+]} = \frac{1.8\times10^{-10}}{1.0\times10^{-5}} = 1.8\times10^{-5}(mol\cdot L^{-1})$$

以上计算表明，到达滴定终点时Cl^-浓度已很小了，可以认为已沉淀完全。

二、滴定条件

1. 指示剂的用量

在滴定过程中，应严格控制指示剂的用量，因为如果指示剂加入过多，会使滴定终点提前；如果指示剂加入量太少，则多消耗Ag^+，滴定终点滞后。根据溶度积原理，当达到化学计量点恰好析出Ag_2CrO_4沉淀时，Ag^+和Cl^-的浓度为

$$[Ag^+] = [Cl^-] = 1.3\times10^{-5}mol\cdot L^{-1}$$

此时所需的CrO_4^{2-}的浓度为

$$[CrO_4^{2-}] = \frac{K_{sp(Ag_2CrO_4)}}{[Ag^+]^2} = \frac{1.1\times10^{-12}}{(1.3\times10^{-5})^2} = 6.5\times10^{-3}(mol\cdot L^{-1})$$

在实际滴定中，由于K_2CrO_4本身呈黄色，高浓度的指示剂将妨碍Ag_2CrO_4沉淀颜色的观察，影响终点的判断，所以实际采用的CrO_4^{2-}浓度比理论计算量要低一些。实验表明，K_2CrO_4浓度约为5×10^{-3}mol·L^{-1}比较合适。

2. 滴定溶液的酸度

莫尔法滴定所需的酸度适宜条件为中性或弱碱性，通常溶液的酸度控制在pH = 6.5 ~ 10.5左右。若酸度过高，则Ag_2CrO_4沉淀溶解，降低指示剂的灵敏度。

$$Ag_2CrO_4 + H^+ = 2Ag^+ + HCrO_4^-$$

酸度太低时，则生成Ag_2O沉淀：

$$2Ag^+ + 2OH^- = Ag_2O\downarrow + H_2O$$

当溶液中有铵盐存在时，要求滴定酸度为pH = 6.5 ~ 7.2之间。因pH > 7.2时，NH_4^+将转化为NH_3，会使溶液中NH_3的浓度增大，而NH_3与Ag^+能生成$Ag(NH_3)^+$和$Ag(NH_3)_2^+$离子，增加难溶银盐的溶解度，影响滴定反应的定量进行。

3. 干扰离子

凡是能与Ag^+生成微溶化合物或络合物的阴离子，如PO_4^{3-}、CO_3^{2-}、$C_2O_4^{2-}$、AsO_4^{3-}、SO_3^{2-}、

S^{2-}等都干扰测定。能与CrO_4^{2-}生成沉淀的阳离子，如Ba^{2+}、Pb^{2+}等，以及有色离子Cu^{2+}、Co^{2+}和Ni^{2+}等均干扰测定，应预先分离。其中，S^{2-}可在酸性溶液中加热除去，SO_3^{2-}可氧化成SO_4^{2-}，Ba^{2+}可加入大量的Na_2SO_4以消除其干扰。

4. 剧烈摇动

莫尔法在滴定过程中生成的AgCl沉淀会强烈吸附Cl^-，从而使溶液中Cl^-浓度降低，以致终点提前而导致误差。因此，在滴定过程中必须剧烈摇动溶液，以减小误差。

莫尔法只适用于测定Cl^-和Br^-的含量，不适用于滴定I^-和SCN^-。因AgI或AgSCN吸附I^-或SCN^-更为强烈。即使剧烈摇动也不能消除吸附的影响，对分析结果影响较大，因此本法不适合于碘化物和氰化物的测定。

三、标准溶液

1. NaCl标准溶液

NaCl易提纯，可作为基准物质直接配制。NaCl易潮解，使用前需在500～600℃下干燥。为此，可将NaCl置于干净的瓷坩埚中，加热至不再有爆破声（表示水分已除尽），稍冷，置于干燥器中保存备用。

2. $AgNO_3$标准溶液

市售的一些高纯度$AgNO_3$试剂（标签上标明可作为基准物质），可直接配制成标准溶液。但若所用的$AgNO_3$纯度不够高，应采用标定的方法确定其浓度。标定$AgNO_3$的基准物质是NaCl，若标定与测定使用相同的方法，则可抵消方法的系统误差。

配制$AgNO_3$标准溶液所用的蒸馏水应不含氯离子，由于$AgNO_3$溶液见光分解，故应保存在棕色试剂瓶中。滴定时应使用棕色酸式滴定管。

$$2AgNO_3 \xlongequal{\quad} 2Ag\downarrow + 2NO_2\uparrow + O_2\uparrow$$

四、应用范围与实例

1. 应用范围

莫尔法主要适用于测定Cl^-和Br^-，当Cl^-和Br^-共存时，测得的是它们的总量。该法不适用于测定I^-和SCN^-，因为AgI和AgSCN沉淀吸附现象严重，会引起很大的误差。

莫尔法测定Ag^+时，应采用返滴定方式。先向Ag^+试液中加入过量的NaCl标准溶液，再用$AgNO_3$标准溶液返滴定剩余的NaCl。如果用NaCl标准溶液直接滴定Ag^+，由于先生成的Ag_2CrO_4转化为AgCl的速度缓慢，难以观察滴定终点。

2. 应用实例——水中氯含量的测定

地面水、地下水、用漂白粉消毒的天然水中都含有氯化物，工业循环冷却水中也含有氯离子，测定时都可用$AgNO_3$标准溶液进行滴定，一般采用莫尔法。其测定步骤为：准确吸取100.00mL水样放入锥形瓶中，加K_2CrO_4指示剂2mL，在充分摇动下，以$AgNO_3$标准溶液滴定至溶液呈砖红色即为终点，记下$AgNO_3$标准溶液的体积。滴定反应为：

$$Ag^+ + Cl^- \xlongequal{\quad} AgCl\downarrow\text{（白色）}$$

当水中含有H_2S时，可用稀硝酸酸化，并煮沸5～15min，冷却后调至pH＝6.5～10.5，再进行滴定。

$$3H_2S + 2HNO_3 \xlongequal{\quad} 3S\downarrow + 4H_2O + 2NO\uparrow$$

当水样中含有 SO_3^{2-}，它能与 Ag^+ 反应生成 Ag_2SO_3 而使结果偏高，可在滴定前先用 H_2O_2 将 SO_3^{2-} 氧化成 SO_4^{2-}。

$$SO_3^{2-} + H_2O_2 \xlongequal{\quad} SO_4^{2-} + H_2O$$

若水样颜色较深，影响滴定终点的观察时，可在滴定前用活性炭或明矾吸附脱色。水样中有 PO_4^{3-}、AsO_4^{3-} 时，应采用佛尔哈德法测定。

五、计算示例

【例 6－1】 称取食盐 0.2000g 溶于水，以 K_2CrO_4 作为指示剂，用 0.1500mol · L^{-1} $AgNO_3$ 标准溶液滴定，用去 22.50mL，计算 NaCl 的质量分数。

解：已知 NaCl 的摩尔质量 $M = 58.44g \cdot mol^{-1}$，质量分数为

$$w_{NaCl} = \frac{0.1500 \times \frac{22.50}{1000} \times 58.44}{0.2000} \times 100\% = 98.62\%$$

思考与练习6-1

NaCl 试液 20.00mL，用 0.1002mol · L^{-1} $AgNO_3$ 标准滴定溶液滴定至终点，消耗了 25.00mL。求每升 NaCl 溶液中含 NaCl 多少克。

技能训练 6－1　莫尔法测定水中氯的含量

一、训练目的

通过训练，了解莫尔法的基本原理，掌握莫尔法测定的操作条件，学会用莫尔法测定被测离子的含量。

二、仪器和试剂

（1）仪器：滴定管、移液管、锥形瓶等滴定分析仪器。

（2）试剂：NaCl 基准物（500～600℃高温炉灼烧）、0.1mol · L^{-1} $AgNO_3$（称取 8.5g $AgNO_3$ 溶解于 500mL 不含 Cl^- 的蒸馏水中，将溶液转入棕色试剂瓶中，暗处保存）。

三、操作步骤

1. $AgNO_3$ 溶液的标定

准确称取 1.4621g NaCl 基准物，置于小烧杯中，用蒸馏水溶解后，转入 250mL 容量瓶中，稀释至刻度，摇匀。

用移液管移取 25.00mL NaCl 溶液注入 250mL 锥形瓶中，加入 25mL 水，用 1mL 吸量管加入 1mL 15% $AgNO_3$ 溶液，在不断摇动下，用 $AgNO_3$ 溶液滴定至呈现砖红色为终点。平行标定

3 次。

2. 水样分析

准确移取水样 100mL 于 250mL 锥形瓶中用 1mL 吸量管加入 1mL 15% $AgNO_3$溶液，在不断摇动下，用 $AgNO_3$溶液滴定至呈现砖红色为终点。平行测定 3 次。

3. 清理

清洗仪器，整理工作台，将试剂仪器摆放整齐。

四、结果计算

（1）$AgNO_3$标准溶液的浓度计算公式如下：

$$c_{AgNO_3} = \frac{c_{NaCl}V_{NaCl}}{V_{AgNO_3}}$$

式中 c_{AgNO_3}——$AgNO_3$标准溶液的浓度，$mol \cdot L^{-1}$；

c_{NaCl}——NaCl 标准溶液的浓度，$mol \cdot L^{-1}$；

V_{NaCl}——NaCl 标准溶液的体积，mL；

V_{AgNO_3}——$AgNO_3$标准溶液的体积，mL。

（2）水中氯含量的计算公式如下：

$$\rho_{Cl^-} = \frac{c_{AgNO_3}V_{AgNO_3} \times 10^{-3} M_{Cl^-}}{V_水 \times 10^{-3}}$$

式中 ρ_{Cl^-}——水中氯的含量，$g \cdot L^{-1}$；

c_{AgNO_3}——$AgNO_3$标准溶液的浓度，$mol \cdot L^{-1}$；

V_{AgNO_3}——$AgNO_3$标准溶液的体积，mL；

$V_水$——吸取水样的体积，mL；

M_{Cl^-}——氯离子的摩尔质量，$g \cdot mol^{-1}$。

思考与练习6-2

1. 以 K_2CrO_4 作指示剂时，其浓度太大或太小对测定结果有何影响？
2. 莫尔法测氯时，为什么溶液的 pH 值控制在 6.5～10.5？如何控制滴定条件？

第二节　佛尔哈德法

一、基本原理

佛尔哈德法是在酸性溶液中，以铁铵钒［$NH_4Fe(SO_4)_2 \cdot 12H_2O$］作指示剂来确定滴定终点的方法。根据滴定方式的不同，佛尔哈德法可分为直接滴定法和返滴定法两种。

1. 直接滴定法

在酸性条件下，以铁铵矾 $NH_4Fe(SO_4)_2$为指示剂，用 KSCN 或 NH_4SCN 标准溶液直接滴定

溶液中的 Ag^+，至溶液中出现 $FeSCN^{2+}$ 的血红色时，表示到达终点。

$$滴定反应：Ag^+ + SCN^- \longrightarrow AgSCN\downarrow（白色）$$

$$指示反应：Fe^{3+} + SCN^- \longrightarrow FeSCN^{2+}（血红色）$$

在滴定过程中，由于不断形成的 AgSCN 沉淀强烈吸附溶液中的 Ag^+，终点将提前出现，使分析结果产生较大的误差。因此，滴定过程中必须剧烈摇动溶液，使被吸附的 Ag^+ 尽量释放出来。

2. 返滴定法

首先向试液中加入过量的 $AgNO_3$ 标准溶液，使卤离子或硫氰根离子定量生成银盐沉淀后，再加入铁铵矾指示剂，用 KSCN 或 NH_4SCN 标准溶液返滴定剩余的 Ag^+。如测定 Cl^- 时，反应如下：

$$Cl^- + Ag^+（已知过量）\longrightarrow AgCl\downarrow（白色） \qquad K_{SP} = 1.8 \times 10^{-10}$$

$$Ag^+（剩余）+ SCN^- \longrightarrow AgSCN\downarrow（白色） \qquad K_{SP} = 1.0 \times 10^{-12}$$

$$Fe^{3+} + SCN^- \longrightarrow FeSCN^{2+}（血红色）$$

应用此法测定 Cl^- 时，由于 AgCl 的溶解度比 AgSCN 大，当剩余 Ag^+ 被滴定完毕后，过量的 SCN^- 将与 AgCl 发生沉淀转化反应：

$$AgCl + SCN^- \longrightarrow AgSCN\downarrow + Cl^-$$

故在形成 AgCl 沉淀之后加入少量有机溶剂，如硝基苯、苯、四氯化碳、邻苯二甲酸二丁酯等，用力摇动后使 AgCl 沉淀表面覆盖一层有机溶剂而与外部溶液隔开，以阻止转化反应进行。并在轻轻摇动下，滴定至淡红色不再消失即为终点。

用佛尔哈德法测定 Br^- 或 I^- 的含量时，由于 AgBr 及 AgI 的溶解度比 AgSCN 小，因此不能发生上述的转化反应，也不必将沉淀过滤或加入有机溶剂。但在测定碘化物时，指示剂必须在加入过量的 $AgNO_3$ 溶液后才能加入，否则 Fe^{3+} 将 I^- 氧化成 I_2，影响分析结果的准确性。

二、滴定条件

1. 指示剂用量

指示剂铁铵矾的用量要适当，否则会影响滴定终点出现的时间，亦影响测定的准确度。指示剂加入过少，终点不明显；指示剂加入过多时，终点将提前出现，并且 Fe^{3+} 的深黄色也影响终点的观察。实验证明，溶液中 Fe^{3+} 的浓度在 $0.015mol \cdot L^{-1}$ 时，滴定终点误差很小，可忽略不计。

2. 溶液的酸度

滴定应在稀硝酸溶液中进行，一般控制溶液浓度在 $0.1 \sim 1mol \cdot L^{-1}$ 之间。溶液的浓度较低时，Fe^{3+} 容易水解成深棕色的 $Fe(OH)_3$，降低了溶液中 Fe^{3+} 的浓度，Ag^+ 在碱性溶液中生成褐色的 Ag_2O 沉淀，影响滴定终点的观察。此外，溶液的浓度也不宜过高，否则会降低 SCN^- 的浓度，也会影响终点的观察。

3. 干扰离子

佛尔哈德法是在酸性溶液中进行滴定的，许多弱酸根离子，如 PO_4^{3-}、CO_3^{2-}、$C_2O_4^{2-}$、CrO_4^{2-}、AsO_4^{3-} 等都不与 Ag^+ 生成沉淀，因而不干扰测定。所以方法的选择性较高。但氧化剂、氮的低价氧化物和汞盐、铜盐都能与 SCN^- 反应，干扰测定，必须预先除去。

三、标准溶液

NH_4SCN 试剂一般含杂质较多，且易吸潮，故不能作为基准物质。应配制成近似浓度的溶液后，再进行标定，即可用已标定好的 $AgNO_3$ 标准溶液用直接滴定法进行标定。

四、应用实例

佛尔哈德法可用直接法测定 Ag^+，返滴定测定 Cl^-、Br^-、I^-、SCN^- 等离子。

1. 烧碱中 NaCl 含量的测定

对含有 NaCl 的烧碱溶液进行酸化处理后，在其中加入准确过量的 $AgNO_3$ 标准溶液，使 Cl^- 离子定量生成 AgCl 沉淀后，再加入铁铵矾指示剂，用 NH_4SCN 标准溶液返滴定剩余的 $AgNO_3$，可由试样的质量及滴定用去标准溶液的体积，计算试样中氯的质量分数。

测定步骤为：准确移取烧碱溶液 25.00mL，加入 100mL 容量瓶中，以酚酞作指示剂，用浓硝酸中和至红色消失，再用水稀释至刻度，摇匀。移取 10.00mL 试液放入锥形瓶中，加入 $4mol \cdot L^{-1}$ HNO_3 4mL，在充分摇动下，自滴定管准确加入 40mL $AgNO_3$ 标准溶液，再加入铁铵矾指示剂 2mL，邻苯二甲酸二丁酯 5mL，用力摇动使 AgCl 沉淀凝聚，并被邻苯二甲酸二丁酯所覆盖，用 NH_4SCN 标准溶液滴定至呈现淡红色，并在轻轻摇动下，淡红色不再消失即为终点，记下 NH_4SCN 标准溶液的体积。

2. 银合金中银的测定

将银合金溶于 HNO_3 中，制成溶液，反应如下：

$$Ag + NO_3^- + 2H^+ = Ag^+ + NO_2\uparrow + H_2O$$

在溶解试样时，必须煮沸以除去氮的低价氧化物，因为它能与 SCN^- 作用生成红色化合物，而影响终点的观察：

$$HNO_2 + H^+ + SCN^- = \underset{\text{(红色)}}{NOSCN} + H_2O$$

试样溶解之后，加入铁铵矾指示剂，用 NH_4SCN 标准溶液滴定。

根据试样的质量，滴定用去 NH_4SCN 标准溶液的体积，以计算银的质量分数。

五、计算示例

【例 6-2】 称量基准物质 NaCl 0.7526g，溶于 250mL 容量瓶中并稀释至刻度，摇匀。移取 25.00mL，加入 40.00mL $AgNO_3$ 溶液，滴定剩余的 $AgNO_3$ 时，用去 18.25mL NH_4SCN 溶液。直接滴定 40.00mL $AgNO_3$ 溶液时，需要 42.60mL NH_4SCN 溶液。求 $AgNO_3$ 和 NH_4SCN 的浓度。

解：与 NaCl 反应的 $AgNO_3$ 溶液体积为：

$$V_{AgNO_3} = 40.00 - \frac{40.00 \times 18.25}{42.60}$$

$$c_{AgNO_3} = \frac{0.7526 \times \frac{25}{250}}{58.44 \times \left(40.00 - \frac{40.00 \times 18.25}{42.60}\right)} \times 1000 = 0.05633(mol \cdot L^{-1})$$

$$c_{NH_4SCN} = \frac{0.05633 \times 40.00}{42.60} = 0.05289(mol \cdot L^{-1})$$

思考与练习6-3

将 40.00mL 浓度为 0.1020mol · L^{-1} $AgNO_3$ 溶液加到 25.00mL $BaCl_2$ 溶液中，剩余的 $AgNO_3$ 溶液用 0.0980mol · L^{-1} 的 NH_4SCN 溶液返滴定，用去 15.00mL，问 25.00mL $BaCl_2$ 溶液中含 $BaCl_2$ 质量为多少。

技能训练 6-2　佛尔哈德法测定氯化物中氯的含量

一、训练目的

通过训练，了解佛尔哈德法的基本原理，掌握佛尔哈德法测定的操作条件，学会用佛尔哈德法测定被测离子的含量。

二、仪器和试剂

(1)仪器:滴定管、移液管、锥形瓶等滴定分析仪器。

(2)试剂:0.1mol · L^{-1} $AgNO_3$ 标准溶液、0.1mol · L^{-1} NH_4SCN 溶液(称取 3.9g NH_4SCN，用水溶解后，转至 500mL 容量瓶中，稀释至刻度)、铁铵矾指示剂(40% 的 1mL HNO_3 溶液)、1∶1的 HNO_3 溶液、NaCl 试样。

三、操作步骤

1. NH_4SCN 溶液的标定

用移液管移取 25.00mL $AgNO_3$ 标准溶液于 250mL 锥形瓶中，加入 1∶1的 HNO_3 溶液 5mL，用 1mL 吸量管加入铁铵矾指示剂 1mL，用 NH_4SCN 溶液滴定，滴定时，激烈振荡溶液，当滴至溶液呈现淡红色为终点。平行标定 3 次。

2. 氯含量的测定

准确称取约 2g NaCl 试样于 100mL 烧杯中，用蒸馏水溶解后，转入 250mL 容量瓶中，稀释至刻度，摇匀。

准确移取 25.00mL 上述试样于 250mL 锥形瓶中，加 25mL 水，再加入 1∶1 的 HNO_3 溶液 5mL，由滴定管加入 $AgNO_3$ 标准溶液至过量 5 ~ 10mL(加入 $AgNO_3$ 溶液时，生成白色 AgCl 沉淀，接近化学计量点时，氯化银要凝聚，振荡溶液，再让其静置片刻，使沉淀沉降，然后加入几滴 $AgNO_3$ 到清液层，如不生成沉淀，说明 $AgNO_3$ 已过量，这时，再适当过量 5 ~ 10mL 即可)。然后，加入硝基苯 2mL，用橡皮塞塞住瓶口，剧烈振荡，直至 AgCl 有良好的凝聚为止。再加入铁铵矾指示剂 1mL，用 NH_4SCN 标准溶液滴定至出现淡红色为终点。平行测定 3 次。

3. 清洗

清洗仪器，整理工作台，将试剂仪器摆放整齐。

四、结果计算

（1）NH_4SCN 标准溶液的浓度计算公式如下：

$$c_{NH_4SCN}=\frac{c_{AgNO_3}V_{AgNO_3}}{V_{NH_4SCN}}$$

式中 c_{NH_4SCN}——NH_4SCN 标准溶液的浓度，$mol \cdot L^{-1}$；

c_{AgNO_3}——$AgNO_3$ 标准溶液的浓度，$mol \cdot L^{-1}$；

V_{NH_4SCN}——NH_4SCN 标准溶液的体积，mL；

V_{AgNO_3}——$AgNO_3$ 标准溶液的体积，mL。

（2）氯化物中氯含量的计算公式如下：

$$w_{Cl^-}=\frac{(c_{AgNO_3}V_{AgNO_3}-c_{NH_4SCN}V_{NH_4SCN})\times 10^{-3}M_{Cl^-}}{m\times\frac{25}{250}}\times 100\%$$

式中 w_{Cl^-}——氯化物中氯的含量，%；

c_{AgNO_3}——$AgNO_3$ 标准溶液的浓度，$mol \cdot L^{-1}$；

V_{AgNO_3}——$AgNO_3$ 标准溶液的体积，mL；

c_{NH_4SCN}——NH_4SCN 标准溶液的浓度，$mol \cdot L^{-1}$；

V_{NH_4SCN}——NH_4SCN 标准溶液的体积，mL；

m——试样的质量，g；

M_{Cl^-}——氯离子的摩尔质量，$g \cdot mol^{-1}$。

思考与练习6-4

1. 佛尔哈德法测定 Cl^- 时，为什么要加入硝基苯？如果未加硝基苯，分析结果偏高还是偏低？为什么？

2. 讨论酸度对佛尔哈德法测定卤素离子含量的影响？

第三节　法 扬 司 法

一、基本原理

法扬司法是利用吸附指示剂确定滴定终点的银量法。

卤化银是一种凝胶状沉淀，它可选择性地强烈吸附溶液中的某些离子，首先是构晶离子。例如，以 $AgNO_3$ 标准溶液滴定 Cl^- 时，在化学计量点前，溶液中有过量的 Cl^- 存在，滴定生成的 AgCl 沉淀吸附 Cl^-，使沉淀胶粒带负电荷；在化学计量点后，溶液中存在过量的 Ag^+，则 AgCl 沉淀吸附 Ag^+，使胶粒表面带正电荷。

吸附指示剂是一类有色的有机化合物，它被吸附在沉淀表面后，结构发生改变，因而产生颜色的变化。在沉淀滴定中，利用指示剂的这种性质来确定滴定终点。例如，荧光黄（HFI）是

一种有机弱酸,可用作 $AgNO_3$ 滴定 Cl^- 的吸附指示剂,在水溶液中解离如下:

$$HFI \rightleftharpoons H^+ + FI^- \text{(黄绿色)} \qquad pK_a = 7$$

阴离子 FI^- 呈黄绿色。在滴定至化学计量点前,AgCl 沉淀表面带负电荷,不会吸附阴离子 FI^-。到达化学计量点时,微过量的 $AgNO_3$ 可使 AgCl 沉淀吸附 Ag^+,带正电荷,Fl^- 被吸附,结构发生改变,变为粉红色,从而可指示滴定终点的到达。

$$AgCl \cdot Ag^+ + \underset{\text{(黄绿色)}}{FI^-} \rightleftharpoons \underset{\text{(粉红色)}}{AgCl \cdot Ag^+ \cdot FI^-}$$

银量法中常用的吸附指示剂和滴定酸度条件,列于表 6-1 中。

表 6-1 常用的吸附指示剂和滴定酸度

指示剂	被测离子	滴定剂	滴定酸度
荧光黄	Cl^-	Ag^+	pH = 7 ~ 10
二氯荧光黄	Cl^-	Ag^+	pH = 4 ~ 10
曙红	Br^-、I^-、SCN^-	Ag^+	pH = 2 ~ 10
溴甲酚绿	SCN^-	Ag^+	pH = 4 ~ 5
甲基紫	Ag^+	Cl^-	酸性溶液
罗丹明 6G	Ag^+	Br^-	酸性溶液
溴酚蓝	Hg_2^{2+}	Cl^-、Br^-	酸性溶液

二、滴定条件

1. 保持沉淀呈溶胶状态

吸附指示剂是吸附在沉淀表面上而变色。为了使终点变色更明显,使沉淀有较大的表面积和吸附能力,必须要保持沉淀呈溶胶状态。为此,在滴定时一般要在溶液中加入胶体保护剂,如糊精或淀粉,以防止溶胶凝聚。

在滴定前将待测溶液适当稀释,将有利于沉淀保持溶胶状态。但被滴定溶液的浓度不能太稀,否则沉淀很少,终点很难观察。用荧光黄作指示剂,用 $AgNO_3$ 标准溶液滴定 Cl^- 时,Cl^- 浓度要在 $5 \times 10^{-3} mol \cdot L^{-1}$ 以上。在滴定 Br^-、I^-、SCN^- 时,灵敏度较高,浓度降低 1×10^{-3} 仍可准确滴定。

2. 控制溶液的酸度

常用的吸附指示剂大多是有机弱酸,起指示作用的是它们的阴离子。酸度大时,H^+ 与指示剂阴离子结合成不被吸附的指示剂分子,无法指示终点。酸性的强弱与指示剂的解离常数大小有关,解离常数越大,酸性可以越强些。例如,荧光黄($K_a \approx 10^{-7}$)适用于 pH = 7 ~ 10 的酸度条件下滴定,曙红($K_a \approx 10^{-2}$)在 pH = 2 时还可以进行应用。

3. 避免强光照射

卤化银沉淀对光非常敏锐,容易感光转变为灰黑色,影响终点观察,因此滴定应避免在强光下进行。

4. 吸附指示剂的吸附性能适当

不同的指示剂离子被沉淀吸附的能力不同。在滴定时选择指示剂的吸附能力,应小于沉淀对被测离子的吸附能力,否则在计量点之前,指示剂离子即取代了被吸附的被测离子而改变颜色,使终点提前出现。例如,用 $AgNO_3$ 溶液滴定 Cl^- 时,若用曙红作指示剂,因 AgCl 沉淀吸附曙红阴离子强于 Cl^-,则出现终点过早的现象。但是在滴定 Br^-、I^- 和 SCN^- 时,采用曙红指示剂,可以得到满意的结果。因为它们的银盐沉淀吸附被测离子的能力较曙红阴离子强。当然,如果指示剂离子被吸附的能力太弱,则终点出现太晚,也会造成误差太大。卤化银对卤化物和几种指示剂的吸附能力的次序如下:

I^- > 二甲基二碘荧光黄 > SCN^- > Br^- > 曙红 > Cl^- > 荧光黄

思考与练习6-5

1. 法扬司法测定 Cl^- 时,用曙红作指示剂,对分析结果会有什么影响?

2. 应用银量法测定下列试样中的 Cl^- 含量时,要选用哪种指示剂指示终点较为适宜?

(1) $BaCl_2$; (2) $CaCl_2$; (3) $NaCl + H_3PO_4$; (4) $NaCl + Na_2SO_3$。

本章知识要点

现将几种沉淀滴定分析方法总结归纳,见表 6-2。

表 6-2 几种沉淀滴定分析方法

测定方法	莫尔法	佛尔哈德法	法扬司法
指示剂	K_2CrO_4	$NH_4Fe(SO_4)_2 \cdot 12H_2O$	吸附指示剂
标准溶液	$AgNO_3$	KSCN 或 NH_4SCN	$AgNO_3$
滴定反应	$Ag^+ + Cl^- \xlongequal{} AgCl\downarrow$	$Ag^+ + SCN^- \xlongequal{} AgSCN$	$Ag^+ + Cl^- \xlongequal{} AgCl\downarrow$
指示反应	$2Ag^+ + CrO_4^{2-} \xlongequal{} Ag_2CrO_4$(砖红色)	$Fe^{3+} + SCN^- \xlongequal{} FeSCN^{2+}$	$AgCl \cdot Ag^+ + FI^- \xlongequal{} AgCl \cdot Ag^+ \cdot FI^-$
酸度	pH = 6.5 ~ 10.5	0.1 ~ 1mol · L^{-1} HNO_3 介质	与指示剂的 K_a 大小有关,使其以 FI^- 型体存在
测定对象	Cl^-、Br^-	返滴定测定 Cl^-、Br^-、I^-、SCN^- 直接滴定测定 Ag^+	Cl^-、Br^-、I^-、SCN^-、SO_4^{2-} 和 Ag^+

本章考核要点

考核范围	考核内容	鉴定方式	考核比例,%
知识要求	①银量法及其分类 ②莫尔法的测定原理及操作条件 ③佛尔哈德法的测定原理及操作条件 ④法扬司法的测定原理和操作条件	笔试	15

续表

考核范围		考核内容	鉴定方式	考核比例,%
技能要求	移液管使用	①润洗方法正确 ②移取正确、熟练 ③放出溶液操作正确	操作	5
	使用滴定管	①洗涤、检漏、润洗、排气泡方法正确 ②滴定速度控制得当,最后半滴处理正确 ③滴定手法正确、熟练,摇瓶方法正确 ④终点控制好 ⑤体积读取正确	操作	25
	实验数据记录及处理	①及时、准确、无涂改、字迹端正,清楚,内容齐全 ②有效数字位数与仪器精度符合,公式运用正确,无计算错误、计量单位正确	操作	25
	分析结果	平行测定间的相对平均偏差符合标准中所规定的要求	操作	20
安全与其他		①合理安排时间,和同组人员团结合作 ②保持整洁有序的工作环境	操作	10

本章自测题

一、填空题

1. 沉淀滴定法中莫尔法的指示剂是________;沉淀滴定法中铵盐存在时莫尔法滴定酸度 pH 是________。

2. 莫尔法测定 Cl^- 时用________为标准滴定溶液,用________为指示剂。指示剂的加入量控制在________为宜,指示剂浓度过高时,分析结果偏________,浓度过低使结果偏________。

3. 法扬司法测定卤离子时,溶液要保持________状态,为此需采取的措施有:________。

4. 佛尔哈德法中,测定 Ag^+ 采用________滴定方式;测定 Cl^-、Br^-、I^- 和 SCN^- 采用________滴定方式。

5. 佛尔哈德法中,测定 Cl^- 时,AgCl 沉淀容易转化成 AgSCN 沉淀,而导致测定误差,在实验中,可采用________的方法防止。

6. 在法扬司法中,$AgNO_3$ 标准溶液滴定 Cl^- 时,化学计量点前沉淀带________电荷,化学计量点后沉淀带________电荷。

二、选择题

1. 利用莫尔法测定 Cl^- 含量时,要求介质的 pH 值在 6.5 ~ 10.5 之间,若酸度过高,则(   )。

A. AgCl 沉淀不完全　　B. AgCl 沉淀吸附 Cl^- 能力增强

C. Ag_2CrO_4 沉淀不易形成　　D. 形成 Ag_2O 沉淀

2. 用氯化钠基准试剂标定 $AgNO_3$ 溶液浓度时,溶液酸度过大,会使标定结果(   )。

A. 偏高　　B. 偏低　　C. 不影响　　D. 难以确定其影响

3. 佛尔哈德法返滴定测 I^- 时，指示剂必须在加入过量的 $AgNO_3$ 溶液后才能加入，这是因为(　　)。

A. AgI 对指示剂的吸附性强　　B. AgI 对 I^- 的吸附强

C. Fe^{3+} 氧化 I^-　　D. 终点提前出现

4. 下列关于吸附指示剂说法错误的是(　　)。

A. 吸附指示剂是一种有机染料

B. 吸附指示剂能用于沉淀滴定法中的法扬司法

C. 吸附指示剂指示终点是由于指示剂结构发生了改变

D. 吸附指示剂本身不具有颜色

5. 以铁铵矾为指示剂，用硫氰酸铵标准滴定溶液滴定银离子时，应在下列哪种条件下进行(　　)。

A. 酸性　　B. 弱酸性　　C. 中性　　D. 弱碱性

6. 采用佛尔哈德法测定水中 Ag^+ 含量时，终点颜色为(　　)。

A. 红色　　B. 纯蓝色　　C. 黄绿色　　D. 蓝紫色

三、简答题

1. 佛尔哈德法的选择性为什么会比莫尔法高?

2. 莫尔法应控制怎样的测定条件?

3. 滴定分析的沉淀反应必须符合什么条件?

4. 指示剂 K_2CrO_4 的用量对于终点指示有无影响? 为什么?

5. 吸附指示剂的作用原理是什么?

四、计算题

1. 称取纯 NaCl 0.1169g，加水溶解后，以 K_2CrO_4 为指示剂，用 0.1000mol·L^{-1} 的 $AgNO_3$ 溶液滴定，共用去 20.00mL，求该 $AgNO_3$ 溶液的浓度。

2. 称取 KCl 和 KBr 的混合物 0.3208g，溶于水后进行滴定，用去 0.1014mol·L^{-1} 的 $AgNO_3$ 标准溶液 30.20mL，试计算该混合物中 KCl 和 KBr 的质量分数。

3. 称取银合金试样 0.3000g，用酸溶解后，加铁铵矾指示剂，用 0.1000mol·L^{-1} NH_4SCN 标准溶液滴定，用去 23.80mL，计算样品中银的百分含量。

4. 称取烧碱样品 5.0380g，溶于水中，用硝酸调节 pH 值后，溶于 250mL 容量瓶中，摇匀。吸取 25.00mL 置于锥形瓶中，加入 25.00mL 0.1043mol·L^{-1} $AgNO_3$ 溶液，沉淀完全后，加入 5mL 邻苯二甲酸二丁酯，用 0.1015mol·L^{-1} NH_4SCN 溶液回滴 Ag^+，用去 21.45mL，计算烧碱中 NaCl 的质量分数。

第七章　称量分析法

学习指南　称量分析法是测定物质含量的重要分析方法之一。通过本章的学习应了解称量分析法的方法分类及特点，了解称量分析法对沉淀形式和称量形式的要求，掌握沉淀纯净的方法、沉淀的条件及称量分析法结果的计算，学会利用称量分析法测定物质的含量。

第一节　称量分析法概述

称量分析法是通过物理或化学的方法，将试样中待测组分与其他组分分离，以称量的方法称得待测组分或它的难溶化合物的质量，并计算出待测组分含量的分析方法。

一、称量分析法分类及特点

1. 称量分析法分类

根据被测组分与试样中组分分离的方法不同，称量分析法可分为沉淀法、气化法、提取法和电解法。

1）沉淀法

利用沉淀反应使被测组分以难溶化合物的形式沉淀下来，然后将沉淀过滤、洗涤后，烘干或灼烧成为组成一定的称量形式，最后称其质量，再计算出被测组分的含量。例如，用沉淀法测定试样中的 Ba^{2+} 的含量，可以在制备好的溶液中，加入过量的稀 H_2SO_4，使 Ba^{2+} 全部生成 $BaSO_4$ 沉淀，再经过滤、洗涤、烘干、燃烧后，通过称量 $BaSO_4$ 沉淀的质量，即可求出试样中 Ba^{2+} 的含量。

2）气化法

通过加热或其他方法使试样中的被测组分挥发逸出，然后根据试样质量的减少计算该组分的含量；或者利用吸收剂吸收该组分逸出的气体，然后根据吸收剂质量的增加计算该组分的含量。例如，测定试样中的吸湿水或结晶水时，可将试样烘干至恒重，试样减少的质量，即是所含水分的质量。也可将加热后产生的水气吸收在干燥剂里，干燥剂增加的质量，即是所含水分的质量。根据称量结果，可求得试样中吸湿水或结晶水的含量。

3）提取法

利用被测组分与其他组分在互不相溶的两种溶剂中分配比的不同，加入某种提取剂使被测组分从原来的溶剂定量转入提取剂中而与其他组分分离，然后除去提取剂，称量干燥提取物的质量后，计算被测组分的含量。

4)电解法

利用电解原理,使金属离子在电极上析出,然后称量,求得其含量。

2. 称量分析法特点

称量分析法直接用分析天平称量而获得分析结果,不需要标准试样或基准物质进行比较,所以其准确度较高。但操作烦琐费时,且难以测定微量成分。目前已逐渐被其他方法所代替。不过对于某些常量元素(如硫、硅、钨等)及水分、灰分、挥发物等测定仍在用称量分析法。

称量分析法中以沉淀法应用最广,故习惯上也常把沉淀称量法简称为称量分析法。它与滴定分析法同属于经典的定量化学分析方法,本章主要介绍沉淀称量法。

二、称量分析对沉淀的要求

在试液中加入适当过量的沉淀剂,使被测组分沉淀出来,所得的沉淀称为沉淀形式。沉淀经过滤、洗涤、烘干或灼烧后得到称量形式。根据称量形式的化学组成和质量,便可算出被测组分的含量。沉淀形式和称量形式可以相同,也可以不同。例如:

被测组分　　沉淀形式　　称量形式

$$Ba^{2+} \xrightarrow{\text{稀 } H_2SO_4} BaSO_4 \xrightarrow{\text{灼烧}} BaSO_4$$

$$Mg^{2+} \xrightarrow{(NH_4)_2HPO_4} MgNH_4PO_4 \cdot 6H_2O \xrightarrow{\text{灼烧}} Mg_2P_2O_7$$

在 Ba^{2+} 的测定中沉淀形式和称量形式相同,而在 Mg^{2+} 的测定中,沉淀形式为 $MgNH_4PO_4$,经灼烧后得到称量形式为 $Mg_2P_2O_7$,此时沉淀形式与称量形式不同。为了保证测定结果的准确度,称量分析法对沉淀形式和称量形式都有一定的要求。

1. 对沉淀形式的要求

(1)沉淀的溶解度要小。要求沉淀的溶解损失不应超过天平的称量误差。一般要求溶解损失不超过0.2mg,这样才能保证被测组分沉淀完全。

(2)沉淀必须纯净,不应混进沉淀剂和其他杂质。

(3)沉淀应易于过滤和洗涤。在进行沉淀时,希望得到粗大的晶形沉淀。如果只能得到无定形沉淀,则必须控制一定的沉淀条件,改变沉淀的性质,以便得到易于过滤和洗涤的沉淀。

(4)沉淀形式应易于转变为称量形式,如 Al^{3+} 的测定,若沉淀形式为8-羟基喹啉铝 $(C_8H_6NO)_3Al$,则在130℃烘干后即可称量;若在碱性条件下,使沉淀 Al^{3+} 为 $Al(OH)_3$,则需在1200℃燃烧条件下才能转化为称量形式,显然,前一种方法更好一些。

2. 对称量形式的要求

(1)称量形式应有固定的已知的组成,并与化学式完全相符。这是称量分析进行准确计算的基本依据。

(2)称量形式要有足够的化学稳定性,不应吸收空气中的水分和 CO_2 而改变质量,也不应受 O_2 的氧化作用而改变结构。

(3)称量形式的摩尔质量要大,称量形式的摩尔质量越大,被测组分在沉淀中的含量越少,则称量误差越小。

三、影响沉淀溶解度的因素

利用沉淀反应进行称量分析时,要求沉淀反应尽可能进行得完全。沉淀反应是否完全,可根据沉淀溶解度大小来衡量。溶解度小,沉淀完全;溶解度大,沉淀不完全。在称量分析中,要求沉淀因溶解而损失的量不超过天平所允许的称量误差0.2mg。

影响沉淀溶解度的因素主要是同离子效应、盐效应、酸效应和配位效应。此外,温度、介质、沉淀颗粒大小等因素对溶解度都有一定的影响。

1. 同离子效应

为了减少沉淀的溶解损失,在进行沉淀时,应加入过量的沉淀剂,以增大构晶离子的浓度,从而降低沉淀的溶解度。这一效应称为同离子效应。

例如,以 $BaCl_2$ 为沉淀剂,使溶液中 SO_4^{2-} 以 $BaSO_4$ 沉淀下来。若 Ba^{2+} 与 SO_4^{2-} 的量相当时,即刚好完全沉淀下来,在200mL溶液中溶解的 $BaSO_4$ 的质量为

$$\sqrt{1.1\times10^{-10}}\times233\times\frac{200}{1000}=5\times10^{-4}(g)=0.5(mg)$$

其溶解损失已超过0.2mg,即超过了称量分析法对沉淀形式损失量的要求。此时,可向溶液中加入过量的 $BaCl_2$,使 $[Ba^{2+}]=0.01mol/L$,则在200mL溶液中溶解的 $BaSO_4$ 的质量为

$$\frac{1.1\times10^{-10}}{0.01}\times233\times\frac{200}{1000}=5\times10^{-7}(g)=0.0005(mg)$$

溶解损失量小于0.2mg,符合称量分析法对沉淀形式的要求,可以认为已沉淀完全。

可见,利用同离子效应可大大降低沉淀的溶解度,这是沉淀称量法中保证沉淀完全的主要措施。但沉淀剂量不能太多,因为沉淀剂过量太多会引起盐效应、配位效应等现象,使沉淀溶解度反而增大。沉淀剂究竟应过量多少,应根据沉淀的性质决定。若沉淀剂在烘干或燃烧时易挥发除去,一般可过量50%~100%;对不易除去的沉淀剂,只宜过量20%~30%。

2. 盐效应

当沉淀反应达到平衡时,由于强电解质的存在或其他易溶强电解质的加入,使沉淀的溶解度增大的现象,称为盐效应。例如,在 $PbSO_4$ 饱和溶液中加入 Na_2SO_4 就同时存在着同离子效应和盐效应,而哪种效应占优势,取决于 Na_2SO_4 的浓度。表7-1为 $PbSO_4$ 溶解度随 Na_2SO_4 浓度变化的情况。

表7-1 $PbSO_4$ 在 Na_2SO_4 溶液中的溶解度

Na_2SO_4 浓度,$mol\cdot L^{-1}$	0	0.001	0.01	0.02	0.04	0.100	0.20
$PbSO_4$ 溶解度,$mg\cdot L^{-1}$	45	7.3	4.9	4.2	3.9	4.9	7.0

从表中可知,初始时由于同离子效应,使 $PbSO_4$ 溶解度降低,可是当加入的 Na_2SO_4 浓度大于 $0.04mol\cdot L^{-1}$ 时,盐效应超过同离子效应,使 $PbSO_4$ 溶解度逐步增大。

从上述讨论可看出,同离子效应与盐效应对沉淀溶解度的影响恰好相反,所以在进行沉淀时,应当尽量避免加入过多的沉淀剂或其他强电解质。但是,对于溶解度很小的沉淀,则盐效应的影响很小。

3. 酸效应

溶液酸度对沉淀溶解度的影响，称为酸效应。例如，CaC_2O_4 沉淀在溶液中存在下列平衡：

$$CaC_2O_4 \rightleftharpoons Ca^{2+} + C_2O_4^{2-}$$

$$-H^+ \Big\Updownarrow +H^+$$

$$HC_2O_4^- \underset{-H^+}{\overset{+H^+}{\rightleftharpoons}} H_2C_2O_4$$

当溶液中 H^+ 浓度增大时，平衡向右移动，生成 $H_2C_2O_4$，破坏了 CaC_2O_4 的沉淀平衡，沉淀的溶解度增大，CaC_2O_4 会部分溶解甚至全部溶解。

对不同类型沉淀，溶液酸度对沉淀溶解度的影响情况也不一样：

(1) 对弱酸盐沉淀，如 CaC_2O_4、$CaCO_3$、$MgNH_4PO_4$ 等，酸度增大，其溶解度也显著增大，故应在较低的酸度下进行沉淀。

(2) 若沉淀本身是弱酸，如硅酸（SiO_2、nH_2O）、钨酸（WO_3、nH_2O）等，易溶于碱，则应在强酸性介质中进行沉淀。

(3) 若沉淀是强酸盐，如 AgCl 等，在酸性溶液中进行沉淀时，酸度对沉淀的溶解度影响不大。

(4) 对于硫酸盐沉淀，由于 H_2SO_4 的 K_{a_2} 不大，所以溶液的酸度太高时，沉淀的溶解度也随之增大。

4. 配位效应

由于沉淀的构晶离子与配位剂形成可溶性配合物而使沉淀的溶解度增大，甚至完全溶解，这种现象称为配位效应。例如，在 $AgNO_3$ 溶液中加入 Cl^-，开始时由于同离子效应，AgCl 的溶解度随着 Cl^- 浓度的增大而减小，但若继续加入过量的 Cl^-，Cl^- 与 AgCl 形成配离子而使沉淀逐渐溶解，显然，形成的配合物越稳定，配位剂的浓度越大，其配位效应就越显著。表 7－2 为 AgCl 在不同浓度 Cl^- 溶液中的溶解度。

表 7－2　不同浓度氯离子溶液中 AgCl 的溶解度

Cl^- 浓度，$mol \cdot L^{-1}$	0	0.001	0.01	0.1	1.0	2.0
AgCl 溶解度，$mol \cdot L^{-1}$	1.31×10^{-5}	7.6×10^{-7}	8.7×10^{-7}	4.5×10^{-6}	1.6×10^{-4}	7.1×10^{-4}

以上讨论了同离子效应、盐效应、酸效应和配位效应对沉淀溶解度的影响，在实际分析中应根据具体情况确定哪种效应是主要的。一般地说，对无配位效应的强酸盐沉淀，主要考虑同离子效应和盐效应；对弱酸盐沉淀主要考虑酸效应；对能与配位剂形成稳定的配合物而且溶解度又不是太小的沉淀，应主要考虑配位效应。

5. 影响沉淀溶解度的其他因素

1) 温度的影响

溶解反应一般是吸热反应，因此沉淀的溶解度一般是随着温度的升高而增大。对于一些在热溶液中溶解度较大的晶形沉淀，如 $MgNH_4PO_4$ 等应在热溶液中进行沉淀，在室温下进行过滤和洗涤；对于一些沉淀的溶解度很小，溶液冷却后很难过滤和洗涤的无定形沉淀如 $Fe(OH)_3$、$Al(OH)_3$ 等应在热溶液中沉淀，趁热过滤，并用热溶液进行洗涤。

2)溶剂的影响

多数无机化合物沉淀为离子晶体，它们在有机溶剂中的溶解度要比在水中小，因此在沉淀重量法中，可采用向水中加入乙醇，丙酮等有机溶剂的办法来降低沉淀的溶解度。例如 $PbSO_4$ 在20%乙醇溶液中的溶解度仅为水溶液中的1/10。但对于有机沉淀剂形成的沉淀，它们在有机溶剂中的溶解度反而大于在水溶液中的溶解度。

3)沉淀颗粒大小的影响

对于某种沉淀来说，当温度一定时，小颗粒的溶解度大于大颗粒的溶解度。因此，在进行沉淀时，总是希望得到较大的沉淀颗粒，这样不仅沉淀的溶解度小，而且也便于过滤和洗涤。

第二节　称量分析仪器基本操作技术

称量分析法的基本操作包括样品溶解、沉淀、过滤、洗涤、烘干和灼烧等步骤。为了确保分析结果的准确性，对每个步骤都应精心操作。下面将介绍具体的操作方法。

一、试样的溶解和沉淀

溶解试样时应确保待测组分全部溶解，加入的试剂不应干扰以后的分析。

1. 仪器准备

(1)烧杯：内壁光滑，没有划痕。

(2)玻璃棒：长度约为烧杯高度的1.5倍。

(3)表面皿：略大于烧杯口径。

2. 溶解操作

称取一定量的样品放入烧杯中，将溶剂沿杯壁倒入或下端紧靠杯壁的玻璃棒流下，防止溶液飞溅。边加边搅拌(搅拌时玻璃棒不要触碰烧杯内壁及杯底)，直至试样完全溶解，盖上表面皿。如果溶样时有气体产生，可先将样品用少量水润湿，由烧杯嘴与表面皿的间隙处滴加溶剂，轻轻摇动，直至试样完全溶解后，用洗瓶吹水冲洗表面皿，水流沿壁流下，同时吹洗烧杯内壁。

3. 沉淀操作

在试液中加入适当的沉淀剂，使被测组分完全沉淀出来，这是称量法操作过程中最重要的一步，又称沉淀操作。

为了得到准确的分析结果，称量分析法要求沉淀的溶解度要小，保证被测组分的损失量不超过分析允许的误差；其次要求沉淀要纯净，避免被其他的杂质污染，而且沉淀要易于过滤和洗涤，沉淀容易转化为称量形式。为了达到这样的要求，应根据沉淀的不同性质采取不同的操作方法。

1)晶形沉淀

晶形沉淀一般在较稀的热溶液中进行。操作时，左手拿滴管滴加沉淀剂溶液，滴管口应接近液面，以免溶液溅出。滴加速度要慢，沉淀接近完全时，可以稍快一些。与此同时，右手玻璃棒不断搅拌，但切勿使玻璃棒碰击杯壁和杯底，以免划伤烧杯内壁使沉淀附着在烧杯内壁。在沉淀过程中，不得将玻璃棒拿出烧杯，以防损失沉淀。需要加热时，应在水浴或电热板上进行。

沉淀剂加完后应检查沉淀是否完全。检查方法为：将溶液放置等沉淀下沉后，在上层清液中滴加一滴沉淀剂，如果滴落处不出现浑浊，表示沉淀完全；否则需继续加沉淀剂，直到沉淀完全为止。然后盖上表面皿，在水浴上加热保温1～2h或放置过夜进行陈化。

2）非晶形沉淀

非晶形沉淀应在较浓的溶液中进行。较快地加入沉淀剂进行沉淀，并充分搅拌。沉淀完全后，要用热蒸馏水稀释减少杂质的吸附，不必放置陈化。

二、沉淀的过滤和洗涤

过滤是将沉淀从母液中分离，对于需要灼烧的沉淀，要用定量滤纸在长颈玻璃漏斗中过滤；对于过滤后只需烘干即可称量的沉淀，可采用微孔玻璃坩埚或漏斗过滤。

洗涤的目的是除去混杂在沉淀中的母液和吸附在沉淀表面上的杂质。

1. 用滤纸过滤

1）仪器准备

（1）漏斗。

称量分析应选用锥体角度为60°、颈口倾斜角度为45°的长颈漏斗，颈长15～20cm，漏斗的颈内径要小些，一般为3～5mm，如图7－1所示。

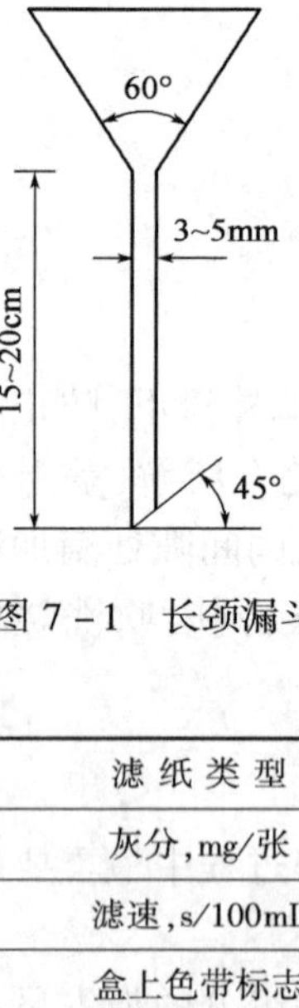

60°
3~5mm
15~20cm
45°

图7－1　长颈漏斗

（2）滤纸。

滤纸分为定性滤纸和定量滤纸两种。用于称量分析的滤纸是定量滤纸。每张滤纸灼烧后的灰分常小于0.1mg，所以又称为无灰滤纸。滤纸按孔隙大小分为3种类型：快速型、中速型和慢速型。按直径大小分为7cm、9cm、11cm和12.5cm等几种。滤纸大小和类型的选择要根据沉淀的量和性质决定。一般要求沉淀的量不超过圆锥体高度的1/3。细晶形沉淀（如$BaSO_4$）应选用慢速滤纸；粗晶形沉淀（如CaC_2O_4）应选用中速滤纸；无定形的胶状沉淀，如$Al(OH)_3$，应选用快速滤纸。常用国产定量滤纸规格列于表7－3。

表7－3　常用国产定量滤纸规格

滤纸类型	快　速	中　速	慢　速
灰分，mg/张	0.02	0.02	0.02
滤速，s/100mL	60～100	100～160	160～200
盒上色带标志	白	蓝	红
应用实例	$Al(OH)_3$	CaC_2O_4	$BaSO_4$

2）滤纸的折叠和安放

折叠前先将手洗净擦干，以免弄脏弄湿滤纸，然后按四折法折叠滤纸（图7－2）。先将滤纸对折并按紧，然后再对折，但不要按紧，把滤纸圆锥体放入干燥漏斗中，滤纸的大小应低于漏斗边缘0.5～1cm左右，若高出漏斗边缘，可剪去一圈。滤纸应与漏斗内壁紧密贴合，若不密合，可稍稍改变滤纸折叠角度，直至与漏斗能紧密贴合，把第二次的折边折紧。取出滤纸圆锥体,所得圆锥体半边为三层,另半边为一层。将三层的滤纸外层折角撕下一块,这样做可使内层滤纸与漏斗内壁紧密贴合。撕下来的滤纸角应保存在干燥的表面皿上,以备擦拭烧杯中或玻璃棒上残留的沉淀用。

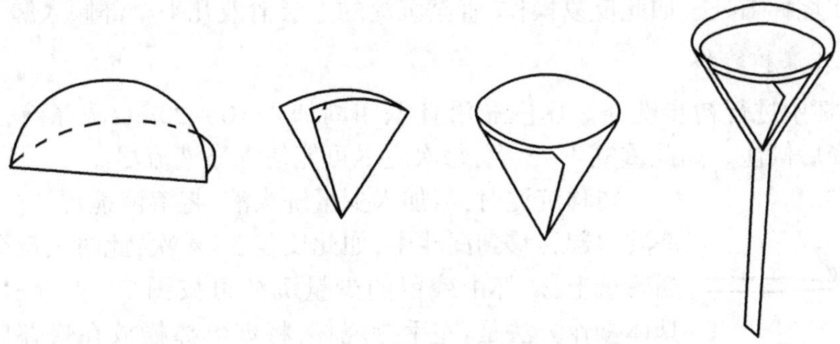

图 7-2　滤纸的折叠和安放

将折叠好的滤纸放入漏斗中,三层的一边应放在漏斗出口较短的一边,用食指按紧,用洗瓶加入少量水润湿滤纸,然后轻压滤纸赶走气泡,再加水至滤纸边缘,让水流出,此时漏斗颈内应全部充满水,形成水柱。当漏斗中水流尽后,漏斗颈内仍能保留水柱且无气泡。若不能形成水柱,可用手指堵住漏斗下口,稍微掀起滤纸的一边,用洗瓶向滤纸和漏斗间的空隙处加水,使漏斗及滤纸内外充满水,用食指将滤纸边压紧,边慢慢松开堵住出口的手指,此时应形成水柱。由于水柱的重力可起抽滤作用,使过滤速度加快。

3)沉淀的过滤

将准备好的漏斗放在漏斗架上,漏斗下面放一洁净的烧杯承接滤液,漏斗颈口长的一边紧靠杯壁,使滤液沿杯壁流下,不致溅出。漏斗放置位置的高低应以漏斗颈的出口不接触滤液为度。

过滤一般采用倾泻法,即倾斜烧杯静置,等沉淀下沉至烧杯底部后,先将上层清液倾入漏斗中,尽量不要搅起沉淀。然后将洗涤液加入烧杯中洗涤沉淀,静置待沉淀下沉转移上清液,经过几次洗涤后再转移沉淀。这样,一方面可以充分洗涤沉淀,另一方面可避免沉淀堵塞滤纸,影响过滤速度。

具体操作如图 7-3 所示,将烧杯移至漏斗上方,从烧杯中慢慢取出玻璃棒并直立于漏斗中,注意玻璃棒的下端应对着滤纸三层的一边,并尽可能接近滤纸。将上层清液慢慢沿玻璃棒

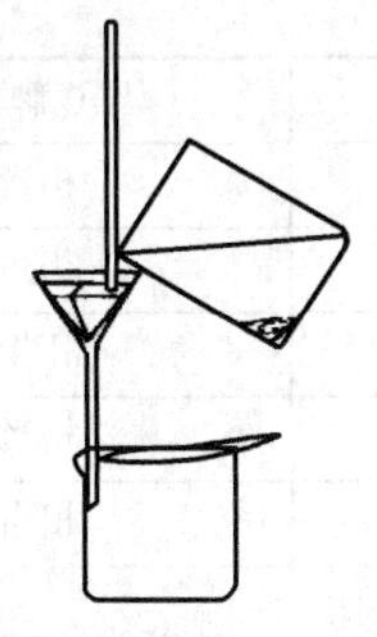

(a) 玻璃棒垂直紧靠烧杯嘴下端对着滤纸三层的一边,但不能碰到滤纸

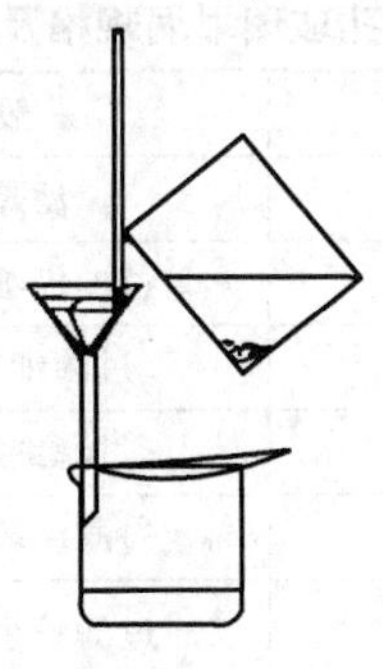

(b) 慢慢扶正烧杯,但杯嘴仍与玻璃棒贴紧,接住最后一滴溶液

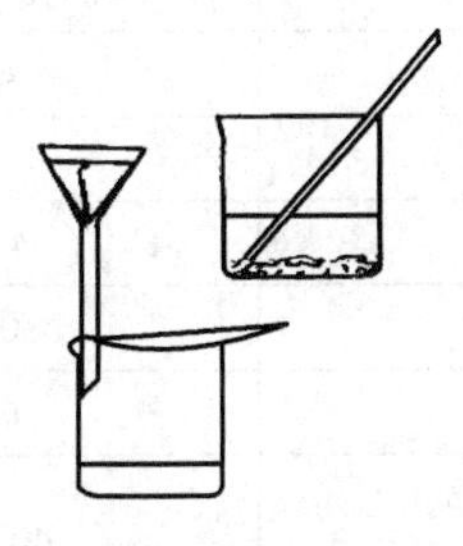

(c) 玻璃棒远离烧杯嘴搁放

图 7-3　过滤操作

倒入漏斗中,漏斗中的液面不要超过滤纸高度的2/3,以免少量沉淀因毛细作用越过滤纸上缘,使沉淀损失。暂停倾注时,将烧杯嘴沿玻璃棒向上提,并逐渐扶正烧杯,这样可以避免烧杯嘴上的液滴流到烧杯外壁,再将玻璃棒放回烧杯中,注意玻璃棒不能放在桌上或其他任何地方,也不可放在烧杯嘴处。如此反复操作,直至沉淀的上层清液几乎全部倾入漏斗为止。

4)沉淀的洗涤和转移

先在原烧杯中进行初步洗涤。用洗瓶沿杯壁四周加入10~20mL洗涤液,充分搅拌,静置,等沉淀沉降后倾注。如此重复4~5次,每次应尽可能使洗涤液流尽。

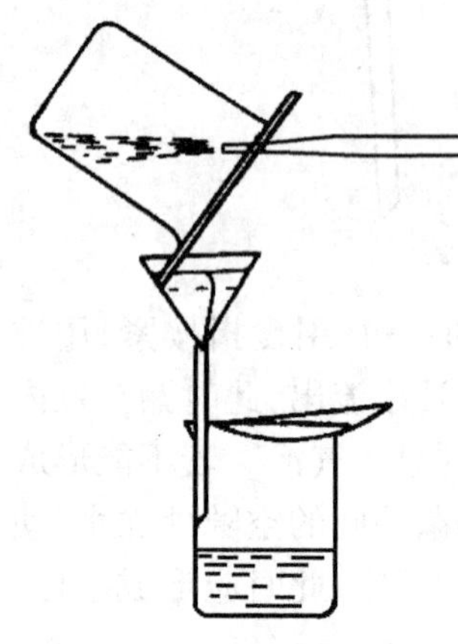

图7-4　沉淀的转移

转移沉淀时,需加入少量洗涤液,将溶液搅混,立即将沉淀同洗涤液一起转移到漏斗中,如此反复3~4次,此时大部分沉淀已转移到滤纸上,烧杯中残留的少量沉淀可按图7-4所示的方法转移。具体操作方法是:左手持烧杯,将玻璃棒横放在烧杯口中并用食指按住,玻璃棒下端比杯嘴长出2~3cm,将烧杯倾置于漏斗上方,玻璃棒下端靠近滤纸的三层处,右手拿洗瓶吹洗烧杯内壁,沉淀连同溶液沿玻璃棒流入漏斗中,直至洗净烧杯。如果杯壁和玻璃棒上还黏附少量沉淀,则可用前面撕下的滤纸角卷在玻璃棒头上抹下杯壁的沉淀,擦过的滤纸放入漏斗中。

沉淀全部转移到滤纸上后,再在滤纸上进行最后的洗涤,以除去沉淀表面吸附的杂质和残留的母液。这时可用洗瓶吹入洗液,从滤纸边缘开始向下螺旋形移动。将沉淀冲洗到滤纸底部,反复几次,直至洗净。洗涤沉淀时,为了提高洗涤效率,应依据"少量多次"的洗涤原则,每次用少量洗涤液,尽量待前一次洗涤液流尽后再加洗涤液,多洗几次。

充分洗涤后,必须检查洗涤的完全程度。可取一小试管承接滤液1~2mL,检查其中是否还有母液成分存在,例如,用硝酸酸化的硝酸银溶液,可检验滤液中是否还有氯离子存在。

2. 用玻璃坩埚(或漏斗)过滤

1)仪器准备

微孔玻璃坩埚和漏斗虽然形状不同,如图7-5(a)(b)所示,但其底部都是由玻璃砂在高温熔结而成的多孔滤板,根据微孔的孔径大小分级。微孔玻璃坩埚规格及用途见表7-4。

表7-4　微孔玻璃坩埚规格及用途

滤板代号	滤孔大小,μm	一般用途	与G牌号比较
$P_{1.6}$	<1.6	滤除细菌	相当G_6
P_4	1.6~4	过滤极细颗粒沉淀	相当G_5
P_{10}	4~10	过滤细颗粒沉淀	相当G_{4A}
P_{16}	10~16	过滤细颗粒沉淀	相当G_4
P_{40}	16~40	过滤一般晶形沉淀	相当G_3
P_{100}	40~100	过滤较粗颗粒沉淀 过滤粗晶形颗粒沉淀	相当G_2、G_1和G_{1A}
P_{160}	100~160		相当G_0
P_{250}	160~250		相当G_{00}

2)用玻璃坩埚过滤操作

玻璃坩埚使用前需用稀盐酸或稀硝酸处理,然后用蒸馏水冲洗干净,并在相当于烘干沉淀的温度烘至恒重待用。过滤时,将微孔玻璃坩埚或漏斗安放在具有橡皮垫圈或孔塞的抽滤瓶上,如图 7-6 所示,用抽水泵进行减压过滤。沉淀的过滤方法也采用倾泻法,沉淀的转移和洗涤操作与滤纸过滤相同。

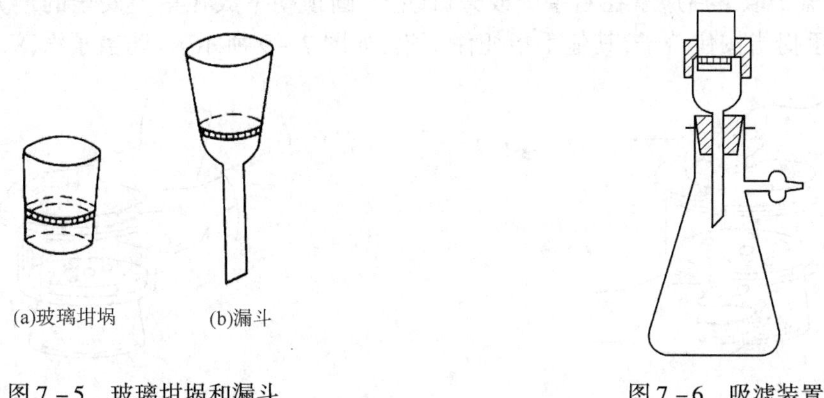

图 7-5 玻璃坩埚和漏斗　　图 7-6 吸滤装置

三、沉淀的烘干和灼烧

烘干的目的是除去沉淀上所沾的洗涤液。用微孔玻璃坩埚过滤的沉淀只需烘干即可称量,用滤纸过滤的沉淀需要烘干灼烧以后才能称量。

1. 仪器准备

1)瓷坩埚

称量分析法常用 30mL 的瓷坩埚灼烧沉淀,如图 7-7(a)所示。先把坩埚洗净晾干,然后用铁盐或钴盐在坩埚和盖子上编号,在高温下灼烧至恒重。灼烧坩埚的温度应与灼烧沉淀时的温度相同。坩埚可以放在马弗炉中灼烧,也可以用喷灯、煤气灯灼烧。第一次灼烧约 30min,取出稍冷却后,转入干燥器中冷却至室温,称量。第二次再灼烧 15~20min,再冷却称量,二次称量之差小于 0.2mg 时,即已恒重,否则还需要再灼烧,直至恒重为止。恒重的坩埚放在干燥器中备用。

2)坩埚钳

坩埚钳常用铁或铜合金制作,表面镀镍或铬,用来夹持热的坩埚和坩埚盖。使用前应检查钳尖是否洁净,如有沾污必须处理(用细砂纸磨光)后才能使用。使用前必须预热,不用时坩埚钳要钳尖朝上平放在台上,如图 7-7(b)所示,以免弄脏。

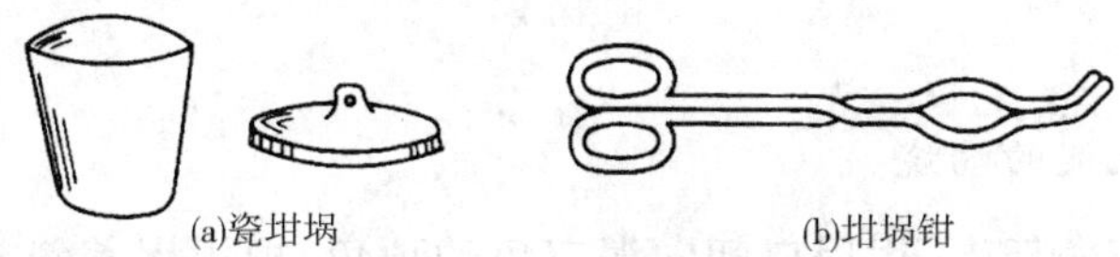

图 7-7 坩埚和坩埚钳

3)干燥器

干燥器是用来保存干燥物品的玻璃器具。器内放置一块有圆孔的瓷板,将其分成上下两室，下室放干燥剂，上室放被干燥物品。灼烧后的坩埚和沉淀必须放在干燥器中冷却防止吸收空气中的水分。

使用干燥器前要用干抹布将内壁和瓷板抹干净，一般不用水洗，将干燥剂通过纸筒装入干燥器的底部，避免干燥剂沾污内壁的上部。干燥器的磨口中应涂上一薄层凡士林。开启和关闭干燥器时，用左手握住干燥器的下部，右手按住盖子上的圆把手向前推开干燥器盖，如图 7 – 8所示。盖子取下后应拿在右手中或磨口朝上、圆顶朝下放在桌上安全的地方。搬移干燥器时要用双手拇指按住盖子，其他手指托住下沿，如图 7 – 9 所示，以防盖子滑落。

图 7 – 8　干燥器的开启和关闭

图 7 – 9　干燥器的搬移

2. 沉淀的烘干

一般将微孔玻璃坩埚连同沉淀放在表面皿上，然后放入烘箱中。根据沉淀的性质确定烘干温度。第一次烘干沉淀的时间较长约 2h；第二次烘干时间可短些，约 45min 至 1h。沉淀烘干后，取出置干燥器中冷却至室温后称量。反复烘干、称量，直至恒重为止。

3. 沉淀的包裹

晶形沉淀一般体积较小，可按图 7 – 10 所示方法进行包裹。具体操作方法是：用洁净的玻璃棒将滤纸的三层部分掀起，再用手将带沉淀的滤纸取出，先将滤纸折成半圆形，然后自右端 1/3 半径处向左折起，再自上端 1/3 处向下折起，并自右向左卷成小卷，最后将折好的滤纸包放入已恒重的坩埚中，滤纸层数较多的一面向上。

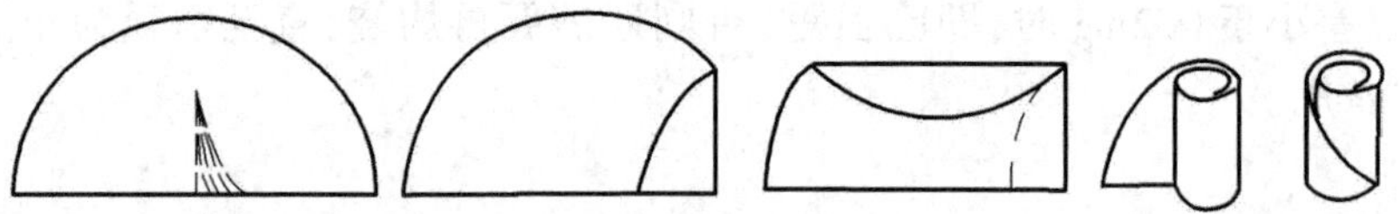

图 7 – 10　晶形沉淀的包裹

非晶形沉淀的体积较大，可用玻璃棒将滤纸边缘挑起，沿周边尽量向中间折叠，将沉淀全部盖住，如图 7 – 11 所示，然后再小心地将滤纸包转移到已恒重的坩埚中，使三层滤纸部分向上。

4. 滤纸的炭化和沉淀的灼烧

将坩埚斜放在泥三角架上，坩埚口朝向泥三角的顶角，把坩埚盖斜靠在坩埚口的中部，如图 7 – 12 所示。然后先用小火在图 7 – 12(b)处加热，这样热气流通过坩埚内部而使滤纸和沉淀烘干。再将火焰移至坩埚底部，如图 7 – 12(a)处，此时可稍增大火焰，使滤纸炭化。炭化时一定要注意不要使滤纸着火，以免沉淀微粒飞散而损失。万一着火，应立即移去灯火，盖好坩埚盖,让火焰自行熄灭,切勿用嘴吹灭。滤纸炭化后可逐渐升高温度,使滤纸灰化。

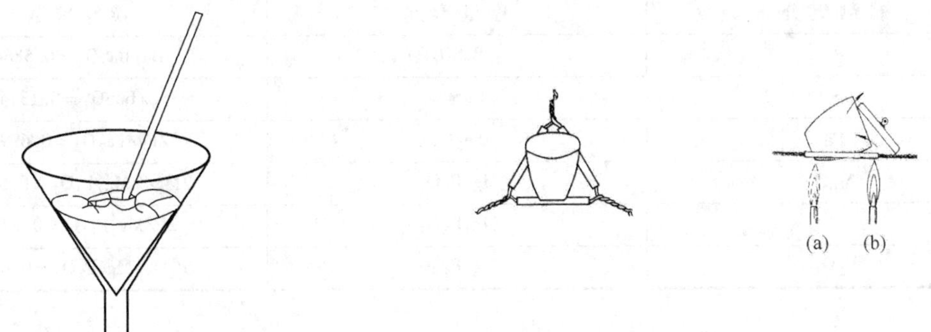

图 7-11　非晶形沉淀的包裹　　　　图 7-12　坩埚(沉淀)的烘干和灼烧

滤纸灰化后,将坩埚直立,盖上坩埚盖(应留一小缝隙),将坩埚移入马弗炉内灼烧。第一次灼烧时间约为 30~45min;第二次灼烧时间约为 15~20min。每次灼烧完毕后,用热坩埚钳将坩埚取出,在空气中稍冷再移入干燥器中,沉淀冷却至室温后称量。然后再灼烧、冷却、称量,直至恒重。

第三节　称量分析结果的计算

一、换算因数

沉淀称量分析中,最后得到的是称量形式的质量,在很多情况下,需要将称量形式的质量换算成被测组分的质量。通常按下式计算试样中组分 B 的质量分数:

$$w_B = \frac{m_B}{m} \times 100\% = \frac{m_{称量} \times \frac{M_{被测}}{M_{称量}}}{m} \times 100\%$$

式中　w_B——被测组分 B 的质量分数,%;

m_B——被测组分 B 的质量,g;

$m_{称量}$——称量形式的质量,g;

$M_{被测}$——被测组分的摩尔质量,$g \cdot mol^{-1}$;

$M_{称量}$——称量形式的摩尔质量,$g \cdot mol^{-1}$。

其中,$M_{被测}/M_{称量}$表示 1g 称量形式相当于多少克被测组分。对于一定的被测组分和一定的称量形式来说,该比值是一个常数,称为换算因数,用 F 表示。计算换算因数时,要注意使分子与分母中被测元素的原子数目相等,所以在待测组分的摩尔质量和称量形式的摩尔质量之前有时需乘以适当的系数。若已知换算因数,被测组分的质量分数可直接用下式计算被测组分的质量分数:

$$w_B = \frac{m_{称量} \times F}{m} \times 100\%$$

分析化学手册中可以查到各种常见物质的换算因数。表 7-5 列出了几种常见物质的换算因数。

表 7-5　几种常见物质的换算因数

待测组分	称量形式	换算因数
Ba	$BaSO_4$	$Ba/BaSO_4=0.5884$
S	$BaSO_4$	$S/BaSO_4=0.1374$
Fe	Fe_2O_3	$2Fe/Fe_2O_3=0.6994$
MgO	$Mg_2P_2O_7$	$2Mg/OMg_2P_2O_7=0.3621$
P	$Mg_2P_2O_7$	$2P/Mg_2P_2O_7=0.2783$
P_2O_5	$Mg_2P_2O_7$	$P_2O_5/Mg_2P_2O_7=0.6377$

二、计算示例

【例 7-1】 称取某矿样 0.4000g，经化学处理后，称得 SiO_2 的质量为 0.2728g，计算矿样中 SiO_2 的质量分数。

解：因为称量形式和被测组分的化学式相同，因此 $F=1$。

$$w_{SiO_2}=\frac{0.2728}{0.4000}\times 100\%$$
$$=68.20\%$$

【例 7-2】 称取某铁矿石试样 0.2500g，经处理后，沉淀形式为 $Fe(OH)_3$，称量形式为 Fe_2O_3，质量为 0.2490g，求试样中 Fe_3O_4 的质量分数。

解：因为称量形式为 Fe_2O_3，所以换算因数为

$$F=\frac{2M_{Fe_3O_4}}{3M_{Fe_2O_3}}=\frac{2\times 231.54}{3\times 159.7}=0.9666$$

$$w_{Fe_3O_4}=\frac{m_{Fe_2O_3}\times F}{m}\times 100\%$$
$$=\frac{0.2490\times 0.9666}{0.2500}\times 100\%$$
$$=96.27\%$$

思考与练习7-1

计算下列换算因数 F：

(1) 称量形式为 Fe_2O_3，被测组分为 $FeSO_4\cdot 7H_2O$。

(2) 称量形式为 $(NH_4)_3PO_4\cdot 12MoO_3$，被测组分分别为 P 和 P_2O_5。

技能训练 7-1　氯化钡含量的测定

一、训练目的

通过训练了解氯化钡含量的测定方法与原理；了解晶形沉淀的沉淀条件和沉淀方法；熟练掌握沉淀、过滤、洗涤、灼烧及恒重的基本操作技术。

二、仪器和试剂

(1)仪器:瓷坩埚(30mL)、定量滤纸(慢速或中速)、玻璃漏斗、马弗炉。

(2)试剂:$BaCl_2 \cdot 2H_2O$(分析纯)、H_2SO_4($1mol \cdot L^{-1}$,$0.1mol \cdot L^{-1}$)、HCl($2mol \cdot L^{-1}$)、HNO_3($2mol \cdot L^{-1}$)、$AgNO_3$($0.1mol \cdot L^{-1}$)。

三、操作步骤

1. 称样及沉淀的制备

准确称取两份0.4~0.5g $BaCl_2 \cdot 2H_2O$试样,分别置于250mL烧杯中,加入约100mL水,3mL $2mol \cdot L^{-1}$ HCl溶液,搅拌溶解,加热至近沸。另取两份4mL $1mol \cdot L^{-1}$ H_2SO_4于两个100mL烧杯中,加水约30mL,加热至近沸,然后一边趁热将两份H_2SO_4溶液分别用小滴管逐滴地加入到两份热的钡盐溶液中,一边用玻璃棒不断搅拌,直至两份H_2SO_4溶液加完为止。待$BaSO_4$沉淀下沉后,于上层清液中加入1~2滴$0.1mol \cdot L^{-1}$稀H_2SO_4溶液,仔细观察沉淀,若无混浊,表示沉淀完全,盖上表面皿(切勿将玻璃棒拿出杯外),放置过夜陈化,或在水浴上陈化45min左右。

2. 沉淀的过滤和洗涤

按前述操作,用慢速或中速滤纸倾泻法过滤。用稀H_2SO_4洗涤沉淀3~4次,每次约10mL。然后小心地将沉淀定量转移到滤纸上,并用折叠滤纸时撕下的小片滤纸擦拭杯壁后将此小片滤纸放于漏斗中,再用稀H_2SO_4洗涤,直至洗涤液中不含Cl^-为止(检查方法:用试管收集2mL滤液,加1滴$2mol \cdot L^{-1}$ HNO_3酸化,加入2滴$AgNO_3$,若无白色浑浊产生,表示Cl^-已洗净)。

3. 瓷坩埚的准备

利用实验空隙时间,洗净两个瓷坩埚放在800~850℃的马弗炉中灼烧30~40min后,在空气中稍冷,再放入干燥器中冷却至室温,称量。第二次再灼烧15~20min,再冷却、称量,直至恒重。

4. 沉淀的灼烧和恒重

将沉淀和滤纸取出,包好置于已恒重的瓷坩埚中,经烘干、炭化、灰化后,移入马弗炉中,于800~850℃灼烧。第一次灼烧时间30~40min,第二次灼烧时间15~20min,直至恒重。平行测定两次。

四、注意事项

(1)在高温灼烧坩埚之前,应将其底部及周围的水用滤纸吸干,以防坩埚因急剧受热而破裂。

(2)滤纸灰化时空气要充足,否则$BaSO_4$易被滤纸的炭还原为灰黑色的BaS,反应式为

$$BaSO_4 + 4C \xlongequal{} BaS + 4CO\uparrow$$

$$BaSO_4 + 4CO \xlongequal{} BaS + 4CO_2\uparrow$$

如遇此情况，可加入2～3滴(1+1)H_2SO_4，小心加热，冒烟后重新灼烧。

(3)灼烧温度不能太高，如超过950℃，可能有部分$BaSO_4$分解：

$$BaSO_4 = BaO + SO_3\uparrow$$

五、结果计算

氯化钡的含量按下式计算：

$$w_{BaCl_2} = \frac{(m_2 - m_1)F}{m_{样}}$$

式中 w_{BaCl_2}——$BaCl_2$的质量分数；

m_1——空坩埚的质量，g；

m_2——坩埚和$BaSO_4$的质量；g；

$m_{样}$——试样的质量；g；

F——换算因数，M_{Ba}/M_{BaSO_4}。

思考与练习7-2

1. 为什么要在稀、热HCl溶液中且不断搅拌条件下逐滴加入沉淀剂沉淀$BaSO_4$？HCl加入太多有何影响？
2. 什么是倾泻法过滤？洗涤沉淀时，应遵循什么原则？
3. 什么是灼烧至恒重？

第四节 沉淀的类型和沉淀的条件

一、沉淀的类型

沉淀按其物理性质不同大致分为三种类型：晶形沉淀、凝乳状沉淀和无定形沉淀(无定形沉淀又称为非晶形沉淀或胶状沉淀)。

(1)晶形沉淀颗粒最大，其直径大约在0.1～1μm之间。在晶形沉淀内部，离子按晶体结构有规则地排列，因而结构紧密，整个沉淀所占体积较小，极易沉降于容器的底部，如$BaSO_4$、$MgHPO_4$等属于晶形沉淀。

(2)无定形沉淀颗粒最小，其直径大约在0.02μm以下。无定形沉淀的内部离子排列杂乱无章，并且包含有大量水分子，因而结构疏松，整个沉淀所占体积较大，如$Fe(OH)_3$、$Al(OH)_3$等就属于无定形沉淀，因此也常写成$Fe_2O_3\cdot nH_2O$和$Al_2O_3\cdot nH_2O$。

(3)凝乳状沉淀颗粒大小介于晶形沉淀与无定形沉淀之间，其直径大约为0.02～1μm，因此它的性质也介于二者之间，属于二者之间的过渡类型，如AgCl就属于凝乳状沉淀。

在称量分析中总是希望得到粗大的晶形沉淀。但生成的沉淀究竟属于哪种类型，主要取决于构成沉淀物质本身的性质和沉淀的条件。

二、沉淀的条件

为了得到纯净且易于过滤和洗涤的沉淀，对于不同类型的沉淀，应采取不同的沉淀条件。

1. 晶形沉淀的沉淀条件

晶形沉淀主要考虑如何获得纯净、颗粒较大的沉淀，并注意沉淀的溶解损失。

(1)沉淀应在适当稀的溶液中进行，使溶液的相对过饱和度不致太大，产生的晶核不至太多，有利于形成颗粒较大的沉淀。但晶形沉淀往往溶解度比较大，为了减少溶解损失，溶液的浓度不宜过稀。

(2)沉淀应在热溶液中进行。热溶液使沉淀的溶解度增大，有利于生成粗大的结晶颗粒，同时可减少沉淀对杂质的吸附。

(3)在不断搅拌下慢慢滴加沉淀剂，防止局部沉淀剂过浓，以免生成大量的晶核。

(4)沉淀作用完毕后，让沉淀留在母液中放置一段时间，这一过程称为陈化。在陈化过程中，小晶体逐渐溶解，大晶体继续长大，这样可以得到比较完整、纯净、溶解度较小的沉淀。

2. 非晶形沉淀的沉淀条件

非晶形沉淀的溶解度较小，容易吸附杂质，难以过滤和洗涤，容易形成胶体而无法沉淀出来。因此，在进行沉淀时，应主要考虑如何获得较紧密的沉淀，减少杂质的吸附，防止形成胶体溶液。

(1)沉淀作用应在较浓的热溶液中进行，沉淀剂加入的速度可以适当快一些，并趁热过滤、洗涤。这样可防止胶体生成，减少杂质吸附，有利于形成较紧密的沉淀。

(2)为防止生成胶体，可在溶液中加入适当电解质，一般选用易挥发的盐类，如铵盐。

(3)不必陈化。非晶形沉淀放置时间过长，会逐渐失去水分而聚集得更紧密，不易洗涤除去所吸附的杂质。

(4)必要时进行再沉淀。

三、影响沉淀纯度的因素

称量分析不仅要求沉淀的溶解度要小，而且要求沉淀纯净。实际上要获得完全纯净的沉淀是很难的，当沉淀从溶液中析出时，常常被溶液中存在的其他离子所沾污。因此，必须了解影响沉淀纯度的原因，采取一定的措施，防止杂质的吸附，以提高沉淀的纯度。

影响沉淀纯度的主要因素有共沉淀和后沉淀现象，下面分别进行讨论。

1. 共沉淀现象

在进行沉淀反应时，溶液中某些可溶性杂质与沉淀一起沉淀下来的现象，称为共沉淀现象。产生共沉淀现象的原因主要有表面吸附、吸留和形成混晶。

(1)表面吸附。表面吸附是在沉淀的表面上吸附了杂质。吸附杂质量的多少，与下列因素有关：①沉淀的比表面越大，吸附杂质的量越多；②杂质离子的浓度越大，被吸附的量也越多；③溶液温度越高，杂质被吸附的量越少，因为吸附过程是放热过程。

(2)吸留。在沉淀过程中，当沉淀剂的浓度较大，加入较快时，沉淀迅速长大，则先被吸附在沉淀表面的杂质离子来不及离开沉淀，于是就留在沉淀晶体的内部，这种现象称为吸留现象。这种现象造成的沉淀不能用洗涤方法除去，因此在进行沉淀时，应尽量避免吸留现象的发生。

(3)生成混晶。如果杂质离子与构晶离子的半径相近，并能形成相同的晶体结构，它们就容易形成混晶。例如,Pb^{2+}、Ba^{2+}两种离子的大小相近,并具有相同的电荷,因此在沉淀 $BaSO_4$ 时,Pb^{2+}能取代 $BaSO_4$ 晶体中的 Ba^{2+}而形成混晶,使沉淀受到严重的污染。在称量分析法中,消除混晶的最好方法是分离除去这些杂质。

2. *后沉淀现象*

当沉淀析出之后,在放置的过程中,溶液的杂质离子慢慢沉淀到原沉淀上的现象,称为后沉淀现象。例如,在含有 Cu^{2+}、Zn^{2+}等离子的酸性溶液中,通入 H_2S 时,最初得到 CuS 沉淀并未夹杂 ZnS。但若沉淀与溶液长时间接触,则由于 CuS 沉淀表面吸附 S^{2-}而使浓度大大增加,当 S^{2-}浓度与 Zn^{2+}浓度之积大于 ZnS 的溶度积时,在 CuS 表面就析出了 ZnS 沉淀。要避免或减少后沉淀的产生,主要是缩短沉淀与母液共置的时间。

四、提高沉淀纯度的措施

为了得到纯净的沉淀,提高分析结果的准确度,在实际操作中可采用下列措施:

(1)选择适当的分析步骤:如在同一试液中同时存在几种组分,应先沉淀低含量的组分,再沉淀高含量组分。否则当大量沉淀析出时,会使少量组分混入沉淀中,而引起分析结果不准确。

(2)降低易被吸附杂质离子的浓度:由于吸附作用具有选择性,所以在实际分析中,应尽量改变易被吸附的杂质离子的存在形式,以减小其沉淀。例如,沉淀 $BaSO_4$ 时,如溶液中含有易被吸附的 Fe^{3+},可将 Fe^{3+}还原为不易被吸附的 Fe^{2+},或加入酒石酸使 Fe^{3+}生成稳定的配离子以降低其浓度。

(3)选择适当的沉淀条件:不同类型的沉淀,应选用不同的沉淀条件,如本章第三节所述。

(4)选择适当的洗涤剂:洗涤可使沉淀上吸附的杂质进入洗涤液,从而达到提高沉淀纯净的目的。当然,所选择的洗涤剂必须是在灼烧或烘干时容易挥发除去的物质。

(5)进行再沉淀:将已得到的沉淀过滤后溶解,再进行第二次沉淀。第二次沉淀时,溶液中杂质的量大为降低,其沉淀或后沉淀现象自然减少。

(6)选用有机沉淀剂:有机沉淀剂具有选择性高、摩尔质量大、生成沉淀晶型好、吸附杂质少等特点。因此,在可能的情况下应尽量选用有机试剂作沉淀剂。

思考与练习7-3

总结并比较晶形沉淀和非晶形沉淀的特点及其沉淀条件,并说明如何获得比较纯净的沉淀。

技能训练 7-2 硫酸镍中镍含量的测定

一、训练目的

通过训练了解用有机沉淀剂测定 $NiSO_4 \cdot 7H_2O$ 中镍含量的原理和方法;掌握微孔玻璃坩埚的使用以及沉淀的过滤、洗涤、烘干等操作技术。

二、实验原理

在氨性溶液中，Ni^{2+}与丁二酮肟生成鲜红色沉淀，沉淀组成恒定，经过滤、洗涤、烘干后，即可称量。

溶液的酸度对沉淀的溶解度影响很大，一般在 pH = 8 ~ 9 的氨性溶液中进行沉淀，但氨的浓度不能太大，否则，Ni^{2+}生成氨配合物，会使沉淀溶解度增大。

丁二酮肟在水中的溶解度较小，容易引起试剂本身的共沉淀，因此应在溶液中加入适量乙醇，可增大试剂的溶解度，也可减小试剂本身的共沉淀。但溶液中乙醇的浓度不能太大，否则又会增加丁二酮肟镍的溶解度。一般乙醇的浓度以 30% ~35% 为宜。

三、仪器和试剂

(1) 仪器：G_4微孔玻璃坩埚 2 个、500mL 烧杯。

(2) 试剂：硫酸镍（分析纯）、混合酸（$HCl:HNO_3:H_2O = 3:1:2$）、丁二酮肟（10% 乙醇溶液）、氨水（1:1）、2% 的酒石酸溶液、氨—氯化铵洗涤液（每 100mL 水中加 1mL 氨水和 1g 氯化铵）、盐酸（1:1）。

四、操作步骤

准确称取 0.2 ~0.3g 硫酸镍试样两份，分别放入 500mL 烧杯中，加入 20 ~30mL 混合酸，低温加热溶解，煮沸。然后，一边搅拌一边滴加 1:1 氨水至溶液呈弱碱性，此时溶液转变为蓝绿色。如有不溶物，应过滤除去，并用热的氨—氯化铵洗涤液洗涤数次。

滤液用 1:1 HCl 酸化，加热水稀释至 300mL，加热至 70 ~80℃，在不断搅拌下加入适量的丁二酮肟沉淀剂（每毫克镍约需 1mL 沉淀剂），最后再多加 20 ~30mL，一边不断搅拌，一边滴加 1:1 氨水，使溶液的 pH 值为 8 ~9，在 60 ~70℃ 下保温 30 ~40min。稍冷后，用已恒重的 G_4 号微孔玻璃坩埚过滤，用微氨性的 2% 的酒石酸溶液洗涤烧杯和沉淀 8 ~10 次，再用温热水洗涤沉淀至无 Cl^- 为止（用 $AgNO_3$ 溶液检验）。将微孔玻璃坩埚在 100 ~150℃ 左右的烘箱中烘 1h，移入干燥器中，冷却至室温，称量。然后再烘干，冷却，称量，直至恒重。计算试样中镍的质量分数。

五、注意事项

(1) 沉淀时溶液温度不宜太高，否则溶剂乙醇挥发得太多，使丁二酮肟本身沉淀。

(2) 实验完毕后，坩埚应用稀盐酸洗涤干净。

六、结果计算

硫酸镍中镍的含量按下式计算：

$$w_{Ni^{2+}} = \frac{(m_2 - m_1)F}{m_{样}}$$

式中 $w_{Ni^{2+}}$——Ni^{2+}的质量分数；

m_1——空坩埚的质量，g；

m_2——坩埚和沉淀的质量，g；

$m_{样}$——试样的质量，g；

F——换算因数，为 0.2033。

思考与练习7-4

1. 丁二酮肟镍属于哪种类型的沉淀？应注意哪些沉淀条件？

2. 沉淀镍时为什么要在氨性溶液中进行？氨浓度太大对沉淀镍有什么影响？

本章知识要点

一、称量分析法分类及特点

称量分析法按分离方法不同分为沉淀法、气化法、提取法、电解法等。本章主要介绍沉淀法。

沉淀称量法是根据生成沉淀的质量求出试样中被测组分的含量。此法准确度较高，但操作烦琐费时，不适用于快速分析，常用于仲裁分析。

二、称量分析法的分析过程

其分析过程为：试样⟶溶解⟶沉淀⟶过滤和洗涤⟶烘干或灼烧⟶称量至恒重。

(1)将试样溶解制成溶液。溶解试样时注意根据试样的性质选择适当的溶剂。

(2)加入适当的沉淀剂，使被测组分生成沉淀，所得的沉淀称为沉淀形式。能用于沉淀分析法的沉淀形式必须具备下列条件：①沉淀的溶解度要小；②沉淀必须纯净，不应混进沉淀剂和其他杂质；③沉淀应易于过滤和洗涤；④沉淀形式应易于转变为称量形式。

为了达到上述条件，对于不同类型的沉淀应采用不同的沉淀条件：①晶形沉淀的沉淀条件是稀、热、慢、搅拌、陈化；②非晶形沉淀的沉淀条件是浓、热、加入电解质、再沉淀。

(3)沉淀反应完毕后，先过滤使沉淀与母液分开，再洗涤除去不挥发的盐类杂质及沉淀上附着的母液。

(4)烘干除去沉淀中的水分和挥发性物质，灼烧使沉淀转化为组成恒定的称量形式。沉淀分析对称量形式的要求：①应有固定的已知的化学组成；②要有足够的化学稳定性；③摩尔质量要大。

(5)称得称量形式的质量计算出被测物质的含量。注意沉淀必须反复烘干或灼烧冷却称量直至恒重。恒重是指两次称量的质量相差不大于0.2mg。

三、称量分析法结果计算

被测组分B的质量分数可按下式计算：

$$w_B = \frac{m_B}{m} \times 100\% = \frac{m \times F}{m} \times 100\%$$

其中

$$F = \frac{a \times \text{被测组分的摩尔质量}}{b \times \text{沉淀称量形式的摩尔质量}}$$

式中　F——换算因数。

若被测组分的形式与称量形式相同，F 为1。若被测组分的形式与称量形式不同，对于一定的被测组分和一定的称量形式来说，F 为一个常数。

本章考核要点

考核范围		考核内容	鉴定方式	考核比例,%
知识要求		①称量分析法的特点及应用 ②提高沉淀纯度的措施 ③称量分析法对沉淀形式和称量形式的要求 ④称量分析法操作程序及操作要点	笔试	15
技能要求	沉淀的生成与处理	①沉淀剂的滴定和沉淀的生成 ②沉淀分离与洗涤 ③沉淀的过滤、烘干和灼烧 ④沉淀的冷却 ⑤称量至恒重	操作	35
	实验数据记录及处理	①原始数据及时、准确记录在数据表格中 ②正确计算出被测物质含量	操作	20
	分析结果	精密度,平行测定间的相对平均偏差<0.2%	操作	10
		准确度,测定结果准确在规定范围内	操作	10
安全与其他		①严格按操作规程执行,合理安排时间 ②保持整洁有序的工作环境	操作	10

本章自测题

一、填空题

1. 在称量分析法中,被测组分所生成的难溶化合物称为________;经过滤、洗涤、烘干及燃烧后所得的化合物称________。

2. 沉淀按其物理性质不同,可分为________、________和________,它们的最大差别是________大小不同。

3. 为提高沉淀的洗涤效率,应遵循________原则。

4. 选择沉淀条件时,对于晶形沉淀主要考虑降低溶液的________,以获得较大颗粒的沉淀;对于非晶形沉淀主要考虑加速沉淀微粒________,防止________生成。

二、选择题

1. 下面影响沉淀纯净的叙述不正确的是(　　)。

A. 溶液中杂质含量越大,表面吸附杂质的量越大

B. 后沉淀随陈化时间增长需增加

C. 温度越高,沉淀吸附杂质的量越大

D. 温度升高,后沉淀现象增大

2. 在称量分析法中,要求沉淀的溶解损失不超过(　　)。

A. 0.1mg　　B. 0.2mg　　C. 0.3mg　　D. 0.4mg

3. 沉淀完成后进行陈化是为了(　　)。

A. 使非晶形沉淀转化为晶形沉淀　　B. 使沉淀更为纯净,沉淀颗粒变大

C. 除去混晶共沉淀带入的杂质　　D. 加速后沉淀作用

4. 采用(　　)法测定氯化钡的含量。

A. 沉淀法　　B. 气化法　　C. 电解法　　D. 提取法

5. 以丁二酮肟镍沉淀法测定硫酸镍中镍含量时,试液调至氨性前,加入酒石酸的目的是(　　)。

A. 调节溶液酸度　　B. 防止 Ni^{2+} 形成配合物

C. 消除 Fe^{3+}、Al^{3+}、Cr^{3+} 等干扰离子　　D. 防止溶液碱性过强

三、简答题

1. 称量分析法的测定原理是什么,有何优缺点?

2. 影响沉淀溶解度的因素有哪些?在实际操作中,如何根据具体情况确定哪种是主要的影响因素?

3. 如何获得比较纯净的沉淀?

4. 沉淀烘干和灼烧的目的是什么?

5. 有机沉淀剂与无机沉淀剂比有何优缺点?

四、计算题

1. 称取某可溶性盐 0.2016g,用 $BaSO_4$ 重量法测定其硫的含量,称得 $BaSO_4$ 沉淀的质量为 0.1829g,计算试样中 SO_3 的质量分数。

2. 称取铁矿石 0.2400g,溶解后使 Fe^{3+} 转化为 $Fe(OH)_3$ 沉淀,灼烧后其称量形式 Fe_2O_3 的质量为 0.2375g,求试样中 Fe 和 Fe_3O_4 的质量分数。

第八章　紫外—可见分光光度法

学习指南　分光光度法是非常重要的仪器分析方法。通过本章的学习应了解光的本质与溶液颜色之间的关系；理解并掌握朗伯—比尔定律；了解光的吸收曲线，了解分光光度计的工作原理；熟悉单组分分析的工作曲线法，掌握比较法；了解光度分析条件的控制，分光光度法的应用范围，并能运用分光光度法测定物质的含量。

有些溶液本身有颜色，且浓度越大，颜色越深，因此，可以通过比较溶液颜色深浅来测定溶液中待测物质的含量，这种方法称为比色分析法。对于本身没有颜色的组分也可利用显色剂使其形成有色的物质，然后用比色分析法测定。若使用分光光度计进行比色分析测定则称为分光光度法。

分光光度法具有较高的灵敏度，所检测组分的浓度下限可达 $10^{-5} \sim 10^{-6} mol \cdot L^{-1}$，适合于微量组分的分析。近年来合成了卟啉类、双偶氮类和荧光酮类系列新显色剂，将分光光度法应用领域拓宽到痕量组分的测定。此外，分光光度法使用的仪器比较简单，操作简便，测定迅速，几乎所有的无机物质和大多数有机物质都能用此方法测定。因此，分光光度法在实际工作中应用非常广泛。

第一节　分光光度法基本原理

一、溶液颜色与光吸收的关系

1. 光的波粒二象性与光区的分布

光，也称光子或光量子。它是一种电磁波，具有波动性和微粒性。光的能量 E 与波长 λ 或频率 ν 的关系如下：

$$E = h\nu = \frac{hc}{\lambda} \tag{8-1}$$

式中　h——普朗克常数；

c——光速。

式(8－1)说明，不同波长(或频率)的光，其能量也不同，光的波长越短，能量越大；频率越高，能量越大。

具有一定波长的光，称为单色光。由不同波长的光复合而成的光称复合光。日常所熟悉的白光，如日光就是复合光。

通常所谓的光区，一般是指波长 λ 从 10～1000nm 的区域。按波长范围的不同，可将上述区域划分为可见光区、紫外光区及红外光区。其中，$\lambda = 400 \sim 750$nm 的光，人的眼睛是可以看见的,该波长范围的光称作可见光;光的该波长区域称作可见光区。从400~750nm,不同颜色的光按紫、蓝、青、绿、黄、橙、红依次排列。$\lambda<400nm$的光,称作紫外光;光的该波长区域称作紫外光区,紫外光区又可分为近紫外光区和远紫外光区。$\lambda>750nm$的光,称作红外光;光的该波长区域称作红外光区,红外光区又可分为近红外光区、中红外光区和远红外光区。

2. 光的互补作用与物质的颜色

两种特定颜色的光按一定强度比例也可复合构成白光,这两种颜色的光称为互补色光。图8-1为互补色光示意图,图中处于直线关系的两种颜色的光为互补色光,如黄色光与蓝色光为互补色光,它们按一定比例可复合构成白光。

图8-1 光色互补示意图

一些物质的溶液呈现不同的颜色,是由于该物质选择吸收了不同波长的光而引起的。例如,$KMnO_4$溶液呈现紫红色,是因为当一束白光通过$KMnO_4$溶液时,$KMnO_4$溶液选择吸收了绿色光,而透过溶液的主要是紫红色光。可见,溶液呈现的颜色是它吸收光的互补色光的颜色。

当一束白光通过某溶液时,如果入射光全部被吸收,则该溶液呈现黑色。如果入射光全部透过溶液,则该溶液无色透明。

按光的互补原理,可以用可见吸光光度法测定的溶液,必定是有色溶液。因为只有当可见光范围内某一部分波长的光被溶液吸收后,溶液才会呈现被吸收光的互补光的颜色。若溶液是无色透明的,则意味着可见光没有被吸收,便无法用可见吸光光度法进行测定。

二、吸收曲线及其意义

将不同波长的光通过某一固定浓度和厚度的有色溶液,测量每一波长下有色溶液对光的吸收程度,即吸光度(absorbance),然后以波长为横坐标,以吸光度为纵坐标作图,即可得一曲线。这种曲线描述了物质对不同波长光的吸收能力,称为吸收曲线(absorption curve)或吸收光谱,如图8-2所示。

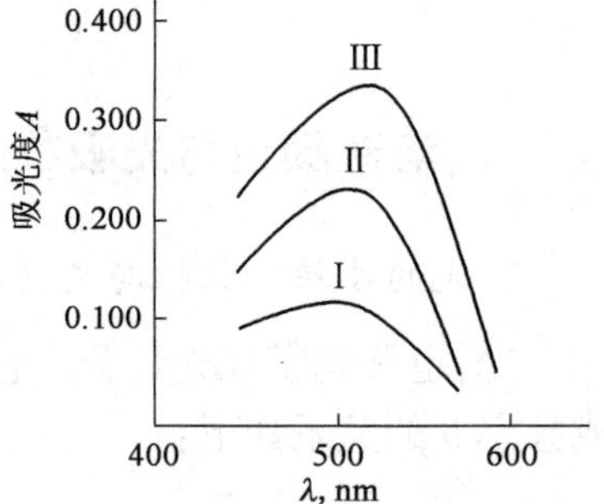

图8-2 1,10-邻二氮菲亚铁溶液的吸收曲线

图中曲线Ⅰ、Ⅱ、Ⅲ是Fe^{2+}含量分别为$0.0002mg \cdot mL^{-1}$, $0.0004mg \cdot mL^{-1}$和$0.0006mg \cdot mL^{-1}$的吸收曲线。图中精确地描述了1,10-邻二氮菲亚铁溶液对不同波长的光的吸收情况。由图可见:

(1)1,10-邻二氮菲亚铁溶液对不同波长的光吸收情况不同。对510nm的绿色光吸收最多,有一吸收最高峰;其相应的波长称最大吸收波长,用λ_{max}表示。对波长600nm以上的橙红色光,则几乎不吸收,完全透过,所以溶液呈现橙红色。

(2)不同浓度的同一物质,吸光度随浓度增大而增大,尤其是在最大吸收峰附近,变化更加明显,因此若在最大吸收波长处测定吸光度,则灵敏度最高。所以吸收曲线是吸光光度法中选择测定波长的重要依据。

(3)同一物质不同浓度的溶液,在一定波长处吸光度随浓度增加而增大,这个特性是分光光度法进行定量分析的依据。

(4)不同物质其吸收曲线的形状和最大吸收波长也不相同。根据这一特性可用作物质的初步分析。

三、光吸收定律

1.光吸收的基本定律

当一束平行单色光通过厚度为 b 的有色溶液时,溶质吸收了光能,光的强度就要减弱。溶液浓度越大,通过液层越厚,则光被吸收得越多,光强度的减弱也越显著。设入射光的强度为 I_0,通过溶液后透过光的强度为 I,则比值 I/I_0 表示溶液对光的透过程度称透光度,用符号 T 表示:

$$T = I/I_0 \times 100\% \quad (8-2)$$

在分光光度法中,经常用吸光度(A)表示溶液对光的吸收程度。吸光度与透光度的关系为

$$A = \lg(I_0/I) = -\lg T \quad (8-3)$$

实践证明:当一束平行的单色光垂直入射通过一定厚度的均匀溶液时,透光度随溶液中吸光物质浓度和液层厚度的增加而按指数减小;溶液的吸光度与吸光物质浓度及液层厚度的乘积成正比。这就是光吸收定律,又称朗伯-比尔定律,即

$$T = 10^{-a \cdot b \cdot c}$$

$$A = abc \quad (8-4)$$

式中 A——吸光度;

a——比例系数;

b——液层厚度(光程长度);

c——有色溶液的浓度。

比例系数 a 称为质量吸光系数。A 的量纲为1,通常 b 以 cm 为单位,如果 c 以 $g \cdot L^{-1}$ 为单位,则 a 的单位为 $L \cdot g^{-1} \cdot cm^{-1}$。如 c 以 $mol \cdot L^{-1}$ 为单位,则此时的吸光系数称为摩尔吸光系数,用符号 ε 表示,单位为 $L \cdot mol^{-1} \cdot cm^{-1}$。于是式(8-4)可改写为

$$A = \varepsilon bc \quad (8-5)$$

ε 是吸光物质在特定波长和溶剂的情况下的一个特征常数,数值上等于 $1mol \cdot L^{-1}$ 吸光物质在1cm光程中的吸光度,是吸光物质吸光能力的量度。它可以作为定性鉴定的参数,也可以估量定量方法的灵敏度:ε 值越大,方法的灵敏度越高。由实验结果计算 ε 时,常以被测物质的总浓度代替吸光物质的浓度,这样计算的 ε 值实际上是表观摩尔吸光系数。ε 与 a 的关系为

$$\varepsilon = Ma \quad (8-6)$$

式中 M——物质的摩尔质量。

【例8-1】 Fe^{2+} 浓度为 $5.0 \times 10^{-4} g \cdot L^{-1}$ 的溶液,与1,10-邻二氮杂菲反应,生成橙红色配合物。该配合物在波长508nm,比色皿厚度2cm时,测得 $A = 0.19$。计算1,10-邻二氮杂菲亚铁的 a 及 ε。

解:已知铁的相对原子质量为55.85。根据朗伯—比尔定律:

$$a = A/bc = 0.19/2 \times 5.0 \times 10^{-4} = 190(L \cdot g^{-1} \cdot cm^{-1})$$

$$\varepsilon = Ma = 55.85 \times 190 = 1.10 \times 10^{4}(L \cdot mol^{-1} \cdot cm^{-1})$$

对于多组分体系，吸光度具有加和性，即如果各种吸光物质之间没有相互作用，这时体系的总吸光度等于各组分吸光度之和。

$$A_{总} = A_1 + A_2 + \cdots + A_n$$
$$A_{总} = \varepsilon_1 bc_1 + \varepsilon_2 bc_2 + \cdots + \varepsilon_n bc_n \quad (8-7)$$

这个性质对于理解吸光光度法的实验操作和应用都有着极其重要的意义。

2. 偏离朗伯—比尔定律的原因

利用朗伯—比尔定律对样品进行定量分析，多采用标准工作曲线法(图 8－3)，即首先绘制标准工作曲线，其做法是在固定液层厚度及入射光的波长和强度的情况下，测定一系列不同浓度的标准溶液的吸光度，以吸光度为纵坐标，标准溶液浓度为横坐标作图。这时应得到一条通过原点的直线——标准曲线。在相同条件下测得试液的吸光度，从工作曲线上就可以查得试液的浓度。单组分测定时就用此法。

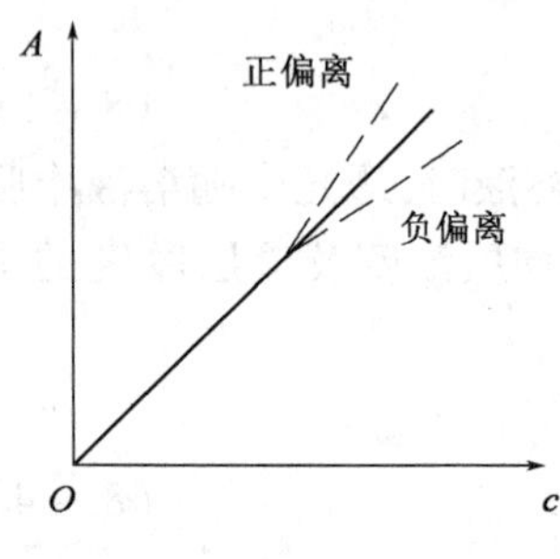

图 8－3　光度分析工作曲线

在实际工作中，特别是在溶液浓度较高时，经常会出现标准曲线不成直线(如图 8－3 中的虚线所示)的现象，这种现象称为偏离朗伯—比尔定律。如所测试液浓度在标准曲线的弯曲部分，则容易造成较大误差。引起偏离朗伯—比尔定律的原因较多，有来自仪器方面的，有来自溶液方面的。

(1)非单色光引起的偏离。朗伯—比尔定律的基本假设条件是入射光为单色光。但是目前仪器所提供的入射光实际上是由波长范围较窄的光带组成的复合光。由于物质对不同波长光的吸收程度不同，因而引起对朗伯—比尔定律的偏离。

(2)化学因素引起的偏离。朗伯—比尔定律的另一基本假设是吸收粒子为独立的，彼此之间无相互作用，因此稀溶液能很好地服从该定律。在高浓度时(通常大于 $0.01mol \cdot L^{-1}$)由于吸收组分粒子间的平均距离减小，以致每个粒子都可影响其邻近粒子的电荷分布，这种相互作用可使它们的吸光能力发生改变。由于相互作用的程度与浓度有关，随浓度增大，吸光度与浓度间的关系就偏离线性关系。所以一般认为朗伯—比尔定律仅适用于稀溶液。

(3)溶液中的吸光物质常因条件的变化而形成新的化合物或改变吸光物质的浓度，如吸光组分的缔合、解离、互变异构、配合物的逐级形成，以及与溶剂的相互作用等，这些都将导致偏离朗伯—比尔定律。因此，必须根据吸光物质的性质，溶液中化学平衡的知识，对偏离加以防止，也必须严格控制显色反应条件，以获得较好的测定结果。

四、显色反应及影响因素

在分光光度分析中，首先利用一定的化学反应把无色的待测组分转变为有色化合物，然后再进行比色或分光光度测定，这一反应称为显色反应。显色反应主要有配位反应和氧化还原反应，其中配位反应用得最多。

1. 显色反应的要求

显色反应一般应满足下列要求：

(1)灵敏度高。待测物是微量组分，需选择 ε 大的显色反应。一般当 ε 值为 10^4 数量级时，可以认为是灵敏度较高。

(2)选择性好。显色剂最好只与待测组分发生显色反应。

(3)显色后的有色物质组成恒定,化学性质稳定。

(4)形成的有色物质与显色剂本身的颜色要有足够大的差别。有色物质的最大吸收波长与显色剂本身的最大吸收波长的差值 $\Delta\lambda$ 称为对比度,一般要求 $\Delta\lambda \geqslant 60$nm。试剂空白值小,可以提高测定的准确度。

2. 常用的显色剂

(1)无机显色剂。一些无机试剂能与金属离子发生显色反应,但多数无机显色剂的灵敏度和选择性都不高。其中尚有使用价值的有:硫氰酸盐常用于 W(Ⅴ)、Nb(Ⅴ)、Fe(Ⅲ)、Mo(Ⅵ)等的测定;氨水常用于 Cu(Ⅱ)、Co(Ⅲ)、Ni(Ⅱ)等的测定;过氧化氢常用于 Ti(Ⅳ)、V(Ⅴ)、Nb(Ⅴ)等的测定;钼酸铵常用于 Si(Ⅵ)、V(Ⅴ)、P(Ⅴ)等的测定。

(2)有机显色剂。许多有机试剂在一定条件下能与金属离子生成稳定的有色配合物,具有较高的灵敏度和选择性。常用的有机显色剂有:邻二氮菲常用于 Fe(Ⅱ)的光度测定;双硫腙常用于 Pb(Ⅱ)、Zn(Ⅱ)、Cd(Ⅱ)、Hg(Ⅱ)、Ag(Ⅰ)、Cu(Ⅱ)等金属元素的光度测定;铬天青常用于 Be、Al、Y、Ti、Zr、Hf、Th、Cr、Fe、Pt、Cu、Ca 和 In 等金属元素的光度测定;丁二酮肟是测定 Ni^{2+} 的特效显色剂。

3. 显色反应影响因素

1)显色剂用量

显色反应一般可用下式表示:

$$\underset{\text{待测组分}}{M} + \underset{\text{显色剂}}{R} \rightleftharpoons \underset{\text{有色化合物}}{MR}$$

反应在一定程度上是可逆的。加入过量的显色剂可使显色反应进行得更完全,但显色剂过量太多会引起副反应。

在实际工作中,显色剂的适宜用量可通过实验来确定,其方法是将待测组分浓度及其他条件固定,分别加入不同量的显色剂,测定吸光度,绘制吸光度与显色剂浓度的关系曲线,如图 8-4所示。可以看出,当显色剂浓度 c_R 在 $o \sim a$ 范围内时,显色剂用量不足,待测组分没有完全转变为有色配合物,c_R 在 $a \sim b$ 范围内,曲线平直,吸光度出现稳定值,因此可在 $a \sim b$ 间选择合适的显色剂用量。

2)溶液的酸度

酸度是影响显色反应的重要条件。它不仅影响显色剂的平衡浓度和溶液的颜色,而且影响被测金属离子的存在状态及形成配合物的组成。

溶液酸度变化,显色剂的颜色可能会发生变化。因为多数有机显色剂是有机弱酸(以 HR 表示),在溶液中存在着下列平衡:

$$M + HR \rightleftharpoons MR + H^+$$

改变酸度将引起平衡移动。若增大$[H^+]$,平衡向 MR 解离方向移动,[MR]减小,颜色变浅;反之,若减小$[H^+]$,平衡向生成 MR 方向移动,能使显色反应进行完全。但若$[H^+]$太小,某些金属离子会水解形成氢氧化物沉淀,使显色反应无法进行。

显色反应的适宜酸度一般通过实验来确定,其方法是固定待测组分及显色剂浓度,改变溶液的 pH 值,分别测定吸光度,做出吸光度与 pH 值关系曲线,如图 8-5 所示。应选择曲线的平坦部分对应的 pH 值作为测定条件。通常加入适当的酸碱缓冲溶液控制酸度。

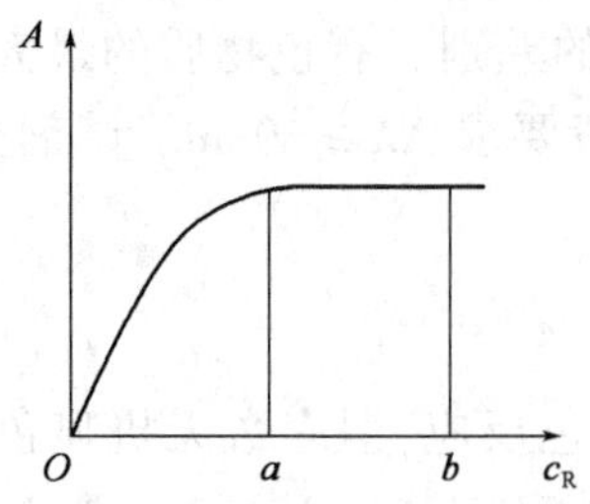

图 8-4 吸光度与显色剂浓度的关系

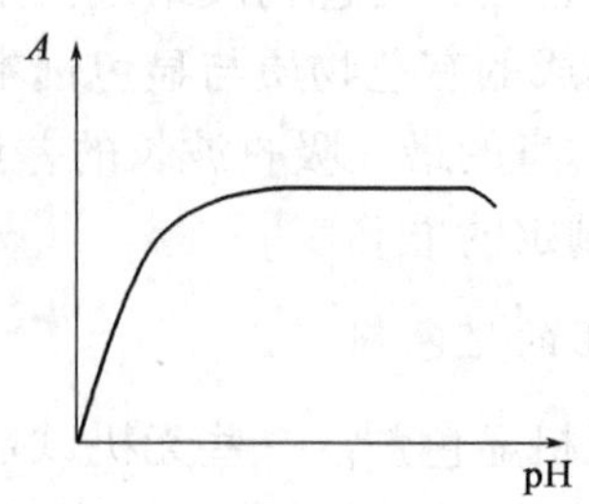

图 8-5 吸光度与 pH 值的关系

3)显色温度

温度是影响化学反应的重要因素之一,当然也影响显色反应。多数显色反应在室温下几分钟即可完成,颜色深度很快达到稳定状态。但有些反应必须在较高温度下才能进行或才能较快地进行。例如,β-硅钼杂多酸在沸水浴中,30s 可以生成,而在室温则需 20~30min。

确定显色温度也可按照上述作 $A-c_R$ 曲线或 A-pH 值曲线的类似方法做出 $A-T$(℃)曲线,然后由 $A-T$(℃)曲线来选择合适的温度。

4)放置时间

显色反应需要一定的时间才能完成,同时有些有色化合物在放置一段时间后受到空气的氧化或发生其他化学反应,导致颜色逐渐减退。所以在显色反应中,应该从以下两个方面来考虑时间的影响:一是显色反应完成所需的时间,称显色时间;另一个是配合物保持稳定的时间,称稳定时间。

显色时间由显色反应的本质决定,而且与温度有一定的关系。一般显色反应大多数是在瞬间完成的,但有些反应则需要很长的时间才能完成。显色后的稳定时间则由配合物的性质决定。由于空气中的氧或其他原因,往往使生成物发生化学反应而使溶液颜色褪色。各种配合物的稳定时间也有很大差别,例如,硅钼蓝可稳定数十小时,而用对苯二酚测钨的显色溶液,只能稳定 20min。

5)溶剂

显色反应所用的溶剂影响有色化合物的稳定性、溶解度和测定的灵敏度。

利用有色化合物在有机溶剂中稳定性好、溶解度大的特点,采用适当的有机溶剂将有色化合物从大体积的水相中,萃取到较小体积的有机相中,并在有机相中进行吸光度测量,是提高分光光度法灵敏度和准确度的有效方法,这种方法称为萃取分光光度法。

6)干扰及消除

试液中除了待测组分外,往往含有其他共存离子。若其他离子本身有色或能与显色剂作用生成有色化合物,都将干扰测定。一般可采用下列方法消除其他共存离子的干扰:

(1)控制酸度。提高溶液的酸度可使待测离子显色,而干扰离子则不与弱酸型显色剂作用。如在 pH 值为 5~6 时,二甲酚橙能与许多金属离子显色;但在 pH 值小于 1 时,就只能与 Zr^{4+} 等少数离子显色;大大提高了选择性。

(2)掩蔽。加入掩蔽剂使干扰离子生成无色离子或更稳定的化合物,使干扰离子不再产生干扰。加入的掩蔽剂不能与被测离子反应,掩蔽剂与掩蔽产物的颜色不干扰测定。

(3)利用氧化还原反应改变干扰离子的价态。例如,用铬天青 S 作显色剂测定 Al^{3+} 时,Fe^{3+} 有干扰。加入抗坏血酸可使 Fe^{3+} 还原为 Fe^{2+},即可消除其干扰。

(4)选择适当的波长以消除干扰。一般情况下把工作波长选在最大吸收波长处,有时为了消除干扰,把工作波长移至次要的吸收峰,这样显然降低了测定灵敏度,但却可以消除一些干扰离子的影响。

(5)采用适量的分离方法。如果没有消除干扰的适当方法,可以采用沉淀、萃取等分离方法。这些方法操作比较麻烦,但可以消除干扰离子的影响,以提高光度分析的灵敏度和选择性。

五、目视比色法

用眼睛比较溶液颜色的深浅以测定物质含量的方法,称为目视比色法。常用的目视比色法是标准系列法。这种方法就是使用一套由同种材料制成的,大小形状相同的平底玻璃管(称为比色管),于管中分别加入一系列不同量的标准溶液和待测液,在实验条件相同的情况下,再加入等量的显色剂和其他试剂,至一定刻度(比色管容量有 10mL、25mL、50mL、100mL 等几种),然后从管口垂直向下观察,比较待测液与标准溶液颜色的深浅。若待测液与某一标准溶液颜色深度一致,则说明两者浓度相等,若待测液颜色介于两标准溶液之间,则取其算术平均值作为待测液浓度。

目视比色法的主要缺点是准确度不高,如果待测液中存在第二种有色物质,甚至会无法进行测定。另外,由于许多有色溶液颜色不稳定,标准系列不能久存,经常需在测定时配制,比较麻烦。虽然可采用其某些稳定的有色物质(如重铬酸钾、硫酸铜和硫酸钴等)配制永久性标准系列,或利用有色塑料、有色玻璃制成永久色阶,但由于它们的颜色与试液的颜色往往有差异,也需要进行校正。目视比色法的主要优点是设备简单,操作简便。由于比色管内液层厚,使观察颜色的灵敏度较高,且不要求有色溶液严格服从朗伯—比尔定律,因而它广泛应用于准确度要求不高的常规分析中。

技能训练 8－1　目视比色法测定水样的色度

一、训练目的

通过训练,学会用目视比色法测溶液的浓度,掌握标准色列的配制及目视比色测定色度的方法。

二、实训原理

该方法用氯铂酸钾与氯化钴配成铂钴标准色列,再与水样进行目视比色,确定水样的色度,测定结果用度表示。

三、仪器与试剂

(1)仪器:50mL 成套具塞比色管。

(2)试剂:铂钴标准溶液(铂钴色度为 500 度):称取 1.2456g 氯铂酸钾(K_2PtCl_6)及 1.0093g氯化钴($CoCl_2 \cdot 6H_2O$),溶于100mL 水中,加入100mL HCl,定容到1000mL 容量瓶中,用水稀释至刻度,摇匀,保存在密塞玻璃瓶中,放于暗处。

四、操作步骤

1. 配制标准色列

取比色管 11 支，分别加入 0mL、0. 50mL、1. 00mL、1. 50mL、2. 00mL、2. 50mL、3. 00mL、3. 50mL、4. 00mL、4. 50mL、5. 00mL 的铂钴标准溶液，加纯水至刻度，摇匀。配制成色度为 0 度、5 度、10 度、15 度、20 度、25 度、30 度、35 度、40 度、45 度、50 度的标准色度系列。

2. 水样测定

取 50mL 透明水样于比色管中。如水样浑浊应先进行离心，取上清液测定。将水样与标准色列进行目视比色。观察时，可将比色管置于白瓷板或白纸上，使光线从管底部向上透过液柱，目光自管口垂直向下观察，记下与水样色度相近的铂钴标准色列的色度。如水样色度过高，可少取水样，加纯水稀释后比色，将结果乘以稀释倍数。

五、注意事项

(1) 如水样浑浊，则放置澄清，亦可用离心法使之清澈，然后取上清液测定。如果样品中有泥土或其他分散很细的悬浮物，虽经预处理而得不到透明水样时，则只测“表观颜色”。但不能用滤纸过滤，用滤纸能吸收部分颜色。

(2) 可用重铬酸钾代替氯铂酸钾配制铂钴标准色列。铂钴标准溶液（铂钴色度为 500 度）：称取 0. 0437g 重铬酸钾及 1. 000g 硫酸钴（$COSO_4 \cdot 6H_2O$），溶于少量水中，加入 0. 5mL H_2SO_4，定容到 500mL，保存在密塞玻璃瓶中，放于暗处。

(3) 比色时注意在白色背景下，自管口垂直向下观察。

六、结果计算

如果水样没有经过稀释，可直接报告与水样最接近标准色列的色度值。如果水样经过稀释，则按照下列公式进行计算：

$$A_0 = A_1 \times V_1 / V_0$$

式中 A_0——水样的色度，度；

A_1——稀释后水样的色度，度；

V_1——水样稀释后的体积，mL；

V_0——取原水样的体积，mL。

第二节　分光光度法仪器结构及使用方法

一、分光光度计的基本部件

分光光度计有多种型号，但基本构件相似，都由光源、色散系统、样品吸收池、检测器和信号显示系统等五大部件组成（图 8－6）。

1. 光源

用分光光度计测量物质吸光度时，对光源的要求是：发出所需波长范围内的连续光谱，且

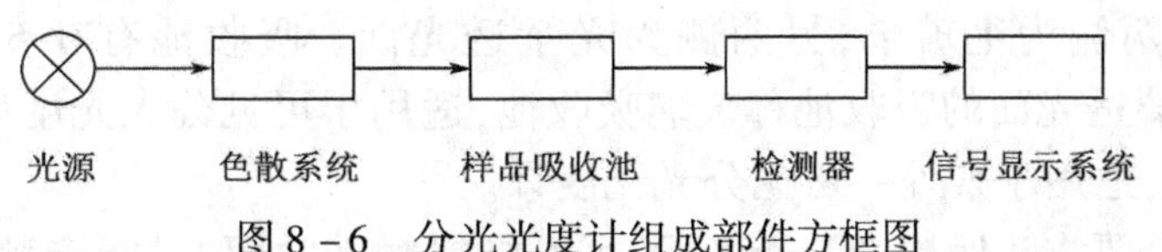

图 8-6　分光光度计组成部件方框图

具有足够的光强度，并在一定时间内保持良好的稳定性，以获得准确的结果；光源的使用寿命长。

（1）可见光区（400～780nm）：用钨灯、卤钨灯作光源，钨灯可发射波长为350～2500nm范围的连续光谱，其中最适宜的使用范围为320～1000nm，除用作可见光源外，还可用作近红外光源。钨灯一般工作温度为2600～2870K（钨的熔点为3680K），钨灯的工作温度取决于电源电压，因此电源电压的微小波动会引起光强度的较大变化，为保证钨灯发光强度稳定，电源电压必须稳定，也可用12V直流电源供电。

（2）紫外区（10～380nm）：用氢灯、氘灯、激光光源。氢灯及其同位素氘灯波长范围为190～400nm，灯泡用石英（不吸收紫外线）制成，内充低压氢气或氘气，两电极间施以一定电压，激发气体分子发射出连续的紫外光。氘灯发光强度比氢灯大3～5倍，使用寿命比氢灯长。

2. 单色器

将光源发出的连续光谱分解为单色光的装置称为单色器，其分解过程称为色散。单色器由棱镜或光栅等色散元件及狭缝组成。此外滤光片也起单色器的作用。

1）棱镜单色器

棱镜单色器的原理是利用不同波长的光在棱镜内折射率不同，将复合光色散为单色光，如图8-7所示。当入射角为f的一条光线进入棱镜后，将向法线（垂直于镜面的直线）方向弯曲，射出棱镜与空气界面后，则向偏离垂直的方向弯曲，波长越短，弯曲角度越大。棱镜色散作用的大小取决于棱镜制作的材料和几何形状。棱镜一般用玻璃或石英制作。玻璃棱镜吸收紫外光，只适用于可见分光光度计，石英棱镜可适用于紫外—可见分光光度计。

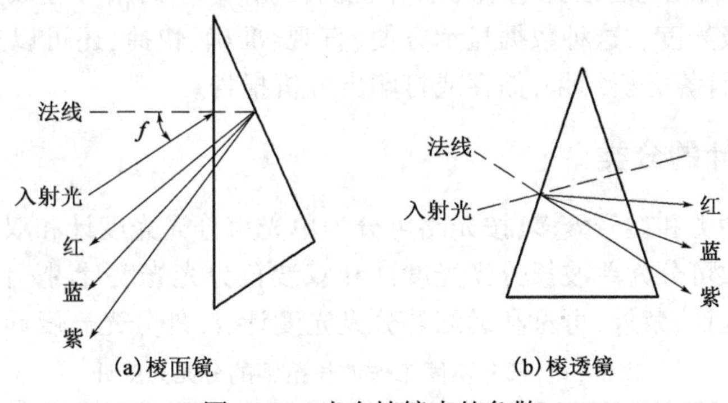

图 8-7　光在棱镜中的色散

2）光栅单色器

光栅单色器的原理是以光的衍射和干涉现象为基础制成的，在抛光的金属平面上刻出许多等距离锯齿形平行条痕，其数目根据所需波长而定。基于光的衍射干涉原理，将不同波长的光色散。它的优点是分辨率比棱镜单色器高，工作波长范围比棱镜单色器宽等。

3. 吸收池

吸收池（比色皿）是盛装待测溶液和决定透光溶液厚度的器件。常用的吸收池为方形或长方形，底和相对两侧为毛玻璃，另两侧为光学透光面。吸收池有 0.5cm、1.0cm、2.0cm、3.0cm等规格。玻璃透光面的吸收池称玻璃吸收池，适用于可见分光光度计；石英透光面的吸收池称石英吸收池，适用于紫外—可见分光光度计。

使用吸收池时，要注意保护光学透光面，手不能接触光学面，只能接触毛玻璃面。光学透光面可用擦镜纸擦拭，也可用盐酸—乙醇(1:2)溶液浸泡后用蒸馏水冲洗，含有对玻璃有腐蚀性的物质的溶液，不能长时间盛放。

4. 检测器

检测器是光电转换元件，其作用是将透过吸收池的光转换为电信号输出，输出的电信号大小与透过光的强度成正比。常用的检测器有硒光电池、光电管和光电倍增管等。

(1)硒光电池：对光响应的波长范围为 250 ~ 750nm，灵敏区为 500 ~ 600nm，最高灵敏峰在530nm，一般应用于可见分光光度计。光电池受持续光照后会产生光电转换异常的“疲劳”现象，因此一般不能连续使用 2h 以上。停止使用一段时间后，可恢复光电池的灵敏度。

(2)光电管：广泛应用于紫外—可见分光光度计。蓝敏光电管可用波长范围为 210 ~ 625nm，红敏光电管可用波长范围为 625 ~ 1000nm。与硒光电池相比，具有灵敏度高、光敏范围广和不易疲劳等优点。

(3)光电倍增管：广泛应用于紫外—可见分光光度计。光电倍增管不仅是光电转换元件而且有放大作用，可对较弱的光进行检测；它响应速度快，能检测 $10^{-8} \sim 10^{-9}$s 的脉冲光；灵敏度较高，比光电管高 200 倍。

5. 信号显示系统

将检测器产生的光电信号经放大等处理后，以一定方式显示出来，便于记录和计算。

(1)仪表显示。仪表表头标尺的上半部分为透光度 T，刻度均匀；下半部分为吸光度 A。由于 A 与 T 是对数关系，所以 A 刻度不均匀，指示仪表显示的数据只能读，不便自动记录。

(2)数字显示。用光电管或光电倍增管作检测器时，产生的信号经放大等处理后，由数码管显示出透光度或吸光度。这种数据显示方便、直观、准确、快捷，还可以连接数据处理系统，自动绘制标准曲线，计算分析结果，储存或打印出分析报告。

二、分光光度计的分类

分光光度计的种类和型号繁多，按光路可分为单光束分光光度计和双光束分光光度计；按测量时提供的波长数可分为单波长分光光度计和双波长分光光度计；按不同工作波长范围又可分为可见分光光度计，紫外、可见和远红外分光光度计、红外分光光度计，见表 8 - 1。

表 8 - 1　部分不同工作波长范围的分光光度计

分　类	波长范围，nm	光源	单色器	检测器	型号
可见分光光度计	360 ~ 800 330 ~ 800	钨灯 钨卤素灯	玻璃棱镜 光栅	光电管 光电管	721 型 722 型
紫外、可见和远红外分光光度计	200 ~ 1000	氢灯及钨灯 碘钨灯和氘灯	石英棱镜 或光栅	光电管或光电倍增管 光电管	751 型 WFD - 8 型 UV - 754C 型
红外分光光度计	760 ~ 40000	硅碳棒或 辉光灯	岩盐或萤石 玻璃棱镜	热点堆或测辐 射热器	WFD - 3 型 WFD - 7 型

1. 单光束分光光度计

单光束分光光度计是指光源发出的光，经单色器、吸收池到检测器始终为一束光，其工作原理如图 8－8 所示。

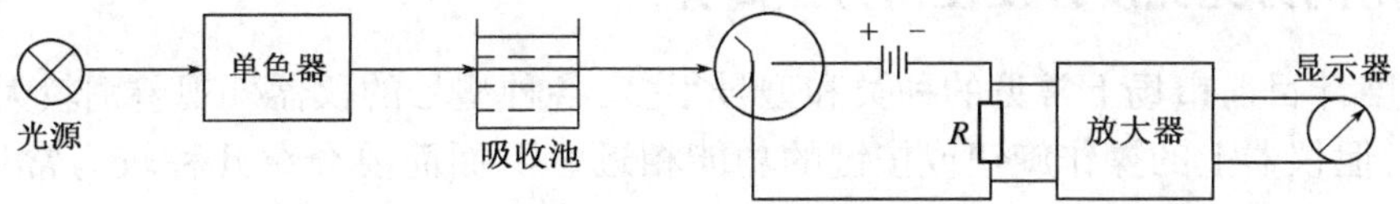

图 8－8　单光束分光光度计原理示意图

常用的单光束可见分光光度计有 721 型、722 型、723 型、724 型等。常用的单光束紫外—可见分光光度计有 751 型、752 型、754 型、756MC 型等。

单光束分光光度计的特点是：结构简单、价格低廉，适于定量分析。由于测定受光源强度波动的影响大，造成定量分析结果误差较大。

2. 双光束分光光度计

双光束分光光度计是指光源发出的光经单色器后，由切光器（可旋转的扇形反射镜）分成两束强度相等的光，分别通过参比溶液和试样溶液。利用另一个切光器（与前一个切光器同步）将两束光交替照在同一个检测器上，经比较、换算等信号处理后输出吸光度值，如图 8－9 所示。

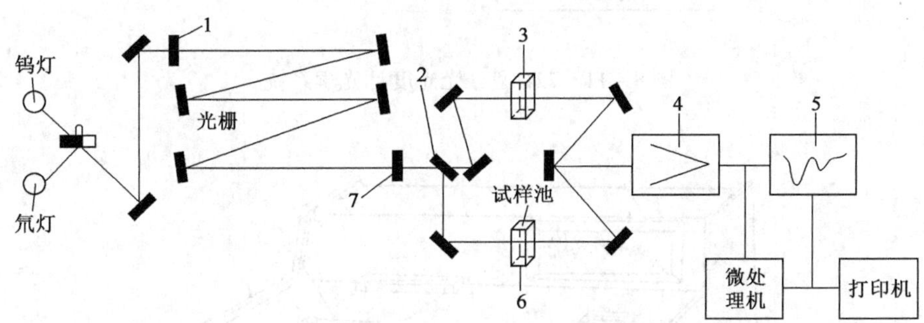

图 8－9　双光束紫外—可见分光光度计示意图

1—进口狭缝；2—切光器；3—参比池；4—检测器；5—记录仪；6—试样池；7—出口狭缝

常见的双光束紫外—可见分光光度计有 710 型、730 型、760MC 型、760CRT 型。

双光束分光光度计的特点是可以连续改变波长，自动比较参比溶液与试样溶液的吸光度，自动消除光源强度波动引起的误差。

3. 双波长分光光度计

双波长分光光度计采用两个单色器，同时得到两束波长不同的单色光，借助切光器使两束单色光交替通过吸收池，交替照在同一个检测器上，其工作原理如图 8－10 所示。

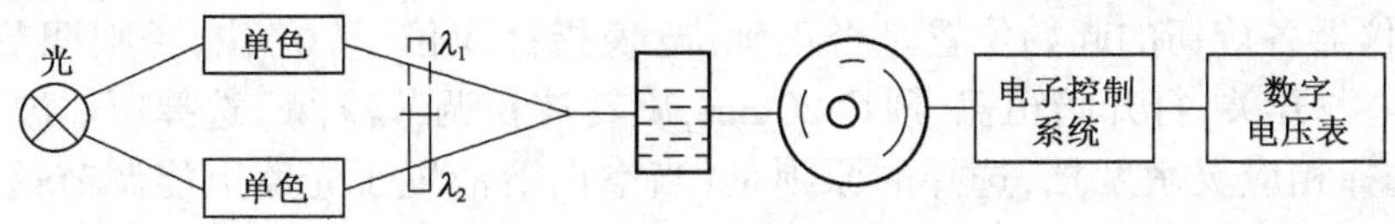

图 8－10　双波长分光光度计示意图

常用的双波长分光光度计有 WFZ800S、UV－300、UV－360 等。

双波长分光光度计的特点：可对高浓度试样、浑浊试样、多组分试样、相互干扰的混合试样进行测定，且操作简单、准确度高。双波长分光光度计的缺点是价格昂贵，不易普及。

三、常用的分光光度计及使用方法简介

分光光度计目前市场上常见的种类和型号很多，各种型号的仪器外观差别较大，操作方法也不尽相同，但仪器上的操作旋钮或按键的功能相近。下面简要介绍几种较为常见的分光光度计及一般操作方法。

1. 721 型分光光度计

721 型分光光度计是目前应用较多的一种可见分光光度计，波长范围 360～800nm，采用钨灯（12V、25V）作为光源，玻璃棱镜单色器，用光学玻璃制成吸收池，以光电管为检测器，微安表显示吸光度和透射比，其光学系统如图 8－11 所示。仪器外形及操作旋钮如图 8－12 所示。

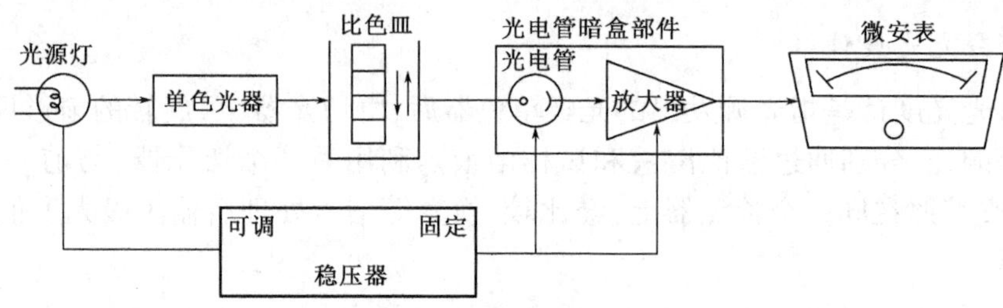

图 8－11　721 型分光光度计光学系统

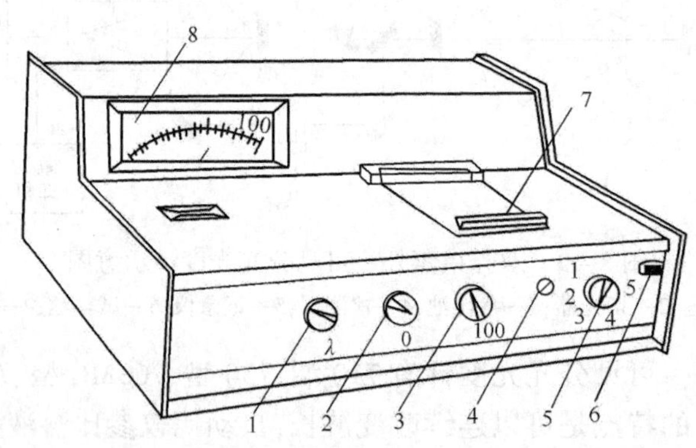

图 8－12　721 型分光光度计外形图

1—波长调节器（λ）；2—透射比调零电位器（0）；3—透射比调满电位器（100）；4—吸收池拉杆；5—灵敏度选择旋钮；6—电源开关；7—吸收池暗箱盖；8—显示电表

721 型分光光度计的操作方法如下：

（1）检查仪器各旋钮的起始位置是否正确，电表指针应位于“0”位，否则调节电表上的校正螺栓，接通电源开关，打开暗箱盖，预热 20min，旋转波长调节器（λ）选择所需波长，旋转灵敏度选择旋钮选择相应灵敏度挡，选择的原则是：当空白溶液置于光路上能调节透射比 $T=100$ 的情况下，尽可能采用低挡次，当改变灵敏度挡次后应重新校正透射比“0”和“100%”。旋转透射比调零电位器（0）使电表指针调至 $T=0(A=\infty)$。

(2)放入参比溶液池和被测溶液池,盖上暗箱盖光电管受光,拉动吸收池拉杆,将参比溶液池置于光路上,旋转调节器(100)使电表指针位于 $T=100\%$ ($A=0$)。

(3)反复打开暗箱盖调零,盖上暗箱盖调 $T=100\%$,直至仪器稳定。

(4)拉动吸收池拉杆,将样品溶液池置于光路上,此时指针所指的吸光度就是样品溶液的吸光度值。读数后打开暗箱盖。

(5)测量完毕,关闭电源开关,取下电源插头,取出吸收池,洗净、倒置、晾干后入盒保存。

2.751 型分光光度计

751 型分光光度计是一种单光束紫外—可见分光光度计,波长范围 200 ~ 1000nm,在 200 ~ 320nm范围内用氢灯作光源。石英棱镜单色器,以光电管作光电转换元件,配有 GD-5 紫敏光电管和 GD-6 红敏光电管,前者适用的波长范围为 200 ~ 625nm;后者适用的波长范围为 625 ~ 1000nm。有石英和玻璃两种吸收池,分别适用于紫外光区和可见光区。仪器的光学系统如图 8-13 所示。

UV-754C 型分光光度计也是一种紫外—可见分光光度计,波长范围 200 ~ 850nm,在波长 360 ~ 850nm 范围内使用卤钨灯作光源;在波长 200 ~ 360nm 范围内使用氘灯作光源。配有 GD33 光电管检测器、数字显示系统。通过键盘操作调节"$0T$"和"$100\%\ T$",输入标准溶液浓度数据,仪器自动建立浓度计算方程,与被测溶液比较,自动计算并在显示屏上显示出被测溶液的透射比 T、吸光度 A 和浓度 c 数据,并可打印出相关数据和分析结果。UV-754C 型分光光度计外形和键盘如图 8-14 和图 8-15 所示。

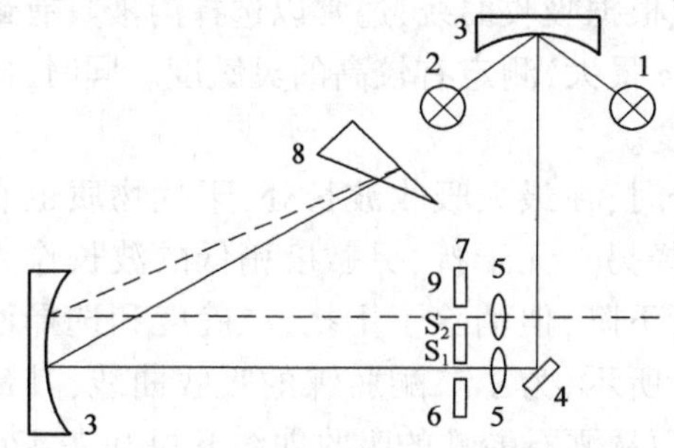

图 8-13 751 型分光光度计光学系统示意图

1—钨灯;2—氢灯;3—凹面镜;4—平面反射镜;5—石英透镜;6—入口狭缝 S_1;7—准直镜;8—石英棱镜;9—出口狭缝 S_2

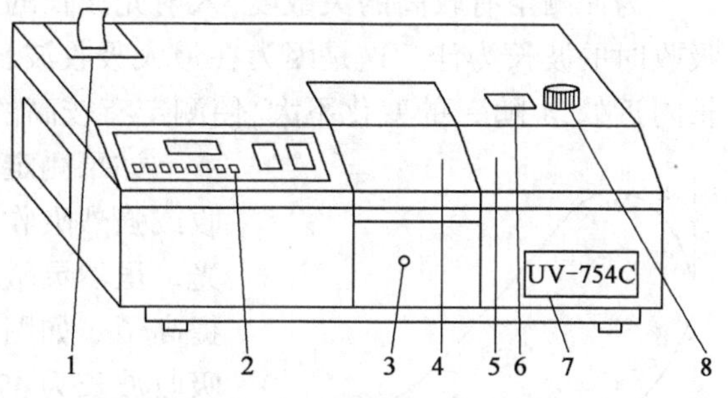

图 8-14 UV-754C 型分光光度计外形图

1—打印纸;2—操作键;3—拉杆;4—样品室盖;5—主机盖板;6—波长显示窗口;7—电源开关;8—波长旋钮

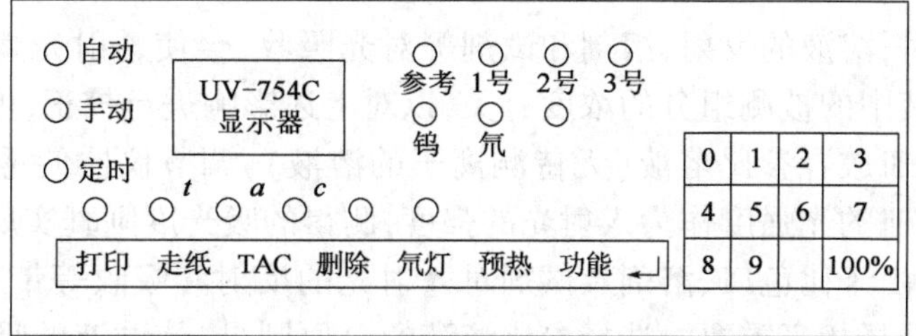

图 8-15 UV-754C 型分光光度计键盘图

UV-754C 型分光光度计的使用方法如下:

(1)首先打开样品室盖,取出样品室中的遮光物,再打开电源开关,预热 20min。

(2)打开电源开关后，钨灯亮(关闭钨灯按[功能]键、数字键[1]、回车键[←])，仪器可在可见光区工作。若仪器要在紫外光区工作应选择氘灯，按[氘灯]键(关闭氘灯需再按一次[氘灯]键)。

(3)观察波长显示窗口，旋转波长旋钮选择所需波长的单色光。

(4)按[100%]键，使仪器显示 $T=0.0$。

(5)放入参比溶液池和被测溶液池，盖上样品室盖，拉动拉杆将参比溶液置于光路上，按[100%]键，使仪器显示为100.0，待蜂鸣器发出"嘟"后，把试样溶液推入光路上，按[TAC]键(将测量数据转换成吸光度模式)，此时显示器显示试样溶液的吸光度 A。按[打印]键即可打印出数据。打印数据后，打开样品室盖。

(6)测量完毕，关闭电源，拔下电源插头，取出吸收池，洗净、倒置、晾干后入盒保存。

四、吸光光度法分析条件的选择

吸光光度法是以朗伯—比尔定律为基础的分析方法，要使吸光光度法有较高的准确度和灵敏度，除了要严格控制显色反应的条件外，还应注意选择适当的吸光度测量条件。

测量条件主要包括入射光波长的选择、参比溶液和吸光度范围的选择等。

1. 入射光波长的选择

为使测定有较高的灵敏度，入射光波长的选择应根据吸收曲线，通常以选择溶液具有最大吸收时的波长为佳。这是因为在最大吸收波长处值 ε 最大，测定有较高的灵敏度。同时，此波长附近处，A 随 λ 的变化不大，使测定有较高的准确度。

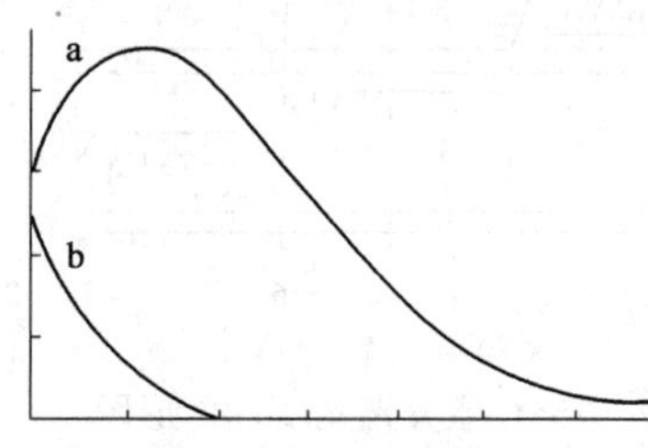

图 8-16　丁二酮肟镍 a 和酒石酸铁 b 的吸收曲线

如果测定某组分时，在最大吸收波长处，干扰物质也有吸收或强烈吸收，可选择另一无干扰、灵敏度稍低的波长作入射光。虽然灵敏度有所下降，但消除了干扰，准确度和选择性都提高了。如图 8-16 所示，为丁二酮肟镍的吸收曲线，其最大吸收波长为470nm，而从酒石酸铁的吸收曲线 b 可知在470nm处也有吸收，因而对镍的测定产生干扰。但在520nm处虽丁二酮肟镍的灵敏度稍低，而酒石酸铁干扰更小，所以应选择520nm为入射光波长，以提高其准确度和选择性。

2. 参比溶液的选择

在吸光度测量时，溶液的反射、溶剂和试剂等对光吸收，会使透射光减弱。为了使透射光减弱的程度仅与溶液中的被测组分的浓度有关，以对上述影响进行校正，可以采用光学性质相同、厚度相同的比色皿放置参比溶液(无待测离子的溶液)，调节仪器使透过比色皿的吸光度等于零，以通过参比皿的光强度作为入射光的强度，测得的吸光度则真实反映了被测物质对光的吸收，因其扣除了由于比色皿、溶剂及试剂对入射光的反射和吸收等带来的误差。因此，在测量时参比溶液的选择相当重要。选择参比溶液的总原则是：使试液的吸光度真正反映待测组分的浓度，一般从以下几方面考虑：

(1)溶剂参比。显色剂及所用其他试剂在测定波长处均无吸收，仅待测组分与显色剂的反应产物有吸收时，可用纯溶剂作参比溶液，如蒸馏水。

(2)试剂参比。如果试液无吸收，而显色剂或加入的其他试剂在测量波长处略有吸收，应采用试剂空白(不加试样而其余试剂照加的溶液)作参比溶液。

(3)试样参比。如显色剂在测量波长处无吸收，但待测试液本身在测定波长处有吸收时，可用不加入显色剂的试液为参比溶液，以消除有色离子的干扰。

(4)褪色参比。若试液和显色剂均有色，对测定波长的光有吸收，可以在显色溶液中加入特定的褪色剂(配位剂、氧化剂或还原剂)，选择性地与被测离子反应，生成无色物质，使显色物质褪色，此溶液称为褪色参比溶液。例如用铬天青S法测铝，铬天青S与Al^{3+}反应显色后，加入NH_4F夺取Al^{3+}生成无色的AlF_6^{3-}，使铝与铬天青S配合物褪色。褪色参比溶液可消除显色剂和样品中微量共存离子的吸收干扰。

3. 吸光度范围的选择

任何光度分析仪器都有一定的测量误差，其来源有光源不稳定、光电池不够灵敏、光电流测量不准、透光率与吸光度的标尺不准等。为了减小仪器引起的误差，使测定结果的准确度较高，一般将测量的吸光度控制在0.2~0.8范围内。为此，可以从以下两个方面加以考虑：

(1)控制被测溶液的浓度，如改变取样量、改变显色后溶液的体积等。

(2)使用厚度不同的比色皿，以调节吸光度的大小。

技能训练8-2 比色皿的配套性检验

一、训练目的

通过训练，学会比色皿清洗，能正确规范使用比色皿，掌握比色皿配套性检验的方法。

二、仪器与试剂

仪器：721型分光光度计或其他型号分光光度计、比色皿(一盒)、烧杯、容量瓶。

三、操作步骤

(1)打开吸收池暗箱盖，接通电源，预热20min。

(2)用波长调节旋钮调节波长至600nm，用调“0”旋钮将电表指针调至“0”处。

(3)在选定的比色皿毛面上，用铅笔标上进光方向；用蒸馏水冲洗2~3次。

(4)用拇指和食指捏住洁净的比色皿两侧毛面，分别在4只比色皿内注入蒸馏水到池高2/3~4/5高度作参比液，用滤纸吸干池外壁的水滴(注意不要擦)，再用擦镜纸轻轻擦拭光面至无痕迹。按池上所标箭头方向(进光方向)垂直放在比色皿架上，并用比色皿夹固定好。

注意：池内溶液不可装得过满，以免溅出，腐蚀吸收池架和仪器；池内壁不可有气泡。

(5)用调“0”旋钮调节$\tau=0$，盖上吸收池暗箱盖，将参比液推入光路，用“100%”调节旋钮调$\tau=100\%$，反复调节几次，直至稳定。

(6)拉动吸收池架拉杆，依次将被测溶液推入光路，待指针稳定后，读取相应的透射比。

(7)若所测各比色皿透射比偏差小于0.5%，则对应的比色皿可配套使用，超出上述偏差的比色皿不应使用。

(8)检查完毕，取出比色皿和比色皿架、关闭电源插头、在样品室放入干燥剂、盖好暗箱盖、罩好仪器防尘罩。

(9)清洗比色皿、比色皿架、晾干后入盒保存。

(10)清理工作台,打扫实验室,填写仪器使用记录。

思考与练习8-1

1. 如何清洗比色皿?清洗时应注意什么?
2. 做比色皿配套性检验的意义是什么?

第三节 分光光度分析的定量方法

分光光度法主要用于微量和痕量组分的测定,也可以用于常量组分和多组分的测定,几乎所有的无机离子和许多有机化合物都可以直接或间接地用分光光度法进行测定。测定时可根据具体情况采取标准曲线法、对比法或示差法等。

一、标准曲线法

在测定单一组分含量时,先配制一系列(5~10个)不同浓度的标准溶液,在该溶液最大吸收波长下,分别测定它们的吸光度。然后以溶液浓度为横坐标,吸光度为纵坐标在坐标纸上作图。若被测物质对光的吸收符合朗伯—比尔定律,就会得到一条通过坐标原点的直线,即工作曲线也称标准曲线。相同条件下测定被测溶液的吸光度,根据被测溶液的吸光度,从标准曲线上查出(或计算出)相应的浓度值,就可得到被测溶液的浓度。为了保证测定准确度,要求系列标准溶液与试样溶液组成基本一致,试样溶液的浓度应在标准曲线线性范围内。若实验条件发生变化,标准曲线应重新绘制。

由于仪器误差及实验操作误差等因素的影响,实验测出的各点可能不完全在一条直线上,这样画出的直线就不够准确,若采用最小二乘法确定直线回归方程,要准确得多。标准曲线可以用一元线性方程表示,即

$$Y = a + bX \tag{8-8}$$

式中 X——标准溶液的浓度;

Y——相应的吸光度,直线称为回归直线;

a——直线的截距;

b——斜率。

a 可由下式求出:

$$a = \frac{\sum_{i=1}^{n} Y_i - b\sum_{i=1}^{n} X_i}{n} = \overline{Y} - b\overline{X}$$

b 由下式求出:

$$b = \frac{\sum_{i=1}^{n}(X_i - \overline{X})(Y_i - \overline{Y})}{\sum_{i=1}^{n}(X_i - \overline{X})^2} \tag{8-9}$$

式中 $\overline{X}$、$\overline{Y}$——X、Y 的平均值；

X_i——第 i 个点的标准溶液的浓度；

Y_i——第 i 个点的吸光度。

标准曲线线性的好坏可以用回归直线的相关系数 r 来表示，相关系数可用下式求得：

$$r = b\sqrt{\frac{\sum_{i=1}^{n}(X_i - \overline{X})^2}{\sum_{i=1}^{n}(Y_i - \overline{Y})^2}} \tag{8-10}$$

若相关系数 $r<0.7$，则说明实验过程中出现较大失误，需要重新实验。相关系数 r 越接近于 1，说明标准曲线线性越好。

【例 8-2】 用 1,10-邻菲啰啉法测定 Fe^{2+} 得下列实验数据，试确定标准曲线的直线回归方程。

标准溶液浓度(c)，$mol \cdot L^{-1}$	1.00×10^{-5}	2.00×10^{-5}	3.00×10^{-5}	4.00×10^{-5}	6.00×10^{-5}	8.00×10^{-5}
吸光度(A)	0.114	0.212	0.335	0.434	0.670	0.868

解：设直线回归方程为 $Y=a+bX$，令 $X=10^5c$，则

$$b = \frac{\sum_{i=1}^{n}(X_i - \overline{X})(Y_i - \overline{Y})}{\sum_{i=1}^{n}(X_i - \overline{X})^2} = \frac{3.71}{34} = 0.109$$

$$a = \overline{Y} - b\overline{X} = 0.439 - 4\times0.109 = 0.003$$

得直线回归方程 $Y=0.003+0.109X$

相关系数 $r = b\sqrt{\frac{\sum_{i=1}^{n}(X_i - \overline{X})^2}{\sum_{i=1}^{n}(Y_i - \overline{Y})^2}} = 0.109\times\sqrt{\frac{34}{0.405}} = 0.999$

由 r 可见标准曲线线性符合要求。

由直线回归方程得 $A_{测}=0.003+0.109\times10^5c_{测}$

故 $c_{测}=(A_{测}-0.003)\div(0.109\times10^5)$

在相同条件下，测定出试样测量溶液的吸光度 $A_{测}$ 代入上式，即可求出试样测量溶液的浓度 $c_{测}$。再根据溶液稀释定律（$c_{试}\times V_{试}=c_{测}\times V_{测}$），计算出原始式样溶液的浓度。

二、对比法

对比法的实质是一种简化的工作曲线法。它是在溶液的最大吸收波长下，分别测定已知浓度的标准溶液与被测溶液的吸光度，由测得的吸光度和标准溶液浓度直接计算出试样溶液的浓度：

$$c_i = \frac{A_i}{A_s}c_s \tag{8-11}$$

式中 c_i——被测溶液的浓度；

c_s——标准溶液的浓度；

A_i——被测溶液的吸光度；

A_s——标准溶液的吸光度。

这个方法简化了绘制工作曲线的手续，适用于个别样品的测定。操作时应注意配制标准溶液的浓度要接近被测样品的浓度，从而减少测量误差。

三、示差法

当待测组分含量较高，溶液的浓度较大时，其吸光度值会超出适宜的读数范围，引起较大的测量误差，甚至无法直接测定。此时一般采用示差分光光度法。示差法与一般分光光度法的不同点在于它采用一个已知浓度、成分与待测溶液相同的溶液作参比溶液（称参比标准溶液），其测定过程与一般分光光度法相同。由于使用了这种参比标准溶液，大大提高了测定的准确度，使其可用于测定过高或过低含量的组分。

示差法的具体实验方法是：切断光源和检测器之间的光路（721 型、754 型分光光度计的样品室盖打开），调节仪器透光度 $\tau=0$，再用一比待测溶液浓度稍低的已知浓度为 c_0 的标准溶液作参比溶液，调节仪器透光度 $\tau=100\%$，然后测定待测溶液（或标准系列溶液）的透光度或吸光度。根据示差吸光度值 A 和待测试液与参比溶液浓度差值呈线性关系，用比较法或标准曲线法求得待测溶液与标准参比溶液浓度的差值 c_x'，则待测溶液的浓度为 $c_x=c_0+c_x'$。以标准溶液的浓度 c_s 减去标准参比溶液的浓度 c_0，即（c_s-c_0）的值为横坐标，对应的吸光度值为纵坐标作图，绘制标准曲线。

普通分光光度法以空白溶液作参比，假设测出浓度为 c_0 的标准溶液透射比 $\tau=10\%$，浓度为 c_x 的试样溶液透光度 $\tau=6\%$ 相差只有 4%，如图 8－17（a）所示。若用示差法，以浓度为 c_0 的标准溶液作参比调节 $\tau_0'=100\%$，则试样溶液透光度 $c_x'=60\%$，二者相差只有 40%，相当于仪器透射比读数标尺扩大了 10 倍，如图 8－17（b）所示。从而减少了读数误差，提高了测量的准确度，示差法测定误差可低至 0.2%，可与滴定分析法或重量分析法相媲美。

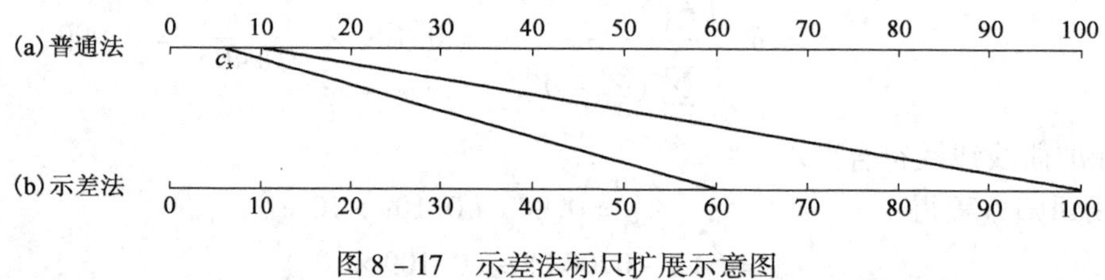

图 8－17　示差法标尺扩展示意图

四、多组分分析

利用分光光度法，还可以对一种溶液中的几种组分直接进行测定，而不需要进行预先分离。当溶液中含有两种不同的组分时，其吸收曲线有下列两种情况：

（1）吸收曲线不重叠。在某一波长 λ_1 时 x 有吸收而 y 不吸收；而在另一波长 λ_2 时，y 有吸收而 x 不吸收。则可分别在 λ_1 和 λ_2 时，测定组分 x 和 y 的吸光度而互相不产生干扰。

（2）吸收曲线重叠。当几个组分吸收曲线互不重叠，与单一组分测定相同。在不同组分的各自最大吸收波长绘制标准曲线，测定吸光度 A，确定组分含量。

当组分吸收曲线部分重叠时，根据吸光度的加和性 $A=A_1+A_2+\cdots+A_n$，当一束平行的某一波长单色光通过多组分体系时，若各组分吸光质点彼此不发生作用，但均对该波长单色光有吸收作用,则总的吸光度等于各组分吸光度总和。在不同波长分别测定吸光度,由吸光度的加和性得联立方程,解联立方程组可求出 c_x、c_y 值。

原则上对任何数目的组分都可以用此方法建立方程组求解。在实际应用中通常仅限于两个或三个组分的体系,若能利用计算机解多元联立方程,则不会受到这种限制。

技能训练 8-3　用邻二氮菲光度法测定纯碱中微量铁

一、训练目的

通过训练,学会绘制光吸收曲线和选择测定波长;掌握工作曲线法定量分析的操作步骤,并能用工作曲线法求出试样的分析结果。

二、仪器和试剂

(1)仪器:分光光度计、100mL 容量瓶一组、100mL 烧杯一组、10mL 吸量管。

(2)试剂:邻二氮菲溶液(2g/L,称取 1,10-邻二氮菲 0.2g,用少量乙醇溶解,再用水稀释至 100mL)、缓冲溶液(pH 值为 4.5,称取无水乙酸钠 50g 加 60mL 冰乙酸,加水溶解后稀释至 500mL)、抗坏血酸溶液(20g/L 水溶液,临用时配制)、1∶1盐酸溶液、1∶3盐酸溶液、2∶3氨水溶液、1∶9氨水溶液、铁标准溶液(0.01mg·mL^{-1},准确称取硫酸铁铵[$NH_4Fe(SO_4)12H_2O$] 0.8634g溶于水,加 2.5mL 硫酸,移入 1L 容量瓶中,用水稀释至刻度,摇匀作储备液。吸取储备液 10.00mL 于 100mL 容量瓶中,用水稀释至刻度,摇匀。此溶液为 0.010mg/mL 铁标准溶液)。

三、操作步骤

1. 标准系列的配制

取一组 100mL 烧杯,用分度吸量管依次加入 0.0mL、1.0mL、2.0mL、4.0mL、6.0mL、8.0mL、10.0mL 铁标准溶液(0.010mg·mL^{-1}),各加水至约 60mL,用 1∶3盐酸溶液或 1∶9氨水调节溶液 pH 值约为 2。将溶液分别转入 100mL 容量瓶中。

在每只容量瓶中各加 2.5mL 抗坏血酸溶液(20g·L^{-1}),摇匀,再加 10mL 乙酸—乙酸钠缓冲溶液(pH 值约为 4.5)、5mL 邻二氮菲溶液(2g·L^{-1}),用水稀释至刻度,摇匀。

2. 吸收曲线的绘制

用 3cm 玻璃吸收池,取上述含 4.00mL 铁标准溶液的显色溶液,以未加铁标准溶液的试剂作参比,在分光光度计上从波长 440~600nm 之间测定吸光度。一般每隔 20nm 测一个数据;在最大吸收波长附近,每隔 5nm 测定一个数据。然后以波长为横坐标,以吸光度为纵坐标绘制吸收曲线。

3. 绘制标准曲线

在选定波长下,用 3cm 吸收池分别取配置的标准系列显色溶液,以未知铁标准溶液的试剂溶液作参比,测定各溶液的吸光度。以浓度为横坐标,相应的吸光度为纵坐标,绘制吸光度对铁含量的标准曲线。

4. 试样中铁含量的测定

称取 10g 纯碱样品(精确至 0.01g)置于烧杯中,加少量水润湿,滴加 35mL 1:1盐酸溶液,煮沸 3~5min,冷却,移入 250mL 容量瓶中,加水至刻度,摇匀。

吸取 50mL 上述试液,置于 100mL 烧杯中;另取 7mL 1:1盐酸溶液置于另一烧杯中,用 2:3氨水中和后,与试样溶液一并用 1:9氨水和 1:3盐酸溶液调至 pH 值为 2。分别移入 100mL 容量瓶中,然后按配制标准系列同样的操作,顺序加入各种试剂进行还原和显色,并在同样条件下测定试样溶液的吸光度。平行测定 3 次,从标准曲线上查出相应的铁含量。

5. 清理

清洗仪器,整理工作台,将试剂仪器摆放整齐。

四、结果计算

Fe 的质量分数计算公式如下:

$$w_{Fe} = \frac{m_1}{m \times \frac{50}{250} \times 10^{-3}} \times 100\%$$

式中　w_{Fe}——Fe 的质量分数,%;

m_1——试样溶液吸光度在标准曲线上查得的铁含量,mg;

m——称取样品的质量,g。

思考与练习8-2

1. 实验中加入抗坏血酸和乙酸—乙酸钠缓冲溶液的作用如何?为什么预先用稀盐酸和氨水调节溶液 pH 值为 2?

2. 根据实验数据计算邻二氮菲亚铁配合物的摩尔吸光系数 ε。

本 章 知 识 要 点

一、基本概念

(1)单色光和复合光:具有单一波长的光称为单色光,由不同波长的光组成的光称为复合光。日常所见的白光属于复合光。

(2)互补色光:两种特定颜色的单色光按一定强度比例混合可成为白光,这两种单色光称为互补色光。

(3)透光度:溶液透过光的强度 I 与入射光 I_0 的强度之比称为透光度,用符号 T 表示:

$$T = I/I_0 \times 100\%$$

(4)吸光度:物质对光的吸收程度,用 A 表示。A 与 T 的关系为 $A = -\lg T$。

(5)吸光系数:吸光物质在单位浓度、单位液层厚度时的吸光度。在一定条件下,吸光系数是物质的特性常数之一,可作为定性鉴别的重要依据。

(6)吸收光谱:又称光吸收曲线,它是将不同波长的单色光依次通过一定浓度的待测溶液,测出该溶液对各种单色光的吸光度。然后以 λ 波长为横坐标,以吸光度 A 为纵坐标,所绘制的曲线。由曲线可以看出:①物质的最大吸收波长。②同种物质不同浓度的吸收曲线形状相似,最大吸收波长不变;不同种物质的吸收曲线形状和最大吸收波长不同。

(7)显色剂:在分光光度法中,将无色的待测组分转变成有色化合物的反应称为显色反应,与待测组分反应生成有色化合物的试剂叫显色剂。

二、分光光度仪器

分光光度法所使用的仪器称分光光度计。目前,分光光度计有多种类型,但基本构件相似,都由光源、单色器、吸收池、检测器和信号显示系统五大部件组成。

使用分光光度计测定溶液吸光度时应注意选择的条件有:(1)测定波长(一般选择最大吸收波长);(2)参比溶液;(3)A 或 T 的读数范围。

操作基本步骤:(1)仪器调零,调 $T=0(A=\infty)$;(2)空白试验,调 $T=100\%(A=0)$;(3)测量试液。

三、光吸收定律及应用

1.光的吸收定律——朗伯—比尔定律

朗伯—比尔定律是分光光度法的基本定律,它说明了透光度和吸光度与溶液浓度的关系,即

$$T = 10^{-abc}$$

$$A = abc$$

朗伯—比尔定律不仅适用于有色溶液,也适用于无色溶液及气体和固体的非散射均匀体系;不仅适用于可见光区的单色光,也适用于紫外和红外光区的单色光。

2.单组分的定量分析

1)标准曲线法

测定时,先取与被测物质含有相同组分的标准品,配成一系列浓度不同的标准溶液,置于相同厚度的吸收池中,分别测其吸光度。然后以溶液浓度 c 为横坐标,以相应的吸光度 A 为纵坐标,绘制 $A-c$ 曲线图,即为标准曲线。在相同条件下测出样品溶液的吸光度,从标准曲线上便可查出与此吸光度对应的样品溶液的浓度。

2)对比法

对比法又称比较法。在相同条件下在线性范围内配制样品溶液和标准溶液,在选定波长处,分别测量吸光度。然后利用下式求得被测物质的浓度:

$$c_i = \frac{A_i}{A_s} c_s$$

3)吸光系数法

吸光系数是物质的特性常数。只要测定条件不致引起对朗伯—比尔定律的偏离,即可根据测得的吸光度 A,按朗伯—比尔定律求出浓度或含量。a 值可从手册或文献中查到。

$$c = \frac{A}{ab}$$

3. 多组分的定量分析

利用分光光度法，根据吸光度的加和性 $A = A_1 + A_2 + \cdots + A_n$，可以对一种溶液中的几种组分直接进行测定，而不需要进行预先分离。

本章考核要点

考核范围		考核内容	鉴定方式	考核比例，%
知识要求		①分光光度法基本原理 ②光吸收定律及其应用 ③分光光度计的工作流程及组成结构 ④分光光度法测量条件的选择	笔试	20
技能要求	仪器的调试	①波长的校正及入射光波长的选择 ②吸收池配套检验方法 ③调仪器零点和参比零点	操作	15
	试样的测定	①标准储备液的配制和标准工作液的配制 ②显色反应条件的选择 ③正确记录数据 ④正确绘制工作曲线 ⑤正确处理实验数据	操作	20
	仪器的使用与维护	①正确使用吸收池 ②正确使用光源 ③严格按仪器操作规程进行操作	操作	15
	分析结果评价	平行测定结果之差的绝对值符合标准中所规定的要求	操作	15
安全与其他		①合理安排时间，和同组人员团结合作 ②保持整洁有序的工作环境	操作	15

本章自测题

一、填空题

1. 透光度是指溶液透过光的强度与________之比，用符号________表示；吸光度是________倒数的________，用符号________表示。

2. 吸光系数有两种表示方法，b 以________为单位，c 以________为单位，用 a 表示；b 以________为单位，c 以________为单位，用 ε 表示，称为________系数。

3. 朗伯—比尔定律不仅适用于有色溶液，也适用于________溶液及________和________的非散射均匀体系；不仅适用于可见光区的单色光，也适用于________和________区的单色光。

4. 同种物质不同浓度的吸收曲线形状________，最大吸收波长________；不同种物质的吸收曲线形状和最大吸收波长________。

5. 用分光光度法测量时，要选择最适合的条件，包括选择________波长、________范围和________溶液。

二、选择题

1. 高锰酸钾溶液显紫色是由于它吸收了白光中的(　　)。

A. 绿光　　B. 蓝光　　C. 黄光　　D. 紫光

2. 分光光度法中不影响摩尔吸光系数的是(　　)。

A. 溶液温度　　B. 入射光波长　　C. 液层厚度　　D. 物质特性

3. 某有色溶液用 2.0cm 吸收池测定时，吸光度是 0.22，若用 1.0cm 吸收池测定，吸光度是(　　)。

A. 0.22　　B. 0.11　　C. 0.33　　D. 0.44

4. 显色反应是指(　　)。

A. 将无机物转变为有机物　　B. 将无色混合物转变为有色混合物

C. 在无色物质中加入有色物质　　D. 将待测无色化合物转变为有色化合物

5. 某溶液在波长为 525nm 处有最大吸收峰，吸光度是 0.70。测定条件不变，入射光波长改为 550nm，则吸光度将会(　　)。

A. 增大　　B. 减小　　C. 不变　　D. 不能确定

6. 最常见的可见光光源是(　　)。

A. 灯　　B. 氢灯　　C. 氘灯　　D. 钨灯

7. 紫外光谱分析中所用比色皿在 260nm 进行分光光度测定时，应选用(　　)比色皿。

A. 硬质玻璃　　B. 软质玻璃　　C. 石英　　D. 透明塑料

8. 目视比色法中，常用的标准系列法是比较(　　)。

A. 入射光的强度　　B. 吸收光的强度　　C. 透过光的强度　　D. 溶液颜色的深浅

9. 在分光光度法中，宜选用的吸光度读数范围为(　　)。

A. 0 ~ 0.2　　B. 0.1 ~ ∞　　C. 1 ~ 2　　D. 0.2 ~ 0.8

10. 在分光光度法中，应用光的吸收定律进行定量分析，应采用的入射光为(　　)。

A. 白光　　B. 单色光　　C. 可见光　　D. 复合光

三、简答题

1. 什么是吸收曲线？怎样测绘？
2. 物质为什么会有颜色？
3. 朗伯—比尔定律的物理意义是什么？偏离朗伯—比尔定律的原因有哪些？
4. 分光光度计的主要部件有哪些？各起什么作用？
5. 如何选择合适的参比溶液？
6. 分光光度法的定量方法有哪些？各适用于什么情况？

四、计算题

1. 有两种高锰酸钾溶液，当液层厚度相同时，在 527nm 处测得其透光度分别是(1) 65.0%，(2)42.0%。它们的吸光度各是多少？若已知(1)的浓度为 $6.51 \times 10^{-4} mol \cdot L^{-1}$，溶液(2)的浓度是多少？

2. 在进行水中微量铁的测定时，所用的标准溶液含 Fe_2O_3 0.25$mg \cdot L^{-1}$，测得其吸光度为 0.370，将试样稀释 10 倍后在同样条件下测定，其吸光度为 0.205，求试样中 Fe_2O_3 的含量。

3. 用光度法测定土壤试样中的磷的含量，已知标准样品含 P_2O_5 为 0.40%，其溶液显色后的吸光度为 0.320，测得土壤试样的吸光度为 0.280，求该土壤的 P_2O_5 含量。

4. 在 456nm 处，用 1cm 吸收池测定显色的锌标准溶液得到下列数据：

ρ_{Zn}, $\mu g \cdot mL^{-1}$	2.00	4.00	6.00	8.00	10.0
A	0.105	0.205	0.310	0.415	0.515

利用以上数据：(1) 绘制工作曲线；(2) 求摩尔吸光系数；(3) 求吸光度为 0.250 的未知试液的浓度。

第九章　原子吸收光谱法

学习指南　原子吸收光谱法(AAS)是目前微量和痕量元素分析中一种重要的分析方法,已广泛用于各个领域。通过本章学习应了解原子吸收光谱法的特点,掌握原子吸收光谱法的基本原理、原子吸收分光光度计主要部件及功能、实验条件选择及定量方法等知识要点。通过技能训练应能正确配制标准溶液,能对样品进行分析检验,能正确分析和处理实验数据。

原子吸收光谱法(atomic absorption spectrometry,AAS),又称原子吸收分光光度法,是根据基态原子对特征波长光的吸收,测定试样待测元素含量的分析方法。

与其他分析方法相比,原子吸收光谱法有以下优点:

(1)检出限低,灵敏度高。火焰原子吸收分析法的检出限可达每毫升微克量级;无火焰原子吸收比火焰原子吸收还要灵敏,绝对灵敏度可达 10^{-10} ~ 10^{-14}g。

(2)测量精密度高。该法具有良好的稳定性和重现性,在通常条件下,火焰原子吸收法测定结果的相对标准偏差可小于1%,其测量精密度已接近于经典化学方法。石墨炉原子吸收法的测量精度一般约为3% ~5%。

(3)选择性高。由于原子吸收光谱法中所用光源空心阴极灯发射的是待测元素的特征谱线,一般不会发射与待测元素相近的谱线,所以,大多数情况下,共存元素对测定元素干扰较少且易消除。

(4)分析速度快。在准备工作做好后,一般几分钟即可完成一种元素的测定。

(5)应用范围广。既可直接测定70多种金属元素,也能用间接法测定非金属元素和有机化合物;既可测定低含量和常量元素,又可测定微量、痕量甚至超痕量元素;既可测定液态样品,也可测定气态样品,甚至可以测定某些固态样品。该法已广泛应用于环境保护、化工、生物技术、食品科学、食品质量与安全、卫生检测和农林科学等各部门。

原子吸收光谱法测定不同的元素,必须更换相应的空心阴极灯,它的不足之处是多元素同时测定尚有困难。此外,有相当一些元素的测定灵敏度还不能令人满意。

第一节　原子吸收光谱法基本原理

一、原子吸收光谱法分析过程

以测定试液中镁离子的含量为例,原子吸收光谱法的分析过程如图9－1所示。先将试液喷射成雾状,与燃气、助燃气混合后进入燃烧的火焰中,含镁盐的雾滴在火焰温度下,挥发并离解成镁原子蒸气。再用镁空心阴极灯作光源,它辐射出具有波长为285.2nm的镁的特征谱线的光,当通过一定厚度的镁原子蒸气时,部分光被蒸气中基态镁原子吸收而减弱。再经过分光系统分光后，由检测系统测得镁特征谱线光被减弱的程度，即可求得试样中镁的含量。

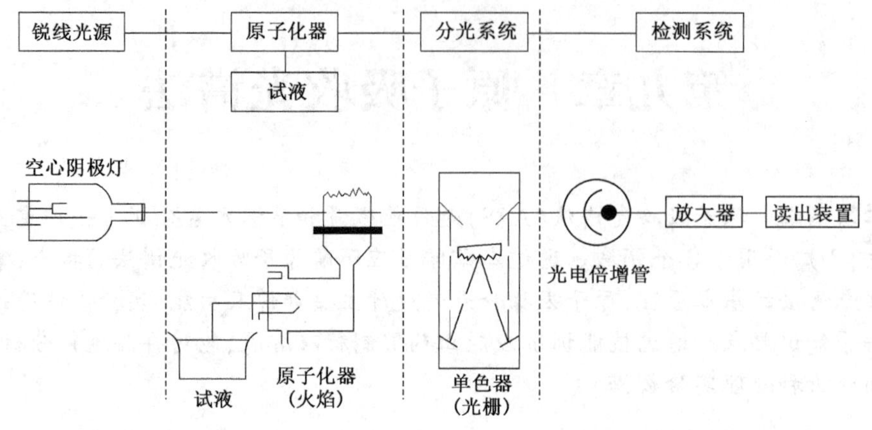

图 9－1　原子吸收分析示意图

原子吸收光谱法主要分为两类：一类由火焰将试样分解成自由原子，称为火焰原子吸收光谱法；另一类依靠电加热的石墨管将试样气化及分解，称为无火焰原子吸收光谱法。

二、原子吸收光谱法的产生

1. 共振线和吸收线

原子由原子核和核外不断运动的电子构成，一般情况下，核外电子处于能量最低状态，此时，原子的能量最低，即基态。当基态原子吸收外界能量，其外层电子将跃迁到较高能量的激发态，这个过程称为激发。处于激发态的电子极不稳定，在极短的时间内便又重新跃迁至基态（或其他较低激发态），同时放出能量。

通常将电子由基态跃迁至第一激发态（能量最低的激发态）所产生的吸收谱线称为共振吸收线。反之，将电子由第一激发态至基态跃迁所产生的吸收谱线则称为共振发射线。共振吸收线和共振发射线均简称为共振线。由于不同元素的原子结构不同，其核外电子能级的能量差不同，所以各种元素的共振线频率不同，从而使得每种元素原子都具有特定的共振线，即元素的特征谱线。对大多数元素而言，共振线最易产生，是因为基态到第一激发态的能量差最小，跃迁最容易发生，故共振线又是该元素的最灵敏线。

在原子吸收光谱分析中，正是利用处于基态的待测元素的原子蒸气对由光源发射出的共振线的吸收来进行定量分析的，因此共振线通常被称作“分析线”。原子吸收（发射）光谱的形成如图 9－2所示。

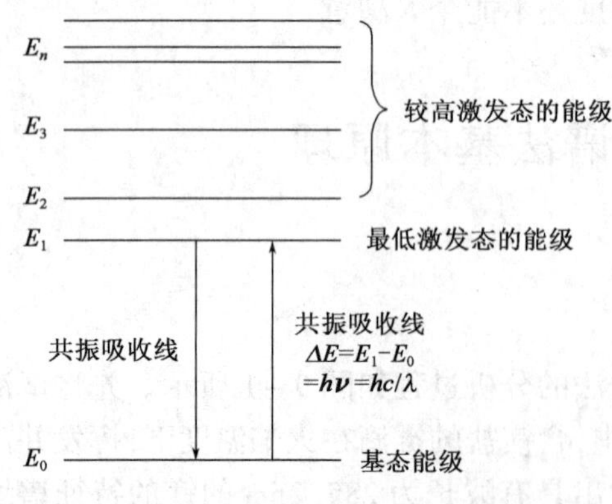

图 9－2　原子光谱产生示意图

2. 谱线轮廓与谱线宽度

实际上，无论吸收或发射的共振线，并非一条严格的几何线，而是具有一定的宽度和形状。物质的原子对光的吸收具有选择性，即原子对不同频率的光的吸收不同，因此透过光的强度 I_ν 随着光的频率 ν 而有所变化，变化规律如图 9－3 所示。在频率 ν_0 处有吸收线，而且具有一定的频率

(或波长)范围,这在光谱学中称为吸收线(或谱线)轮廓。实际工作中,经常用吸收系数 K_ν 随频率 ν 的变化曲线来描述吸收线轮廓,如图 9-4 所示。

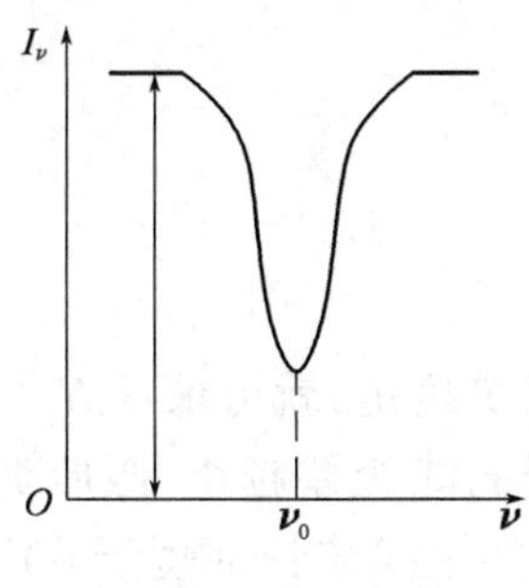

图 9-3 I_ν 与 ν 的关系

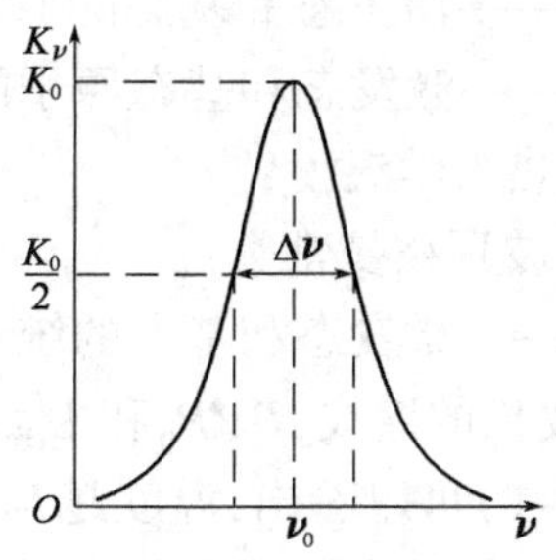

图 9-4 吸收线轮廓与半宽度

可见,当频率为 ν_0 时吸收系数有极大值,称为"最大吸收系数"或"峰值吸收系数",以 K_0 表示。最大吸收系数所对应的频率 ν_0 称为中心频率。峰值吸收系数一半($K_0/2$)时的频率范围 $\Delta\nu$ 称为吸收线的半宽度,约为 0.005nm。

原子吸收的半宽度受多种因素影响,一般由两方面的因素决定。一方面是原子本身的性质决定了谱线的自然宽度;另一方面是由于外界因素的影响引起的谱线变宽。

1)自然宽度

无外界因素影响下的谱线宽度称为自然宽度 $\Delta\nu_N$,它是由于电子在跃迁时,在高能级上有一定的停留时间所致。对大多数元素的共振线而言,其自然宽度一般不超过 10^{-5}nm,与其他变宽因素相比要小得多。

2)热变宽

热变宽(多普勒变宽)$\Delta\nu_D$ 是由于原子在空间做无规则热运动所引起的一种吸收线变宽现象。多普勒变宽随温度升高而加剧,并随元素种类而异,在一定火焰温度下,多普勒变宽可以使谱线增宽 10^{-3}nm,是谱线变宽的主要原因。

3)压力变宽(碰撞变宽)

待测元素的原子与其他粒子(分子、原子、离子、电子等)相互碰撞而引起的吸收线变宽统称为压力变宽。压力变宽随原子区内原子蒸气压力增大和温度增高而增大。凡是同种粒子碰撞而引起的变宽称为赫鲁兹马克变宽(在被测元素原子浓度较高时考虑),凡是异种粒子碰撞引起的变宽称为劳伦兹变宽。

除上面所述的变宽因素之外,还有一些其他影响因素。但在通常的原子吸收分析实验条件下,吸收线轮廓主要受到多普勒变宽和劳伦兹变宽的影响。当采用火焰原子化器时,劳伦兹变宽为主要因素;当使用无火焰原子化器时,因在低压或真空条件下,不同种类的粒子碰撞概率很小,则主要受多普勒变宽的影响。

三、原子蒸气中基态与激发态原子的分配

在原子吸收分光光度分析中,由于采用火焰使试样蒸发而产生原子蒸气,由待测元素分子解离成的原子,绝大部分是基态原子,还有少量激发态原子。在一定温度下,两种状态的原子数有一定的比值,这个关系可用玻尔兹曼方程式表示,即

$$\frac{N_i}{N_0}=\frac{P_i}{P_0}e^{-\frac{E_i-E_0}{KT}}=\frac{P_i}{P_0}e^{\frac{-h\nu}{KT}} \tag{9-1}$$

式中　N_i、N_0——激发态和基态的原子数；

E_i、E_0——激发态和基态原子的能量；

T——热力学温度；

K——玻耳兹曼常数；

P_i、P_0——激发态和基态的统计权重。

对一定波长的谱线，P_i/P_0和E_i都是已知值，只要火焰温度T确定，就可求得N_i/N_0值。

从式(9-1)可以看出，温度越高，N_i/N_0值越大；电子跃迁的能级差越小，吸收波长越长，N_i/N_0值越大。但是在原子吸收光谱法中，大多数元素的最强共振线波长都短于600nm，且通常考虑的都是3000K以下的原子蒸气，所以N_i/N_0值绝大多数都小于10^{-3}，也就是激发态原子数不足基态的千分之一，激发态的原子数可以忽略不计，因此可用基态原子数N_0值代表吸收辐射的原子总数。

四、原子吸收值与待测元素浓度的定量关系

一般来说，不可能直接测出蒸气中的基态原子数目，但可以找出它与其他因素的关系。

1.积分吸收和基态原子数的关系

如前所述，原子吸收谱线具有一定的宽度，具有一定的谱线轮廓，如果将吸收曲线的轮廓下面的整个面积积分，就能得到各频率处的吸收系数的总和，即积分吸收。积分吸收与基态原子数之间有如下关系：

$$A=\int K_{\nu}d\nu=\frac{\pi e^2}{mc}N_0 f \tag{9-2}$$

式中　e——电子的电荷；

m——电子质量；

c——光速；

K_{ν}——吸收系数；

N_0——单位体积原子蒸气中的基态原子数；

f——吸收振子强度，表示每个原子中能够吸收或发射特定频率的平均电子数。

由式(9-2)可见，峰面积与单位体积原子蒸气中的基态原子数成正比，因此只要能测出积分吸收，就可以确定基态原子数，进而求出待测元素的浓度。然而要准确地测出积分吸收，就必须对半宽度为0.001～0.01nm的吸收曲线的轮廓进行精确扫描，即必须准确地测量实际吸收曲线下的整个面积，这就需要用分辨率约为50万的单色器，而这在目前从技术上是难以达到的，因此，用积分吸收的测量来进行原子吸收的定量分析是不现实的。

2.峰值吸收

1955年，瓦尔西提出了以锐线光源作为激发光源，用测量峰值吸收系数代替吸收系数积分的方法，使这一难题获得解决。所谓的锐线光源是指给出的发射线宽度要比吸收线宽度窄，即发射线的半宽度($\Delta\nu_e$)小于吸收线的半宽度($\Delta\nu_a$)，同时发射线与吸收线的中心频率一致，如图9-5所示。

在使用锐线光源的情况下，原子蒸气对入射光的吸收程度和吸光光度法一样，是符合朗

伯—比尔定律的。设入射光的强度为 I_0，所透过的原子蒸气的厚度为 b，被原子蒸气吸收后透过光的强度为 I，则吸光度 A 与试样中基态原子数目 N_0 的关系为

$$A = \lg \frac{I_0}{I} = K'N_0 b \qquad (9-3)$$

式(9-3)表示吸光度与待测元素吸收辐射的基态原子数成正比。

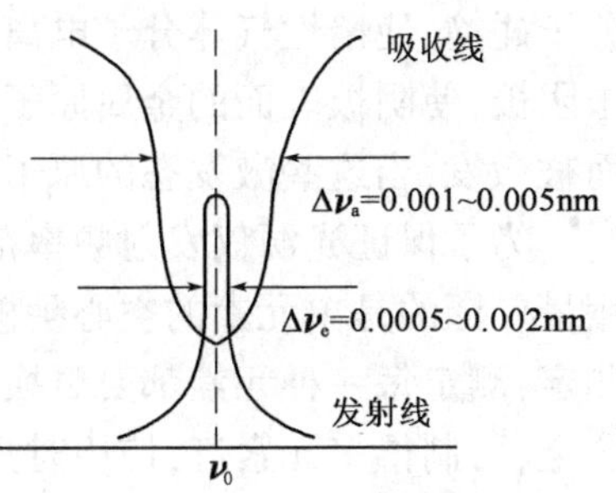

图 9-5　峰值吸收测量示意图

由玻耳兹曼分布定律我们已经得到结论：基态原子数 N_0 可代表吸收辐射的基态原子总数。而在一定的浓度范围内，N_0 与待测元素的浓度成正比，所以当原子化器厚度 b 一定时，可以写成

$$A = Kc \qquad (9-4)$$

式(9-4)即为原子吸收分光光度法进行定量分析的基础。即在一定实验条件下，吸光度 A 与浓度 c 成正比，通过测定吸光度即可求出样品中待测元素的含量。

第二节　原子吸收分光光度计的结构和原理

原子吸收分光光度计主要由光源、原子化器、分光系统和检测系统四部分组成。

一、光源

光源的作用就是发射被测元素的特征谱线。光源应符合下列要求：必须使用锐线光源，其发射的共振辐射的半宽度应明显小于被测元素吸收线的半宽度，否则无法准确测定吸收值。发射的光必须具有足够的强度，稳定且背景小。空心阴极灯、蒸气放电灯、高频无极放电灯都满足这些要求，目前应用最为普遍的是空心阴极灯。

1. 空心阴极灯的结构

空心阴极灯又称元素灯，它主要是由阳极、空心阴极、石英透光窗、玻璃管、内充气体和灯脚等组成。如图 9-6 所示，空心阴极灯的主要部分是阴极，阴极为空心圆筒形，用待测元素的高纯金属或合金直接制成。阳极为同心圆环状，它的材料是在钨棒上镶钛丝或钽片。两极密封于充有低压惰性气体的带有石英透光窗的玻璃管中，内充的惰性气体一般为氖气或氩气。

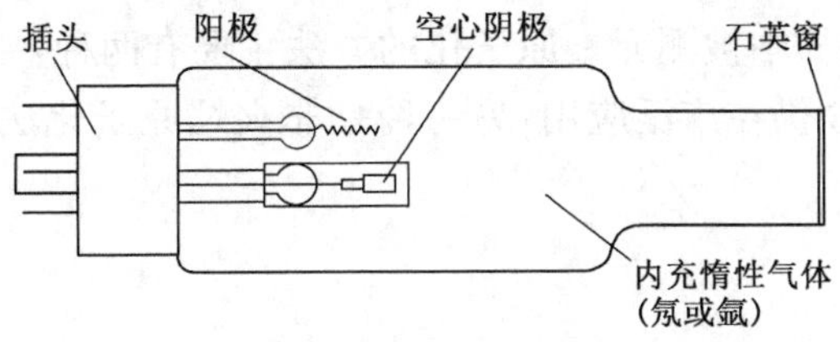

图 9-6　空心阴极灯

2. 空心阴极灯的工作原理

若在阴极和阳极间加上 300～500V 稳定电压时，空心阴极灯内阳极与阴极间开始放电，产生自由电子。阴极发出的电子在电场作用下，从空心阴极高速射向阳极，并与周围惰性气体

分子碰撞，使惰性气体分子电离，产生惰性气体阳离子。惰性气体阳离子在电场作用下快速撞击阴极，使阴极表面的金属原子溅射出来，这些原子再与电子、惰性气体原子或离子发生碰撞而被激发，当这些激发态的原子跃迁回基态时，就会发射出阴极材料的特征谱线。

为了保证光源仅发射频率范围很窄的锐线，要求阴极材料具有很高的纯度。原子吸收应用最广泛的是单元素的空心阴极灯，这类灯发射的光强度高、干扰少，但只能用于一种元素的测定，测定每一种元素都要更换相应的待测元素的空心阴极灯。若阴极材料使用多种元素的合金，可制得多元素灯，使用时只需要更换波长，就能在一个灯上同时解决几个元素的测定，免去了换灯的麻烦，减少预热消耗的时间，但发射强度比单元素灯弱，且易产生干扰。

3. 空心阴极灯的使用

合理使用空心阴极灯，既可以获得符合要求的待测元素的特征发射线，又可延长灯的寿命。

(1)空心阴极灯使用前应充分预热，使灯的发光强度稳定，一般在 5 ~ 20min 以上。

(2)灯在点燃后可从灯的阴极辉光的颜色判断其工作是否正常，判断的一般方法为：充氖气，橙红色；充氩气，淡紫色；汞灯是蓝色。灯内有杂质气体时，负辉光颜色变淡，如充氖气的灯颜色可变为粉红、发蓝或发白，此时可采用“反接去气法”使灯复活：将灯的两极与电源的正负极反接，在灯的最大工作电流下点燃 20 ~ 30min。将灯电源按正常接法，在工作条件下通电作较长时间的处理，也可恢复灯的性能。

(3)元素灯长期不用，应定期(每月或每隔两三个月)点燃处理，即在工作电流下点燃 1h。若灯内有杂质气体，辉光不正常，可进行反接处理。

(4)使用元素灯时，应轻拿轻放。低熔点的灯用完后，要等冷却后才能移动。

(5)为了使空心阴极灯发射强度稳定，要保持空心阴极灯石英窗口洁净，点亮后要盖好灯室盖。

空心阴极灯常采用脉冲供电方式，在实际工作中应选择合适的工作电流，灯电流过小，放电不稳定；灯电流过大，又会引起溅射增强，灯内原子密度增大，发射谱线变宽，使测定灵敏度降度，另外，灯电流过大还会缩短灯的使用寿命。

二、原子化器

原子化器的作用是提供一定的能量，使样品中待测元素转变为能吸收特征辐射的基态原子。对原子化系统的基本要求是：原子化效率高，良好的稳定性和重现性，灵敏度高，干扰少，噪声低及操作方便等。试样中被测元素原子化的方法主要有两种：一种是火焰原子化法，是最早使用的原子化方法，至今仍在广泛应用；另一种是非火焰原子化法，其中应用最广泛的是石墨炉电热原子化法。

1. 火焰原子化器

1)预混合型火焰原子化器的结构

火焰原子化器是利用化学火焰热能提供能量，使被测元素原子化的，目前多采用预混合型火焰原子化器，由雾化器、预混合室、燃烧器三部分组成，其结构如图 9 - 7 所示。试样溶液被雾化器喷成细雾，干燥、溶化、蒸发成气态分子，再在火焰中离解成原子。

实际分析时，先通入助燃气，再通入燃气，两种气体经预混合后到达燃烧器，点火产生火

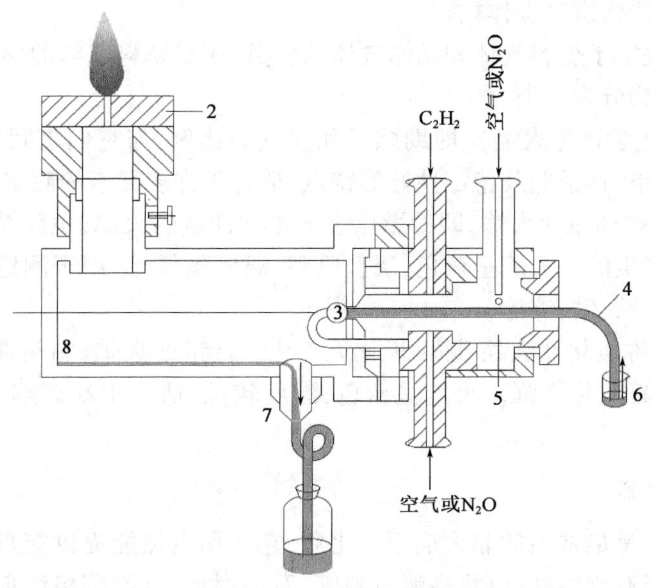

图 9－7　预混合型火焰原子化器的结构示意图

1—火焰;2—燃烧器;3—撞击球;4—毛细管;5—雾化器;6—试液;7—废液排放口;8—预混合室

焰,预处理后的试样溶液由毛细管吸入雾化器,被撞击球分散为细小的雾滴,随气体进入预混合室。在预混合室内雾滴与两种气体混合均匀后,进入燃烧器中,在火焰的高温下试样中的待测元素得到能量,生成基态原子蒸气,未进入燃烧器的试样溶液由废液排放口排出。

(1)雾化器,其作用是将试液雾化成微小的雾滴。雾化器的性能会对灵敏度、测量精度和化学干扰等产生影响,因此要求其喷雾稳定、雾滴细微均匀和雾化效率高。当通入的助燃气以一定压力高速通过毛细管外壁与喷口构成的间隙时,造成负压将试液由毛细管吸上来,在气流中分散成非常细的雾滴。毛细管的前端带有撞击球,以使雾滴变得更细。

(2)预混合室,试液雾化后进入预混合室(也称雾化室),一部分雾滴进一步被细化,并与燃气均匀混合后进入火焰。而部分较大的雾滴凝结在壁上,经预混合室下方废液管排出。为了避免回火爆炸的危险,预混合室的废液排出管必须采用导管弯曲或将导管插入水中等水封形式。

(3)燃烧器,其作用是使燃气在助燃气的作用下形成火焰,使进入火焰的试样微粒原子化。燃烧器一般应满足能使火焰稳定、原子化效率高、吸收光程长、噪声小、背景低的要求。

2)火焰的温度和种类

选择适宜的火焰条件是一项很重要的工作,可根据试样的具体情况确定。一般说来,选用火焰的温度使待测元素恰能分解成基态自由原子为宜,若温度过高,会增加原子电离或激发,而使基态自由原子减少,导致分离灵敏度降低。在原子吸收分析中最常用的火焰有空气—乙炔火焰和氧化亚氮—乙炔火焰两种。

(1)空气—乙炔火焰,最高使用温度约 2600K,是用途最广的一种火焰,能用于测定 35 种以上的元素,但测定易形成难离解氧化物的元素时灵敏度很低。

(2)氧化亚氮—乙炔火焰,温度高达 3300K 左右,这种火焰不但温度高,而且形成强还原性气体,可用于测定空气—乙炔火焰所不能分解的难解离元素,如铝、硅、硼、钨等,并且可消除在其他火焰中可能存在的化学干扰现象。值得注意的是由于氧化亚氮—乙炔火焰容易发生爆炸,因此在操作中应严格遵守操作规程。

火焰温度主要决定于燃料气体和助燃气体的种类,还与燃料气与助燃气的流量有关,按助燃比的不同,可将火焰分为三类。

(1)中性火焰(化学计量火焰),即助燃气和燃气的比例,与它们之间化学计量关系相近。它具有温度高、干扰小、背景低及稳定性好等特点,适合于许多元素的测定。

(2)富燃火焰亦称还原性火焰,即助燃比小于化学计量的火焰,也就是说它是助燃气量减小或燃气量加大时产生的。火焰呈蓝色,层次模糊,温度稍低,适用于测定易形成难离解氧化物的元素:钼、铬、钨、铁、钴、镍等。

(3)贫燃火焰亦称氧化性火焰,即助燃比大于化学计量的火焰,它是在助燃气量加大或燃气量减小时产生的,其氧化性强。火焰呈蓝色,温度较低,适合于易离解、易电离元素的原子化,如碱金属等。

2. 石墨炉原子化器

石墨炉原子化器是最常用的非火焰原子化器,它使用电热能提供能量以实现元素的原子化。石墨炉原子化器有许多种:电热高温石墨管、石墨坩埚、空心阴极溅射、激光等,应用较多的是电热高温石墨管原子化器。

电热高温石墨管原子化器测定时分干燥、灰化、原子化和净化等四个阶段。干燥的目的是蒸发除去试液的溶剂;灰化的作用是在不损失待测元素的前提下,进一步除去有机物或低沸点无机物,以减少基体组分对待测元素的干扰;原子化就是使待测元素成为基态原子;最后升温至 3300K 的高温数秒钟,净化,以便除去残渣。

石墨炉原子化器的优点是:原子化效率高,原子在吸收区域中平均停留时间长,因而灵敏度高;原子化温度高,可用于那些较难挥发和原子化的元素分析;在惰性气体气氛下原子化,对于那些易形成难解离氧化物的元素分析更为有利;进样量少,溶液试样量仅为 1 ~ 50μL,固体试样量仅为几毫克。

缺点:试样组成不均匀性影响较大,背景吸收较强,精密度较差;仪器装置较复杂,价格较贵。

三、分光系统

分光系统由入射狭缝、出射狭缝、反射镜和色散元件组成,其作用是将待测元素的吸收线与其他谱线分开。原子吸收所用的吸收线是锐线光源发出的共振线,谱线比较简单,因此对单色器的色散能力、分辨能力要求不高。目前,商品仪器多采用光栅分光,光栅放置在原子化器之后,以阻止来自原子化器内的所有不需要的辐射进入检测器。

在实际工作中,通常根据谱线结构和待测共振线邻近是否有干扰线来决定狭缝宽度,由于不同类型仪器的单色器的倒线色散率不同,故不用具体的狭缝宽度,而用“单色器通带”表示缝宽。单色器通带是指通过单色器出射狭缝的光的波长范围,其表示式为

$$\text{光谱通带} = \text{缝宽}(\mathrm{mm}) \times \text{倒线色散率}(\mathrm{nm \cdot mm^{-1}})$$

四、检测系统

检测系统由光电元件、放大器和显示装置等组成。光电元件一般采用光电倍增管,其作用是将经过原子蒸气吸收和单色器分光后的微弱光信号转换为电信号。放大器的作用是将光电

倍增管转换的电信号放大后送入显示器。放大器放大后的信号经过对数变换器转换成吸光度信号，再采用微安表、检流计、数字显示器或记录仪打印等方式进行读数。现代国内外商品化的仪器几乎都配备了微处理机系统，具有自动调零、曲线校直、浓度直读、标尺扩展等性能，并附有记录器、打印机、自动进样器及计算机等装置，极大提高了仪器的自动化或半自动化程度。

第三节　原子吸收光谱法的实验技术

一、样品处理技术

样品预处理的目的是将待测组分转化为原子吸收法能测定的形态、浓度并消除共存组分的干扰。根据样品的状态不同，常用的方法有以下两种。

1. 溶解法

原子吸收光谱分析通常是溶液进样，被测样品需要事先转化为溶液样品。对无机试样，首先考虑能否溶于水，应首选去离子水为溶剂来溶解样品，并配成合适的浓度范围。若样品不能溶于水则考虑用稀酸、浓酸或混合酸处理后配成合适浓度的溶液。用酸不能溶解或溶解不完全的样品采用熔融法。

2. 灰化

有机固体样品通常先进行灰化处理，以除去有机化合物基体，再进行溶解。灰化又称消化，分干法和湿法两种。干法灰化是在较高温度下，用氧来氧化样品。湿法消化是在样品升温下用合适的酸加以氧化，最常用的氧化剂是硝酸、硫酸和高氯酸，它们可以单独使用，也可以混合使用。

此外，目前微波消解样品法已被广泛应用，将样品放在聚四氟乙烯焖罐中，于专用微波炉中加热，这种方法样品消解快、分解完全、损失少，对微量、痕量元素的测定结果好。

二、标准溶液的配制

配制标准溶液通常使用各元素合适的盐类来配制，当没有合适的盐类可供使用时，也可直接溶解相应的高纯(99.99%)金属丝、棒、片于合适的溶剂中，然后稀释成所需浓度范围的标准溶液。金属在溶解之前，要磨光或利用稀酸清洗，以除去表面氧化层。

所需标准溶液的浓度在低于$0.1mg \cdot mL^{-1}$时，应先配成比使用的浓度高1~3个数量级的浓溶液(大于$1mg \cdot mL^{-1}$)作为储备液，然后经稀释配成。储备液配制时一般要维持一定酸度，以免器皿表面吸附。配好的储备液应贮于聚四氟乙烯、聚乙烯或硬质玻璃容器中。浓度很小(小于$1\mu g \cdot mL^{-1}$)的标准溶液不稳定，使用时间不应超过1~2d。

标准溶液的浓度下限取决于检出限，从测定精度的观点出发，合适的浓度范围应该是在能产生0.2~0.8单位吸光度或15%~65%透射比之间的浓度。

三、测定条件的选择

在进行原子吸收光谱分析时，为了获得灵敏、重现性好且准确的结果，应对测定条件进行优选，常常需选择以下测定条件：

1. 分析线的选择

选择吸收最强的共振线作分析线，能提高分析的灵敏度。若共振线附近干扰严重，可改用灵敏度较低谱线。例如，As、Se 等元素共振吸收线位于 200nm 以下，火焰组分有明显的吸收，故用火焰原子吸收法测定这些元素时，可改用次灵敏度的谱线作分析线。测定高含量元素时，可以选用灵敏度较低的非共振吸收线作分析线，以便得到适度的吸收值，改善标准曲线的线性范围。

2. 空心阴极灯的工作电流选择

空心阴极灯一般需要预热 10 ~ 30min 才能达到稳定输出。灯电流过小，放电不稳定，且光输出强度小；灯电流过大，发射谱线变宽，导致灵敏度下降，灯寿命缩短。选择灯电流的原则是，在保证放电稳定和适当光强输出情况下，尽量选用低的工作电流。对大多数元素，建议采用空心阴极灯上标明的最大电流的 40% ~ 60% 作为工作电流。最适宜的工作电流要通过实验方法绘出吸光度—灯电流关系曲线，然后选择有最大吸光度读数时的最小灯电流。

3. 狭缝宽度的选择(即光谱通带选择)

在原子吸收分光光度法中，谱线重叠的概率较小，因此在测定时可以使用较宽的狭缝，这样可以增加光强，降低检测器的噪声，从而提高信噪比，改善检测极限。

单色器的狭缝宽度主要是根据待测元素的谱线结构和所选的吸收线附近是否有非吸收干扰来选择的。当吸收线附近无干扰线存在时，放宽狭缝，可以增加光谱通带。若吸收线附近有干扰线存在，在保证有一定强度的情况下，应适当调窄一些，光谱通带一般在 0.5 ~ 4nm 之间选择。合适的狭缝宽度可以通过实验的方法确定，具体方法是：逐渐改变单色器的狭缝宽度，使检测器输出信号最强，即吸光度最大时相应的狭缝宽度。

4. 火焰的选择

在火焰原子化法中，火焰类型和特征是影响原子化效率的主要因素。对低、中温元素，使用空气—乙炔火焰；对高温元素，采用氧化亚氮—乙炔高温火焰；对分析线位于短波(200nm 以下)的元素，使用空气—氢气火焰。选定火焰类型后，应通过实验进一步确定燃气与助燃气流量的合适比例。

5. 燃烧器的高度

根据被测组分在火焰中发生的物理、化学过程，自下而上可将火焰分成干燥、蒸发、热解原子化和氧化还原 4 个区域。火焰的区域不同，基态原子的密度不同，因而测定灵敏度也不同。因此，应调节燃烧器的高度，以使来自空心阴极灯的光束从自由原子浓度最大的火焰区域通过，以期获得最佳的灵敏度。

6. 进样量

在火焰原子化法中，在一定范围内，喷雾样品量增加，原子蒸气的吸光度随之增大。但在样品喷雾量超过一定值时，吸光度反而有所下降。因此，应该在保证燃气与助燃气之间有一定比例和一定总气流量的条件下，测定吸光度随喷雾样品量的变化，达到最大吸光度的样品喷雾量即为最佳样品喷雾量。

石墨炉原子化法的取样量需根据石墨管内容积的大小确定，一般固体进样量 0.1 ~ 10mg，液体进样量 1 ~ 50μL。

技能训练9-1 火焰原子吸收分光光度计的基本操作

一、训练目的

通过训练熟练掌握原子吸收分光光度计的空心阴极灯的安装,气路的开关及仪器的开关机方法;掌握原子吸收分光光度计工作软件的基本操作。

二、仪器与试剂

(1)仪器:TAS-900型原子吸收分光光度计(或其他型号),镁空心阴极灯,空气压缩机,乙炔钢瓶,移液管、容量瓶等常规仪器。

(2)试剂:1.000mg·mL^{-1}镁储备液:准确称取于800℃灼烧至恒重的氧化镁1.6583g,滴加1mol·mL^{-1} HCl至完全溶解,移入1000mL容量瓶中,稀释至标线,摇匀。

三、操作步骤

(1)配制镁标准溶液:

①配制0.1000mg·mL^{-1}镁标准溶液。移取10mL 1.000mg·mL^{-1}镁储备液于100mL容量瓶中,用蒸馏水稀释至标线,摇匀。

②配制5.000μg·mL^{-1}镁标准溶液。移取5mL 0.1000mg·mL^{-1}镁标准溶液于100mL容量瓶中,用蒸馏水稀释至标线,摇匀。

③配制0.300μg·mL^{-1}镁标准溶液。移取6mL 5.000μg·mL^{-1}镁标准溶液于100mL容量瓶中,用蒸馏水稀释至标线,摇匀。

(2)接通电源,打开电脑。

(3)安装空心阴极灯。将镁空心阴极灯小心从盒中取出,打开灯源室门,对准灯脚适配插入,记住灯位编号,盖好灯室门。

(4)打开主机电源。

(5)调节燃烧器,对准光路。调节燃烧器调节钮,使从光源发出的光斑在燃烧缝的正上方,与燃烧缝平行。

(6)打开电脑,进入工作软件,仪器初始化,选择镁元素灯为工作灯,对元素灯的特征波长进行寻峰操作,选择最佳测定波长,并设置实验条件,检查排水安全联锁装置。

(7)打开气源,点火。

①检查各气路气密性,开启排风装置电源开关。排风10min后,接通空飞压缩机电源,将输出压调至0.3MPa。

②开启乙炔钢瓶总阀,调节乙炔钢瓶减压阀输出压为0.05MPa。

③将燃气流量调节到2000~2400mL·min^{-1},点火(若火焰不能点燃,可重新点火,或适当增加乙炔流量后重新点火)。点燃后,应重新调节乙炔流量,选择合适的分析火焰。

注意:点火前关上燃烧室防护罩。点火时,为安全起见,操作者应尽量远离燃烧器,仪器启动前一定要通风。

(8)样品吸光度测定。

在工作软件中设置测定条件,将吸样毛细管插入蒸馏水,待吸光度稳定后点击“校零”,吸光度显示为零。提起毛细管,用滤纸擦去水分。再将毛细管插入镁标准溶液中,待吸光度稳定后读取并记录吸光度。

(9)实验结束工作。

①实验结束,吸喷蒸馏水 5min 后,关闭乙炔钢瓶总阀,熄灭火焰,待压力表指针回零后关闭减压阀,关闭空气压缩机,关闭排风。

②退出工作软件,关闭电脑,关闭仪器电源总开关。

③清洗所用仪器,清理实验台面,填写仪器使用记录,打扫仪器实验室,关闭电源总闸。

四、注意事项

(1)点火时先开空气,后开乙炔。关机时先关乙炔后关空气。

(2)与氮气、空气、氧气钢瓶不同,乙炔钢瓶内充活性炭与丙酮,乙炔溶解在丙酮中,使用时不可完全用完,必须留出 0.5MPa,否则乙炔挥发进入火焰使背景增大,燃烧不稳定。

(3)仪器在接入电源时应有良好的接地。

(4)原子吸收分析中经常接触电气设备、高压钢瓶,使用明火,因此应时刻注意安全,掌握必要的电器常识、急救知识以及灭火器的使用。

(5)安装好空心阴极灯后应将灯室门关闭,灯在转动时不得将手放入灯室内。

(6)当按下点火按钮时应确保其他人员手、脸不在燃烧室上方,并关闭燃烧室防护罩。在燃烧过程中不能用手接触燃烧器,不得在火焰上放置任何东西,或将火焰挪作他用。火焰熄灭后燃烧器仍有高温,20min 内不可触摸。

思考与练习9-1

1. 每个元素测量时所选择的波长、狭缝、灯电流是否应一样?
2. 如何利用仪器测定元素的浓度?

第四节 原子吸收光谱法的定量方法

在一定分析条件下,当被测元素浓度不高、吸收光程固定时,待测试液的吸光度与被测元素的浓度成正比,根据原子吸收基本公式 $A = Kc$,即能进行定量分析。原子吸收光谱分析的定量方法有标准曲线法和标准加入法。

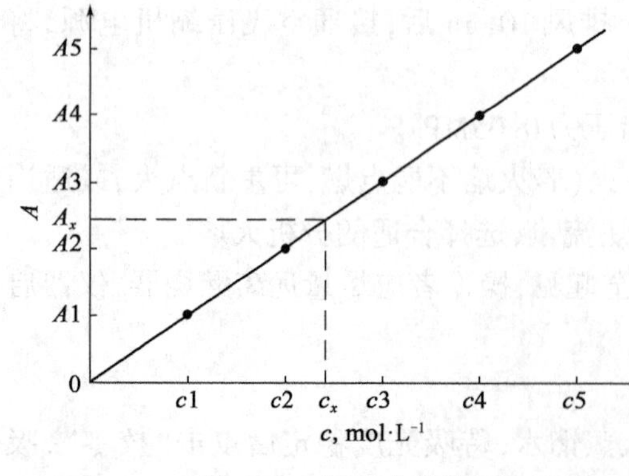

图 9-8 标准曲线法

一、标准曲线法

标准曲线法简便、快速,适用于组成简单或共存元素不干扰的试样,可用于同类大批量样品的测定。

首先配制一组合适的标准溶液,由低浓度到高浓度,依次喷入火焰,分别测定其吸光度 A。然后以测得的吸光度 A 为纵坐标,待测元素的含量或浓度 c 为横坐标,绘制 $A-c$ 标准曲线,如图9-8所示。在相同的实验条件下,喷入待测试样溶液,根据测得的吸光度 A_x,在标准曲线上查出对应的浓度值,或由标准样品数据获得线性方程,将待测试样的吸光度 A_x 数据代入方程计算浓度。

原子吸收光谱分析中标准曲线法与紫外可见分光光度分析中的标准曲线法相似,但原子吸收法标准曲线的斜率经常可能有微小变化,这是由于喷雾效率和火焰状态的微小变化而引起的,而且曲线是否呈线性受许多因素的影响,所以每次进行测定,应同时制作标准曲线,这一点和紫外可见分光光度法有所不同。为保证分析结果有足够的准确度,使用标准曲线法应注意以下几点:

(1)保持标准溶液和试样溶液的性质及组成尽可能接近。

(2)所配制的标准溶液的浓度应在吸光度与浓度呈直线关系的范围内。

(3)设法消除干扰,选择最佳测定条件,并保证整个测定过程中的操作方法和测定条件一致。

(4)每次测定前应随时对标准曲线进行校正。

(5)应扣除空白值。

二、标准加入法

若试样组成比较复杂,则标准溶液的组成难以和样品溶液基体组成保持一致,标准曲线法就难以消除基体干扰,导致测定误差增大,此时可采用标准加入法进行定量分析。

取 4 份(或更多)相同体积的被测试液,从第二份起,分别按一定比例加入不同量的待测元素标准溶液,然后稀释至相同体积,再在相同实验条件下,分别测定其吸光度。设原试样溶液中待测元素浓度为 t_x,加入标准溶液后的实际浓度为 $c_x + c_0$、$c_x + 2c_0$、$c_x + 3c_0$、$c_x + 4c_0$,分别测得的吸光度为 A_x、A_1、A_2、A_3、A_4,以测得的各溶液吸光度 A 对加入的浓度 c 作图,如图9-9所示。将所得的工作曲线向左外推至与浓度轴相交,则交点与坐标原点之间的距离为待测元素的浓度 c_x,所以标准加入法又称作直线外推法或增量法。

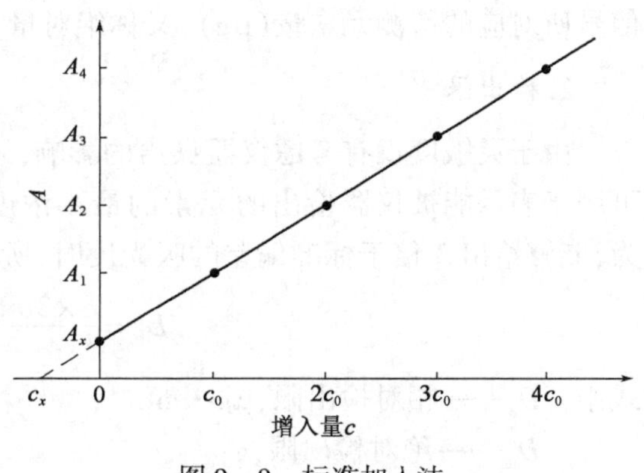

图9-9 标准加入法

使用标准加入法应注意以下几点:

(1)保证在整个测量范围内有良好的线性。

(2)为了得到较为准确的外推结果,最少应采用四个点来做外推曲线,并且加入的第一点标准溶液的浓度应与被测试液浓度相近。这可通过试喷标准溶液和被测试液,比较两者的吸光度来判断。

(3)标准加入法能消除基体干扰影响,但不能消除背景吸收的影响,这是因为相同的信号,既加到样品测定值上,也加到增量后的样品测定值上,因此只有扣除了背景之后,才能得到待测元素的真实含量,否则将得到偏高结果。

三、灵敏度、检出限和回收率

原子吸收光谱中,常用灵敏度、检出限和回收率对定量分析方法及测定结果进行评价。

1. 灵敏度

根据 1975 年 IUPAC 规定,将原子吸收分析法的灵敏度定义为 $A-c$ 工作曲线的斜率(用 S

表示)，即当待测元素的浓度或质量改变一个单位时，吸光度的变化量，其数学表达式为

$$S=\frac{dA}{dc} \qquad S=\frac{dA}{dm}$$

式中 A——吸光度；

c——待测元素浓度；

m——待测元素质量。

在火焰原子吸收分析中，通常用能产生1%吸收(即吸光度值为0.0044)时所对应的待测溶液浓度($\mu g \cdot mL^{-1}$)来表示分析的灵敏度，称为特征浓度(c_c)或特征(相对)灵敏度。特征浓度的测定方法是配制一待测元素的标准溶液(其浓度应在线性范围)，调节仪器最佳条件，测定标准溶液的吸光度，然后按下式计算：

$$c_c=\frac{c\times 0.0044}{A}$$

式中 c_c——特征浓度，$(\mu g \cdot mL^{-1})/1\%$；

c——被测溶液浓度，$\mu g \cdot mL^{-1}$；

A——测得的溶液吸光度。

在电热原子化测定中，常用特征质量来表示测定灵敏度，即能产生1%吸收($A=0.0044$)信号所对应的待测元素量(μg)，又称绝对量。对分析工作特征浓度或特征质量越小越好。

2. 检出限

由于灵敏度没有考虑仪器噪声的影响，故不能作为衡量仪器最小检出量的指标。检出限可用于表示能被仪器检出的元素的最小浓度或最小质量。根据IUPAC规定，将检出限定义为，能够给出3倍于标准偏差的吸光度时，所对应的待测元素的浓度或质量，可用下式计算：

$$D_c=\frac{c\times 3\sigma}{A} \qquad D_m=\frac{cV\times 3\sigma}{A}$$

式中 D_c——相对检出限，$\mu g \cdot mL^{-1}$；

D_m——绝对检出限，g；

c——待测溶液浓度，$g \cdot mL^{-1}$；

V——溶液体积，mL；

σ——空白溶液测量标准偏差。

空白溶液测量标准偏差是对空白溶液或接近空白的待测组分标准溶液的吸光度进行不少于十次的连续测定后，由下式计算求得的：

$$\sigma=\sqrt{\frac{\sum(A_i-\bar{A})^2}{n-1}}$$

式中 A_i——空白溶液单次测量的吸光度；

$\bar{A}$——空白溶液多次平行测定的平均吸光度值；

n——测定次数($n\geqslant 10$)。

检出限取决于仪器稳定性，并随样品基体的类型和溶剂的种类不同而变化。信号的波动来源于光源、火焰及检测器噪声，因而不同类型仪器的检测器可能相差很大。两种不同元素可能有相同的灵敏度，但由于每种元素光源噪声、火焰噪声及检测器噪声等噪声不同，检出限就可能不一样。检出限是仪器性能的一个重要指标。待测元素的存在量只有高出检出限，才可

能可靠地将有效分析信号与噪声信号分开。“未检出”就是待测元素的量低于检出限。

3. 回收率

进行原子吸收分析实验时，通常需要测出所用方法的待测元素的回收率，以此评价方法的准确度和可靠性。回收率的测定可采用下面两种方法：

1) 利用标准物质进行测定

将已知含量的待测元素标准物质，在与试样相同条件下进行预处理，在相同仪器及相同操作条件下，以相同定量方法进行测量，求出标样中待测组分的含量，则回收率为测定值与真实值之比，即

$$\text{回收率} = \frac{\text{含量测定值}}{\text{含量真实值}}$$

此法简便易行，但多数情况下，含量已知的待测元素标样不易得到。

2) 利用标准加入法测定

在给定的实验条件下，先测定未知试样中待测元素的含量，然后在一定量的该试样中，准确加入一定量待测元素，以同样方法进行样品处理。在同样条件下，测定其中待测元素的含量，则回收率等于加标样测定值与未加标样测定值之差与标样加入量之比，即

$$\text{回收率} = \frac{\text{加标样测定值} - \text{未加标样测定值}}{\text{标样加入量}}$$

回收率越接近 1，则方法的可靠性就越高。

技能训练 9－2　火焰原子吸收光谱法测定水中的镁

一、训练目的

通过训练学会用工作曲线法对实际样品进行定量分析的方法；熟练掌握原子吸收分光光度计使用方法。

二、仪器与试剂

(1) 仪器：原子吸收分光光度计（型号 TAS990），空气压缩机，乙炔钢瓶，镁空心阴极灯，移液管、容量瓶等常规玻璃仪器。

(2) 试剂：镁标准储备液（准确称取 800℃ 灼烧至恒重的氧化镁（A. R）1.6583g，滴加 $1mol \cdot L^{-1}$ HCl 至完全溶解，移入 1000mL 容量瓶中，稀释至标线，摇匀。此溶液镁的浓度为 $\rho_{Mg} = 1.000mg \cdot mL^{-1}$）。

三、操作步骤

(1) 配制 $\rho_{Mg} = 0.10\mu g \cdot mL^{-1}$、$0.20\mu g \cdot mL^{-1}$、$0.30\mu g \cdot mL^{-1}$、$0.40\mu g \cdot mL^{-1}$、$0.50\mu g \cdot mL^{-1}$ 的镁标准系列溶液。

分别移取 $5.00\mu g \cdot mL^{-1}$ 镁标准溶液 2.00mL、4.00mL、6.00mL、8.00mL、10.00mL 于 5 个 100mL 容量瓶中，用蒸馏水稀释至标线，摇匀。

$5.00\mu g \cdot mL^{-1}$ 镁标准溶液配制方法见技能训练 9－1。

(2) 试样制备。

移取水样 10.00mL(可根据水质适当调节水样量),加入 100mL 容量瓶中,用蒸馏水稀释至标线,摇匀。

(3)开机预热,调试仪器。

①检查仪器各部件及气路连接正确性和密闭性。

②安装镁空心阴极灯、接通电源、打开电脑、进入工作软件,进行光源对光和燃烧器对光。

③设置仪器条件,将仪器调试到最佳工作条件。

参考设置实验条件为:分析线(285.2nm),光谱通带(0.4nm),空心阴极灯电流(2mA),乙炔流量(2000mL · min^{-1}),燃烧器高度(5mm)。

(4)测量标准系列及样品溶液的吸光度。

在测定之前,先用蒸馏水喷雾,调节吸光度读数至零点,然后由稀至浓逐个测量系列标准溶液的吸光度。再在相同的实验条件下,测量水样的吸光度。

(5)结束工作。

测量结束后,先吸喷蒸馏水清洁燃烧器,然后关闭仪器。关仪器时必须先关闭乙炔气,再关闭空气。清理工作台面和试剂,填写仪器使用记录。

四、实训记录与处理

(1)将镁标准溶液系列的吸光度记录于表 9-1 中,然后以吸光度为纵坐标,质量浓度为横坐标绘制标准曲线。

表 9-1　镁标准溶液吸光度

镁标准溶液体积 V,mL	2.00	4.00	6.00	8.00	10.00
ρ_{Mg},μg · mL^{-1}					
吸光度 A					

(2)根据试样吸光度从工作曲线中找出相应浓度,然后按取样体积求出水样中镁的质量浓度。

(3)换算水样中钙的含量(mg · L^{-1})。

思考与练习9-2

1. 使用工作曲线法定量应注意哪些问题?工作曲线法适用于何种情况下的分析?
2. 如果试样成分较复杂,应怎样进行测定?

本 章 知 识 要 点

一、基本原理

原子吸收光谱法是根据处于基态的待测元素的原子蒸气对特征波长光的吸收,测定试样待测元素含量的分析方法。在使用锐线光源的情况下,定量分析的依据是朗伯—比尔定律,即原子蒸气中基态原子的吸光度与待测元素的原子浓度成正比,当原子化器厚度 b 一定时,吸光度 A 与浓度 c 成正比,数学表达式 $A = Kc$。

二、原子吸收分光光度计

原子吸收分光光度计由光源、原子化器、分光系统和检测系统四部分组成。

光源的作用就是发射被测元素的特征谱线，目前应用最为普遍的是空心阴极灯。原子化器的作用是提供一定的能量，使样品中待测元素转变为能吸收特征辐射的基态原子。方法主要有两种：一种是火焰原子化法，另一种是非火焰原子化法。分光系统由入射狭缝、出射狭缝、反射镜和色散元件组成，其作用是将待测元素的吸收线与其他谱线分开。检测系统由光电元件、放大器和显示装置等组成，其作用是将经过原子蒸气吸收和单色器分光后的微弱光信号转换为电信号，放大后送入显示器。

三、原子吸收定量分析的方法

原子吸收定量分析的方法主要有工作曲线法和标准加入法。标准曲线法简便、快速，适用于组成简单或共存元素不干扰的试样，可用于同类大批量样品的测定。若试样组成比较复杂，可采用标准加入法进行定量分析。

四、实验技术

对于实际样品，一般需预处理将待测组分转化为原子吸收法能测定的形态、浓度并消除共存组分的干扰。根据样品的状态不同，常用的预处理方法有溶解法和灰化法。

标准溶液的配制，合适的浓度范围应该是在能产生0.2～0.8单位吸光度或15%～65%透射比之间的浓度。

分析方法的灵敏度、准确度和测定条件的选择有关，可以进行单因素实验，选择最佳的测定条件。即先将其他因素固定在同一水平上，逐一改变所研究因素的条件，然后测定某一标准溶液的吸光度，选取吸光度大且稳定性好的条件。

本章考核要点

<table>
<tr><th colspan="2">考核范围</th><th>考核内容</th><th>鉴定方式</th><th>考核比例,%</th></tr>
<tr><td colspan="2">知识要求</td><td>①原子吸收光谱法基本概念
②原子吸收光谱仪的基本结构
③原子吸收光谱操作条件的选择
④原子吸收光谱定量方法的运用</td><td>笔试</td><td>10</td></tr>
<tr><td rowspan="4">技能要求</td><td>原子吸收光谱仪的使用</td><td>①安装空心阴极灯、开关气路、开关仪器方法正确
②最佳实验条件的选择正确
③各种干扰的消除方法正确
④每次测量后调零方法正确
⑤工作软件使用正确</td><td>操作</td><td>15</td></tr>
<tr><td>实验数据记录及处理</td><td>①及时、准确、无涂改，字迹端正，清楚，内容齐全
②有效数字位数与仪器精度符合公式运用正确；无计算错误，计量单位正确</td><td>操作</td><td>10</td></tr>
<tr><td rowspan="2">分析结果</td><td>工作曲线线性相关系数 >0.9999</td><td>操作</td><td>25</td></tr>
<tr><td>精密度平行测定间的相对平均偏差 $<2\%$</td><td>操作</td><td>25</td></tr>
</table>

续表

考核范围	考核内容	鉴定方式	考核比例,%
安全与其他	①合理安排时间,和同组人员团结合作 ②保持整洁有序的工作环境	操作	15

本章自测题

一、填空题

1. 原子吸收光谱法是通过测量待测元素的__________对__________的吸收来求得该元素的含量。

2. 共振发射线是由__________向__________跃迁形成的,共振吸收线则是由__________向__________跃迁形成的。

3. 原子吸收分光光度计的原子化器有__________原子化器和__________原子化器两大类。

4. 用原子吸收法测定时,采取__________和__________方法可消除化学干扰。

5. 原子吸收分光光度法中,造成谱线变宽的主要原因有__________、__________和__________。

二、选择题

1. 原子吸收光谱法中的吸光物质的状态应为(　　)。

   A. 激发态原子蒸气　　B. 基态原子蒸气

   C. 溶液中分子　　D. 溶液中离子

2. 原子吸收中光源的作用是(　　)

   A. 提供试样蒸发和激发所需要的能量　　B. 产生紫外光

   C. 发射待测元素的特征谱线　　D. 产生足够浓度的散射光

3. 空心阴极灯的主要操作参数是(　　)。

   A. 灯电流　　B. 灯电压

   C. 阴极温度　　D. 内充气体压力

4. 欲分析 165 ~360nm 波谱区的原子吸收光谱,应选用的光源是(　　)。

   A. 钨灯　　B. 能斯特灯

   C. 空心阴极灯　　D. 氘灯

5. 原子吸收分光光度计工作时须用多种气体,下列气体不是 AAS 室使用气体的是(　　)。

   A. 空气　　B. 乙炔气　　C. 氮气　　D. 氧气

6. 在原子吸收分析中,测定元素的灵敏度、准确度及干扰等,在很大程度上取决于(　　)。

   A. 空心阴极灯　　B. 火焰　　C. 原子化系统　　D. 分光系统

7. 下列火焰适于 Cr 元素测定的是(　　)。

   A. 中性火焰　　B. 化学计量火焰　　C. 富燃火焰　　D. 贫燃火焰

8. 调节燃烧器高度的目的是得到(　　)。

A. 最大吸光度　　B. 最大透光率　　C. 最大入射光强　D. 最高火焰温度

9. 原子吸收光谱法中,对于组成复杂、干扰较多而又不清楚组成的样品,可采用的定量方法是(　　)。

A. 标准加入法　　B. 标准曲线法　　C. 直接比较法　　D. 工作曲线法

10. 在原子吸收光谱法中,要求标准溶液和待测试液的组成尽可能相似,且在整个分析过程中操作条件保持不变的分析方法是(　　)。

A. 标准加入法　　B. 标准曲线法　　C. 内标法　　D. 归一化法

三、简答题

1. 原子吸收分光光度法所用仪器由哪几部分组成,每个主要部分的作用是什么?

2. 应用原子吸收光谱法进行定量分析的依据是什么?进行定量分析有哪些方法?

四、计算题

1. 使用285.2nm的共振线,用配制的镁标准溶液得到下列分析数据:

镁标准溶液,$\mu g \cdot mL^{-1}$	0.00	0.20	0.40	0.60	0.80	1.00
吸光度 A	0.000	0.079	0.161	0.236	0.318	0.398

取血清2.00mL,用水稀释50倍,在同样条件下测得吸光度为0.213,求血清中镁的含量。

2. 称取某含铬试样2.1251g,经处理溶解后,移入50mL容量瓶中,稀释至刻线。在4个50mL容量瓶内,分别精确加入上述样品溶液10.00mL,然后依次加入浓度为0.10$mg \cdot mL^{-1}$的铬标准溶液0.00mL、0.50mL、1.00mL、1.50mL,稀释至刻度,摇匀,在原子吸收分光光度计上测得相应吸光度分别为0.061、0.182、0.303、0.415,试计算试样中铬的质量分数。

第十章　电位分析法

学习指南　电位分析法是非常重要也是非常常用的一种仪器分析方法。通过本章内容的学习应了解电位分析法的基础知识；掌握电位分析法的理论依据；理解参比电极和指示电极的类型与特点，特别是掌握离子选择性电极的类型和性能；掌握直接电位法测量溶液 pH 值和离子活度的方法；掌握电位滴定法的测定原理和应用；了解电位测量的仪器（离子计、pH 计等）。

电位分析法是电化学分析法的一个重要分支。电化学分析法是应用电化学原理和技术，利用化学电池内被分析溶液的组成及含量与其电信号的关系而建立起来的对样品进行定性定量分析的一种方法。电化学分析法所采用的测量参数通常是电位、电流、电导、电量等电信号。依据测量参数的不同，电化学分析法主要分为电位分析法、电导分析法、电解分析法、库仑分析法、极谱分析法等。

电化学分析法具有灵敏度高、准确度高、选择性好、测量速度快、应用广泛等特点，被测物质的最低量可以达到 $10^{-12}moL \cdot L^{-1}$，所使用的电化学仪器装置通常较为简单，且操作方便，易于实现自动化和连续分析，因此电位分析法目前广泛应用于化工、石油、地质、轻工、环境保护等多个领域，尤其适合于化工生产中的自动控制和在线分析。

第一节　参比电极和指示电极

电位分析法是在通过电池电流为零的情况下测量电池的电极电位，以确定物质含量的方法。从原则上讲，测量了电极的电位就可以根据能斯特方程求出参与电极反应的离子的活度（浓度）。事实上，单一电极的电位是无法直接测量的。在电位分析法中，需要以一支电位恒定且已知的电极作参比，然后测量两个电极间的电位差，从而求出待测电极的电位。我们将能指示被测离子活度（或浓度）变化的电极称为指示电极；把电极电位恒定且不受待测离子影响的电极称参比电极。在电位分析法中应用的参比电极和指示电极有很多种，以下将介绍几种常用的参比电极和指示电极。

一、参比电极

通常参比电极包括标准氢电极、甘汞电极和 Ag - AgCl 电极。标准氢电极（NHE）是最精确的参比电极，是参比电极的一级标准，它的电位值在任何温度下都是 0V，但是标准氢电极制作麻烦，氢气的净化、压力的控制等也难于满足要求，而且铂黑易中毒，严格地讲，标准氢电极只是理想的电极，实际上并不能实现。因此，实际工作中常用的参比电极有甘汞电极和 Ag - AgCl 电极。

1. 甘汞电极

1) 电极结构

甘汞电极由金属汞、Hg_2Cl_2(甘汞)和 KCl 溶液组成,其内玻璃管中封接一根铂丝,铂丝插入纯汞中(厚约 0.5 ~1cm),下置一层甘汞和汞的糊状物;外玻璃管中装入 KCl 溶液;电极下端与被测溶液接触部分是以石棉丝或玻璃砂芯等多孔物质组成的通道,其结构如图 10 - 1 所示。

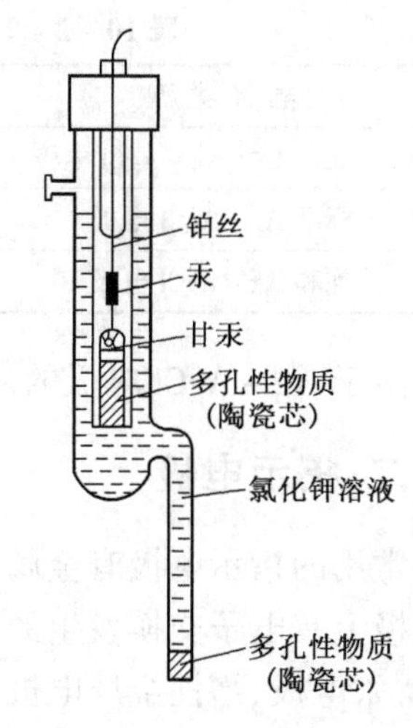

图 10 - 1 甘汞电极结构示意图

2) 电极表示

甘汞电极可以写作 $Hg, Hg_2Cl_2(s) \mid KCl(c)$。

电极反应为

$$Hg_2Cl_2 + 2e \rightleftharpoons 2Hg + 2Cl^-$$

25℃电极电位为

$$E_{Hg_2Cl_2} = E^0_{Hg_2Cl_2} - 0.0592 \lg \alpha_{Cl^-} \qquad (10-1)$$

式(10 - 1)表明,在一定温度下,甘汞电极电位主要取决于溶液中 KCl 溶液的活度,当 KCl 溶液的活度一定,电极电位就保持恒定,常用的甘汞电极电位见表 10 - 1。

表 10 - 1 25℃时甘汞电极的电极电位(相对于标准氢电极)

电极类型	KCl 溶液浓度,$moL \cdot L^{-1}$	电极电位,V
0.1 $moL \cdot L^{-1}$甘汞电极	0.1	0.3365
标准甘汞电极(NCE)	1.0	0.2828
饱和甘汞电极(SCE)	饱和溶液	0.2438

由于饱和 KCl 溶液的浓度易于控制,因此,饱和甘汞电极为最常用的参比电极。

2. Ag - AgCl 电极

1) 电极结构

Ag - AgCl 电极是在银丝上镀一层 AgCl,浸在一定浓度的 KCl 液中,其结构如图 10 - 2 所示。

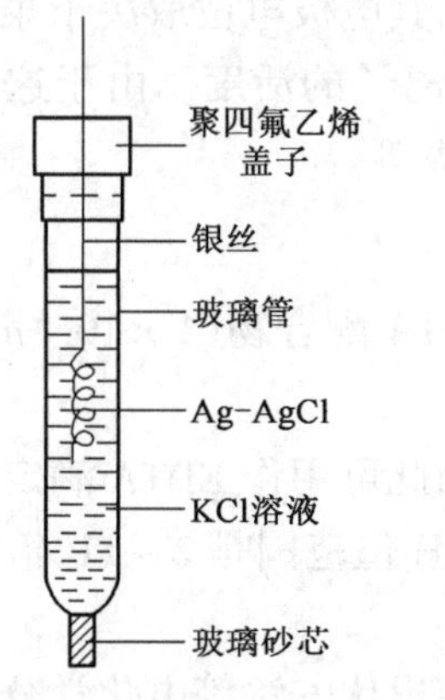

图 10 - 2 Ag - AgCl 电极结构示意图

2) 电极表示

Ag - AgCl 电极可以写作:$Ag, AgCl(s) \mid KCl(c)$。

电极反应为

$$AgCl + e \rightleftharpoons Ag + Cl^-$$

25℃电极电位为

$$E_{AgCl/Ag} = E^0_{AgCl/Ag} - 0.0592 \lg \alpha_{Cl^-} \qquad (10-2)$$

式(10 - 2)表明,在一定温度下,Ag - AgCl 电极电位主要取决于溶液中 KCl 溶液的活度,当 KCl 溶液的活度一定,电极电位就保持恒定,常用的甘汞电极电位见表 10 - 2。

表 10-2　25℃时 Ag-AgCl 电极的电极电位(相对于标准氢电极)

电 极 类 型	KCl 溶液浓度,$mol\cdot L^{-1}$	电极电位,V
0.1$mol\cdot L^{-1}$ Ag-AgCl 电极	0.1	0.2880
标准 Ag-AgCl 电极	1.0	0.2223
饱和 Ag-AgCl 电极	饱和溶液	0.2000

由于 Ag-AgCl 电极的体积小,因此常用作离子选择性电极的内参比电极。

二、指示电极

常用的指示电极有金属基电极和离子选择性电极。金属基电极以金属为基体,共同特点是电极上有电子交换发生的氧化还原反应,主要包括金属—金属离子电极、金属—金属难溶盐电极、汞电极、惰性金属电极等。对指示电极的要求是电极电位与待测离子活度有良好线性关系、电极电位稳定、反应速度快、重现性好、易于制作和操作。

1. 金属基电极

1) 金属—金属离子电极

金属—金属离子电极,也称第一类电极,是将能够发生氧化还原反应的金属浸在含有该种金属离子的溶液中达到平衡后构成的电极。

例如,Ag 与 Ag^+ 组成的电极,其电极可以写作:Ag | Ag^+(a)。

电极反应为

$$Ag^+ + e \rightleftharpoons Ag$$

25℃电极电位为

$$E_{Ag^+/Ag} = E^0_{Ag^+/Ag} + 0.0592\lg\alpha_{Ag^+} \qquad (10-3)$$

式(10-3)表明,在一定温度下,该电极电位仅与溶液中 Ag^+ 的活度有关。因此,该电极不但可用来测定溶液中银离子活度,而且可用于电位滴定。汞、铜、铅、锌、锡、镉、铋等金属都可以组成这类指示电极。

2) 金属—金属难溶盐电极

金属—金属难溶盐电极,也称第二类电极,是由金属表面带有该金属难溶盐的涂层,浸在与其难溶盐有相同阴离子的溶液中达到平衡后所构成的电极。其电极电位取决于难溶盐阴离子的活度,可用于测定不参与电子转移的金属难溶盐的同种阴离子的活度。由于这类电极电位稳定、重现性好,常用作参比电极,如甘汞电极、Ag-AgCl 电极等。

3) 汞电极

汞电极,也称第三类电极,是由金属汞浸入含少量 Hg-EDTA 配合物($1\times10^{-6}mol\cdot L^{-1}$)及待测金属离子 M^{n+} 的溶液中达到平衡后构成的电极。

在一定条件下,汞电极电位仅与溶液中 M^{n+} 的活度有关,因此可用作 EDTA 滴定 M^{n+} 的指示电极。汞电极能用于约 30 种金属离子的电位滴定,适用的 pH 值范围是 2~11,恰是配位滴定通用的适宜酸度范围。

汞电极还可制成滴汞、悬汞、汞膜等形式电极,在极谱法、溶出伏安法等电化学分析中用做指示电极。

4)惰性金属电极

惰性金属电极,也称零类电极,是将惰性金属(如铂、金、石墨等)插入含有可溶性氧化态或还原态待测金属离子的溶液中构成的电极。这类电极本身并不参加电极反应,仅起到传导电子的作用,其电极电位取决于溶液中金属的氧化态和还原态的活度比。这类电极一般应用于电位滴定中,最常用的是铂电极。

由于金属基电极电位主要来源于电极表面的氧化还原反应,影响因素较多,因此其选择性远不如离子选择性电极。

2. 离子选择性电极

离子选择性电极(ISE),是通过特制的电极薄膜使电极电位对溶液中某种特定离子有选择性响应,从而可用于测定该特定离子活度的电极。离子选择性电极都具有一个敏感膜,所以又称为膜电极。自20世纪60年代以来发展很快,出现了许多类型,根据国际纯粹与应用化学联合会(IUPAC)建议,将离子选择性电极分为如图10-3所示的几类。

本章主要介绍pH玻璃电极和氟离子选择性电极。

1)pH玻璃电极

pH玻璃电极是世界上应用最早最广泛的离子选择性电极,属于刚性基质电极。用来测定溶液中H^+的活度。

pH玻璃电极由玻璃膜、内参比电极、内参比溶液组成,其结构如图10-4所示。

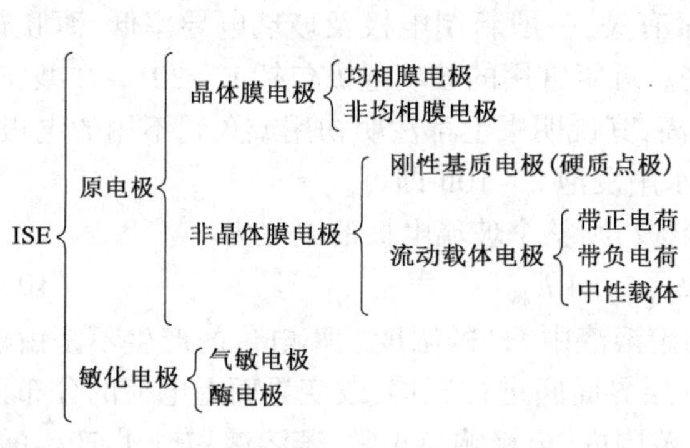

图10-3　离子选择性电极的分类

导线
绝缘帽
玻璃电极杆
Ag-AgCl电极
内充液
玻璃膜

图10-4　玻璃电极结构示意图

玻璃膜是由特殊成分的玻璃制成,即在SiO_2基质中加入Na_2O、Li_2O和CaO烧结而成的特殊玻璃,膜厚约30~100μm。内参比电极为Ag-AgCl电极。内参比溶液通常为$0.1mol\cdot L^{-1}$ HCl溶液。

跨越玻璃膜两个溶液之间产生的电位差称为膜电位,用$E_{膜}$表示。膜电位的产生与其结构组成有关,当在玻璃SiO_2中加入少量Na_2O后,部分硅—氧键断裂,形成带负电荷的硅氧结构,并与带正电荷的Na^+结合,形成Na^+-O-Si。当pH玻璃电极浸泡在水中或稀酸溶液中时,会发生如下离子交换反应:

$$H^+ + Na^+ - O - Si \Longrightarrow Na^+ + H^+ - O - Si$$

上述反应的平衡常数很大,有利于反应向右进行。当玻璃膜与水溶液接触时,水分子渗透到膜中使玻璃膜溶胀形成水合硅胶层,允许直径很小而活动能力强的H_3O^+进入玻璃结构空

隙与 Na^+ 交换。交换达到平衡后，玻璃膜表面的 Na^+ 几乎全部被溶液中的 H^+ 取代，从而由水合硅胶层到膜内部，H^+ 数目逐渐减少，Na^+ 数目逐渐增加，在膜的中部为干玻璃层，浸泡后的玻璃膜结构如图 10－5 所示。

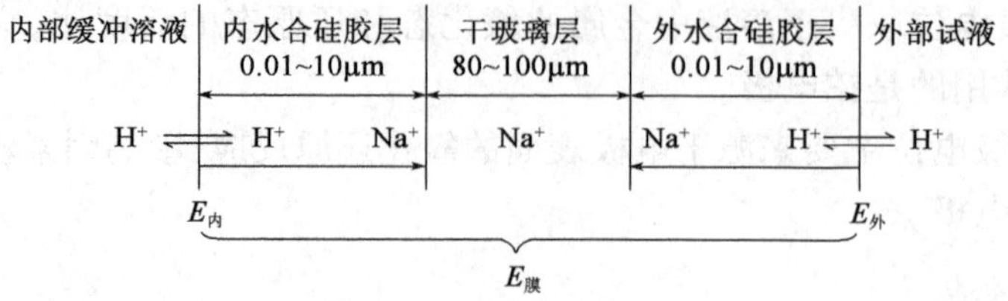

图 10－5　浸泡后玻璃膜示意图

当浸泡好的玻璃电极插入待测溶液中时，外部水合硅胶层与试液接触，由于水合硅胶层表面和溶液中的 H^+ 活度不同，H^+ 从活度大的一方向活度小的一方迁移并建立平衡。从而改变了水合硅胶层和溶液两相界面上的电荷分布，产生相界电位 $E_{外}$。

同理，内部水合硅胶层与内部缓冲液界面也存在一定的相界电位 $E_{内}$。

$$E_{膜} = E_{外} - E_{内} = K + 0.0592\lg\alpha_{H^+(外)} = K - 0.0592pH_{(外)} \qquad (10-4)$$

式中　K——常数，由玻璃膜电极本身决定。

当玻璃膜内、外溶液中 H^+ 浓度相同时，理论上膜电位应该为零，但实际上不为零，此时的电位称为不对称电位。它是由于玻璃膜内外表面含钠量、表面张力以及机械和化学损伤等微小差异所引起的。因此，玻璃电极使用前必须浸泡一段时间，从而可使不对称电位达到最小且恒定。浸泡时间与玻璃组成、薄膜厚度等因素有关，一般新制电极及玻璃电导率低、薄膜较厚的电极浸泡时间为 24h；反之浸泡时间可短些。近年常用的玻璃电极包括 E－201－C 型、65－1Q 型复合电极，因玻璃质量与制作工艺的提高，其说明书上都注明初用或久置不用的电极，使用时只需在 $3mol \cdot L^{-1}$ 的 KCl 溶液或去离子水中浸泡 2～10h 即可。

若玻璃电极的内参比电极为 Ag－AgCl 电极，则整个玻璃电极的电位为

$$E_{玻璃} = E_{AgCl/Ag} + E_{膜} \qquad (10-5)$$

玻璃电极只对 H^+ 有选择性响应，可以测定溶液中 H^+ 的浓度。膜电位的产生不是由于电子的得失或转移，而是由于 H^+ 在溶液和硅胶层界面间进行迁移，改变界面上电荷的分布而产生的相界电位。玻璃电极在溶液 pH 为 1～9 范围内，电极响应正常；若溶液 $pH < 1$，产生酸差，测定溶液 pH 值读数偏高，误差在 0.1pH 单位以内；若溶液 $pH > 10$，产生碱差，又称钠差，测定溶液 pH 值读数偏低。

玻璃电极测定速度快，结果准确度高，不受待测溶液氧化还原性、颜色以及浑浊或胶态等影响，不玷污试液，选择性高，应用范围广，但电极玻璃膜球泡薄，容易破碎。

2）氟离子选择性电极

氟离子电极属于晶体膜电极中难溶盐单晶膜电极，是一种性能好，应用广泛的离子选择性电极，其结构如图 10－6 所示。

电极膜为掺有微量氟化铕（EuF_2）的氟化镧（LaF_3）单晶切片，将膜封在硬塑料管的一端；内参比溶液为 $0.1mol \cdot L^{-1}$ NaCl 和 $0.1 \sim 0.01mol \cdot L^{-1}$ NaF 混合溶液；内参比电极为 Ag－AgCl 电极。

氟离子电极膜电位的产生与 pH 玻璃电极相似。当氟离子电极插入含有 F^- 的溶液中，F^- 在晶体膜表面进行交换，进而产生膜电位。25℃时，膜电位可表示为

$$E_{膜} = K - 0.0592\lg\alpha_{F^-} = K + 0.0592pF_{试} \tag{10-6}$$

氟电极选择性较高。当溶液中 Cl^-、Br^-、I^-、SO_4^{2-} 等的含量为 F^- 含量的1000倍时，测定结果无明显干扰。线性范围宽。待测溶液浓度可以在 $1 \sim 10^{-6}$ mol · L^{-1} 范围内准确测定。待测溶液的 pH 值需控制在 5 ~ 6。当溶液 pH 值过高时，溶液中的 OH^- 与氟化镧晶膜中的 F^- 交换，OH^- 与 La^{3+} 结合，使测定结果偏高；当溶液 pH 值过低时，溶液中的 F^- 与 H^+ 结合生成 HF、HF^{2-} 等，消耗待测溶液中的 F^-，使测定结果偏低。

3）多晶膜电极

多晶膜电极又称压片电极。这类电极的薄膜是由难溶盐的沉淀粉末，在高压下压制而成的。例如，由 Ag_2S 压片制成 S^{2-} 极、Ag^+ 电极，由卤化银压片制成 Cl^- 电极、Br^- 电极、I^- 电极。这类电极有较好的选择性，但存在与银离子生成配合物的阴离子（如 CN^-），与 S^{2-} 生成沉淀的阳离子（如 Hg^{2+}）会干扰测定。

4）流动载体电极

流动载体电极，也称液态膜电极，它是由两个套管组成。Ca^{2+} 电极是这类电极的代表，其结构如图 10－7 所示。

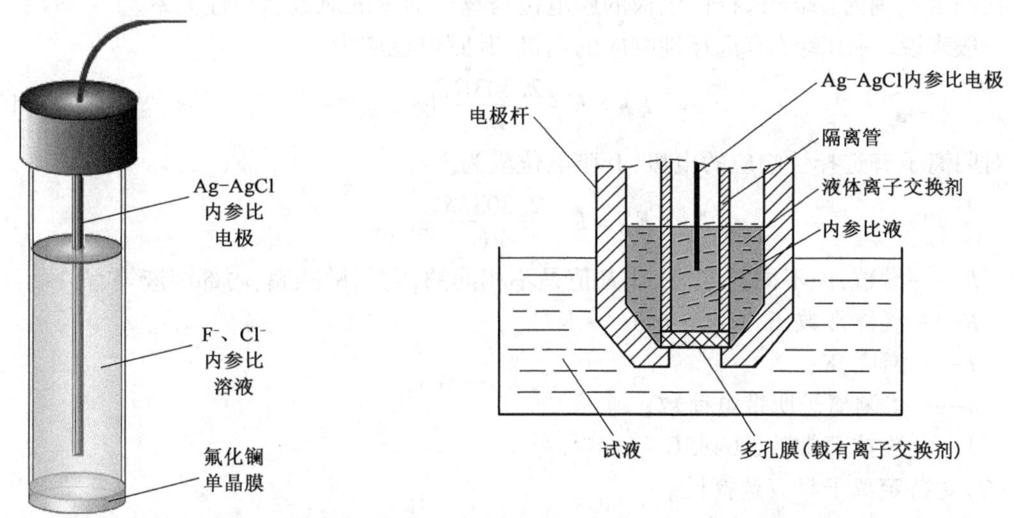

图 10－6　氟电极结构示意图　　图 10－7　流动载体电极

内参比电极为 Ag－AgCl 电极。

电极管内装有两种溶液，一种是内参比溶液，0.1mol · L^{-1} $CaCl_2$ 水溶液，另一种是二癸基磷酸钙的苯基磷酸二辛酯溶液（液体离子交换剂），底部用多孔膜材料与试液分开。

电极薄膜是由待测离子的盐类、螯合物等溶解在不与水混溶的有机溶剂中，再使这种有机溶液渗入惰性多孔物质而制成，多孔物质为疏水性的，仅支持离子交换剂液体形成一层薄膜。

当钙离子电极插入待测溶液中，由于膜相 Ca^{2+} 离子能自由地出入于有机液体离子交换剂，而 Ca^{2+} 在水相中（待测溶液和内参比溶液）的活度与在有机相中活度存在差异，从而在两相之间产生相界电位。

Ca^{2+} 电极适用的溶液 pH 值为 5 ~ 11，可测出 Ca^{2+} 的最低浓度为 10^{-5} mol · L^{-1}。

液态膜电极的选择性在很大程度上取决于液体离子交换剂对阳离子或阴离子的离子交换

选择性,但一般不如固态膜电极的选择性高。

5)敏化电极

敏化电极是在主体电极上覆盖一层膜或一层物质,使电极性能提高或改变其选择性,包括气敏电极、酶电极和生物电极等。

敏化电极其实是一种复合电极,如气敏电极就是以 pH 玻璃电极为指示电极,Ag - AgCl 电极为参比电极组成复合电极,将复合电极插入中介液中,待测气体通过气体渗透膜与中介液反应,并改变其 pH 值,从而可测得诸如 CO_2(中介液为 $NaHCO_3$)或 NH_4^+(中介液为 NH_4Cl)的浓度。

酶电极是在主体电极上覆盖一层酶,通过酶的界面催化,将被测物质转变为适宜于电极测定的物质。酶电极价格昂贵,且寿命较短,使应用受到限制。

生物电极是将动物或植物组织覆盖于主体电极上构成。

6)离子选择性电极的主要性能

评价离子选择性电极的性能,应从以下几个方面考虑。

(1)与能斯特方程相符程度。

在一定范围内,离子选择性电极的膜电位与离子活度的对数呈线性关系。

一般来说,对阳离子有选择性响应的电极,其膜电位应为

$$E_{膜} = K + \frac{2.303RT}{nF}\lg\alpha_{阳离子} \tag{10-7}$$

对阴离子有选择性响应的电极,其膜电位应为

$$E_{膜} = K - \frac{2.303RT}{nF}\lg\alpha_{阴离子} \tag{10-8}$$

式中 K——常数,但不同的电极,其 K 值是不相同的,它与敏感膜、内部溶液等有关;

R——气体常数,$8.314 J \cdot mol^{-1} \cdot K^{-1}$;

T——温度,K;

n——待测离子所带电荷数;

F——法拉第常数,$96485 C \cdot mol^{-1}$。

(2)对特定离子具有选择性。

离子选择性电极不仅对待测离子有响应,有时对共存的其他离子也可能产生膜电位。

如果待测试液中除了价数为 n 的待测离子 i 外,还有价数为 m 的干扰离子 j,它们的活度分别为 α_i 和 α_j,其膜电位为

$$E_{膜} = K \pm \frac{0.0592}{n}\lg[\alpha_i + K_{ij}(\alpha_j)^{n_i/n_j}] \tag{10-9}$$

式中 K_{ij}——电极选择性系数。

电极选择性系数是指在相同的实验条件下,产生相同电位的待测离子活度 α_i 与干扰离子活度 α_j 的比值,即

$$K_{ij} = \frac{\alpha_i}{(\alpha_j)^{n_i/n_j}} \tag{10-10}$$

例如 $K_{ij} = 0.01$,则说明 α_j 是 α_i 的 100 倍时,两者产生的电位相等。

该系数不是一个常数,但可以利用该系数判断干扰离子存在时是否影响分析结果。K_{ij} 越小,对被测离子选择性越好,干扰越小,表示电极选择性越高,通常要求 $K_{ij} \ll 1$。

需要注意的是，离子选择性系数的大小随电极材料、测定方法、测定条件及共存离子的不同而有所差异，因此该数值只可以用来估算干扰离子在测定过程中所产生的误差，判断在某些干扰离子存在的情况下测定方法是否可行。相对误差的计算公式为

$$E_r = \frac{K_{ij}(\alpha_j)^{n_i/n_j}}{\alpha_i} \times 100\% \tag{10-11}$$

(3)线性范围和检测下限。

离子选择性电极线性范围越宽，检测下限越低越好。但不可能低于电极薄膜本身溶解所产生的离子活度。

(4)电极响应时间。

离子选择性电极响应时间越短，速度越快越好。一般溶液浓度大、温度高、测量时搅拌，平衡时间短，电极响应速度快。

(5)溶液温度和 pH 值范围。

离子选择性电极要有较宽的有效 pH 值测定范围和适用温度范围。

第二节　直接电位法

直接电位法是通过测量工作电池的电极电位，再由能斯特方程直接求出物质离子活度的一种分析方法。可用于溶液 pH 值的测定、F^- 离子含量的测定等。

一、pH 值的电位法测定

电位法测定溶液的 pH 值，通常采用 pH 玻璃电极做指示电极，饱和甘汞电极作参比电极，与待测溶液组成工作电池。

1. 测定原理

测量电池表示为

$$\mathrm{Ag, AgCl} \mid \mathrm{HCl} \mid \text{玻璃膜} \mid \text{试液} \parallel \mathrm{KCl}(\text{饱和}) \mid \mathrm{Hg_2Cl_2, Hg}$$

$$E_{\text{膜}} \qquad\qquad E_L$$

$$|\longleftarrow \text{玻璃电极} \longrightarrow| \qquad |\longleftarrow \text{甘汞电极} \longrightarrow|$$

25℃时，电池电极电位为

$$\begin{aligned} E &= E_{\text{参比电极}} - E_{\text{指示电极}} \\ &= E_{\mathrm{Hg_2Cl_2}} - E_{\text{玻璃}} + E_L \\ &= E_{\mathrm{Hg_2Cl_2}} - (E_{\mathrm{Ag/AgCl}} + E_{\text{膜}}) + E_L \end{aligned} \tag{10-12}$$

E_L是液体接界电位，简称液接电位。当两种组成不同或浓度不同的溶液相接触时，由于正负离子扩散速度不同，在两种溶液的界面上电荷分布不同，从而产生电位差，即为液接电位 E_L。在电池中通常用盐桥连接两种电解质溶液，使 E_L减至最小。在一定条件下 E_L为一常数。

将式(10－6)代入式(10－12)，得出电池的电极电位为

$$E = E_{\mathrm{Hg_2Cl_2}} - E_{\mathrm{Ag/AgCl}} - K + 0.0592\mathrm{pH}_{\text{试}} + E_L \tag{10-13}$$

其中，$E_{\mathrm{Hg_2Cl_2}}$、$E_{\mathrm{Ag/AgCl}}$、K 和 E_L在一定条件下都是常数，将其合并为常数 K'，则式(10－13)可表示为

$$E = K' + 0.0592\text{pH}_{试} \quad (10-14)$$

K'值为一常数，包括内、外参比电极的电极电位，还包括难以测量和计算的E_L等项。因此在实际工作中，并不是用式(10－14)直接计算溶液的pH值，而是用已知pH值的标准缓冲溶液作为基准，并在相同条件下，分别测定包含待测溶液和标准缓冲溶液的两个工作电池的电极电位，得到下列二式：

$$E_{试} = K' + 0.0592\text{pH}_{试} \quad (10-15)$$

$$E_{标} = K' + 0.0592\text{pH}_{标} \quad (10-16)$$

合并二式可得：

$$\text{pH}_{试} = \text{pH}_{标} + \frac{E_{试} - E_{标}}{0.0592} \quad (10-17)$$

将式(10－17)变换成其他任意温度下的计算式，即

$$\text{pH}_{试} = \text{pH}_{标} + \frac{2.303RT}{F}(E_{试} - E_{标}) \quad (10-18)$$

式(10－18)即为按实际操作方式对水溶液pH值的实用定义，也称为pH标度。式中的$\text{pH}_{标}$为已知的确定值，通过测量$E_{试}$和$E_{标}$即可求得$\text{pH}_{试}$。

2. 标准缓冲溶液

标准缓冲溶液是pH值测定的基准，标准溶液的配制及其pH值的确定是非常重要的。我国标准计量局颁发了六种pH标准缓冲溶液及其在0～60℃时的pH值，见表10－3。

表10－3　不同温度下标准缓冲溶液的pH值

温度 ℃	$0.05\text{mol}\cdot\text{L}^{-1}$ 四草酸氢钾	25℃饱和 酒石酸氢钾	$0.05\text{mol}\cdot\text{L}^{-1}$ 邻苯二甲酸氢钾	$0.025\text{mol}\cdot\text{L}^{-1}$ 磷酸二氢钾＋ $0.025\text{mol}\cdot\text{L}^{-1}$ 磷酸氢二钠	$0.01\text{mol}\cdot\text{L}^{-1}$ 硼砂	25℃饱和 $Ca(OH)_2$
0	1.668	—	4.006	6.981	9.458	13.416
5	1.669	—	3.999	6.949	9.391	13.210
10	1.671	—	3.996	6.921	9.330	13.011
15	1.673	—	3.996	6.898	9.276	12.820
20	1.676	—	3.998	6.879	9.226	12.637
25	1.680	3.559	4.003	6.864	9.182	12.460
30	1.684	3.551	4.010	6.852	9.142	12.292
35	1.688	3.547	4.019	6.844	9.105	12.130
40	1.694	3.547	4.029	6.838	9.072	11.975
50	1.706	3.555	4.055	6.833	9.015	11.697
60	1.721	3.573	4.087	6.837	8.968	11.426

3. 溶液pH值测定注意事项

(1)普通玻璃电极只适用于测定pH值为1～9的溶液，如需测定高pH值的溶液，可使用

钠差校正表进行校正。

(2)初次使用或长期不使用的玻璃电极一定要在水中浸泡足够长时间,方可使用;测量间隔中电极应在蒸馏水中浸泡,以稳定其不对称电位。

(3)标准溶液 pH_s 值应与待测溶液 pH_x 值接近:$\Delta pH \leqslant \pm 3$。

(4)标准溶液与待测溶液测定温度应相同(可以使用温度补偿钮调节)。

(5)电极浸入溶液需要有足够的平衡稳定时间。

(6)忌用浓硫酸或铬酸洗液洗涤电极的敏感部分。

二、离子活(浓)度的测定

1. 测定原理

把离子选择性电极浸入待测溶液,与参比电极组成电池,并测量其电极电位。

对各种离子选择性电极,可得到如下一般公式:

$$E = K' \pm \frac{2.303RT}{nF}\lg\alpha$$

当离子选择性电极作正极时,对阳离子响应的电极,K'后面一项取正值;对阴离子响应的电极,K'后面一项取负值。K'的数值决定于薄膜、内参比溶液及内外参比电极的电极电位等。

2. 测定方法

1)标准曲线法

离子选择性电极电位与溶液中离子活度的对数成正比,测量得到的是溶液的活度而不是浓度,但实际分析工作中经常需要测定溶液的浓度,只有当离子活度系数 γ 固定不变时,膜电位才与溶液浓度的对数呈线性关系($\alpha = \gamma c$)。因此在测定的过程中需加入总离子强度调节缓冲液(TISAB),以保持标准溶液和待测溶液的总离子强度一致。TISAB 起固定离子强度的作用,同时起缓冲和掩蔽干扰离子的作用。例如用氟电极测定溶液 F^- 时,常加入 TISAB 溶液,其组成为:NaCl($1mol \cdot L^{-1}$),HAc($0.25mol \cdot L^{-1}$)、NaAc($0.75mol \cdot L^{-1}$)及柠檬酸钠($0.001mol \cdot L^{-1}$),其中 NaCl 调节离子强度,HAc - NaAc 控制溶液 pH 值在 5 ~ 6 之间,柠檬酸钠作为掩蔽剂消除干扰离子。

标准曲线法测定,首先配制一系列含有不同浓度待测离子的标准溶液,并在其中加入相同量 TISAB 溶液,然后将指示电极和参比电极插入溶液中,分别测定不同浓度时电池的电极电位,绘制 $E - \lg c$ 关系曲线。在待测试液中也加入相同量的 TISAB 溶液,混匀后在同一条件下测量其电极电位 E_x,再从标准曲线上查出相应的 c_x,如图 10 - 8 所示。

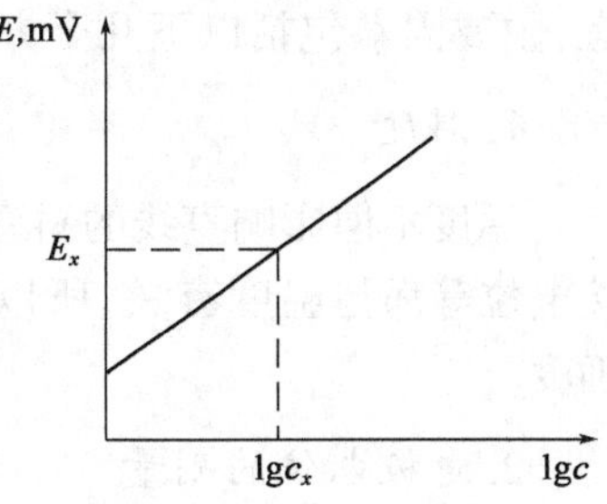

图 10 - 8　$E - \lg c$ 关系曲线

标准曲线法适用于组成简单并且已知的大批同种试样的测定,并且要求标准溶液与待测试液具有接近的组成。

2)标准加入法

标准加入法是在一定条件下,将已知体积的被测离子的标准溶液加入到一定体积的待测溶液中,通过加入前后溶液电极电位的变化,计算出待测离子的活度(或浓度)。

设某一试液体积为 V_x,待测离子浓度为 c_x,测得工作电池电极电位为 E_1;向试液中准确加

入标准溶液体积 V_s（V_s约为 V_x体积的 1%），浓度为 c_s（c_s约为 c_x的 100 倍），测得工作电池的电极电位为 E_2，则

$$E_1 = K' + \frac{2.303RT}{nF}\lg(X_1\gamma_1 c_x) \quad (10-19)$$

$$E_2 = K' + \frac{2.303RT}{nF}\lg(X_2\gamma_2 c_x + X_2\gamma_2\Delta c) \quad (10-20)$$

式中，γ_1和 X_1分别是活度系数和游离离子的分数，γ_2和 X_2分别为加入标准溶液后的活度系数和游离离子的分数，Δc 是加入标准溶液后待测离子浓度的增加量，$\Delta c = \frac{V_s c_s}{V_0}$。

由于 V_s远小于 V_0，试液的活度系数可认为实际上保持恒定，即 $\gamma_1 \approx \gamma_2$，$X_1 = X_2$，则

$$E_2 - E_1 = \frac{2.303RT}{nF}\lg(1 + \frac{\Delta c}{c_x}) \quad (10-21)$$

令 $S = \frac{2.303RT}{nF}$，$\Delta E = E_2 - E_1$，则

$$\Delta E = S\lg(1 + \frac{\Delta c}{c_x}) \quad (10-22)$$

$$c_x = \Delta c(10^{\Delta E/S} - 1)^{-1} \quad (10-23)$$

【例 10-1】 将饱和甘汞电极和钙离子选择性电极浸入 100.00 mL Ca^{2+}溶液中，测得电极电位为 0.415V，加入 2.00 mL 浓度为 0.218mol · L^{-1} Ca^{2+}标准溶液，混合后测得电极电位为 0.430V，计算溶液中 Ca^{2+}的浓度。

解： $\Delta E = 0.430 - 0.415 = 0.015(\text{V})$，$S = 0.059 \div 2 = 0.0295$

$$\Delta c = \frac{V_s c_s}{V_0} = 4.36 \times 10^{-4}(\text{mol} \cdot \text{L}^{-1})$$

$$c_x = \Delta c\ (10^{\Delta E/s} - 1)^{-1} = 1.95 \times 10^{-3}(\text{mol} \cdot \text{L}^{-1})$$

标准加入法的优点是仅需一种标准溶液，操作简单快速，适用于组成比较复杂、份数较少的试样。

三、影响测定准确度的因素

影响电位法测定准确度的因素有很多，从电极性能、待测离子和共存离子的性质等方面考虑，主要因素包括以下几个方面。

1. 温度

温度不但影响直线的斜率，也影响直线的截距。因为 K'所包括的参比电极电位、膜电位、液接电位等都与温度有关，所以在整个测定过程中必须保持溶液温度恒定，才能保证测定的准确度。

2. 电极电位的测量

电极电位测量的准确度直接影响测定的准确度。如果电极电位的测量发生 ±1mV 的误差，对 1 价离子所引起的浓度测定的相对误差可达到 ±4%，因此，测量电极电位的仪器必须有很高的灵敏度和准确性，通常使用的是精密酸度计或专用离子计。

3. 干扰离子

有的干扰离子也对指示电极产生响应，有的则能与待测离子反应生成在电极上不产生响

应的物质。因此为了消除干扰离子的影响，可以加入掩蔽剂，必要时可预先分离干扰离子。

4. 电位平衡时间

所谓电位平衡时间是指电极浸入试液后获得稳定电位所需的时间，又称响应时间。一般说来，被测离子的浓度越大，平衡时间越短；适当搅拌，也可使响应加快。测量不同浓度试液时，应由低到高测量。

5. 被测离子的浓度

离子选择性电极可以检测的离子浓度线性范围一般为 $10^{-1} \sim 10^{-6} mol \cdot L^{-1}$。

四、离子选择性电极的应用

离子选择性电极在测量过程中，主要优点体现在：

(1) 对于不透明液体和某些黏稠液也可以直接测量。

(2) 电极响应迅速，分析速度快。

(3) 测定所需试样量少，特制的电极所需试液可以少至几微升。

(4) 与其他仪器方法相比，所需的仪器设备较为简单。

由于具有上述优点，离子选择性电极技术发展很快，现有商品选择性电极已达 30 余种，可以直接或间接测定 50 多种离子，广泛应用于各个领域。我国已制成 Na^+、K^+、Ag^+、F^-、Cl^-、Br^-、I^-、S^{2-}、CN^-、NO^{-3}、NH_3、SO_2 等多种离子选择性电极。

离子选择性电极不仅用于直接电位法测定，也广泛应用于电位滴定法中。但离子选择性电极在实际应用中也受到一定限制。目前电极品种仍限于一些低价离子，电极的选择性和膜电位的重现性受到实验条件变化的影响较大，由于这些因素的影响，使离子选择性电极的实际应用潜力还有待深入开发。

技能训练 10 －1　水质 pH 值的测定

一、训练目的

通过训练，了解用直接电位法测定水溶液 pH 值的原理和方法；掌握 pH 计的操作方法。

二、仪器和试剂

(1) 仪器：PHS －25 酸度计、复合 pH 玻璃电极。

(2) 试剂：pH =4.00 标准缓冲溶液(25℃)，pH =6.86 标准缓冲溶液(25℃)，pH =9.18 标准缓冲溶液(25℃)。

三、操作步骤

1 测量前准备

(1) 取下复合电极套，用蒸馏水清洗电极。

(2) 把电极装在电极杆上，拔下电极插头，将复合电极插入仪器后部的测量电极插座内。

(3) 将电极置于蒸馏水中，并使加液口外露。

(4) 按下电源开关，预热 20min。

2. 校正酸度计(两点法)

(1)将选择开关旋钮放到 pH 挡。

(2)温度设定。按“温度设定”键使温度指示灯处于温度设定位置,按“↑”或“↓”键使温度显示值为被测标准溶液此时的温度值,再按一下“确认”键。

(3)电极用蒸馏水洗净后,用滤纸吸干,然后将电极放入 pH = 6.86 标准缓冲溶液中,按“标定”键,使仪器处于 pH 标定状态,并按“确定”键,此时显示值为当时温度下标准缓冲溶液的 pH 值。

(4)取出电极,用蒸馏水洗净后,用滤纸吸干。把电极放入第二个标准缓冲溶液中(根据将要测 pH 值样品溶液是酸性或碱性选择相近 pH 值的标准缓冲溶液),按“确定”键,此时显示值为当时温度下标准缓冲溶液的 pH 值。

3. 溶液 pH 值的测定

(1)将电极移出,用蒸馏水洗干净,并用滤纸吸干后,将电极置于被测溶液中。

(2)按 pH 标定中的温度设定方法进行温度设定,使温度值为被测样品此时的温度。

(3)将复合电极插入到待测溶液中,用玻璃棒搅拌溶液使之均匀,待读数稳定后,显示值即为被测样品的 pH 值。

四、注意事项

(1)球泡前端不应有气泡,如有气泡应用力甩去。

(2)电极从浸泡瓶中取出后,应在去离子水中晃动并甩干或吸干,不要用纸巾擦拭球泡,否则会延长电势稳定的时间,更好的方法是使用被测溶液冲洗电极。

(3)复合电极插入被测溶液后,要搅拌晃动几下再静止放置,这样会加快电极的响应。

(4)在黏稠性试样中测试之后,电极必须用去离子水反复冲洗,以除去黏附在玻璃膜上的试样。有时还需先用其他溶液洗去试样,再用水洗去溶剂,浸入浸泡液中活化。

(5)避免接触强酸、强碱或腐蚀性溶液,如果测试此类溶液,应尽量减少浸入时间,用后仔细清洗干净。

(6)避免在无水乙醇、浓硫酸等脱水性介质中使用,它们会损坏球泡表面的水合凝胶层。

思考与练习10-1

1. 测定过程中为什么要使待测溶液与标准溶液温度一致?

2. 测量间隔中电极为什么要浸泡在蒸馏水中?

技能训练 10-2 水中微量氟的测定

一、训练目的

通过训练,理解用氟离子选择性电极测定水中微量氟的原理和方法;理解总离子强度调节缓冲溶液的意义和作用;掌握用标准曲线法测定水中微量氟的方法。

二、仪器与试剂

(1)仪器:离子计,氟电极,饱和甘汞电极,电磁搅拌器。

(2)试剂:0.1mol·L^{-1} NaF 标准溶液(将分析纯的 NaF 在 120℃烘干 2h,冷却后准确称取 4.1988g 于小烧杯中,用蒸馏水溶解后定量转移到 1000mL 容量瓶中,定容,摇匀;然后储存于聚乙烯瓶中,备用)、总离子强度调节缓冲溶液(TISAB)[于 1000mL 烧杯中,加入 500mL 蒸馏水和 57mL 冰醋酸、58g NaCl、12g 柠檬酸钠($Na_3C_6H_5O_7 \cdot 2H_2O$),搅拌至溶解;将烧杯放在冷水浴中,缓缓加入 6mol·L^{-1} NaOH 溶液,直到 pH 值在 5.5~6.5(约 125mL),冷至室温,转入 1000mL 容量瓶中,用蒸馏水稀释至刻度,摇匀]。

三、操作步骤

1. 氟电极的准备

氟电极使用前应在蒸馏水中浸泡数小时或过夜,或在 10^{-3}mol·L^{-1} NaF 溶液中浸泡 1~2h,再用蒸馏水洗到空白电极电位为 300mV 左右。电极晶片勿与坚硬物碰擦,晶片上如沾有油污,用脱脂棉依次以酒精、丙酮轻拭,再用去离子水洗净。连续使用期间的间隙内,可浸泡在水中;为防止晶片内侧附着气泡而使电路不通,在电极第一次使用前或测量后,可让晶片朝下,轻击电极杆,以排除晶片上可能附着的气泡。

2. 标准曲线的绘制

取 5 个 50mL 容量瓶并编号,用吸量管移取 5.00 mL 0.1mol·L^{-1} NaF 标准溶液和 10mL TISAB 溶液于第 1 号容量瓶中,用蒸馏水稀释至刻度,摇匀,得 10^{-2}mol·L^{-1} NaF 标准溶液。然后取 5.00 mL 10^{-2}mol·L^{-1} NaF 标准溶液于第 2 号容量瓶中,加入 9mL TISAB 溶液,用水稀释至刻度,摇匀,得 10^{-3}mol·L^{-1} NaF 标准溶液。类似地,逐级稀释得到一组浓度为 10^{-2}mol·L^{-1}、10^{-3}mol·L^{-1}、10^{-4}mol·L^{-1}、10^{-5}mol·L^{-1}、10^{-6}mol·L^{-1} NaF 的标准溶液。

用滤纸吸去悬挂在电极上的水滴,将标准系列溶液由低浓度到高浓度依次转移到 50mL 的塑料烧杯中,放入搅拌棒,插入氟电极和饱和甘汞电极,在电磁搅拌器搅 3min 后,停止搅拌,读数稳定后记录溶液电极电位。每次更换溶液时,都必须用滤纸吸干电极上吸附着的溶液再进行下一种溶液的测定。用坐标纸绘制 E-pF 图,即得标准曲线。

3. 水样的测定

取水样 25.00mL 于 50mL 容量瓶中,加入 10mL TISAB 溶液,用蒸馏水稀释至刻度,摇匀。

将氟电极用蒸馏水清洗到与起始空白电位值相近后,用滤纸吸去电极上的水珠,并把电极插入待测水样中,在与标准曲线相同的条件下测定其电极电位。

思考与练习10-2

1. 总离子强度调节缓冲溶液各组分的作用是什么?

2. 测量 F^- 标准系列溶液的电极电位值时,为什么测定顺序要从低含量到高含量?

第三节　电位滴定法

一、电位滴定法的仪器装置及测定原理

1. 仪器装置构成

电位滴定所用的基本仪器装置包括滴定管、滴定池、指示电极、参比电极、搅拌器和测量电极电位的仪器，如图 10－9 所示。

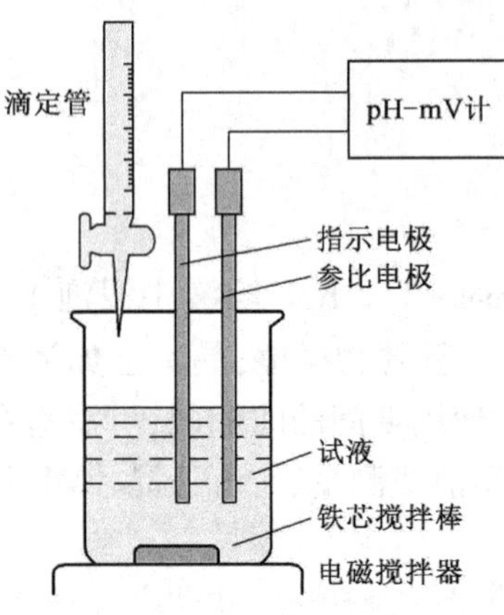

图 10－9　电位滴定装置示意图

2. 测定原理

进行电位滴定时，在待测溶液中插入一支指示电极和一支参比电极组成工作电池。随着滴定剂的加入，由于发生化学反应，待测离子的浓度将不断发生变化，因而指示电极的电位也发生相应的变化，在化学计量点附近，离子浓度发生突变，引起电极电位的突变，因此通过测量工作电池电极电位的变化，就能确定滴定终点。在测定过程中，溶液用电磁搅拌器进行搅拌。通常每加入一定量的滴定剂后即测量一次电极电位，这样就可以得到一系列的滴定剂用量（V）和相应的电极电位（E）的数据，根据测量结果绘制滴定曲线，即可求得滴定终点消耗滴定剂的体积，再根据滴定剂与待测组分反应的化学计量关系，即可计算出待测组分的含量。

在电位滴定中，一般只需准确记录等当点前后 1 ~ 2mL 内电极电位的变化，绘制滴定曲线，求等当点。在等当点附近，应该每加 0. 10mL 滴定剂就测量一次电极电位。

二、电位滴定法终点的确定方法

电位滴定法确定终点的方法常用以下三种。

1. $E-V$ 曲线法

在滴定过程中，以加入滴定剂的体积 V 为横坐标，电池电极电位 E 为纵坐标，绘制 $E-V$ 曲线。作两条与滴定曲线成 45°倾斜的切线，在两条切线间作一垂线，通过垂线的中点作一条切线的平行线，与曲线相交的点为曲线的拐点，即滴定终点，其对应的体积即为滴定至终点滴定剂所消耗的体积，如图 10－10(a)所示。此法作图简单，但准确度较差。

2. 一级微商法

如果 $E-V$ 曲线比较平坦，突跃不明显，则可绘制一级微商曲线，即 $\Delta E/\Delta V-V$ 曲线。以加入滴定剂的体积 V 为横坐标，$\Delta E/\Delta V$ 为纵坐标，绘制 $\Delta E/\Delta V-V$ 曲线，如图 10－10(b)所示。$\Delta E/\Delta V$ 表示随滴定剂体积变化的电极电位变化值，该曲线的最高点对应的 V 值即为滴定终点。曲线的一部分是用外延法绘出的，用这种作图所得的终点较为准确，但烦琐，适用于滴定突越不明显且曲线又不对称时终点的确定。

3. 二级微商法

基于 $\Delta E/\Delta V-V$ 曲线的最高点正是二级微商 $\Delta^2E/\Delta V^2$ 等于零处，因此可通过作图或计算两种方法确定滴定终点。

1）作图法

以加入滴定剂的体积 V 为横坐标，$\Delta^2E/\Delta V^2$ 为纵坐标，绘制 $\Delta^2E/\Delta V^2-V$ 曲线，曲线的最高点和最低点的连线与横坐标的交点即为滴定终点滴定剂消耗的体积，如图 10－10(c) 所示。

2）计算法

作图法确定滴定终点既费时又不准确，因此实际应用中常用计算法代替作图法。在二级微商值出现相反符号所对应的两个体积之间，一定存在 $\Delta^2E/\Delta V^2=0$ 的一点，该点所对应的 V 值，即为滴定终点时所消耗滴定剂的体积。

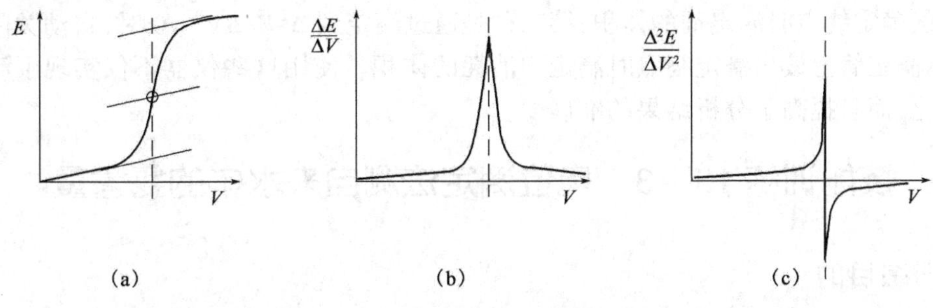

图 10－10　电位滴定法滴定曲线图

三、电位滴定法的应用

电位滴定法在滴定分析中应用广泛，下面简单介绍在各类滴定分析中的应用。

1. 酸碱滴定

一般酸碱滴定都可用电位滴定法，尤其是对弱酸弱碱的滴定，使用电位滴定法更有实际意义。滴定中常用玻璃电极做指示电极，用甘汞电极作参比电极。

太弱的酸和碱或不易溶于水而溶于有机溶剂的酸或碱，不能在水溶液中滴定，但可以在非水溶剂中滴定，常用电位滴定法指示终点。例如，在醋酸介质中可以用 $HClO_4$ 溶液滴定吡啶；在乙醇介质中可以用 HCl 溶液滴定三乙醇胺；在异丙醇和乙二醇的混合介质中可以滴定苯胺和生物碱；在丙酮介质中可以滴定高氯酸、盐酸、水杨酸的混合物等。

2. 配位滴定

在配位滴定中常使用汞电极、离子选择性电极做指示电极，甘汞电极作参比电极。可用 EDTA 滴定 Cu^{2+}、Zn^{2+}、Ca^{2+}、Mg^{2+} 和 Al^{3+} 等多种离子。以钙离子电极做指示电极，可用 EDTA 滴定钙；以氟电极为指示电极，可用镧离子滴定氟化物等。

3. 氧化还原滴定

在氧化还原滴定中，一般以铂电极为指示电极，以甘汞电极为参比电极。可以用 $KMnO_4$ 溶液滴定 I^-、NO_2^-、Fe^{2+}、V^{4+}、Sn^{2+}、$C_2O_4^{2-}$ 等离子，用 $K_2Cr_2O_7$ 溶液滴定 Fe^{2+}、Sn^{2+}、I^-、Sb^{3+} 等离子。

4. 沉淀滴定

在沉淀滴定中使用最广泛的指示电极是银电极及离子选择性电极，参比电极常用甘汞电极或玻璃电极。滴定 Ag^+ 或卤素离子时应用双盐桥甘汞电极，选用 NH_4NO_3 或 KNO_3 作外盐桥溶液。以银电极为指示电极，可用 $AgNO_3$ 溶液滴定 Cl^-、Br^-、I^-、SCN^-、S^{2-}、CN^- 等离子以及一些有机酸的阴离子。

四、自动电位滴定法

由人工操作来获得一条完整的滴定曲线及精确地确定终点等工作是很烦琐而费时的。如果采用自动电位滴定仪就可以解决上述问题，尤其是对批量试样的分析更能显示出其优越性。

目前使用的滴定仪主要有三种类型：第一种是滴定至预定终点电位时，滴定自动停止，并显示滴定剂用量；第二种是保持滴定剂的加入速度恒定，在记录仪上记录其完整的滴定曲线，以所得曲线确定终点时滴定剂的体积；第三种是通过滴定到 $\Delta^2E/\Delta V^2=0$ 时，自动关闭电磁阀电源，再从滴定管上读出滴定终点时滴定剂消耗的体积。使用这些仪器不仅实现了滴定操作连续自动化，而且提高了分析结果的准确度。

技能训练 10－3　电位滴定法测自来水中的氯含量

一、训练目的

通过训练，掌握电位滴定法的原理及方法；了解氯离子的测定过程和现象；学会利用二级微商法计算滴定终点体积。

二、仪器和试剂

(1)仪器：PHS－25 型酸度计，银电极，双盐桥饱和甘汞电极，磁力搅拌器，搅拌子，滴定管，移液管，烧杯(电解池)。

(2)试剂：氯化钠标准溶液($0.0100mol\cdot L^{-1}$)，硝酸银溶液($0.01mol\cdot L^{-1}$)。

三、操作步骤

1. $AgNO_3$ 溶液的标定

(1)调节仪器：银电极接酸度计的正端，饱和甘汞电极接负端。

(2)溶液测量。

用移液管准确移取 NaCl 标准溶液 10.00mL 于烧杯中，加蒸馏水 20mL。将烧杯置于磁力搅拌器上，放入搅拌子，将清洗后的银电极和甘汞电极插入溶液(注意：勿使电极与搅拌子相碰)。

开启酸度计，选择开关调在“mV”挡，电极用蒸馏水洗净后，用滤纸吸干，然后将电极放入被测溶液中，开动搅拌器，溶液应缓慢而稳定地搅动，并测量电极电位，记下滴定起始体积和电极电位。然后由滴定管加入一定体积的 $AgNO_3$ 溶液，待电极电位稳定后，记录滴定体积和电极电位值。

随着 $AgNO_3$ 标准溶液的滴入，电极电位读数将不断变化。开始滴定时，每次加入的 $AgNO_3$

溶液的体积可大些，如 1～2mL，到达一定量后，电位读数变化较大，则预示临近滴定终点，此时应减少加入 $AgNO_3$ 标准溶液的体积，如 0.1mL（注意：每次加入量应相同，这样有利于滴定终点的计算），记录电极电位变化，直至继续加入 $AgNO_3$ 标准溶液后电极电位变化不再明显为止。利用二级微商法计算滴定终点时所消耗 $AgNO_3$ 标准溶液的准确体积，根据化学计量关系求出 $AgNO_3$ 溶液的准确浓度。

2. 自来水中氯离子含量的测定

用移液管准确移取自来水样 10.00mL 于烧杯中，加蒸馏水 20mL。将烧杯置于磁力搅拌器上，放入搅拌子，将清洗后的银电极和甘汞电极插入溶液。加入滴定剂，记录溶液电极电位随滴定剂体积的变化情况。

操作步骤同(1)，计算出自来水样中氯离子的含量。

四、注意事项

(1) 甘汞电极比银电极略低些，有利于提高灵敏度。

(2) 读数应在相对稳定后再读，若数据一直变化，可考虑读数时降低转子的转数。

(3) 双盐桥内饱和甘汞电极应装有一定高度的饱和 KCl 溶液，液体下不能有气泡，陶瓷芯应保持通畅，用橡皮筋将装有硝酸钾的外套管与参比电极连好。

思考与练习10-3

1. 与化学分析中的滴定分析法相比，电位滴定法有哪些特点？
2. 终点滴定剂体积的确定方法有哪几种？
3. 在实验中，哪些因素容易造成误差？如何提高实验的准确度？

本章知识要点

一、电位分析法的分类及理论依据

1. 电位分析法包括直接电位法和电位滴定法

直接电位法是通过测量工作电池的电极电位，再由能斯特方程直接求出待测物质离子活度的一种分析方法。

电位滴定法是根据滴定过程中电池电极电位的变化来确定滴定终点，再根据消耗滴定剂的体积与溶液的浓度计算出待测物质离子活度的一种分析方法。

2. 电位分析法理论依据

能斯特方程：

$$E = E^{\ominus} + \frac{2.303RT}{nF}\ln\frac{\alpha_{Ox}}{\alpha_{Red}}$$

二、电位分析法常用电极

1. 参比电极——饱和甘汞电极和 Ag－AgCl 电极

饱和甘汞电极常用作外参比电极，Ag－AgCl 电极常用作内参比电极。

2. 指示电极——金属基电极和离子选择性电极

金属基电极主要包括金属—金属离子电极、金属—金属难溶盐电极、汞电极、惰性金属电极。

离子选择性电极常用的有 pH 玻璃电极和氟离子选择性电极。

1）pH 玻璃电极

pH 玻璃电极由玻璃膜、内参比电极、内参比溶液组成，玻璃膜是由特殊成分的玻璃制成，内参比电极为 Ag－AgCl 电极，内参比溶液通常为 $0.1mol \cdot L^{-1}$ HCl 溶液。

跨越玻璃膜两个溶液之间产生的电位差称为膜电位，用 $E_{膜}$ 表示：

$$E_{膜} = E_{外} - E_{内} = K + 0.0592\lg\alpha_{H^+(外)} = K - 0.0592pH_{(外)}$$

2）氟离子选择性电极

氟离子选择性电极由敏感膜、内参比电极、内参比溶液组成，电极膜为掺有微量氟化铕的氟化镧单晶切片，将膜封在硬塑料管的一端；内参比溶液为 $0.1mol \cdot L^{-1}$ NaCl 和 0.1 ~ $0.01mol \cdot L^{-1}$ NaF 混合溶液；内参比电极为 Ag－AgCl 电极。

当氟离子电极插入含有 F^- 的溶液中，F^- 在晶体膜表面进行交换，进而产生膜电位。

25℃时，膜电位可表示为：

$$E_{膜} = K - 0.0592\lg\alpha_{F^-} = K + 0.0592pF_{试}$$

3）离子选择性电极的选择性

离子选择性电极的膜电位为

$$E_{膜} = K \pm \frac{0.0592}{n_i}\lg[\alpha_i + K_{ij}(\alpha_j)^{n_i/n_j}]$$

电极选择性系数为

$$K_{ij} = \frac{\alpha_i}{(\alpha_j)^{n_i/n_j}}$$

相对误差的计算公式为

$$E_r = \frac{K_{ij}(\alpha_j)^{n_i/n_j}}{\alpha_i} \times 100\%$$

三、直接电位法

1. pH 值的测定

电池电极电位为

$$E = K' + 0.0592pH_{试} \quad (25℃)$$

在实际工作中，25℃时，计算溶液 pH 值常用公式为

$$pH_{试} = pH_{标} + \frac{E_{试} - E_{标}}{0.0592}$$

2. 离子活度（浓度）的测定

对各种离子选择性电极，可得到如下一般公式

$$E = K' \pm \frac{2.303RT}{nF}\lg\alpha \quad (25℃)$$

3. 定量分析方法

定量分析方法包括标准曲线法和标准加入法。

1)标准曲线法

标准曲线法测定,首先配制一系列含有不同浓度待测离子的标准溶液,并在其中加入相同量TISAB溶液,然后将指示电极和参比电极插入溶液中,分别测定不同浓度时电池的电极电位,绘制 $E-\lg c$ 关系曲线。在待测试液中也加入相同量的TISAB溶液,混匀后在同一条件下测量其电极电位 E_x,再从标准曲线上查出相应的 c_x。

标准曲线法适用于组成简单并且已知的大批同种试样的测定,并且要求标准溶液与待测试液具有接近的组成。

2)标准加入法

标准加入法是在一定条件下,将已知体积的被测离子的标准溶液加入到一定体积的待测溶液中,通过加入前后溶液电极电位的变化,计算出待测离子的活度(或浓度)。计算公式为

$$c_x = \Delta c(10^{\Delta E/S} - 1)^{-1}$$

标准加入法的优点是仅需一种标准溶液,操作简单快速,适用于组成比较复杂、份数较少的试样。

四、电位滴定法

电位滴定法是根据工作电池电极电位在滴定过程中的变化来确定滴定终点的一种滴定分析方法。

1. 仪器装置

电位滴定所用的基本仪器装置包括滴定管、滴定池、指示电极、参比电极、搅拌器和测量电极电位的仪器。

2. 终点确定方法

电位滴定法确定终点的方法通常包括:$E-V$ 曲线法、一级微商法、二级微商法。

3. 应用及电极选择

电位滴定法的应用及电极选择见表10-4。

表10-4 电位滴定法的应用及电极选择

滴定类型	参比电极	指示电极
酸碱滴定	饱和甘汞电极	pH玻璃电极
配位滴定	饱和甘汞电极	离子选择性电极、金属基电极
氧化还原滴定	饱和甘汞电极	铂电极
沉淀滴定	饱和甘汞电极	离子选择性电极、银电极

4. 自动电位滴定

目前使用的滴定仪主要有三种类型:第一种是滴定至预定终点电位时,滴定自动停止,并显示滴定剂用量;第二种是保持滴定剂的加入速度恒定,在记录仪上记录其完整的滴定曲线,以所得曲线确定终点时滴定剂的体积;第三种是通过滴定到 $\Delta^2E/\Delta V^2=0$ 时,自动关闭电磁阀

电源，再从滴定管上读出滴定终点时滴定剂消耗的体积。

本章考核要点

<table>
<tr><th colspan="2">考核范围</th><th>考核内容</th><th>考核方式</th><th>考核比例,%</th></tr>
<tr><td colspan="2">知识要求</td><td>①电位分析法及其分类
②电位滴定法滴定终点的确定方法
③自动电位滴定仪的维护和常见故障的排除方法</td><td>笔试</td><td>10</td></tr>
<tr><td rowspan="4">技能要求</td><td>使用自动电位滴定仪</td><td>①移液管使用方法正确
②仪器的预热、零点校正方法正确
③指示电极、甘汞电极检查及预处理方法正确
④滴定速度控制得当，最后半滴处理正确
⑤体积读取正确</td><td>操作</td><td>15</td></tr>
<tr><td>实验数据记录及处理</td><td>①及时、准确、无涂改、字迹端正，清楚，内容齐全
②有效数字位数与仪器精度符合公式运用正确，无计算错误、计量单位正确</td><td>操作</td><td>10</td></tr>
<tr><td rowspan="2">分析结果</td><td>精密度平行测定间的相对平均偏差 $<0.2\%$</td><td>操作</td><td>25</td></tr>
<tr><td>准确度测定结果准确，精确度 $<0.5\%$</td><td>操作</td><td>25</td></tr>
<tr><td colspan="2">安全与其他</td><td>①合理安排时间，和同组人员团结合作
②保持整洁有序的工作环境</td><td>操作</td><td>15</td></tr>
</table>

本章自测题

一、填空题

1. 电位分析法中，电位保持恒定的电极称为________________，常用的有________、________。

2. 在两种溶液的接界处存在着________电位，这是由于不同离子经过界面时所具有不同的________所引起的。

3. 离子选择性电极有多种，但基本结构是由________、________、________三部分组成。

4. 最早使用的离子选择性电极是 pH 玻璃电极，离子选择性电极测定的是离子的________，而不是离子的________。

5. 玻璃电极的内参比电极为________电极，电极管内溶液为一定浓度的________溶液。

6. 用玻璃电极测定溶液 pH 值的理论依据是________。

7. 氟电极测定溶液中 F^- 时，需要控制溶液的 pH 值为________，pH 值较低时，测定结果________。

8. 直接电位法测定离子的活度通常采用________法和________法。

二、选择题

1. 用标准加入法进行定量分析时,对加入标准溶液的要求为(　　)。

A. 体积要大,其浓度要高　　B. 体积要小,其浓度要低

C. 体积要大,其浓度要低　　D. 体积要小,其浓度要高

2. 离子选择性电极的电位选择性系数可用于(　　)。

A. 估计电极的检测限　　B. 估计共存离子的干扰程度

C. 校正方法误差　　D. 计算电极的响应斜率

3. 电位滴定法用于氧化还原滴定时指示电极应选用(　　)。

A. 玻璃电极　　B. 甘汞电极　　C. 银电极　　D. 铂电极

4. 用银离子选择性电极做指示电极,电位滴定法测定牛奶中氯离子含量时,如以饱和甘汞电极为参比电极,双盐桥应选用的溶液为(　　)。

A. KNO_3　　B. KCl　　C. KBr　　D. KI

5. pH 玻璃电极产生的不对称电位来源于(　　)。

A. 内外玻璃膜表面特性不同　　B. 内外溶液中 H^+ 浓度不同

C. 内外溶液的 H^+ 活度系数不同　　D. 内外参比电极不一样

6. 在直接电位法分析中,指示电极的电极电位与被测离子活度的关系为(　　)。

A. 与其对数成正比　　B. 与其浓度成正比

C. 与其对数成反比　　D. 符合能斯特方程式

7. pH 玻璃电极在使用前一定要在水中浸泡几小时,目的在于(　　)。

A. 清洗电极　　B. 活化电极　　C. 校正电极　　D. 除去沾污的杂质

8. 用酸度计测定溶液的 pH 值时,一般选用(　　)为指示电极。

A. 标准氢电极　　B. 饱和甘汞电极　　C. 玻璃电极　　D. 银—氯化银电极

三、简答题

1. 简要说明电位分析法的基本原理。

2. 请画图说明氟离子选择性电极的结构,并说明这种电极薄膜的化学组成是什么?写出测定时氟离子选择性电极与参比电极构成电池的表达式及其电池电动势的表达式。

3. 直接电位法测定离子活度的方法有哪些?各在何种情况下使用?

4. 如何估量离子选择性电极的选择性?

5. 参比电极和指示电极有哪些类型?它们的主要作用是什么?

6. 为什么测定溶液 pH 值时,须用 pH 值标准缓冲溶液?

四、计算题

1. 移取 100.0mL 水样于烧杯中,将饱和甘汞电极(SCE)和钙离子选择性电极浸入溶液中。测得钙离子选择性电极的电位为 -0.0619V(对 SCE)。加入 1.00mL 0.0731mol·L^{-1} $Ca(NO_3)_2$ 标准溶液,混合后测得钙离子选择性电极的电位为 -0.0483V(对 SCE)。计算原水样中钙离子的浓度。

2. 25℃时用标准加入法测定溶液中 Cu^{2+} 浓度,在 100mL 铜溶液中加入 0.1000mol·L^{-1} $Cu(NO_3)_2$溶液 1mL,电极电位增加了 4mV,求原溶液中 Cu^{2+} 的浓度。

3. 以玻璃电极为指示电极，饱和甘汞电极为参比电极，测得 $0.05mol \cdot kg^{-1}$ 邻苯二甲酸氢钾标准缓冲溶液（pH = 4.00）的电极电位为 0.209V。当以下面三种待测溶液代替邻苯二甲酸氢钾溶液后，测得的电极电位分别为 0.312V、0.088V、-0.017V，计算每种待测溶液的 pH 值。

4. 25℃时，在干净的烧杯中准确加入试液 50.00mL，用铜离子选择性电极（为正极）和另一个参比电极组成测量电池，测得其电极电位为 -0.0225V。然后向该试液中准确加入 $0.10mol \cdot L^{-1}$ Cu^{2+} 的标准溶液 0.50mL，搅拌均匀，测得其电极电位为 -0.0145V。计算原试液中 Cu^{2+} 的浓度。

5. 某选择性系数为 30 的钠离子选择性电极，如用该电极测量 pNa = 3 的钠离子溶液，并要求浓度测定误差小于 3%，则试液的 pH 值必须大于多少？

6. 用氟离子选择性电极作负极，SCE 作正极，取不同体积的含 F^- 标准溶液（$c_{F^-} = 2.0 \times 10^{-4} mol \cdot L^{-1}$）加入一定量的 TISAB 溶液，稀释至 100.00mL，进行电位法测定，测得数据如下：

F^- 标准溶液的体积 V,mL	0.00	0.50	1.00	2.00	3.00	4.00	5.00
测得电池电动势 E,mV	-400	-391	-382	-365	-347	-330	-314

取待测试样 20.00mL，在同一条件下测定，测定的电极电位为 -359 mV，计算待测试液中 F^- 的浓度。

第十一章　气相色谱分析法

学习指南　色谱分析方法主要包括气相色谱法和液相色谱法，通过本章学习应掌握气相色谱有关概念和基本理论，学会利用气相色谱法进行定性、定量分析；了解气相色谱仪的结构，掌握气相色谱仪使用方法、操作条件调试、进样等基本操作。

1906 年，俄国植物学家茨维特（M. S. Tswetl）提出柱色谱法，他用碳酸钙装填在一根玻璃管中，制成一根"柱子"，用大量纯石油醚作溶剂冲洗以分离绿色植物叶子的石油醚抽取液中的叶色素，如叶绿素、叶黄素等。结果他观察到柱内形成了不同颜色的分层色带，从而创造了一个新词 chromatography（色谱法）。在希腊文中 chroma 是"颜色"的意思，graphein 为"书写"的意思。现在的色谱分析已经失去颜色的含义，只是沿用"色谱"这个名词。气相色谱（GC）的出现使色谱具备分离和在线分析功能。随后在 20 世纪 40 年代出现纸色谱（PC），50 年代出现薄层色谱（TLC），60 年代末出现高效液相色谱（HPLC），使色谱分析范围进一步扩大。

第一节　气相色谱法概述

一、色谱法简介

1. 色谱法的分类

在色谱法中，起分离作用的柱子称为色谱柱，固定在色谱柱内的填充物称为固定相；沿色谱柱流动的物质称为流动相。色谱法通常按固定相和流动相分子的聚集状态不同分类，见表 11－1。

表 11－1　按两相分子的聚集状态分类

类型		流动相	固定相
液相色谱	液—固色谱	液体	固体
	液—液色谱	液体	液体
气相色谱	气—固色谱	气体	固体
	气—液色谱	气体	液体

2. 色谱法的优缺点

1）优点

（1）分离效率高。反复多次利用组分性质的差异，产生很好的分离效果，对很多性质极为相近的烃类异构体、同位素等都有很强的分离能力。

(2)灵敏度高。配备高灵敏度检测器，能检出 10^{-6}级的微量组分，可进行痕量分析。

(3)分析速度快。一般只需几分钟或几十分钟就可完成一个试样的分析，一次可以测多种样品。

(4)应用范围广。分析试样可以是气体、液体或固体物质，并且所用样品量很少，一般气体样品仅需 1mL，液体样品仅需 1μL。

2)缺点

固体试样不能直接测定；对未知物分析的定性专属性差；需要与其他分析方法联用。

二、气相色谱仪

1. 气相色谱仪基本构造

气相色谱法所用的仪器称气相色谱仪。气相色谱仪一般是由气路系统、进样系统、分离系统、检测系统、记录系统五个基本单元组成，见表 11-2。

表 11-2　气相色谱仪构造

气相色谱仪系统名称	各系统主要仪器名称
气路系统	气体钢瓶、减压阀、载气净化干燥管、针形阀、流量计
进样系统	进样器、汽化室
分离系统	色谱柱、柱箱(又称色谱炉)及其温控装置
检测系统	检测器及其电源、温控装置
记录系统	放大器、记录器及数据处理装置

显然，混合物样品能否被分离取决于色谱柱；而分离后的组分能否被准确地检测出来则取决于检测器，因此色谱柱和检测器是气相色谱仪的核心部件。

2. 气相色谱工作流程

气相色谱法的简单流程，如图 11-1 所示。载气由高压钢瓶 1 提供，经减压阀 2 减压后，进入净化干燥管 3 干燥净化，以除去其中的水分、烃类物质、氧气等电负性强的物质。再经针

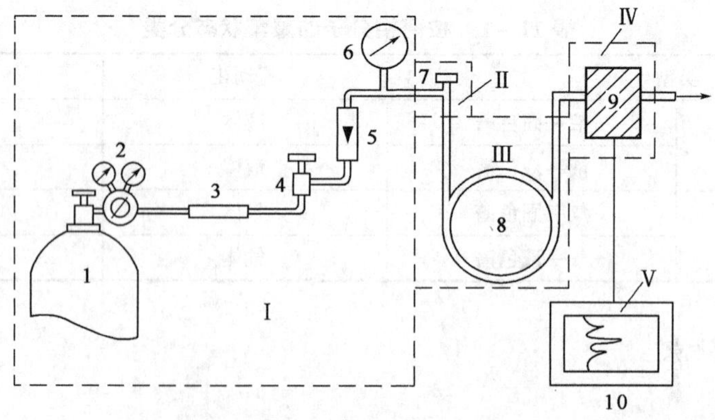

图 11-1　气相色谱流程示意图

1—高压钢瓶；2—减压阀；3—净化干燥管；4—针形阀；5—流量计；
6—压力表；7—进样器和气化室；8—色谱柱；9—检测器；10—记录仪

形阀4控制其进入色谱柱之前的流量和压力,并由流量计5和压力表6显示出来。继续前行又经过气化室,流动相载气带着气态的混合物试样进入色谱柱8(色谱柱放在一个绝热性能良好且温度均匀的色谱炉中,炉温由温控器控制)进行分离,分离后的不同组分又随流动相依次进入检测器9后放空(气化室、色谱柱及检测器被一恒温箱包裹着)。检测器将各被分离组分及其浓度随时间的变化量转变为易于测量的电信号传给记录仪10,记录仪记录下电信号随时间的变化量就可得到一组峰形曲线——色谱图。根据样品中各组分的色谱峰可进行定性和定量分析。

3. 各系统的功用及应满足的要求

1)气路系统

气路系统主要是指载气连续运行的密闭管路。对于某些检测器,还需要使用一些辅助气体,它们流经的管路也属于气路系统。对气路系统的基本要求是:气密性好、气体清洁、气流稳定。气路系统可分为单柱单气路系统和双柱双气路系统两类。双柱双气路系统可以补偿气流不稳及固定液流失对检测器产生的干扰,特别适于程序升温操作。气路系统主要部件包括:气体钢瓶和减压阀、净化管、稳压阀、针形阀、稳流阀。气路系统辅助设备主要包括:高压钢瓶、高压气瓶阀和减压阀、空气压缩机等。

2)进样系统

进样就是把样品定量地注入色谱柱柱头上,以便被流动相带入色谱柱中进行分离。进样系统包括进样器和气化室两部分。液体样品用微量注射器进样,气体样品还可用六通阀进样。六通阀是气相色谱仪的配套部件,使用时可串接到进样系统的连接管处。气化室的作用是将液体样品迅速完全地气化。对气化室的要求是密封性好、体积小、热容量大,对样品无催化效应。

3)分离系统

分离系统包括色谱柱、色谱炉(柱箱)和温度控制装置。色谱柱可分为填充柱和开管柱两类,都是由柱管和固定相构成的。柱管可用不锈钢、铜、铝、玻璃或聚四氟乙烯等材料制作,但常用的为玻璃或不锈钢材料制成。普通填充柱的内径为2~6mm,柱长1~3m,弯制成U形或螺旋形(以利于保温及减小体积),内填固定相。开管柱也称毛细管柱,柱内径为0.2~0.5mm,柱长15~30m,最长可达300m,分为壁涂开管柱(WCOT)和载体涂层开管柱(SCOT)。开管柱的突出特点是:分析速度快,分离效能高,但柱容量低。因为填充柱制备过程简单、柱容量大、定量分析准确,所以填充柱应用最普遍。设置色谱炉是为了提供适宜的柱温。

4)检测系统

检测器可将各分离组分及其浓度的变化以易于测量的电信号显示出来,以便进行定性、定量分析。理想的检测器应该是:响应快、灵敏度高、噪声低、线性范围宽以及通用性强,对流速和温度变化不敏感。因为温度变化直接影响检测器的灵敏度和稳定性,所以检测器要装在检测室内,并由单独的温控器精确地控制其温度。

5)记录系统

记录系统就是一台记录仪或积分仪。记录仪是一种能自动记录由检测器输出的电信号的装置,是色谱仪的重要附属设备。记录仪实际上是一种电子电位差计。积分仪提供的信息比色谱图多,它除能把保留时间、峰面积以数字形式打印出来之外,还能加上校正因子并将被测物质的含量(一般以百分数计)显示并打印出来。配备微处理机的色谱仪还可以自动控制色谱仪操作过程。

三、色谱流出曲线及有关术语

在色谱分析中,色谱流出曲线是指色谱图中随时间或载气流出体积变化的响应信号曲线,也就是以组分流出色谱柱的时间(t)或流动相体积(V)为横坐标,以检测器响应值(mV)为纵坐标的一条曲线,如图 11 - 2 所示。在一定的进样量范围内,色谱流出曲线遵循正态分布。它是进行色谱定性、定量分析以及评价色谱分离情况的依据。

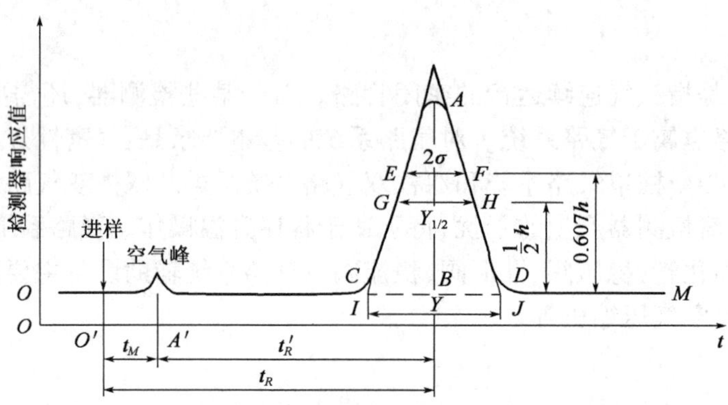

图 11 - 2　色谱流出曲线(色谱图)

1. 基线

当没有组分进入检测器时,色谱流出曲线是一条只反映仪器噪声随时间变化的曲线(在正常操作下,仅有载气通过检测器系统所产生的响应信号曲线),称为基线。基线反映了在实验操作条件下,检测系统噪声随时间变化的情况。稳定的基线是一条直线。

2. 色谱峰峰高和峰面积

色谱峰峰顶到基线间的垂直距离称为色谱峰峰高(h)(图 11 - 2 中的 AB)。峰面积(A)是指每个组分的流出曲线与基线间所包围的面积。峰高或峰面积的大小和每个组分在样品中的含量相关,因此色谱峰的峰高或峰面积是气相色谱进行定量分析的主要依据。

3. 区域宽度

色谱峰区域宽度是色谱流出曲线中一个重要参数。从色谱分离角度着眼,希望区域宽度越窄越好。通常测量色谱峰区域宽度有如下几种方法:

(1)峰宽:指色谱峰两侧拐点处所做的切线与峰底相交两点之间的距离,常用符号 Y_b 表示。

(2)半峰宽度($Y_{1/2}$):在峰高为 $h/2$ 处的峰宽(GH),称为半峰宽,常用符号 $Y_{1/2}$ 表示。它与标准偏差的关系为

$$Y_{1/2} = 2\sigma\sqrt{2\ln 2} = 2.354\sigma \qquad (11-1)$$

由于 $Y_{1/2}$ 易于测量,使用方便,所以常用它表示区域宽度。

(3)标准偏差(σ):指 0.607 倍峰高处色谱峰宽度的一半。

(4)峰底宽度(Y):色谱峰两侧的转折点所作切线在基线上的截距,它与标准偏差的关系为

$$Y = 4\sigma \tag{11-2}$$

4. 保留值

表示试样中各组分在色谱柱内停(滞)留的时间或将组分带出色谱柱所需流动相的体积，常用时间或相应的载气体积表示。

被分离组分在色谱柱中的停(滞)留时间，主要取决于它在两相间的分配过程，因而保留值是由色谱分离过程中的热力学因素控制的。在一定的固定相和操作条件下，任何一种物质都有其确定的保留值，保留值是色谱定性分析的参数。

(1)保留时间(t_R)：指待测组分自进样到柱后出现浓度最大值时所经历的时间。

(2)死时间(t_M)：指不被固定相吸附或溶解的气体(如空气、甲烷)从进样开始到柱后出现浓度最大值时所经历的时间。显然，死时间正比于色谱柱的空隙体积。

(3)调整(或校正)保留时间(t'_R)：指扣除死时间之后的保留时间，即

$$t'_R = t_R - t_M \tag{11-3}$$

(4)死体积(V_M)、保留体积(V_R)、调整(或校正)保留体积(V'_R)分别指上述相应的时间与色谱柱内载气的平均流速 F_c(mL/min)的乘积，即

$$V_M = t_M \cdot F_c \tag{11-4}$$

$$V_R = t_R \cdot F_c \tag{11-5}$$

$$V'_R = t'_R \cdot F_c \tag{11-6}$$

且

$$V'_R = V_R - V_M \tag{11-7}$$

t'_R、V'_R 与载气流速无关。死体积反映了柱子和仪器系统的几何特性，它与被测物的性质无关，故保留体积值中扣除死体积后将更合理地反映被测组分的保留特性。

5. 相对保留值

相对保留值(γ_{12})：指某组分 1 的调整保留值与另一组分 2 的调整保留值之比，即

$$\gamma_{12} = \frac{t'_{R_1}}{t'_{R_2}} = \frac{V'_{R_1}}{V'_{R_2}} \tag{11-8}$$

相对保留值的优点是：只要柱温、固定相性质不变，即使柱径、柱长、填充情况及流动相流速有所变化，γ_{12}值仍保持不变，因此它是色谱定性分析的重要参数。

6. 分离度

分离度是柱子总的分离效能的指标。所谓分离度(R)是指同一样品中相邻两组分保留值之差与其峰底宽度(Y)的算术平均值之比：

$$R = \frac{t_{R_2} - t_{R_1}}{1/2(Y_1 + Y_2)} \tag{11-9}$$

式中　t_{R_2}、t_{R_1}——两组分的保留时间；

Y_1、Y_2——与保留值具有相同单位的相应组分峰的峰底宽度。

显然，相邻两组分保留值差别越大、平均峰底宽度越小，则 R 值越大，就意味着相邻两组分分离得越好。理论证明，若峰形对称且满足于正态分布，则当 $R=1$ 时，分离程度可达 98%，即两峰稍有重叠；当 $R=1.5$ 时，分离程度可达 99.7%。因而可用 $R\geq1.5$ 作为相邻两峰完全分开的指标。

【例 11-1】　通过测量得到谱图中组分 $t_m = 10\text{mm}$，$t_{R_1} = 36\text{mm}$，$t_{R_2} = 62\text{mm}$，$Y_1 = 18\text{mm}$，

$Y_2 = 16\text{mm}$。求组分 1、2 的相对保留值和分离度。

解：将已知数值代入下式：

$$\gamma_{12} = \frac{t'_{R_1}}{t'_{R_2}} = \frac{36-10}{62-10} = 0.5$$

$$R = \frac{t_{R_2} - t_{R_1}}{Y} = \frac{t_{R_2} - t_{R_1}}{1/2(Y_1 + Y_2)} = \frac{62-36}{1/2(18+16)} = 1.5$$

利用色谱流出曲线可以解决以下问题：(1)根据色谱峰的位置(保留值)可以进行定性检定。(2)根据色谱峰的面积或峰高可以进行定量测定。(3)根据色谱峰的位置及其宽度可以对色谱柱分离情况进行评价。

第二节　气相色谱检测器

气相色谱检测器是色谱仪的另一核心部件。检测器的作用是将经色谱柱分离后顺序流出的化学组分的信息转变为便于记录的电信号，然后对被分离物质的组成和含量进行鉴定和测量。检测器是色谱仪的“眼睛”。

按对信号记录方式不同，检测器分为积分型和微分型两类。若按检测器检测原理不同，检测器分为浓度型和质量型两类。目前，可用于气相色谱分析法的检测器已有几十种，其中最常用的是热导检测器(TCD)、氢火焰离子化检测器(FID)。普及型的仪器大都配有这两种检测器。此外电子捕获检测器(ECD)、氮磷检测器(NPD)及火焰光度检测器(FPD)等也用得比较多。

一、热导检测器

热导检测器是利用被测组分和载气的导热系数不同而响应的浓度型检测器，亦称为热导池检测器。

1. TCD 结构和工作原理

热导池由池体和热敏元件构成，有双臂热导池和四臂热导池两种。双臂热导池池体，如图 11－3(a)所示，用不锈钢或铜制成，具有两个大小、形状完全对称的孔道，每一孔道装有一根热敏铼钨丝(其电阻值随本身温度变化而变化)，其形状、电阻值在相同的温度下，基本相同。四臂热导池，如图 11－3(b)所示，具有四根相同的铼钨丝，灵敏度比双臂热导池约高一倍。目前大多采用四臂热导池。其有两臂为参比池，另两臂为测量池。

热导池检测器的工作原理是基于不同气体具有不同的热导系数。当有一恒定直流电通过热导池热丝时，热丝被加热。此时若池内已预先通有一定流速的纯载气，由于载气的热传导作用使热丝的一部分热量被载气带走，一部分传给池体。当热丝产生的热量与散失热量达到平衡时，热丝温度就稳定在一定数值。此时，热丝阻值也稳定在一定数值。由于参比池和测量池通入的都是纯载气，同一种载气有相同的热导系数，因此两臂的电阻值相同，电桥平衡，无信号输出，记录系统记录的是一条直线。当有试样进入检测器时，纯载气流经参比池，载气携带着组分气流经测量池，参比池和测量池孔中热丝电阻值之间产生了差异，电桥失去平衡，检测器有电压信号输出，记录仪画出相应组分的色谱峰。载气中待测组分的浓度越大，测量池中气体

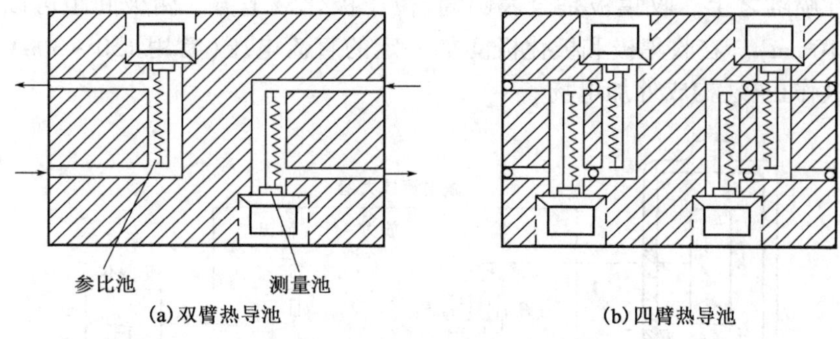

(a)双臂热导池　(b)四臂热导池

图 11-3　热导池检测器(TCD)结构

热导系数改变就越显著,温度和电阻值改变也越显著,电压信号就越强。此时输出的电压信号(色谱峰面积或峰高)与样品的浓度成正比,这正是热导检测器的定量基础。

2. TCD 性能特征

TCD 无论对单质、无机物或有机物均有响应,且其相对响应值与使用的 TCD 的类型、结构以及操作条件等无关,因而通用性好。TCD 的线性范围为 10^5,定量准确,操作维护简单,价廉。不足之处是灵敏度较低。

3. 检测条件的选择

1)载气种类、纯度和流量

载气与样品的导热能力相差越大,检测器灵敏度越高。由于相对分子质量小的 H_2、He 等导热能力强,所以 TCD 通常用 H_2 或 He 作载气。载气的纯度影响 TCD 的灵敏度。实验表明:在桥电流 160~200mA 范围内,用 99.999% 的超纯 H_2 比用 99% 的普通 H_2 灵敏度高 6%~13%。TCD 为浓度敏感型检测器,在检测过程中,载气流速必须保持恒定。在柱分离许可的情况下,载气应尽量选用低流速。流速波动可能导致基线噪声和漂移增大。

2)桥电流

一般认为灵敏度 S 值与桥电流的三次方成正比。所以,用增大桥电流来提高灵敏度是最通用的方法。在满足分析灵敏度要求的前提下,应尽量选取低的桥电流,否则会烧坏钨丝,引起基线不稳。

3)检测器温度

TCD 的灵敏度与热丝和池体间的温差成正比。因此,对具有较高沸点的样品的分析而言,采用降低检测器池体温度来提高灵敏度是有限的,而对那些永久性气体的分析而言,用此法则可大大提高灵敏度。

二、氢火焰离子化检测器

氢火焰离子化检测器(简称氢焰检测器)是气相色谱检测器中使用最广泛的一种,是典型的破坏性质量型检测仪器。

1. FID 的结构和工作原理

FID 的结构如图 11-4 所示。氢焰检测器的主要部件是离子室。离子室一般由不锈钢制成,包括气体入口、出口、火焰喷嘴、极化极和收集极以及点火线圈等部件。极化极为铂丝做成的圆环，安装在喷嘴之上。收集极是金属圆筒，位于极化极上方。两极间距可以用螺丝调节（一般不大于10mm）。在收集极和极化极间加一定的直流电压（常用150～300V），以收集极作负极、极化极作正极，构成外加电场。

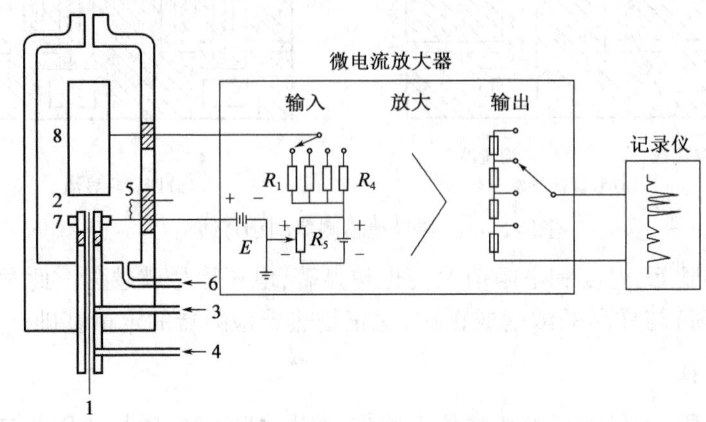

图11－4　氢焰检测器结构示意图

1—毛细管柱；2—喷嘴；3—氢气入口；4—尾吹气入口；5—点火灯丝；6—空气入口；7—极化极；8—收集极

当仅有载气从毛细管柱后流出，进入检测器，载气中的有机杂质和流失的固定液在氢火焰（2100℃）中发生化学解离（载气 N_2 本身不会被解离），生成正、负离子和电子。在电场作用下，正离子移向收集极（负极），负离子和电子移向极化极（正极），形成微电流，流经输入电阻 R_1 时，在其两端产生电压降 E。它经微电流放大器放大后，在记录仪上便记录下一信号，称为基流。只要载气流速、柱温等条件不变，该基流也不变。实际过程中，总是希望基流越小越好。但是，基流总是存在的，因此通常通过调节 R_5 上的反方向的补差电压来使流经输入电阻的基流降至“零”，这就是所谓的“基流补偿”。一般在进样前均要使用基线补偿，将记录器上的基线调至零。进样后，载气和分离后的组分一起从柱后流出，氢火焰中增加了组分被解离后产生的正、负离子和电子，从而使电路中收集极的微电流显著增大，此即该组分的信号。该信号的大小与进入火焰中组分的质量是成正比的，这便是FID的定量依据。

2. 性能特征

FID的特点是灵敏度高，比TCD的灵敏度高约 10^3 倍；检出限低，可达 $10^{-12}g \cdot s^{-1}$；线性范围宽，可达 10^7；FID结构简单，死体积一般小于1μL，响应时间仅为1ms，既可以与填充柱联用，也可以直接与毛细管柱联用；FID对能在火焰中燃烧解离的有机化合物都有响应，可以直接进行定量分析，是目前应用最为广泛的气相色谱检测器之一。FID的主要缺点是不能检测永久性气体、水、一氧化碳、二氧化碳、氮氧化物、硫化氢等物质。

3. 检测条件的选择

1）载气

载气将被测组分带入FID，同时又是氢火焰的稀释剂。N_2、Ar、H_2、He均可作FID的载气。N_2、Ar作载气时FID灵敏度高、线性范围宽。因 N_2 价格较Ar低，所以通常用 N_2 作载气。载气流速通常根据柱分离的要求进行调节。在要求高灵敏度，如痕量分析时，调节氮氢比在1:1左右往往能得到响应值的最大值。通常空气流速约为氢气流速的10倍。在作常量分析时，载气、氢气和空气纯度在99.9%以上即可。但在作痕量分析时，则要求上述三种气体的纯度相应提高，一般要求达99.999%以上，空气中总烃含量应小于0.1μL·L^{-1}。

2)温度与极化电压

要求FID检测器温度必须在120℃以上。在FID中，汽化室温度变化时对其性能既无直接影响也无间接影响，只要能保证试样汽化而不分解就行。正常操作时，所用极化电压一般为150～300V。

三、检测器的主要性能指标

色谱分析对检测器的基本要求是灵敏度高、稳定性好，利于进行微量或痕量分析；线性范围广，利于进行定量分析；死体积小，响应快，利于进行快速分析；对温度、流动相流速和溶剂组成变化不敏感，利于应用程序技术；应用范围广，结构简单，使用安全。但实际应用检测器不可能满足上述全部要求，造成使用时有一定限制。下面简要说明检测器的几个主要指标。

1.检测器的灵敏度

气相色谱检测器的灵敏度(S)是指通过检测器物质的量变化时，该物质响应值的变化率。一定浓度的组分(Q)进入到检测器产生响应信号(R)，将不同的物质量与相应的响应信号作图，其中线性部分的斜率就是检测器的灵敏度，即

$$S = \frac{\Delta R}{\Delta Q} \tag{11-10}$$

式中，R的单位为mV，Q的单位则因检测器的类型不同而异，S的单位随之也有不同。

浓度敏感型检测器的灵敏度用下式计算：

$$S_g = \frac{AC_1C_2F}{m} \tag{11-11}$$

质量敏感型检测器的灵敏度S_t用下式计算：

$$S_t = \frac{\Delta R}{\Delta m} = \frac{60C_1C_2A}{m} = \frac{hY_{1/2}\cdot 60}{m} \tag{11-12}$$

式中 A——峰面积，mm^2；

C_1——记录器或数据处理机灵敏度，mV·mm^{-1}；

C_2——纸速倒数，min·mm^{-1}；

F——载气流速（换算至检测器温度下之流速），mL·min^{-1}；

m——样品质量，mg。

浓度敏感型检测器S_g表示每毫升载气中有1mg试样在检测器所能产生的响应信号。如试样为液体，则S_g单位为mV·mL·mg^{-1}；如试样为气体，则S_g单位为mV·mL·mL^{-1}。质量敏感型检测器灵敏度S_t与样品状态无关，单位为mV·s·g^{-1}，即有1g样品通过检测器时，每秒钟所产生的电位数。

2.检测器的敏感度(检测限)

定义为检测器产生恰好能检定的信号时，检测其中组分的浓度（浓度型）或单位时间内进入检测器的物质量（质量型）。所谓能检测的信号，即信号要大于等于二倍噪声讯号。其定义可用下式表示：

$$D = 2\frac{R_N}{S} \tag{11-13}$$

式中,R_N 代表噪声,单位 mV。由于灵敏度 S 有不同的单位,所以检测限也有不同的单位,即 $mg\cdot mL^{-1}$、$mL\cdot mL^{-1}$、$g\cdot s^{-1}$。

灵敏度和敏感度是从两个不同角度表示检测器对物质敏感程度的指标。灵敏度越大,检测限越小,则表明检测器性能越好。

3. 噪声和漂移

在没有样品进入检测器的情况下,仅由于检测仪器本身及其他操作条件(如柱内固定液流失,橡胶隔垫流失、载气、温度、电压的波动、漏气等因素)使基线在短时间内发生起伏的信号,称为噪声(R_N),单位用 mV 表示。噪声是检测器的本底信号。使基线在一定时间内对原点产生的偏离,称为漂移(M),单位用 mV/h 表示。良好的检测器其噪声与漂移都应该很小,它们表明检测器的稳定状况。

4. 检测器的线性与线性范围

检测器的线性是指检测器内载气中组分浓度与响应信号成正比的关系。线性范围是指被测物质的量与检测器响应信号呈线性关系的范围,以最大允许进样量与最小允许进样量的比值表示。良好的检测器其线性接近于 1。检测器的线性范围越宽越好。

5. 检测器的时间常数

气相色谱检测器时间常数,即响应时间是指进入检测器的组分输出达到 63% 所需的时间。显然,检测器的响应时间越小,表明检测器性能越好。

技能训练 11 -1　气相色谱仪气路的连接和安装

一、训练目的

通过训练,学会正确连接安装气路中各部件;掌握气路的检漏和排漏方法;能使用皂膜流量计正确测量载气流量。

二、仪器和试剂

(1)仪器:气相色谱仪、气体钢瓶、减少压阀、净化器、色谱柱、聚四氟乙烯管、垫圈、皂膜流量计。

(2)试剂:肥皂水。

三、操作步骤

1. 准备工作

(1)根据所用气体选择减压阀。使用氢气钢瓶选择氢气减压阀(氢气减压阀与钢瓶连接的螺母为左螺纹);使用氮气(N_2)、空气等气体钢瓶,选择氧气减压阀(氧气减压阀与钢瓶连接的螺母为右旋螺纹)。

(2)准备净化器。

(3)准备一定长度的不锈钢管(或尼龙管、聚四氟乙烯管)。

2. 连接气路

(1)连接钢瓶与减压阀接口;

(2)连接减压阀与净化器；

(3)连接净化器与仪器载气接口；

(4)连接色谱柱(柱一头接气化室,另一头接检测器)。

3. 气路检漏

(1)钢瓶至减压阀之间的检漏。

关闭钢瓶减压阀上的气体输出节流阀,打开钢瓶总阀门(此时操作者不能面对压力表,应位于压力表右侧),用皂液(洗涤剂饱和溶液)涂在各接头处(钢瓶总阀门开关、减压阀接头、减压阀本身),如有气泡不断涌出,则说明这些接口处有漏气现象。

(2)气化密封垫的检查。

检查气化密封垫是否完好,如有问题应更换新垫圈。

(3)气源至色谱柱间的检漏(此步在连接色谱柱之前进行)。

用垫有橡胶垫的螺帽封死气化室出口,打开减压阀输出节流阀并调节至输出表压0.025MPa;打开仪器的载气稳压阀(逆时针方向打开,旋转至压力表值呈一定值);用皂液涂各个管接头处,观察是否漏气,若有漏气,须重新仔细连接。关闭气源,待半小时后,仪器上压力表指示的压力下降小于0.005MPa,则说明气化室前的气路不漏气,否则,应该仔细检查找出漏气处,重新连接,再行试漏。

(4)气化室至检测器出口间的检漏。

接好色谱柱,开启载气,输出压力调在0.2~0.4MPa。将转子流量计的流速调至最大,再堵死仪器主机左侧载气出口处,若浮子能下降至底,表明该段不漏气。否则再用皂液逐点检查各接头,并排除漏气(或关载气稳压阀,待半小时后,仪器上压力表指示的压力下降小于0.005MPa,说明此段不漏气,反之则漏气)。

4. 转子流量计的校正

(1)将皂膜流量计接在仪器的载气排出口(柱出口或检测器出口)；

(2)用载气稳压阀调节转子流量计中的转子至某一高度,如0、5、10、15、20、25、30、35、40等值处；

(3)轻捏一下胶头,使皂液上升封住支管,产生一个皂膜；

(4)用秒表测量皂膜上升至一定体积所需要的时间；

(5)计算与转子流量计转子高度相应的柱后皂膜流量计流量 $F_{皂}$,换算成以mL/min为单位的载气流速。

5. 结束工作

(1)关闭气源；

(2)关闭高压钢瓶。关闭钢瓶总阀,待压力表指针回零后,再将减压阀关闭(T字阀杆逆时针方向旋松)；

(3)关闭主机上载气稳压阀(顺时针旋松)；

(4)填写仪器使用记录,做好实验室整理和清洁工作,并进行安全检查后,方可离开实验室。

四、注意事项

(1)高压器气瓶和减压阀螺母一定要匹配,否则可能导致严重事故；

(2)安装减压阀时应先将螺纹凹槽擦净,然后用手旋紧螺母,确认入扣后再用扳手拧紧;

(3)安装减压阀时应小心保护好表舌头,所用工具忌油;

(4)在恒温室或其他近高温处的接管,一般用不锈钢管和紫铜垫圈而不用塑料垫圈;

(5)检漏结束应将接头处涂抹的肥皂水擦拭干净,以免管道受损,检漏时氢气尾气应排出室外;

(6)用皂膜流量计测流速时每改变流量计转子高度后,都要等一段时间,约 0.5 ~ 1min,然后再测流速。

五、数据处理

依据实验数据在坐标纸上绘制 $F_{转}$—$F_{皂}$ 的校正曲线,并注明载气种类和柱温、室温及大气压力等参数。

思考与练习11-1

1. 为什么要进行气路系统的检漏试验?
2. 如何打开气源?如何关闭气源?

第三节 气相色谱分离原理和分离操作条件的选择

气相色谱分析法首先是通过色谱柱将试样中的各组分分离,然后再对分离后的各组分进行定性或定量分析。下面以气固色谱和气液色谱为例说明其分离原理和分离操作条件的选择。

一、气相色谱分离的基本原理

色谱分离的基本原理是试样组分通过色谱柱时与填料之间发生相互作用,这种相互作用大小的差异使各组分互相分离而按先后次序从色谱柱流出。

1. 气固色谱分析

气固色谱的固定相是具有多孔性及较大表面积的固体吸附剂,试样气体由载气携带进入色谱柱,与吸附剂接触时很快被吸附剂吸附。随着载气的不断通入,被吸附的组分又从固定相中洗脱下来,这种现象称为解吸或脱附。解吸下来的组分随着载气向前移动时又再次被固定相吸附。这样,随着载气的流动,组分吸附—脱附的过程反复进行。显然,由于组分性质的差异,固定相对它们的吸附能力有所不同。较难被吸附的组分就容易解吸下来,较快地前移。容易被吸附的组分就不易被解吸,前移得就慢些。所以,经过一定的时间间隔(一定柱长)后,性质不同的组分便达到了彼此分离,进而顺序流出色谱柱。

气固色谱常用的吸附剂有硅胶、氧化铝、活性炭和分子筛,主要用于惰性气体和 H_2、O_2、N_2、CO、CO_2 等气体及低沸点有机物的分析。此外,还有人工合成的多孔聚合物微球(GDX),其中 GDX - 1、GDX - 2 型为非极性的,GDX - 3、GDX - 4 型为极性的固定相,可以用于水、多元醇、羧酸等极性物质的分离。

2. 气液色谱分析

1)分离原理

在气液色谱柱内,被测物质中各个组分的分离则是基于各组分在固定液中溶解度或分配系数的不同。气液色谱的固定相是涂在载体表面的固定液(在被称为“担体”的化学惰性固体微粒表面涂上一层高沸点的有机化合物的液膜),试样气体由载气携带进入色谱柱,与固定液接触时,气相中各组分就溶解到固定液中。随着载气的不断通入,被溶解的组分又从固定液中挥发出来,挥发出的组分随着载气向前移动时又再次被固定液溶解。随着载气的流动,溶解、挥发的过程反复进行。显然,由于组分性质差异,固定液对它们的溶解能力将有所不同。易被溶解的组分,挥发较难,在柱内移动的速度慢,停留时间长;反之,不易被溶解的组分,挥发快,随载气移动的速度快,因而在柱内停留时间短。经一定的时间间隔(一定柱长)后,性质不同的组分便达到彼此分离。由于各组分在固定液中分配系数不同,各组分也就彼此被拉开了距离,即被分离开,顺序流出色谱柱。

2)固定液及其选择

气液色谱要求固定液对样品中各组分有足够的溶解能力,且存在一定的差异,在操作柱温下稳定性好不能与载体以及待测组分发生不可逆的化学反应,固定液一般为蒸气压低、挥发性小的高沸点有机化合物。

选择固定液应根据不同的分析对象和分析要求进行。一般可以按照“结构相似”和“相似相溶”原则进行选择,如分离非极性物质,一般选用非极性固定液。试样中各组分按沸点从低到高的顺序流出色谱柱;分离极性物质,一般按极性强弱来选择相应极性的固定液。试样中各组分一般按极性从小到大的顺序流出色谱柱;分离非极性和极性混合物时,一般选用极性固定液。这时非极性组分先出峰,极性组分后出峰;对于复杂组分,一般可选用两种或两种以上的固定液配合使用,以增加分离效果;对于含有异构体的试样(主要是含有芳香型异构部分),一般应选用特殊保留作用的有机皂土或液晶作固定液。

近年来通过大量实验数据,利用电子计算机优选出十几种最佳固定液。这些固定液的特点是:在较宽的温度范围内稳定,并占据了固定液的全部极性范围。表 11 - 3 列出了常用固定液的性质及主要分析对象。

表 11 - 3 气液色谱常用固定液

固定液名称	型号	相对极性	最高使用温度,℃	溶剂	分析对象
角鲨烷	SQ	-1	150	乙醚、甲苯	气态烃、轻馏分液态烃
甲基硅油	SE-30	+1	350	氯仿、甲苯	各种高沸点化合物
甲基硅橡胶	OV-101	+1	200	氯仿、甲苯	各种高沸点化合物
苯基(10%)甲基聚硅氧烷	OV-3	+1	350	丙酮、苯	各种高沸点化合物,对芳香族和极性化合物保留值增大;OV-7 + QF-1 可分析含氯农药
苯基(20%)甲基聚硅氧烷	OV-7	+2	300	丙酮、苯	
苯基(50%)甲基聚硅氧烷	OV-17	+2	300	丙酮、苯	
苯基(60%)甲基聚硅氧烷	OV-22	+2	300	丙酮、苯	

续表

固定液名称	型号	相对极性	最高使用温度,℃	溶剂	分析对象
三氟丙基(50%)甲基聚硅氧烷	QF-1 OV-210	+3	250	氯仿、二氯甲烷	含卤化合物、金属螯合物、甾类
β-氰乙基(25%)甲基聚硅氧烷	XE-60	+3	275	氯仿、二氯甲烷	苯酚、酚醚、芳胺、生物碱、甾类
聚乙二醇	PEG-20M	+4	225	丙酮、氯仿	选择性保留分离含O、N官能团及O、N杂环化合物
聚乙二酸二乙二醇酯	DEGA	+4	250	丙酮、氯仿	分离 C_1 ~ C_{24} 脂肪酸甲酯,甲酚异构体
聚丁二酸二乙二醇酯	DEGS	+4	220	丙酮、氯仿	分离饱和及不饱和脂肪酸酯、苯二甲酸酯异构体
1,2,3-三-(2-氰乙氧基)丙烷	TCEP	+5	175	氯仿、甲醇	选择性保留低级含O化合物,伯、仲胺,不饱和烃、环烷烃等

3)载体的选择

载体也称作担体,它的作用是提供一个具有较大表面积的惰性表面,使固定液能在它的表面上形成一层薄而均匀的液膜。在气液色谱中,要求载体表面应是化学惰性的,即无吸附性、无催化性,且热稳定性要好,比表面积要大,孔径分布均匀,另外还要求载体机械强度好,不易破碎。

常用的载体大致可分为无机载体和有机聚合物载体两大类。前者应用最为普遍的主要有硅藻土型载体和玻璃微球载体;后者主要包括含氟载体以及其他各种聚合物载体。

选择载体的大致原则如下:

(1)固定液用量大于5%(质量分数)时,一般选用硅藻土白色载体或红色载体。若固定液用量小于5%(质量分数)时,一般选用表面处理过的载体。

(2)腐蚀性样品可选含氟载体;而高沸点组分可选用玻璃微球载体。

(3)载体颗粒大小一般选用60~80目或80~100目;高效柱可选用100~120目。

3. 分配系数

物质在固定相和流动相之间发生的吸附和解吸、溶解和挥发的过程,被称为分配过程。在一定的柱温和柱压下,组分在两相之间分配达到平衡时,设组分在固定相中的浓度为 c_s,组分在流动相中的浓度为 c_m,当分配过程达到平衡时应满足下列关系:

$$K = \frac{c_s}{c_m} \tag{11-14}$$

K 是色谱分离的一个重要参数,称为分配系数。在一定温度下,K 值决定于组分、固定相和流动相三者的性质,所以不同的物质在两相间的分配系数不同。分配系数的值差别越大,则相应的色谱峰距离越远,分离越好。分配系数小的物质先出峰,分配系数大的物质后出峰。一般来说,对气固色谱而言,先出峰的是吸附能力小而脱附能力大的物质;对气液色谱而言,先出峰的是溶解度小而挥发性强的物质。

二、气相色谱分离操作条件的选择

根据色谱分离理论,色谱分离条件选择需要控制组分合适的保留值、提高组分间分离选择性、提高色谱柱效,使组分在尽可能短的时间洗出,即在一定分析速度下达到所要求的分离度。

1. 载气及其流速的选择

1)载气种类的选择

载气种类的选择首先要考虑使用何种检测器。比如使用热导检测器(TCD),选用氢或氦作载气,能提高灵敏度;使用氢火焰离子化检测器(FID)则选用氮气作载气。然后再考虑所选的载气要有利于提高柱效能和分析速度。例如,选用摩尔质量大的载气(如 N_2)可以使组分在气相中的扩散系数减小,提高柱效能。

2)载气流速的选择

在实际工作中,为了缩短分析时间,往往使载气流速稍高于最佳流速。此外选择载气时还应考虑与检测器的匹配。

2. 色谱柱的选择

色谱柱柱形、柱内径、柱长度都会影响柱的分离效果,一般直形优于U形、螺旋形,但后者体积小,为一般仪器常用。柱的内径大小要合适,若内径太大,柱的分离效果不好;若太小容易造成填充困难和柱压降增大,给操作带来麻烦,所以一般选用柱内径为3~4mm。柱子长,柱的分离效果好,但柱子的压降增大,保留时间长,甚至会出现扁平峰,使分离效果下降。因此,选择柱长的原则是:在使最难分离的物质对得以分离的情况下,尽量选择短柱。通常使用1~2m长的不锈钢柱子。

3. 柱温的选择

柱温是气相色谱的重要操作条件,柱温直接影响色谱柱的使用寿命、柱的选择性、柱效能和分析速度。选择柱温的原则是使物质既分离完全,又不使峰形扩张、拖尾。柱温一般选各组分沸点平均温度或稍低些。柱温低有利于分配,有利于组分的分离;但柱温过低,被测组分可能在柱中冷凝,或者传质阻力增加,使色谱峰扩张,甚至拖尾。柱温高,虽有利于传质,但分配系数变小不利于分离。从抓主要矛盾入手,若分离是主要的,柱温应低;若分析速度是主要的,柱温应高;若既要获得高分离度,还要分析周期短,可采用低配比、低柱温的办法。一般通过实验选择最佳柱温。

4. 进样时间和进样量选择

色谱法要求进样速度必须很快,以防人为造成色谱峰原始宽度变大、峰扩张更加严重,甚至峰变形。因而要求采用注射器或进样阀进样时,进样应在1s以内完成。反之若进样缓慢,样品气化后被载气稀释,使峰形变宽,并且不对称,既不利于分离也不利于定量。色谱分析法的进样量一般都是比较少的,如液体试样一般进样0.1~5μL,气体试样0.1~10mL。

5. 气化温度选择

合适的气化室温度既能保证样品迅速且完全气化,又不引起样品分解。液体样品进样后首先经气化室瞬间气化再继续随流动相进入色谱柱实现分离。故气化室温度应足够高,以试样能被迅速气化而又不分解为宜。一般选择气化温度要比柱温高20~70℃或比样品组分中最高沸点高 30~50℃。尤其当进样量比较大时,适当提高气化温度对分离及定量有利。

第四节　定性和定量分析方法

一、气相色谱定性分析

气相色谱定性分析就是鉴定试样中各组分,即每个色谱峰是什么化合物。一般来说,气相色谱分析数据不能直接鉴定各个组分。由于不同化合物的色谱保留值与分子结构有关,多数色谱检测器给出的响应信号缺乏典型的分析结构特征,气相色谱定性分析常采用已知纯组分样品对照的方式,并利用保留参数作为定性分析的指标,对于未知物样品或没有已知纯物质样品的定性是很困难的。因此对于一个完全未知的混合样品单靠色谱法定性比较困难,往往需要采用多种方法综合解决,例如与质谱仪、红外光谱仪等联用。气相色谱定性分析的具体方法比较多,下面仅介绍一些常用的基本方法。

1. 利用保留值定性

在气相色谱分析中利用保留值定性是最基本的定性方法,其基本依据是:在一定色谱系统及操作条件下,各组分均有其确定的保留值,并且一般不受其他组分的影响。在同一操作条件下,比较标准物和未知试样的保留值,可初步认为两者属于同一物质。

也可利用相对保留值定性。相对保留值仅与柱温及固定相的性质有关,可以消除其他一些操作条件的影响,用它来定性可得到较可靠的结果。具体方法是:先将作为基准用的标准物与已知混合物样品分别进样,测得 $r_{21_{(1)}}$,再到手册中查找与之对应的标准物及已知纯物质在相同条件下的 $r_{21_{(2)}}$ 值,若相同则为同一种物质。这里用作基准的标准物质可以是试样中含有的与待测组分保留值相近的另一种组分的纯物质;也可以是试样中不含有的,但与待测组分保留值相近的其他物质。常用的基准物有正丁烷、苯、对二甲苯、环己烷等。

2. 利用加入纯物质增加峰高的方法定性

当试样中所含组分种类较多时,由于保留值相近而使所得到的色谱图上的色谱峰过密,以致难以确认各个色谱峰,进而也就难以确认所含有的组分。这时,可将纯组分直接加到试样中去,此时若某组分峰增高了,即表示试样中可能含有与所加入的纯组分相同的物质。这一方法既可避免因载气流速的微小变化对保留时间的影响而影响定性分析的结果,又可避免色谱图图形复杂时准确测定保留时间的困难。可以说,本法是在确认某一复杂样品中是否含有某一组分的最好办法。

3. 利用保留指数定性

对于色谱定性分析,若实验室没有需要的标样,可以采用文献提供的色谱保留数据定性。保留指数又称科瓦茨指数,它是一种重现性较其他保留参数都好的、较为可靠的定性参数。保留指数是将待测组分的保留行为用两种与之相邻的基准物(通常是选用正构烷烃)来标定从而得到的,即某待测组分的保留指数(记为 I_x)是在一定条件下,用两种与之相邻的正构烷烃作参比,进行调整保留值的测定而得到的。并且规定:正构烷烃的保留指数等于其碳数的 100 倍。如正戊烷、正己烷、正庚烷的保留指数分别为 500、600、700。这种方法可根据所用固定相和柱温条件下测得的待测组分的保留指数直接与文献值对照，不需要标准试样，所以纯属利用文献值定性。应注意，在进行保留指数的计算时，分子分母应带入相同量纲的参数。

4. 联机定性

色谱法具有很高的分离效能，但它不能对已分离的每一组分进行直接定性。利用前述几种办法定性，也常因找不到对应的已知标准物质而发生困难，加之很多物质的保留值十分接近，甚至相同。常常影响定性结果的准确性。另外常用的质谱法、红外光谱法、紫外光谱法和核磁共振波谱法对于单一组分(纯物质)的有机化合物具有很强的定性能力。因此，若将色谱分析与这些仪器联用，就能发挥各自方法的长处，很好地解决组成复杂的混合物的定性分析问题。通常色谱和所联用的仪器就成为一个整体——联用仪，可以同时得到样品的定性和定量结果。

二、气相色谱定量分析

1. 定量分析基础

1) 定量分析依据

定量分析的依据是每个组分的量(质量或体积)与色谱检测器产生的检测响应值，即峰高或峰面积成正比，即

$$m_i = f_i \cdot A_i \tag{11-15}$$

$$c_i = f_i \cdot h_i \tag{11-16}$$

式中 m_i——组分的质量；

c_i——组分的浓度；

f_i——组分的校正因子；

A_i——组分 i 的峰面积；

h_i——组分 i 的峰高。

一般来说在色谱定量分析中，对浓度敏感型检测器，常用峰高定量；对质量敏感型检测器，常用峰面积定量。

定量分析的准确度和精密度决定如下因素：取样和样品制备、色谱分离条件选择、检测器的选择、峰高和峰面积测量、定量校正因子的测定、定量方法的选择等。

2) 峰高和峰面积的准确测定

峰高和峰面积是气相色谱的定量参数，它们的测量精度将直接影响定量分析的精度，以下简单介绍几种常用的手工测量法。

(1) 峰高乘以半峰宽法。当色谱峰形对称且不太窄时，可采用此法，即

$$A = h \cdot W_{1/2} \tag{11-17}$$

式中 h——峰高；

$W_{1/2}$——半峰宽。

这种方法测得的峰面积为实际峰面积的 0.94 倍，因此实际面积应为

$$A_{实际} = 1.065h \cdot W_{1/2} \tag{11-18}$$

(2) 峰高乘以平均峰宽。当峰不对称时，一般可采用此法，即先分别测出峰高为 0.15 和 0.85 处的峰宽，然后按下式计算面积：

$$A = 1/2(W_{0.15} + W_{0.85}) \cdot h \tag{11-19}$$

此法计算出的峰面积较准确。

(3)峰高乘以保留时间法。在一定操作条件下,同系物的半峰宽与保留时间成正比,即

$$W_{1/2} = b \cdot t_R$$

$$A = h \cdot W_{1/2} = h \cdot b \cdot t_R \tag{11-20}$$

作相对计算时,b 可以约去。此法适用于狭窄的峰,或有的峰窄、有的峰又较宽的同系物的峰面积的测量。对一些对称的狭窄峰,可直接以峰高代替峰面积,这样做既简便快速,又准确。

3)定量校正因子的测定

气相色谱定量分析的依据是基于待测组分的量与其峰面积成正比的关系。但是峰面积的大小不仅与组分的量有关,而且还与组分的性质及检测器性能有关。用同一检测器测定同一种组分,当实验条件一定时,组分量愈大,相应的峰面积就愈大。但同一检测器测定相同质量的不同组分时,却由于不同组分性质不同,检测器对不同物质的响应值不同,因而产生的峰面积也不同。因此不能直接应用峰面积计算组分含量。为此,引入"定量校正因子"来校正峰面积。定量校正因子分为绝对校正因子和相对校正因子。

(1)绝对校正因子(f_i)是指单位峰面积或单位峰高所代表的组分的量,即

$$f_i = \frac{m_i}{A_i} \tag{11-21}$$

$$f_{i(h)} = \frac{m_i}{h_i} \tag{11-22}$$

式中 m_i——组分质量(或物质的量,或体积);

A_i——峰面积;

h_i——峰高;

$f_{i(h)}$——峰高定量校正因子。实际测量中通常不采用绝对校正因子,而采用相对校正因子。

(2)相对校正因子(f_i')平常所指或由文献查得的定量校正因子均为物质的相对定量校正因子,它是一个无因次量,数值与所用的计量单位有关。相对校正因子是指组分 i 与另一基准物 S 的绝对校正因子之比,表示为

$$f_i' = \frac{f_i}{f_S} = \frac{m_i \cdot A_S}{m_S \cdot A_i} \tag{11-23}$$

$$f_i' = \frac{f_i}{f_S} = \frac{c_i \cdot h_S}{c_S \cdot h_i} \tag{11-24}$$

式中 f_i'——相对校正因子;

f_i——i 物质的绝对校正因子;

f_S——基准物质的绝对校正因子;

m_i——i 物质的质量;

c_i——i 物质的浓度;

A_i——i 物质的峰面积;

h_i——i 物质的峰高;

m_S——基准物质的质量;

c_S——基准物质的浓度;

A_S——基准物质的峰面积；

h_S——基准物质的峰高。

常用的基准物质对不同检测器是不同的，热导检测器常用苯作基准物，氢火焰离子化检测器常用正庚烷作基准物质。

2. 几种常用的定量计算方法

气相色谱中常用的定量方法有归一化法、标准曲线法、内标法和标准加入法。按测量参数，上述四种定量方法又可分为峰面积法和峰高法。这些定量方法各有优缺点和使用范围。因此实际工作中应根据分析的目的，要求以及样品的具体情况选择合适的定量方法。

1）归一化法

当试样中所有组分均能流出色谱柱，并在检测器上都能产生信号时，可用归一化法计算组分含量。所谓归一化法就是以样品中被测组分经校正过的峰面积（或峰高）占样品中各组分经校正过的峰面积（或峰高）的总和的比例来表示样品中各组分含量的定量方法。

设试样中有 n 个组分，各组分的质量分别为 $m_1, m_2, \cdots, m_n$，在一定条件下测得各组分峰面积分别为 $A_1, A_2, \cdots, A_n$，各组分峰高分别为 $h_1, h_2, \cdots, h_n$，则组分 i 的质量分数 w_i 为

$$w_i = \frac{m_i}{m} = \frac{m_i}{m_1 + m_2 + \cdots + m_n} = \frac{f_i' \cdot A_i}{f_1' \cdot A_1 + f_2' \cdot A_2 + \cdots + f_n' \cdot A_n} = \frac{f_i' \cdot A_i}{\sum f_i' \cdot A_i} \tag{11-25}$$

$$w_i = \frac{m_i}{m} = \frac{f'_{i(h)} \cdot h_i}{\sum f'_{i(h)} \cdot h_i} \tag{11-26}$$

式中 f_i'——i 组分的相对质量校正因子；

A_i——组分 i 的峰面积。

当 f_i' 为摩尔校正因子或体积校正因子时，所得结果分别为 i 组分的摩尔分数或体积分数。

若试样中各组分的相对校正因子很接近（如同分异构体或同系物），则可以不用校正因子，直接用峰面积归一化法进行定量。这样，式（11－24）可简化为

$$w_i = \frac{A_i}{\sum A_i} \tag{11-27}$$

归一化法的优点是简便、精确，进样量的多少与测定结果无关，当操作条件（如进样量、流速等）变化时，对分析结果的影响比较小。

归一化法定量的主要问题是校正因子的测定较为麻烦，虽然从文献中可以查到一些化合物的校正因子，但要得到准确的校正因子，还是需要用每一组分的基准物质直接测量。如果试样中的组分不能全部出峰，则绝对不能采用归一化法定量。

【例 11－2】 采用氢火焰离子化检测器对 C_8 芳香烃异构体样品进行气相色谱分析时，所得实验数据如下表：

组　分	乙　苯	对二甲苯	间二甲苯	邻二甲苯
A, mm^2	120	75	140	105
f_i	0.97	1.00	0.96	0.98

计算各组分的质量分数。

解：$$\sum A_i f_i' = 120 \times 0.97 + 75 \times 1.00 + 140 \times 0.96 + 105 \times 0.98 = 428.7$$

$$乙苯 = \frac{120 \times 0.97}{428.7} \times 100 = 27.2\%$$

$$对二甲苯 = \frac{72 \times 1.00}{428.7} \times 100 = 17.5\%$$

$$间二甲苯 = \frac{140 \times 0.96}{428.7} \times 100 = 31.4\%$$

$$邻二甲苯 = \frac{105 \times 0.98}{428.7} \times 100 = 24.0\%$$

2）标准曲线法

标准曲线法也称外标法或直接比较法，就是单独应用待测组分的纯物质来制作标准曲线。此时，用待测组分的纯物质加稀释剂（液体试样用溶剂稀释，气体试样用载气或空气稀释）配成不同质量分数的标准系列溶液，依次取固定量的标准系列溶液进样分析，从所得色谱图上测出响应信号（峰面积或峰高等），然后绘制响应信号（纵坐标）质量分数（横坐标）的标准曲线。再进行样品分析，取和制作标准曲线时同量的试样（固定量进样），进样后由所得色谱图测得该试样中待测组分的响应信号，带入标准曲线中查出其对应的质量分数。

标准曲线法操作简单，计算方便；但每次样品分析的色谱条件（检测器的响应性能，柱温，流动相流速及组成，进样量，柱效等）很难完全相同，因此容易出现较大误差。

3）内标法

若试样中所有组分不能全部出峰，或只要求测定试样中某个或某几个组分的含量时，可以采用内标法定量。

所谓内标法就是将一定量选定的标准物（称内标物 S）加入到一定量试样中，混合均匀后，在一定操作条件下注入色谱仪，出峰后分别测量组分 i 和内标物 S 的峰面积（或峰高），按下式计算组分 i 的含量：

$$w_i = \frac{m_i}{m_{试样}} = \frac{m_S \cdot \dfrac{f_i' \cdot A_i}{f_S' \cdot A_S}}{m_{试样}} = \frac{m_S}{m_{试样}} \cdot \frac{A_i}{A_S} \cdot \frac{f_i'}{f_S'} \tag{11-28}$$

式中 f_i'、f_S'——组分 i 和内标物 S 的质量校正因子；

A_i、A_S——组分 i 和内标物 S 的峰面积。

也可以用峰高代替面积，则

$$w_i = \frac{m_S \cdot f'_{i(h)} \cdot h_i}{m_{试样} \cdot f'_{S(h)} \cdot h_S} \tag{11-29}$$

式中 $f'_{i(h)}$、$f'_{S(h)}$——组分 i 和内标物 S 的峰高校正因子。

内标法中，常以内标物为基准，即 $f_S' = 1.0$，则式（11－28）可改写为

$$w_i = f_i \cdot \frac{m_S \cdot A_i}{m_{试样} \cdot A_S} \tag{11-30}$$

式（11－28）可改写为

$$w_i = f_{i(h)} \cdot \frac{m_S \cdot h_i}{m_{试样} \cdot h_S} \tag{11-31}$$

在内标法中内标物的选择是至关重要的。它应该是试样中不存在的纯物质；加入的量应

接近于被测组分的含量；同时要求内标物的色谱峰位于被测组分色谱峰附近，或几个被测组分色谱峰的中间，并且与这些组分的组分峰完全分离；还应注意内标物与待测组分的物理及物理化学性质（如挥发度、化学结构、极性以及溶解度等）应相近，以便当操作条件发生变化时，内标物与待测组分作匀称的变化。

内标法定量准确，而且不像归一化法那样有使用上的限制；但每次分析都要准确称取试样和内标物的质量，因而不适于生产中作快速控制分析。

【例 11－3】 采用内标法分析燕麦敌 1 号试样中燕麦敌的含量时，以正十八烷为内标物，称取燕麦敌试样 8.12g，加入正十八烷 1.88g，经色谱分析测得燕麦敌和正十八烷的峰面积分别为 $A_{燕麦敌}=68.0\text{mm}^2$，$A_{正十八烷}=87.0\text{mm}^2$。已知燕麦敌以正十八烷为标准的定量校正因子 $f_i=2.40$，计算试样中燕麦敌的质量分数。

解：

$$w=\frac{m_i}{m}\times 100\%=\frac{A_i f_i m_S}{A_S f_S m}\times 100\%=\frac{68.0\times 2.40\times 1.88}{87.0\times 1\times 8.12}\times 100\%=43.4\%$$

4）标准加入法

标准加入法实质上是一种特殊的内标法，是在选择不到合适的内标物时，以欲测组分的纯物质为内标物，加入到待测样品中，然后在相同的色谱条件下，测定加入欲测组分纯物质前后欲测组分的峰面积（或峰高），从而计算欲测组分在样品中的含量的方法。

标准加入法具体做法如下：首先在一定的色谱条件下做出欲分析样品的色谱图，测定其中欲测组分 i 的峰面积 A_i（或峰高 h_i）；然后在该样品中准确加入定量欲测组分 i 的标样或纯物质（与样品相比，欲测组分的浓度增量为 ΔW_i），在完全相同的色谱条件下，做出已加入欲测组分 i 标样或纯物质后的样品的色谱图。测定这时欲测组分 i 的峰面积 A_i'（或峰高 h_i'），此时待测组分的含量为

$$w_i=\frac{\Delta W_i}{\frac{A_i'}{A_i}-1} \tag{11－32}$$

$$w_i=\frac{\Delta W_i}{\frac{h_i'}{h_i}-1} \tag{11－33}$$

标准加入法的优点是不需要另外的标准物质作内标物，只需欲测组分的纯物质，进样量不必十分准确，操作简单。它是色谱分析中较常用的定量分析方法。

标准加入法的缺点是要求加入欲测组分前后两次色谱测定的色谱条件完全相同，以保证两次测定时的校正因子完全相等，否则将引起分析测定的误差。

三、应用实例

气相色谱在石油化工生产和科研中应用广泛，可分析石油液化气、石油裂解气、高压气体和腐蚀性气体；也可分析轻质石油产品，如汽油、柴油单体烃组成及化工成品的组成。气相色谱法还可分析塑料、合成橡胶、树脂单体中的微量杂质。气相色谱法能对原油进行模拟蒸馏，代替原始的实沸点蒸馏及测定航空煤油中正构烷烃含量而计算冰点。探索用色谱数据计算轻油品的辛烷值，在石油化工装置上安装有“在线”工业色谱仪，用来监视半成品及成品的质量。今后气相色谱仪将作为质量仪表与计算机构成闭环生产控制系统，为石油化工生产的自动化和提高质量发挥更大的作用。

图 11 -5 是用 Al_2O_3/KCl PLOT 柱分离分析 C_1 ~ C_5 烃类的色谱图。操作条件是色谱柱：Al_2O_3/KCl PLOT 柱，50mm × 0.32mm，d_t = 5.0μm；载气：N_2；气化室温度 250℃；柱温：70 ~ 200℃，3℃/min；检测器：FID；检测器温度：250℃。

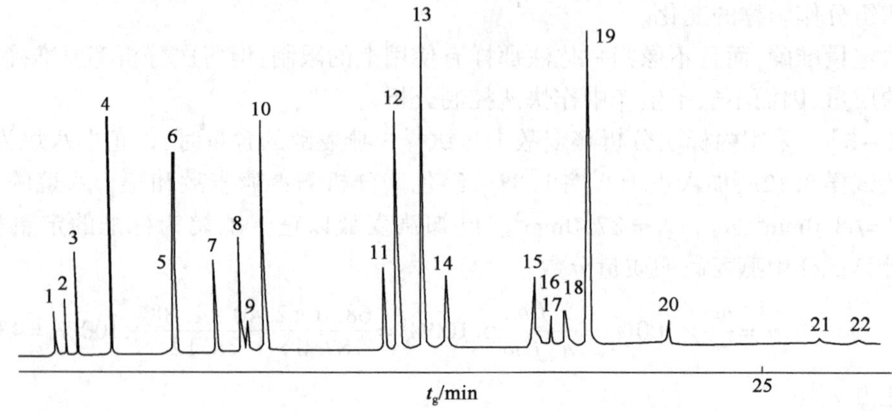

图 11 -5　C_1 ~ C_5 烃类物质的分离分析色谱图

1—甲烷；2—乙烷；3—乙烯；4—丙烷；5—环丙烷；6—丙烯；7—乙炔；8—异丁烯；9—丙二烯；10—正丁烷；11—反 -2 - 丁烯；12—1 - 丁烯；13—异丁烯；14—顺 -2 - 丁烯；15—异戊烷；16—1，2 - 丁二烯；17—丙炔；18—正戊烷；19—1，3 丁二烯；20—3 - 甲基 -1 - 丁烯；21—乙烯基乙炔；22—乙基乙炔

此外，气相色谱在高分子材料、食品、药物、农药、环境监测等领域都有广泛用途。

技能训练 11 -2　苯、甲苯、邻二甲苯混合物的分析

一、训练目的

通过训练，进一步掌握气相色谱仪的操作，了解用气相色谱进行定性的方法，学会用归一化法计算分析结果。

二、仪器和试剂

（1）仪器：气相色谱仪一台（配备 6201 红色担体，邻苯二甲酸二壬酯作固定液的色谱柱，TCD 检测器）、1μL 注射器、秒表。

（2）试剂：苯、甲苯、邻二甲苯高纯样品。

三、操作步骤

（1）连接电源及相应的连线，接通载气，检查气路气密性。

（2）启动色谱仪，设置实验条件：热导池检测器温度 100 ~ 150℃；桥电流：150mA；载气：H_2；流量 40mL · min^{-1}；柱温：90℃；进样量：0.5 ~ 1μL；气化室温度：130℃左右。

（3）进未知样（试样可用纯试剂按一定体积比混合而成）。

在上述操作条件下，待基线走平直后，进样 1μL，准确记录各组分的保留时间，得到色谱图。

（4）定性。在严格相同的操作条件下，依次进各组分纯品 0.5μL（一定要待前峰出完，后者才进样），准确记录保留时间，与未知样各组分保留时间一一对照定性（保留时间相同，物质相同）。

(5)定量。准确测定并从谱图上采用未知试样各组分的峰面积或峰高定量（本实验宜采用峰高定量）。从文献上查找其相对校正因子f_i,用归一化法计算各组分的百分含量。

本实验各组分质量相对校正因子：苯为0.78、甲苯为0.79、邻二甲苯为0.84。

思考与练习11-2

1. 试述用氢气作载气的优点。
2. 如何进行色谱柱的老化？
3. 试述用峰高定量的原因并写出归一化法计算各组分的质量含量式。

本章知识要点

一、气相色谱法分离原理和操作条件

色谱分析法是基于试样中的各组分在两相中分配系数的不同而得到分离的。它具有分离效率高、灵敏率高、分析速度快等优点，目前得到了广泛的应用。气相色谱是以气体为流动相的色谱分析法。按固定相不同又分为气固色谱和气液色谱。

(1)气固色谱是基于吸附剂对试样中各组分吸附能力的不同而进行分离的。常用的固体吸附剂有硅胶、氧化铝、活性炭和分子筛，主要用于惰性气体和H_2、O_2、N_2、CO、CO_2等气体及低沸点有机物的分析。

(2)气液色谱是基于试样在固定液中的溶解度的不同而进行分离的。固定液的种类很多，若要得到满意的分离效果，选择合适的固定液非常关键。一般可以按照“结构相似”和“相似相溶”原则进行选择。

另外，选择合适的分离操作条件也是保证满意的分离效果的关键，色谱操作条件的选择主要包括载气及其流速的选择、载体的选择、色谱柱的选择、柱温的选择、进样时间和进样量选择、汽化温度选择。

二、气相色谱仪

气相色谱仪的主要结构包括气路系统、进样系统、分离系统、检测系统、记录系统。

气相色谱检测器是色谱仪的核心部件。检测器的作用是将经色谱柱分离后顺序流出的化学组分的信息转变为便于记录的电信号，然后对被分离物质的组成和含量进行鉴定和测量。常用的检测器有热导检测器（TCD）和氢火焰离子化检测器（FID）。

检测器的主要性能指标：(1)检测器的灵敏度；(2)检测器的敏感度（检测限）；(3)噪声和漂移、检测器的线性与线性范围、检测器的时间常数。

三、定性和定量分析方法

色谱定性的依据是组分的保留值不同。色谱定量分析的依据是每个组分的量（质量或体积）与色谱检测器产生的检测响应值，即峰高或峰面积成正比。

常用的定量计算方法：(1)归一化法适用于试样中所有组分都能流出色谱峰的情况；(2)标准曲线法适用于中间控制分析；(3)内标法需要选择一种内标物定量加入到被测试样

中,不适用于中间控制分析;(4)标准加入法不需要另外的标准物质作内标物,只需被测组分的纯物质,进样量不必十分准确,操作简单,是色谱分析中较常用的定量分析方法。

本章考核要点

<table>
<tr><th colspan="2">考核范围</th><th>考核内容</th><th>考核方式</th><th>考核比例,%</th></tr>
<tr><td colspan="2">知识要求</td><td>①色谱法及其分类
②气相色谱仪的基本结构
③气相色谱仪的使用及维护方法
④气相色谱定量分析方法</td><td>笔试</td><td>10</td></tr>
<tr><td rowspan="4">技能要求</td><td>使用气相色谱仪</td><td>①气路管道连接、色谱柱的选择、气路系统检漏方法正确
②钢瓶、减压阀、净化管使用正确
③载气、空气、氢气流量调节方法正确
④仪器开、关机步骤正确
⑤柱箱、气化室、检测器温度设置正确
⑥检测参数设置正确
⑦抽样、进样操作正确
⑧色谱工作站使用正确</td><td>操作</td><td>15</td></tr>
<tr><td>实验数据记录及处理</td><td>①及时、准确、无涂改,字迹端正、清楚,内容齐全
②有效数字位数与仪器精度符合公式运用正确;无计算错误,计量单位正确</td><td>操作</td><td>10</td></tr>
<tr><td rowspan="2">分析结果</td><td>精密度:平行测定间的相对平均偏差 <0.5%</td><td>操作</td><td>25</td></tr>
<tr><td>准确度:测定结果准确,误差 <0.5%</td><td>操作</td><td>25</td></tr>
<tr><td colspan="2">安全与其他</td><td>①合理安排时间,和同组人员团结合作
②保持整洁有序的工作环境</td><td>操作</td><td>15</td></tr>
</table>

本章自测题

一、填空题

1. 色谱图是指______通过检测器系统时所产生的______对______或______的曲线图。

2. 色谱分离的基本原理是______通过色谱柱时与______之间发生相互作用,这种相互作用大小的差异使______互相分离而按先后次序从色谱柱后流出;这种在色谱柱内______起______作用的填料称为固定相。

3. 在气相色谱法中,当______进入检测器时,记录笔所画出的线称为基线。

4. 一般用______来表示色谱柱的选择性。

5. 将固定液分散到载体上作为固定相的色谱称为______色谱。

二、选择题

1. 在气—固色谱中,样品中各组分的分离是基于(　　)。

A. 组分性质的不同　　B. 组分溶解度的不同

C. 组分在吸附剂上吸附能力的不同　　D. 组分在吸附剂上脱附能力的不同

2. 在毛细管色谱中,应用范围最广的柱是(　　)。

A. 玻璃柱　　B. 石英玻璃柱　　C. 不锈钢柱　　D. 聚四氟乙烯管柱

3. 评价气相色谱检测器的性能好坏的指标有(　　)。

A. 基线噪声与漂移　　B. 灵敏度与检测限

C. 检测器的线性范围　　D. 检测器体积的大小

4. 适合于强极性物质和腐蚀性气体分析的载体是(　　)。

A. 红色硅藻土载体　　B. 白色硅藻土载体

C. 玻璃微球　　D. 氟载体

5. 气相色谱的定性参数有(　　)。

A. 保留值　　B. 相对保留值　　C. 保留指数　　D. 峰高或峰面积

6. 气相色谱的定量参数有(　　)。

A. 保留值　　B. 相对保留值　　C. 保留指数　　D. 峰高或峰面积

三、简答题

1. 简述气相色谱法的分离原理。

2. 气相色谱仪的基本组成有哪些?

3. 说明固定液选择的一般原则,适合于作气—液色谱的固定液应具备哪些条件?

4. 简述气相色谱检测器的分类和性能指标。

5. 简述气相色谱法对载气的要求。

6. 气相色谱定量分析方法都有哪些? 应用归一化法定量应该满足什么条件?

7. 什么是高效液相色谱?

四、计算题

1. 用气相色谱法分离正戊烷和丙酮,得到色谱数据如下:正戊烷和丙酮的保留时间分别为25.35min和23.65min,空气峰的保留时间为45s,计算所用填充色谱柱的相对保留值。

2. 在一定条件下分析只含有二氯乙烷、二溴乙烷和四乙基铅的样品,得到如下数据:

组分	二氯乙烷	二溴乙烷	四乙基铅
峰面积(A),mm^2	1.50	1.01	2.82
f_i	1.00	1.65	1.75

试计算各组分的质量分数。

3. 将1μL含苯0.05%的二硫化碳溶液注入色谱柱中用氢焰检测器检测,测得峰高为2.4mV,半峰宽为0.50min,求氢焰检测器的灵敏度S_m(苯的密度为0.88g/mL)。

4. 测定氢焰检测器的检测限D时,以0.05%苯(溶剂为CS_2)为样品,进样0.5μL,苯峰高为2.5mV,半峰宽为0.50min,若R_N为0.01mV,求其检测限。

5. 用气相色谱法测定止痛药膏中樟脑的含量。内标物为水合萜烯。若取 45.2mg 樟脑和 2.00mL 6.00mg · mL^{-1} 的水合萜烯用 CCl_4 溶剂稀释到 25.00mL 制成标准溶液。当进样量约为 2μL，火焰离子检测器响应值对樟脑和水合萜烯分别为 67.3 和 19.8。精确称取 53.6mg 的止痛药膏，CCl_4 溶剂加热溶解过滤，滤液中加入 2.00mL 6.00mg · mL^{-1} 的水合萜烯，最后用 CCl_4 溶剂定容到 25.00mL，2μL 进样量，火焰离子检测器响应值对樟脑和水合萜烯分别为24.9 和 13.5。测定的止痛药膏中樟脑的质量分数是多少？

第十二章　物质定量分析的一般步骤

学习指南　通过本章的学习，应了解物质定量分析的步骤；掌握分析试样的采取和制备过程；掌握干扰组分的分离方法；能够综合运用已学过的分析方法对复杂物质进行系统分析。

物质定量分析的一般过程包括下列步骤：(1)试样的采取和制备；(2)试样的处理(包括试样的分解、干扰组分的掩蔽和分离等)；(3)对指定成分进行分析测定；(4)分析结果的计算和评价等。前面几章已经讲述了定量分析的主要分析方法以及分析结果的计算、报告等问题。本章主要介绍试样的采取和制备以及试样的处理方法，并以硅酸盐分析为例说明对复杂物质进行系统分析的方法。

第一节　试样的采取和制备

进行定量分析，首先要从大批量的物料中采取出少量有代表性的试样，并将试样处理成可供分析的状态。要求分析试样的组成必须能代表全部物料的平均组成，即试样应具有高度的代表性。否则分析结果再准确也是毫无意义的。可见，正确地采取和制备分析试样是定量分析过程非常关键的一个步骤。

通常遇到的分析试样多种多样。气体和液体试样组成往往是比较均匀的，试样的采取和制备过程也较容易；固体试样往往组成不均匀，采取和制备的过程也较复杂。总之，对于不同的分析试样，应采取不同的采取和制备方法。

一、气体试样的采取

对于气体试样的采取，需按具体情况，采用相应的方法。例如，大气样品的采取，通常选择距地面50～180cm的高度采样，使与人的呼吸空气相同；大气污染物的测定是使空气通过适当吸收剂，由吸收剂吸收浓缩之后再进行分析；化工生产中一般通过安装在设备或管道上的取样阀采取气体试样。

应该注意，在采取气体试样时，必须先洗涤容器及通路，再用样气多次置换取样容器，然后取样以免混入杂质；取样容器要严密，不得漏气；采取气样后，要立即进行分析。

二、液体试样的采取

液体物料主要有水、酸碱溶液、石油产品、有机溶剂等。它们大多混合较均匀，可任意采取一部分或稍加混合后取一部分，即成为具有代表性的分析试样。尽管如此，还应根据物料性质和储存容器的不同，力求避免产生不均匀的一些因素。若物料装在大容器里，只要在储槽的不同深度取样后混合均匀即可作为分析试样。对于分装在小容器里的液体物料，应从每个容器里取样，然后混匀作为分析试样。

对于化工生产过程控制分析，经常要测定管道中正在输送的液体物料。这种情况应在管道上安装取样阀，然后根据分析要求，每隔一定时间打开取样阀，最初流出的液体弃去，取样量按规定或实际需要确定。

应该注意，采取液体试样前，取样容器必须洗净，并且要用少量欲采取的试样润洗几次，以防止混入其他杂质。

三、固体试样的采取和制备

1. 固体试样的采取

固体试样种类繁多，经常遇到的有矿石、合金、煤炭和盐类等，它们大多组成不均匀，颗粒大小不一，为了使采取的试样具有代表性，取样时要根据堆放情况，从不同的部位和深度选取多个取样点，取出一定数量大小不同的颗粒。采取的份数越多越有代表性。但是，取量过大处理反而麻烦。一般而言，采取试样的量与试样的均匀程度、颗粒大小等因素有关。通常试样的采取质量可按下面的经验公式（亦称采样公式）计算：

$$m = Kd^{a} \qquad (12-1)$$

式中 m——采取试样的最低质量，kg；

d——试样中最大颗粒的直径，mm；

K、a——经验常数。

K 和 a 可由实验求得，通常 K 值在 0.02 ~ 1 之间，a 值在 1.8 ~ 2.5 之间。地质部门规定 a 值为 2，则式（12 – 1）为

$$m = Kd^{2} \qquad (12-2)$$

例如，在采取铁矿的平均试样时，若此矿石最大颗粒的直径为 25mm，矿石的 K 值为 0.06，则根据式（12 – 2）计算得

$$m = 0.06 \times 25^{2} = 37.5(\text{kg})$$

即应采取试样的最低质量为 37.5kg。从采样公式可知，试样的最大颗粒越小，应采取的最低质量也越小。如上述试样的最大颗粒的直径为 10mm，则

$$m = 0.06 \times 10^{2} = 6(\text{kg})$$

此时应采取试样的最低质量减至 6kg。

2. 固体试样的制备

通过上述方法采取的试样质量很大（几千克至几十千克），组成不均匀，可将它称为“粗样”。粗样再经破碎、过筛、混合和缩分等步骤制备成 200 ~ 400g 左右的分析试样。

大块试样可用压碎机破碎成小的颗粒，再过筛、混合后，进行缩分。常用的缩分方法为“四分法”，将试样粉碎之后混合均匀，堆成圆锥形，然后略为压平，通过中心分为四等分，把任何相对的两份弃去，其余相对的两份收集在一起混匀，如图 12 – 1 所示。这样处理后试样便缩减了一半。根据需要可将试样再粉碎和缩分，每次缩分后的最低质量也应符合采样公式的要求。如果缩分后试样的质量大于按计算公式算得的质量较多，则可连续进行缩分直至所剩试样稍大于或等于最低质量为止。最后制成分析试样，装入瓶中，贴上标签供分析之用。

在粉碎过程中，要尽量避免由于设备的磨损等原因而混入杂质，并应防止试样粉末的飞散。在过筛时，不能弃去未通过筛孔的粗颗粒，应反复研磨，直至所有颗粒都通过筛孔，以保证

所得试样能代表整个物料的平均组成。

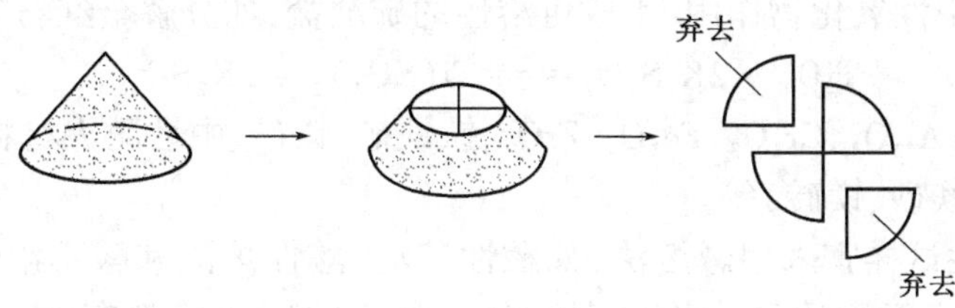

图 12－1　四分法缩分试样

第二节　试样的分解

在一般分析工作中，通常先要将试样分解，制成溶液，因此试样的分解是分析工作的重要步骤之一。在试样分解时必须注意：(1)试样分解必须完全，处理后的溶液中不得残留原试样的细屑或粉末；(2)试样分解过程中待测组分不应挥发；(3)不应引入被测组分和干扰物质。

一、无机试样的分解方法

由于试样的性质不同，分解的方法也有所不同，主要有溶解和熔融两种方法。

1. 溶解法

采用适当的溶剂将试样溶解制成溶液，这种方法比较简单、快速。所以试样分解时，应尽量采用此法。试样不能溶解或溶解不完全时，才用熔融法分解。常用的溶剂有水、酸和碱等。

(1)水：可溶于水的试样一般称为可溶性盐类，如硝酸盐、醋酸盐、铵盐，绝大部分的碱金属化合物和大部分的氯化物、硫酸盐等。由于多数分析项目是在水溶液中进行的，且水易纯制，不易引进干扰杂质。因此，凡是能溶解于水的试样，应尽量用水作溶剂。

(2)酸：有些试样不能被水溶解，但能溶于无机酸溶液中，如钢铁、合金、部分氧化物、硫化物、碳酸盐和磷酸盐等。常用的酸溶剂有盐酸、硝酸、硫酸、磷酸、高氯酸、氢氟酸、混合酸等。在金属活动顺序表中，氢以前的金属以及多数金属的氧化物和碳酸盐都能溶于盐酸中，盐酸中的 Cl^- 还可与很多金属离子形成稳定的配合物。硝酸既是强酸又具有氧化性，硝酸能分解多数金属试样，几乎所有硫化物及其矿石都可溶于硝酸。硫酸的沸点高(338℃)，可在高温下分解矿石和有机物，也可用以除去试样中低沸点的盐酸、硝酸、氢氟酸、水及氮氧化物。用一种酸难以溶解的样品，可采用混合酸，如盐酸和硝酸混合。

(3)碱：常用的碱溶剂主要有 NaOH 和 KOH，它们可用来溶解两性金属铝、锌及其合金以及它们的氧化物、氢氧化物等。

2. 熔融法

对于一些难于溶解的试样，可采用熔融法。熔融法是将试样与固体熔剂混合，加热至高温，利用试样与熔剂发生的反应，使试样的全部组分转化成易溶于水或酸的化合物。熔融一般在高温炉中进行，熔融前要先将试样研细到能通过 200 目筛，然后和熔剂在坩埚中充分混匀，熔剂的用量约为试样的 6～12 倍。选择坩埚材料时以不引入干扰物质为原则。

(1)酸熔法：碱性试样宜采用酸性熔剂。常用的酸性熔剂有 $K_2S_2O_7$（熔点 419℃）和

$KHSO_4$(熔点 219℃),后者经灼烧后也生成 $K_2S_2O_7$,所以两者的作用是一样的。这类熔剂在 300℃以上可与碱或中性氧化物作用,生成可溶性的硫酸盐,如分解金红石的反应是

$$TiO_2 + 2K_2S_2O_7 \xlongequal{} Ti(SO_4)_2 + 2K_2SO_4$$

这种方法常用于分解 Al_2O_3、Cr_2O_3、Fe_3O_4、ZrO_2、钛铁矿、铬矿、中性耐火材料(如铝砂、高铝砖)及磁性耐火材料(如镁砂、镁砖)等。

(2)碱熔法:酸性试样宜采用碱熔法,如酸性矿渣、酸性炉渣和酸不溶试样均可采用碱熔法,使它们转化为易溶于酸的氧化物或碳酸盐。常用的碱性熔剂有 Na_2CO_3(熔点 853℃)、K_2CO_3(熔点 891℃)、NaOH(熔点 318℃)、Na_2O_2(熔点 460℃)和它们的混合熔剂等。这些熔剂除具碱性外,在高温下均可起氧化作用(本身的氧化性或空气氧化),可以把一些元素氧化成高价,如 Cr^{3+}、Mn^{2+} 可以氧化成 Cr^{5+}、Mn^{7+},从而增强了试样的分解作用。有时为了增强氧化作用还加入 KNO_3 或 $KClO_3$,使氧化作用更为完全。

(3)烧结法:此法是将试样与熔剂混合,小心加热至熔块(半熔物收缩成整块),而不是全熔,故称为半熔融法,又称烧结法。常用的半熔混合熔剂有 MgO 和 Na_2CO_3、ZnO 和 Na_2CO_3 等。此法广泛地用来分解铁矿及煤中的硫。其中 Na_2CO_3 是熔剂,MgO、ZnO 起疏松通气作用,使矿石氧化得更快更完全,反应产生的气体容易逸出。此法不易损坏坩埚,因此可以在瓷坩埚中进行熔融,不需要贵重器皿。

二、有机试样的分解方法

欲测定有机物中硫、卤素等无机元素的含量,需将试样分解。分解试样的方法有干式灰化法和湿式消化法。

1. 干式灰化法

干式灰化法主要有两种分解方式。一种是定温灰化法,将试样置于坩埚中加热(400 ~ 800℃),以大气中的氧作为氧化剂使之分解,然后加入少量浓盐酸或浓硝酸浸取燃烧后的无机残余物。为了提高灰化效率,可在灰化前加入一些氧化物添加剂,如 CaO、MgO 等。用此法可分解有机物以测定 Sb、Fe、Sr、Cr、Zn 等无机元素。另一种是氧瓶燃烧法,在充满氧气的密闭容器中,放入适当的吸收剂,用电火花引燃有机试样,燃烧产物被吸收剂吸收后用适当方法测定。有机物中的卤素、硫、磷等非金属和汞、镍、锌等金属元素的测定可用此法分解试样。

2. 湿式消化法

用硝酸和硫酸的混合物与试样一起置于克氏烧瓶内加热,试样中的有机物被氧化成 CO_2 和 H_2O,金属元素则转变为硫酸盐或硝酸盐,非金属元素转变为相应的阴离子。此法适合测定有机物中的金属以及硫、卤素等元素。

第三节　干扰组分的分离方法

在进行定量分析过程中,试样中往往存在多种组分,当对其中某一组分进行测定时,其他共存组分可能发生干扰。在配位滴定法一章中,已介绍过采用掩蔽剂或控制分析条件来消除干扰的方法,如果采用上述简单的方法无法消除干扰,就必须将干扰组分分离,再进行测定。在分析化学中常用的干扰组分分离方法有沉淀分离法、溶剂萃取分离法、离子交换分离法、色

谱分离法,四种分离方法。

一、沉淀分离法

沉淀分离法是利用沉淀反应使被测离子与干扰离子分离的一种方法。它是在试液中加入适当的沉淀剂,并控制反应条件,使待测组分沉淀出来,或将干扰组分沉淀除去,从而达到分离的目的。在定量分析中,沉淀分离法只适合于常量组分而不适合于微量组分的分离。

所用的沉淀剂有无机沉淀剂和有机沉淀剂两种。无机沉淀剂有很多,生成的沉淀类型也很多。例如,用 H_2S 作沉淀剂可使40多种金属离子形成硫化物沉淀。但利用无机沉淀剂得到的沉淀颗粒较小,结构疏松,共沉淀现象严重,选择性差,分离效果不好。有机共沉淀剂具有较高的选择性,得到的沉淀较纯净,因此逐渐得到广泛的应用。

在称量分析中,由于共沉淀现象的产生,造成沉淀不纯,影响分析结果的准确度,因此共沉淀现象对于称量分析是一种不利因素。但在分离方法中,常利用共沉淀现象使微量组分得到分离和富集。例如,测定水中的痕量铅时,由于 Pb^{2+} 浓度太低不能直接测定,加入沉淀剂也无法沉淀出来。如果在试液中加入适量的 Ca^{2+},再加入沉淀剂 Na_2CO_3,生成 $CaCO_3$ 沉淀,则痕量的 Pb^{2+} 也同时以 $PbCO_3$ 的形式共沉淀下来,分离后将沉淀溶于少量酸中,使铅的浓度大为提高,并消除了其他离子的干扰。上述方法中所产生的 $CaCO_3$ 称为载体或共沉淀剂。

二、溶剂萃取分离法

溶剂萃取分离法也称液—液萃取分离法。该法常将试液与一种不溶于水的有机溶剂一起混合振荡,然后搁置分层。这时溶液中能溶于有机溶剂的组分便转入有机相中,而另一些组分则仍留在试液中,从而达到分离的目的。

溶剂萃取分离法操作简便、快速,分离效果好,既可用于常量元素的分离又适用于痕量元素的分离与富集。如果萃取的组分是有色化合物,可直接进行比色测定,称为萃取比色法。这种方法具有较高的灵敏度和选择性。

萃取分离的基本原理是根据“相似相溶原则”,即极性化合物易溶于极性的溶剂中,而非极性化合物易溶于非极性的溶剂中。例如,I_2 是一种非极性化合物,CCl_4 是非极性溶剂,水是极性溶剂,所以 I_2 易溶于 CCl_4 而难溶于水。当用等体积的 CCl_4 从 I_2 的水溶液中提取 I_2 时,萃取百分率可达98.8%,又如用水可以从丙醇和溴丙烷的混合液中,萃取极性的丙醇。常用的非极性溶剂有酮类、醚类、苯、CCl_4 和 $CHCl_3$ 等。

三、离子交换分离法

利用离子交换剂与溶液中的离子发生交换作用而使离子分离的方法,称为离子交换分离法。离子交换分离法的优点是操作简单,分离效果好。但分离时间长,尤其是无机离子交换剂的交换能力低,化学稳定性和机械强度差,应用受到很大限制。近年来合成了有机离子交换剂——离子交换树脂,克服了无机离子交换剂的缺点,因此离子交换分离法在工业生产上得到了广泛的应用。

如纯水的制备,天然水中常含有一些 K^+、Na^+、Ca^{2+}、Cl^- 等无机离子,为了除去这些无机离子将水净化,可将水通过氢型强酸性阳离子交换树脂,除去各种阳离子,再通过氢氧型强碱性阴离子交换树脂,除去各种阴离子。交换下来的 H^+ 和 OH^- 结合成 H_2O,这样就可以得到相当纯净的去离子水,可以代替蒸馏水使用。

利用离子交换还可使干扰离子得到分离。在分析测定过程中,其他离子的存在常有干扰。对不同电荷的离子,用离子交换分离的方法排除干扰比较方便。例如,用 $BaSO_4$ 沉淀称量法测定黄铁矿中硫的含量时,由于大量 Fe^{3+}、Ca^{2+} 的存在,产生共沉淀现象造成 $BaSO_4$ 沉淀的不纯。因此,可先将试液通过氢型阳离子交换树脂,使 Fe^{3+}、Ca^{2+} 交换到树脂相达到除去干扰离子的目的,然后再测定流出液中的 SO_4^{2-},这样可以大大提高测定的准确度。

四、色谱分离法

色谱分离法是利用组分在不相混溶的两相中分配的差异而进行分离的一种方法。其中,液相色谱分离法又称层析分离法,这种方法是由一种流动相带着试样经过固定相,试样在两相之间进行反复的分配,由于不同的组分在两相之间的分配系数不同,移动速度也不一样从而达到互相分离的目的。液相色谱分离法按固定相的形状和操作形式不同分为柱色谱法、纸色谱法和薄层色谱法。

(1)柱色谱法是将氧化铝或硅胶等吸附剂填充在玻璃柱中作为固定相,然后将试液加在柱上,用一种洗脱剂作为流动相进行洗脱。若试液中有 A、B 两种组分,则 A、B 将不断地在色谱柱内溶解、吸附、再溶解、再吸附,吸附能力较弱的物质溶解、吸附的速度都较快,将先被洗脱下来,这样便可将 A、B 两种组分分离。

(2)纸色谱法是以层析滤纸为载体的液相色谱法。滤纸中的纤维素通常吸收 20% ~25% 的水分,其中约 6% 的水分子通过氢键与纤维素上的羟基结合,在分离过程中不随有机溶剂流动,形成纸色谱中的固定相;而有机溶剂为流动相,又称展开剂。由于各组分在两相间进行分配的分配比不同,因此随着展开剂的向前流动得到分离。

(3)薄层色谱的固定相与柱色谱类似,是在一平滑的玻璃板上涂一薄层的吸收剂(如硅胶、氧化铝等)作固定相。其分离操作非常类似于纸色谱。干燥后的薄层板经活化后,在其下端用毛细管点上试样,然后在密闭的层析缸中用有机溶剂作为流动相自下而上进行展开。在此过程中,试样中各组分在两相间不断进行吸附和解吸,根据吸附剂对不同组分吸附力的差异而逐渐得到分离。经显色后,就会在薄层上显示出分开的色斑。

第四节　复杂物质分析实例

在实际生产中会遇到各种各样的分析样品,应根据样品的性质和分析要求选择合适的分析方法进行测定。前面几章学习了很多分析方法,每种分析方法都有其特点和不足之处,当遇到分析任务时,首先要明确分析目的和要求,确定被测组分、准确度以及要求完成的时间,然后根据试样的组成及其组分的性质和含量,存在的干扰组分和实验室的实际情况,选用合适的测定方法,再确定一个合理的分析方案。现以硅酸盐的全分析为例加以说明。

硅酸盐是水泥、玻璃、陶瓷等许多工业制品的原料,天然的硅酸盐矿物有石英、云母、滑石、长石和白云石等多种。硅酸盐分析主要测定的项目有 SiO_2、Fe_2O_3、Al_2O_3、TiO_2、CaO、MgO,通常采用系统分析法,具体分析步骤如下。

一、试样的分解

根据试样中 SiO_2 含量多少的不同,可分别采用酸溶法和碱熔法分解试样。如果 SiO_2 含量低可用酸溶法分解试样，酸溶法常用 HCl 或 $HF-H_2SO_4$ 为溶剂，若用 $HF-H_2SO_4$ 作溶剂，SiO_2 会转变为 SiF_4 而挥发，对 SiO_2 的测定必须另取试样进行分析；如果 SiO_2 含量高，则须采用碱熔法分解试样。碱熔法常用 Na_2CO_3 或 K_2CO_3 作熔剂，试样先在低温熔化，然后升高温度至试样完全分解（一般约需 20min）后用热水浸取熔块，加 HCl 酸化制备成一定体积的溶液。

二、SiO_2 的测定

测定 SiO_2 的方法有沉淀称量法和酸碱滴定法（氟硅酸钾容量法）两种，前者准确度高但操作烦琐费时，后者准确度稍差但测定速度快。

1. 沉淀称量法

试样经碱熔法分解后 SiO_2 转变成硅酸盐，加 HCl 之后在水浴上蒸发至近干（湿盐状）使硅酸沉淀完全并脱去所含水分，再加入 HCl 和动物胶使硅酸凝聚。于 60～70℃ 保温 10min，加热溶解其他可溶性盐类，用快速滤纸过滤、洗涤。滤液留作测定其他组分用。沉淀灼烧至恒重，即得 SiO_2 的质量。

上述方法所得到的 SiO_2 中，往往含有少量被硅酸吸附的杂质，如 Al^{3+}、Ti^{4+} 等，经灼烧之后变成对应的氧化物与 SiO_2 一起被称量，造成结果偏高。为了消除这种误差，可将称过量过的不纯 SiO_2 沉淀用 $HF-H_2SO_4$ 处理，则 SiO_2 转变成 SiF_4 挥发逸去。

$$SiO_2 + 4HF = SiF_4\uparrow + 2H_2O$$

所得残渣经灼烧称量，处理前后质量之差即为 SiO_2 的准确质量。残渣经酸溶、水浸取之后与滤液合并，供测定其他组分之用。

2. 酸碱滴定法（氟硅酸钾容量法）

试样经碱熔分解后使 SiO_2 转化成可溶性的硅酸盐，在硝酸介质中，加入过量的 KCl 和 KF，则生成硅氟酸钾沉淀：

$$K_2SiO_3 + 6F^- + 6H^+ = K_2SiF_6\downarrow + 3H_2O$$

沉淀过滤后，为了防止沉淀的溶解损失，用 $KCl-C_2H_5OH$ 溶液作洗涤剂洗涤，然后用酚酞作指示剂，用 NaOH 溶液中和其吸附的游离酸，再加入沸水使沉淀水解：

$$K_2SiF_6 + 3H_2O = 2KF + H_2SiO_3 + 4HF$$

生成的 HF 用 NaOH 标准溶液滴定，根据 NaOH 标准溶液的用量可以计算出 SiO_2 的百分含量。

三、Fe_2O_3、Al_2O_3、TiO_2 的测定

试液中的 Fe_2O_3、Al_2O_3、TiO_2 含量高时可用配位滴定法测定，含量低时采用分光光度法测定。

1. Fe_2O_3 的测定

（1）配位滴定法：准确吸取称量法测定 SiO_2 时所得的滤液，控制 pH = 2～2.5，以磺基水杨酸作指示剂，用 EDTA 标准溶液直接滴定 Fe^{3+}，滴定至淡黄色为终点，根据 EDTA 的用量可以计算 Fe_2O_3 的含量。滴定后的溶液备测 Al_2O_3、TiO_2 之用。

（2）分光光度法：先用盐酸羟胺将 Fe^{3+} 还原为 Fe^{2+}，在 pH = 2～9 范围内，加入邻二氮菲生成橙红色的邻二氮菲亚铁配合物，用分光光度计于 510nm 处测定其吸光度，再从预先绘制好的工作曲线上查得 Fe_2O_3 含量。

2. Al_2O_3、TiO_2 的测定

(1)配位滴定法:将滴定 Fe^{3+} 后的溶液用氨水调节 pH 值为 4 左右,加入过量的 EDTA 标准溶液,加热煮沸使 Al^{3+}、Ti^{4+} 反应完全,再调 pH 值为 5 ~ 6,用二甲酚橙作指示剂,用锌标准溶液返滴剩余的 EDTA,这样可以测出 Al^{3+}、Ti^{4+} 的总量。上述方法滴定后的溶液中,加入苦杏仁酸加热煮沸,则含钛的 EDTA 配合物中的 EDTA 被置换出来,而含铝的 EDTA 配合物不作用。再用锌标准溶液滴定释放出来的 EDTA,即可测出 TiO_2 的总量。由 Al^{3+}、Ti^{4+} 消耗锌标准溶液的总体积减去 Ti^{4+} 消耗的体积,可算出 Al_2O_3 的含量。

(2)分光光度法测 Al_2O_3:在 pH = 5 的溶液中,$A1^{3+}$ 与铬天青—溴化十四烷基吡啶(简称 CAS – TPB)生成紫红色的三元配合物,在波长 610nm 处可用分光光度计进行测定。

(3)分光光度法测 TiO_2:在 HCl 介质中,Ti^{4+} 与二安替比林甲烷形成 1∶3的黄色配合物,在波长 420nm 处用分光光度计进行测定。

四、CaO、MgO 的测定

CaO 和 MgO 含量的测定通常采用配位滴定法,其原理、方法在第四章中已介绍,这里不再重述。但要注意,试液中 Fe^{3+}、Al^{3+}、Ti^{4+} 等共存组分对 Ca^{2+}、Mg^{2+} 的测定有干扰,这些组分含量较少时,可加入三乙醇胺或酒石酸钾钠掩蔽;含量较高时,一般采用沉淀分离法除去干扰组分,分离 Fe^{3+}、Al^{3+}、Ti^{4+} 后的滤液即可用来测定 CaO 和 MgO 的含量。

本 章 知 识 要 点

一、物质的定量分析过程

1. 试样的采取和制备

进行定量分析,首先应采取具有代表性的试样,即能代表整个物料的平均组成。气体和液体往往混合比较均匀,只要稍加混合后采取一部分即可成分析试样;固体样品一般混合不均匀,应根据颗粒的大小采取大量的粗样,粗样再经破碎、过筛、混合、缩分后,制成分析试样。

2. 试样的分解和干扰组分的消除

定量分析的测定过程一般是在溶液中进行的。因此,许多固体试样应首先溶解成液体,能够用水溶解的试样,要尽量用水作溶剂,不溶于水的试样可用酸或碱溶解,或采用熔融的方法,也可用有机溶剂分解。干扰组分的消除可采用掩蔽和分离等方法。

3. 对指定成分进行分析

对指定成分选择分析方法时应主要考虑四个方面的要求:准确度、灵敏度、选择性和分析时间。

4. 计算和报告分析结果

测定结束后,根据分析过程和分析的方法原理计算出分析结果,并报告分析结果。一般需报告三项值:(1)测定次数;(2)平均值或中位值;(3)平均偏差或标准偏差。

二、硅酸盐系统分析方案

硅酸盐系统分析方案如图 12 - 2 所示。

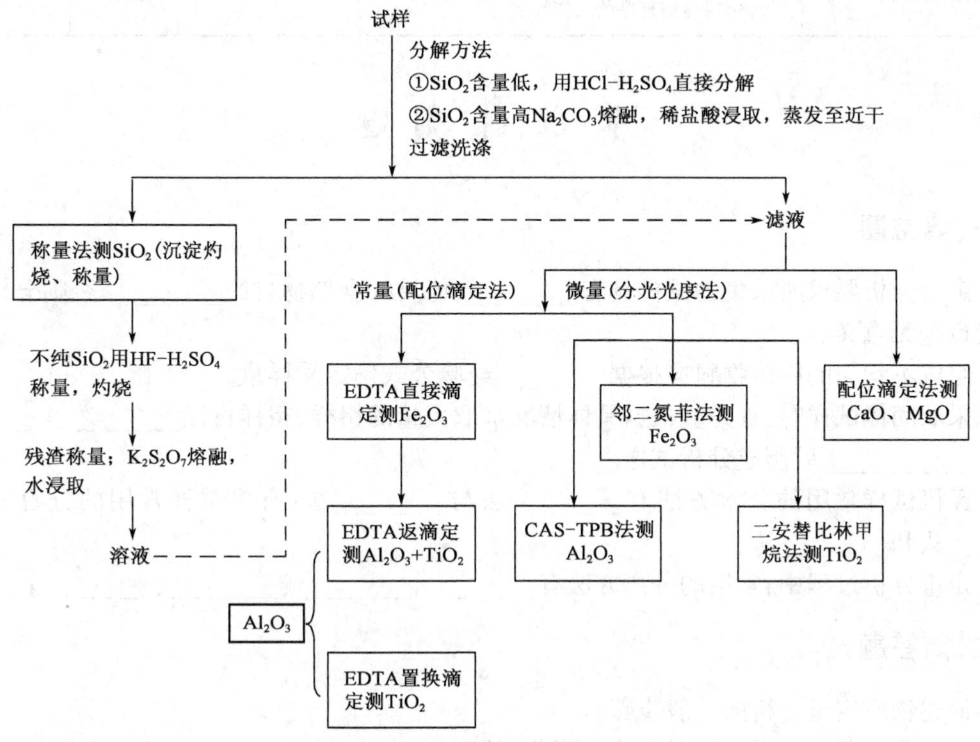

图 12 - 2　硅酸盐系统分析方案

本章考核要点

<table>
<tr><th colspan="2">考核范围</th><th>考核内容</th><th>鉴定方式</th><th>考核比例,%</th></tr>
<tr><td colspan="2">知识要求</td><td>①定量分析的一般过程
②试样的采取要求和方法
③试样的分解方法
④掌握复杂物质分析方法</td><td>笔试</td><td>20</td></tr>
<tr><td rowspan="4">技能要求</td><td>试样的分解</td><td>①设计水泥的化学分析方案
②正确对水泥试样进行分解处理</td><td>操作</td><td>15</td></tr>
<tr><td>试样的测定</td><td>①进行二氧化硅含量的测定时，能够熟练进行过滤、洗涤、烘干、灼烧等操作
②直接滴定和返滴定方法的操作方法
③能够正确进行连续滴定的操作
④正确使用分析天平称量物质的质量
⑤规范操作滴定管、移液管等滴定分析仪器</td><td>操作</td><td>20</td></tr>
<tr><td>结果的处理</td><td>①及时、正确记录原始数据
②正确对实验结果进行处理
③能够判断水泥试样的等级</td><td>操作</td><td>15</td></tr>
<tr><td>分析结果评价</td><td>平行测定结果之差的绝对值符合标准中所规定的要求</td><td>操作</td><td>15</td></tr>
</table>

续表

考 核 范 围	考 核 内 容	鉴定方式	考核比例,%
安全与其他	①合理安排时间,和同组人员团结合作 ②保持整洁有序的工作环境	操作	15

本 章 自 测 题

一、填空题

1. 定量分析要求所采集的试样具有________,能反映全部物料的________,否则分析结果再准确也毫无意义。

2. 组成不均匀的固体物料应根据________经验公式确定采样量。

3. 采取固体试样时,首先应根据具体情况采取大量的粗样,粗样再经________、________、________、________后制成分析试样。

4. 无机试样常用的分解方法有________法与________法;有机试样常用的分解方法有________法和________法。

5. 定量分析过程中,常用的分离方法有________、________、________、________。

二、简答题

1. 简述物质定量分析的一般步骤。

2. 在采取和制备分析试样时应注意哪些问题?

3. 试举例说明共沉淀现象对分析的不利影响和有利作用。

4. 熔融法分解试样有何优缺点?

5. 选择分析方法应注意哪些事项?

三、综合题

1. 拟出 $FeCl_3$ 测定的三种方法。

2. 某试样中含有 $CaCl_2$ 和 $MgCl_2$,请拟出两组分含量的测定方法。

附　录

附表1　弱酸弱碱的解离常数(25℃)

弱　酸			
名　称	化学式	解离常数K_a	pK_a
砷　酸	H_3AsO_4	$K_{a1}=6.3\times10^{-3}$	2.20
		$K_{a2}=1.0\times10^{-7}$	6.35
		$K_{a3}=3.2\times10^{-12}$	10.33
硼酸	H_3BO_3	$K_a=5.7\times10^{-10}$	9.24
氢氰酸	HCN	$K_a=6.2\times10^{-10}$	9.21
碳酸	H_2CO_3	$K_{a1}=4.2\times10^{-7}$	6.38
		$K_{a2}=5.6\times10^{-11}$	10.25
铬酸	H_2CrO_4	$K_{a1}=1.8\times10^{-1}$	0.74
		$K_{a2}=3.2\times10^{-7}$	6.49
氢氟酸	HF	$K_a=3.5\times10^{-4}$	3.46
亚硝酸	HNO_2	$K_a=4.6\times10^{-4}$	3.37
磷酸	H_3PO_4	$K_{a1}=7.6\times10^{-3}$	2.12
		$K_{a2}=6.3\times10^{-8}$	7.20
		$K_{a3}=4.4\times10^{-13}$	12.36
硫化氢	H_2S	$K_{a1}=1.3\times10^{-7}$	6.89
		$K_{a2}=7.1\times10^{-15}$	14.15
亚硫酸	H_2SO_3	$K_{a1}=1.3\times10^{-2}$	1.90
		$K_{a2}=6.3\times10^{-8}$	7.20
硫酸	H_2SO_4	$K_{a2}=1.0\times10^{-2}$	1.99
甲酸	HCOOH	$K_a=1.77\times10^{-4}$	3.75
醋酸	CH_3COOH	$K_a=1.75\times10^{-5}$	4.76
一氯乙酸	$CH_2ClCOOH$	$K_a=1.4\times10^{-3}$	2.86
二氯乙酸	$CHCl_2COOH$	$K_a=5.0\times10^{-2}$	1.30
三氯乙酸	CCl_3COOH	$K_a=0.23$	0.64
草酸	$H_2C_2O_4$	$K_{a1}=5.9\times10^{-2}$	1.23
		$K_{a2}=6.4\times10^{-5}$	4.19
酒石酸	CH(OH)COOH | CH(OH)COOH	$K_{a1}=9.1\times10^{-4}$	3.04
		$K_{a2}=4.3\times10^{-5}$	4.37
苯酚	C_6H_5OH	$K_a=1.1\times10^{-10}$	9.95
苯甲酸	C_6H_5COOH	$K_a=6.2\times10^{-5}$	4.21

续表

名 称	化 学 式	解离常数K_a	pK_a
水杨酸	$C_6H_4OHCOOH$	$K_{a_1}=1.0\times10^{-3}$	3.00
		$K_{a_2}=4.2\times10^{-13}$	12.38
邻苯二甲酸	$C_6H_4(COOH)_2$（邻位）	$K_{a_1}=1.1\times10^{-3}$	2.95
		$K_{a_2}=2.9\times10^{-6}$	5.54
苦味酸	$HOC_6H_2(NO_2)_3$	$K_a=4.2\times10^{-1}$	0.38
弱 碱			
氨水	$NH_3\cdot H_2O$	$K_b=1.8\times10^{-5}$	4.74
羟胺	NH_2OH	$K_b=9.1\times10^{-9}$	8.04
苯胺	$C_6H_5NH_2$	$K_b=4.2\times10^{-10}$	9.38
甲胺	CH_3NH_2	$K_b=4.2\times10^{-4}$	3.38
乙胺	$C_2H_5NH_2$	$K_b=5.6\times10^{-4}$	3.25
乙二胺	$NH_2CH_2CH_2NH_2$	$K_{b1}=8.5\times10^{-5}$	4.07
		$K_{b2}=7.1\times10^{-8}$	7.15
六亚甲基四胺	$(CH_2)_6N_4$	$K_b=1.4\times10^{-9}$	8.85
吡啶	C_5H_5N	$K_b=1.7\times10^{-9}$	8.77

附表2　几种常用缓冲溶液的配制方法

pH值	配制方法
0	$1.0mol\cdot L^{-1}$ HCl或HNO_3
1	$0.1mol\cdot L^{-1}$ HCl或HNO_3
2	$0.01mol\cdot L^{-1}$ HCl或HNO_3
3.6	$NaAc\cdot 3H_2O$ 8g,溶于适量水中,加$6mol\cdot L^{-1}$ HAc 134mL,稀释至500mL
4.0	$NaAc\cdot 3H_2O$ 20g,溶于适量水中,加$6mol\cdot L^{-1}$ HAc 134mL,稀释至500mL
4.5	$NaAc\cdot 3H_2O$ 32g,溶于适量水中,加$6mol\cdot L^{-1}$ HAc 68mL,稀释至500mL
5.0	$NaAc\cdot 3H_2O$ 50g,溶于适量水中,加$6mol\cdot L^{-1}$ HAc 34mL,稀释至500mL
5.7	$NaAc\cdot 3H_2O$ 100g,溶于适量水中,加$6mol\cdot L^{-1}$ HAc 13mL,稀释至500mL
7.0	NH_4Ac 77g,用适量水溶解后,稀释至500mL
7.5	NH_4Cl 60g,溶于适量水中,加$15mol\cdot L^{-1}$氨水1.4mL,稀释至500mL
8.0	NH_4Cl 50g,溶于适量水中,加$15mol\cdot L^{-1}$氨水3.5mL,稀释至500mL
8.5	NH_4Cl 40g,溶于适量水中,加$15mol\cdot L^{-1}$氨水8.8mL,稀释至500mL
9.0	NH_4Cl 35g,溶于适量水中,加$15mol\cdot L^{-1}$氨水24mL,稀释至500mL
9.5	NH_4Cl 30g,溶于适量水中,加$15mol\cdot L^{-1}$氨水65mL,稀释至500mL
10.0	NH_4Cl 27g,溶于适量水中,加$15mol\cdot L^{-1}$氨水175mL,稀释至500mL
10.5	NH_4Cl 9g,溶于适量水中,加$15mol\cdot L^{-1}$氨水197mL,稀释至500mL
11.0	NH_4Cl 3g,溶于适量水中,加$15mol\cdot L^{-1}$氨水207mL,稀释至500mL
12.0	$0.01mol\cdot L^{-1}$ NaOH或KOH
13.0	$0.1mol\cdot L^{-1}$ NaOH或KOH

附表3　常用基准物质的干燥条件和应用

基准物质		干燥后的组成	干燥条件,℃	标定对象
名　称	分子式			
碳酸氢钠	$NaHCO_3$	Na_2CO_3	270~300	酸
十水合碳酸钠	$Na_2CO_3 \cdot 10H_2O$	Na_2CO_3	270~300	酸
硼砂	$Na_2B_4O_7 \cdot 10H_2O$	$Na_2B_4O_7 \cdot 10H_2O$	放在含 NaCl 和蔗糖饱和液的干燥器中	酸
碳酸氢钾	$KHCO_3$	K_2CO_3	270~300	酸
二水合草酸	$H_2C_2O_4 \cdot 2H_2O$	$H_2C_2O_4 \cdot 2H_2O$	室温空气干燥	碱或 $KMnO_4$
邻苯二甲酸氢钾	$KHC_8H_4O_4$	$KHC_8H_4O_4$	110~120	碱
重铬酸钾	$K_2Cr_2O_7$	$K_2Cr_2O_7$	140~150	还原剂
溴酸钾	$KBrO_3$	$KBrO_3$	130	还原剂
碘酸钾	KIO_3	KIO_3	130	还原剂
铜	Cu	Cu	室温干燥器中保存	还原剂
三氧化二砷	As_2O_3	As_2O_3	室温干燥器中保存	氧化剂
草酸钠	$Na_2C_2O_4$	$Na_2C_2O_4$	130	氧化剂
碳酸钙	$CaCO_3$	$CaCO_3$	110	EDTA
硝酸铅	$Pb(NO_3)_2$	$Pb(NO_3)_2$	室温干燥器中保存	EDTA
氧化锌	ZnO	ZnO	900~1000	EDTA
锌	Zn	Zn	室温干燥器中保存	EDTA
氯化钠	NaCl	NaCl	500~600	$AgNO_3$
氯化钾	KCl	KCl	500~600	$AgNO_3$
硝酸银	$AgNO_3$	$AgNO_3$	220~250	氯化物

附表4　部分氧化还原电对的标准电极电位

半　反　应	$E^{\ominus}$,V
$Li^+ + e \rightleftharpoons Li$	-3.045
$Rb^+ + e \rightleftharpoons Rb$	-2.925
$K^+ + e \rightleftharpoons K$	-2.924
$Cs^+ + e \rightleftharpoons Cs$	-2.923
$Ba^{2+} + 2e \rightleftharpoons Ba$	-2.90
$Ca^{2+} + 2e \rightleftharpoons Ca$	-2.87
$Na^+ + e \rightleftharpoons Na$	-2.714
$Mg^{2+} + 2e \rightleftharpoons Mg$	-2.375
$(AlF_6)^{3-} + 3e \rightleftharpoons Al + 6F^-$	-2.07
$Al^{3+} + 3e \rightleftharpoons Al$	-1.66
$Mn^{2+} + 2e \rightleftharpoons Mn$	-1.182
$Zn^{2+} + 2e \rightleftharpoons Zn$	-0.763
$Cr^{3+} + 3e \rightleftharpoons Cr$	-0.74
$Ag_2S + 2e \rightleftharpoons 2Ag + S^{2-}$	-0.69
$2CO_2 + 2H^+ + 2e \rightleftharpoons H_2C_2O_4$	-0.49
$S + 2e \rightleftharpoons S^{2-}$	-0.48
$Fe^{2+} + 2e \rightleftharpoons Fe$	-0.44

续表

半 反 应	$E^{\ominus}$,V
$Co^{2+} + 2e \rightleftharpoons Co$	-0.277
$Ni^{2+} + 2e \rightleftharpoons Ni$	-0.257
$AgI + e \rightleftharpoons Ag + I^-$	-0.152
$Sn^{2+} + 2e \rightleftharpoons Sn$	-0.136
$Pb^{2+} + 2e \rightleftharpoons Pb$	-0.126
$Fe^{3+} + 3e \rightleftharpoons Fe$	-0.036
$AgCN + e \rightleftharpoons Ag + CN^-$	-0.02
$2H^+ + 2e \rightleftharpoons H_2$	0.000
$AgBr + e \rightleftharpoons Ag + Br^-$	0.071
$S_4O_6{}^{2-} + 2e \rightleftharpoons 2S_2O_3{}^{2-}$	0.08
$S + 2H^+ + 2e \rightleftharpoons H_2S(aq)$	0.141
$Sn^{4+} + 2e \rightleftharpoons Sn^{2+}$	0.154
$Cu^{2+} + e \rightleftharpoons Cu^+$	0.159
$SO_4{}^{2-} + 4H^+ + 2e \rightleftharpoons SO_2(aq) + 2H_2O$	0.17
$AgCl + e \rightleftharpoons Ag + Cl^-$	0.2223
$Hg_2Cl_2 + 2e \rightleftharpoons 2H_g + 2Cl^-$	0.2676
$Cu^{2+} + 2e \rightleftharpoons Cu$	0.337
$[Fe(CN)_6]^{3-} + e \rightleftharpoons [Fe(CN)_6]^{4-}$	0.36
$[Ag(NH_3)_2]^+ + e \rightleftharpoons Ag + 2NH_3$	0.373
$2H_2SO_3 + 2H^+ + 4e \rightleftharpoons S_2O_3{}^{2-} + 3H_2O$	0.40
$O_2 + 2H_2O + 4e \rightleftharpoons 4OH^-$	0.41
$H_2SO_3 + 4H^+ + 4e \rightleftharpoons S + 3H_2O$	0.45
$Cu^+ + e \rightleftharpoons Cu$	0.52
$I_2 + 2e \rightleftharpoons 2I^-$	0.535
$H_3AsO_4 + 2H^+ + 2e \rightleftharpoons HAsO_2 + 2H_2O$	0.559
$MnO_4{}^- + e \rightleftharpoons MnO_4{}^{2-}$	0.564
$O_2 + 2H^+ + 2e \rightleftharpoons H_2O_2$	0.682
$(PtCl_4)^{2-} + 2e \rightleftharpoons Pt + 4Cl^-$	0.73
$(CNS)_2 + 2e \rightleftharpoons 2CNS^-$	0.77
$Fe^{3+} + e \rightleftharpoons Fe^{2+}$	0.771
$Hg_2{}^{2+} + 2e \rightleftharpoons 2Hg$	0.793
$Ag^+ + e \rightleftharpoons Ag$	0.7995
$Hg^{2+} + 2e \rightleftharpoons Hg$	0.854
$2Cu^{2+} + 2I^- + 2e \rightleftharpoons Cu_2I_2$	0.86
$2Hg^{2+} + 2e \rightleftharpoons Hg_2{}^{2+}$	0.920
$HNO_2 + H^+ + e \rightleftharpoons NO + H_2O$	0.99
$NO_2 + 2H^+ + 2e \rightleftharpoons NO + H_2O$	1.03
$Br_2(l) + 2e \rightleftharpoons 2Br^-$	1.065
$Br_2(aq) + 2e \rightleftharpoons 2Br^-$	1.087
$Cu^{2+} + 2CN^- + e \rightleftharpoons [Cu(CN)_2]^-$	1.12

半 反 应	$E^{\ominus}$,V
$ClO_3^- + 2H^+ + e \rightleftharpoons ClO_2 + H_2O$	1.15
$2IO_3^- + 12H^+ + 10e \rightleftharpoons I_2 + 6H_2O$	1.20
$MnO_2 + 4H^+ + 2e \rightleftharpoons Mn^{2+} + 2H_2O$	1.208
$ClO_3^- + 3H^+ + 2e \rightleftharpoons HClO_2 + H_2O$	1.21
$O_2 + 4H^+ + 4e \rightleftharpoons 2H_2O$	1.229
$Cr_2O_7^{2-} + 14H^+ + 6e \rightleftharpoons 2Cr^{3+} + 7H_2O$	1.33
$Cl_2 + 2e \rightleftharpoons 2Cl^-$	1.36
$Au^{3+} + 3e \rightleftharpoons Au$	1.42
$BrO_3^- + 6H^+ + 6e \rightleftharpoons Br^- + 3H_2O$	1.44
$ClO_3^- + 6H^+ + 6e \rightleftharpoons Cl^- + 3H_2O$	1.45
$PbO_2 + 4H^+ + 2e \rightleftharpoons Pb^{2+} + 2H_2O$	1.455
$2ClO_3^- + 12H^+ + 10e \rightleftharpoons Cl_2 + 6H_2O$	1.47
$MnO_4^- + 8H^+ + 5e \rightleftharpoons Mn^{2+} + 4H_2O$	1.51
$MnO_4^- + 4H^+ + 3e \rightleftharpoons MnO_2 + 2H_2O$	1.695
$H_2O_2 + 2H^+ + 2e \rightleftharpoons 2H_2O$	1.776
$S_2O_8^{2-} + 2e \rightleftharpoons 2SO_4^{2-}$	2.01
$O_3 + 2H^+ + 2e \rightleftharpoons O_2 + H_2O$	2.07
$F_2 + 2e \rightleftharpoons 2F^-$	2.87
$F_2 + 2H^+ + 2e \rightleftharpoons 2HF$	3.06

附表 5　部分氧化还原电对的条件电位

半 反 应	$E^{\ominus\prime}$,V	介质
$Ag^+ + e \rightleftharpoons Ag$	0.792	1 mol · L^{-1} $HClO_4$
	0.228	1 mol · L^{-1} HCl
$H_3AsO_4 + 2H^+ + 2e \rightleftharpoons H_3AsO_3 + H_2O$	0.577	1 mol · L^{-1} HCl,$HClO_4$
	0.07	1 mol · L^{-1} NaOH
$Ce^{4+} + e \rightleftharpoons Ce^{3+}$	1.75	3 mol · L^{-1} $HClO_4$
	1.71	2mol · L^{-1} $HClO_4$
	1.70	1 mol · L^{-1} $HClO_4$
	1.61	1 mol · L^{-1} HNO_3
	1.44	4 mol · L^{-1} H_2SO_4
	1.28	1 mol · L^{-1} HCl
$Cr_2O_7^{2-} + 14H^+ + 6e \rightleftharpoons 2Cr^{3+} + 7H_2O$	1.00	1 mol · L^{-1} HCl
	1.08	3 mol · L^{-1} HCl
	1.10	2 mol · L^{-1} H_2SO_4
	1.15	4 mol · L^{-1} H_2SO_4
	1.025	1 mol · L^{-1} $HClO_4$

续表

半 反 应	$E^{\ominus\prime}$,V	介质
$CrO_4^{2-}+2H_2O+3e \rightleftharpoons CrO_2^{-}+4OH^{-}$	-0.12	1 mol · L^{-1} NaOH
$Fe^{3+}+e \rightleftharpoons Fe^{2+}$	0.732	1 mol · L^{-1} $HClO_4$
	0.70	1 mol · L^{-1} HCl
	0.68	3 mol · L^{-1} HCl
	0.68	1mol · L^{-1} H_2SO_4
	0.46	2 mol · L^{-1} H_3PO_4
$Fe(EDTA)^{-}+e \rightleftharpoons Fe(EDTA)^{2-}$	0.12	1mol · L^{-1} EDTA pH 值为 4 ~6
$I_3^{-}+2e \rightleftharpoons 3I^{-}$	0.5446	0.5 mol · L^{-1} H_2SO_4
I_2(水) $+2e \rightleftharpoons 2I^{-}$	0.6276	0.5 mol · L^{-1} H_2SO_4
$MnO_4^{-}+8H^{+}+5e \rightleftharpoons Mn^{2+}+4H_2O$	1.45	1 mol · L^{-1} $HClO_4$
$Sn^{4+}+2e \rightleftharpoons Sn^{2+}$	0.14	1 mol · L^{-1} HCl
$Sn^{2+}+2e \rightleftharpoons Sn$	-0.20	1 mol · L^{-1} HCl,H_2SO_4
	-0.16	1 mol · L^{-1} $HClO_4$
$Mo^{3+}+E \rightleftharpoons Mo^{3+}$	0.1	4 mol · L^{-1} H_2SO_4
$Hg_2Cl_2+2e \rightleftharpoons 2Hg+2Cl^{-}$	0.242	饱和 KCl
	0.282	1 mol · L^{-1} KCl
	0.334	0.1 mol · L^{-1} KCl
Sb(Ⅴ) $+2e \rightleftharpoons$ Sb(Ⅲ)	0.75	3.5 mol · L^{-1} HCl

附表 6 难溶电解质的溶度积(298.15K)

难溶化合物	K_{sp}	难溶化合物	K_{sp}
AgBr	5.0×10^{-13}	$BaCO_3$	5.1×10^{-9}
AgCl	1.8×10^{-10}	BaF_2	1.0×10^{-6}
AgI	8.3×10^{-17}	$Bi(OH)_3$	4.0×10^{-31}
AgOH	2.0×10^{-8}	$CaCO_3$	2.8×10^{-9}
Ag_2S	6.3×10^{-50}	CaF_2	2.7×10^{-11}
Ag_2SO_4	1.4×10^{-5}	$CaC_2O_4\cdot H_2O$	4.0×10^{-9}
Ag_2CrO_4	1.1×10^{-12}	$Ca_3(PO_4)_2$	2.0×10^{-29}
Ag_2CO_3	8.1×10^{-12}	$CaSO_4$	9.1×10^{-6}
Ag_3PO_4	1.4×10^{-16}	$Cd(OH)_2$	2.5×10^{-14}
AgCN	1.2×10^{-16}	CdS	8.0×10^{-27}
AgSCN	1.0×10^{-12}	$Co(OH)_2$	1.6×10^{-15}
$Al(OH)_3$	1.3×10^{-33}	$Co(OH)_3$	2.0×10^{-44}
As_2S_3	2.1×10^{-22}	$Cr(OH)_3$	6.3×10^{-31}
$BaSO_4$	1.1×10^{-10}	CuI	1.1×10^{-12}
$BaCrO_4$	1.2×10^{-10}	Cu_2S	2.0×10^{-48}

续表

难溶化合物	K_{sp}	难溶化合物	K_{sp}
CuSCN	4.8×10^{-15}	PbF_2	2.7×10^{-8}
$Cu(OH)_2$	2.2×10^{-20}	PbS	8.0×10^{-28}
CuS	6.3×10^{-36}	$PbSO_4$	1.6×10^{-8}
$FeCO_3$	3.2×10^{-11}	$PbCrO_4$	2.8×10^{-13}
$Fe(OH)_2$	8.0×10^{-16}	$PbCO_3$	7.4×10^{-14}
FeS	3.7×10^{-19}	$Pb(OH)_2$	1.2×10^{-15}
$Fe(OH)_3$	4.0×10^{-38}	$Pb_3(PO_4)_2$	8.0×10^{-43}
$FePO_4$	1.3×10^{-22}	$Pb_3(AsO_4)_2$	4.0×10^{-36}
Hg_2Cl_2	1.3×10^{-18}	$Sb(OH)_3$	4.0×10^{-42}
Hg_2I_2	4.5×10^{-29}	SnS	1.0×10^{-25}
Hg_2S	1.0×10^{-47}	$Sn(OH)_2$	1.4×10^{-28}
HgS(红)	4.0×10^{-53}	$Sn(OH)_4$	1.0×10^{-56}
HgS(黑)	1.6×10^{-52}	SrF_2	2.5×10^{-9}
$Hg_2(CN)_2$	5.0×10^{-40}	$SrSO_4$	3.2×10^{-7}
MgF_2	6.5×10^{-9}	SrC_2O_4	5.61×10^{-8}
$MgCO_3$	3.5×10^{-8}	$SrCO_3$	1.1×10^{-10}
$Mg(OH)_2$	1.8×10^{-11}	$Sr_3(PO_4)_2$	4.0×10^{-28}
$MgNH_4PO_4$	2.5×10^{-13}	$SrCrO_4$	2.2×10^{-5}
$Mn(OH)_2$	1.9×10^{-13}	$ZnCO_3$	1.4×10^{-11}
$MnCO_3$	1.8×10^{-11}	$Zn(OH)_2$	1.2×10^{-17}
$Ni(OH)_2$	2.0×10^{-15}	$Zn_3(PO_4)_2$	9.0×10^{-33}
NiS	1.4×10^{-24}	ZnS	1.2×10^{-23}
$PbCl_2$	1.6×10^{-5}	$Zn_2[Fe(CN)_6]$	4.0×10^{-16}

附表7 常用元素国际相对原子质量表

元素	符号	相对原子质量	元素	符号	相对原子质量	元素	符号	相对原子质量
银	Ag	107.8682	钙	Ca	40.078	氟	F	18.998403
铝	Al	26.98154	镉	Cd	112.41	铁	Fe	55.845
氩	Ar	39.948	铈	Ce	140.12	镓	Ga	69.723
砷	As	74.9216	氯	Cl	35.453	钆	Gd	157.25
金	Au	196.9665	钴	Co	58.9332	锗	Ge	72.61
硼	B	10.811	铬	Cr	51.9961	氢	H	1.00794
钡	Ba	137.33	铯	Cs	132.9054	氦	He	4.00260
铍	Be	9.01218	铜	Cu	63.546	汞	Hg	200.59
铋	Bi	208.9804	镝	Dy	162.50	碘	I	126.9045
溴	Br	79.904	铒	Er	167.26	铟	In	114.82
碳	C	12.011	铕	Eu	151.964	钾	K	39.0983

续表

元素	符号	相对原子质量	元素	符号	相对原子质量	元素	符号	相对原子质量
氪	Kr	83.80	铅	Pb	207.2	钐	Sm	150.36
镧	La	138.9055	钯	Pd	106.42	锡	Sn	118.710
锂	Li	6.941	镨	Pr	140.90765	锶	Sr	87.62
镥	Lu	174.967	铂	Pt	195.078	钽	Ta	180.9479
镁	Mg	24.305	镭	Ra	226.0254	碲	Te	127.60
锰	Mn	54.9380	铷	Rb	85.4678	钍	Th	232.0381
钼	Mo	95.94	铼	Re	186.207	钛	Ti	47.867
氮	N	14.0067	铑	Rh	102.9055	铊	Tl	204.383
钠	Na	22.98977	钌	Ru	101.072	铀	U	238.0289
钕	Nd	144.24	硫	S	32.066	钒	V	50.9415
氖	Ne	20.1797	锑	Sb	121.760	钨	W	183.84
镍	Ni	58.69	钪	Sc	44.95591	钇	Y	88.90585
氧	O	15.9994	硒	Se	78.963	锌	Zn	65.39
磷	P	30.97376	硅	Si	28.0855	锆	Zr	91.224

附表 8 部分化合物的相对分子质量

化合物	相对分子质量	化合物	相对分子质量
AgBr	187.78	$CaSO_4$	136.14
AgCl	143.32	$Ca_3(PO_4)_2$	310.18
AgI	234.77	CH_3COOH	60.05
$AgNO_3$	169.87	CH_3OH	32.04
Al_2O_3	101.96	CH_3COCH_3	58.08
$Al_2(SO_4)_3$	342.15	C_6H_5COOH	122.12
As_2O_3	197.84	$C_6H_4COOHCOOK$（邻苯二甲酸氢钾）	204.23
As_2O_5	229.84		
$BaCO_3$	197.34	CH_3COONa	82.03
BaC_2O_4	225.35	C_6H_5OH	94.11
$BaCl_2$	208.24	CCl_4	153.81
$BaCl_2 \cdot 2H_2O$	244.27	CO_2	44.01
$BaCrO_4$	253.32	CuO	79.54
$BaSO_4$	233.39	Cu_2O	143.09
$CaCO_3$	100.09	$CuSO_4$	159.61
CaC_2O_4	128.10	$CuSO_4 \cdot 5H_2O$	249.69
$CaCl_2$	110.99	$FeCl_3$	162.21
$CaCl_2 \cdot H_2O$	129.00	$FeCl_3 \cdot 6H_2O$	270.30
CaO	56.08	FeO	71.85
$Ca(OH)_2$	74.09	Fe_2O_3	159.69

续表

化合物	相对分子质量	化合物	相对分子质量
Fe_3O_4	231.54	KNO_2	85.10
$FeSO_4 \cdot H_2O$	169.93	KOH	56.11
$FeSO_4 \cdot 7H_2O$	278.02	KSCN	97.18
$Fe_2(SO_4)_3$	399.89	K_2SO_4	174.26
$FeSO_4 \cdot (NH_4)_2SO_4 \cdot 6H_2O$	392.14	$MgCO_3$	84.32
H_3BO_3	61.83	$MgCl_2$	95.21
HBr	80.91	$MgNH_4PO_4$	137.33
H_2CO_3	62.03	MgO	40.31
$H_2C_2O_4$	90.04	$Mg_2P_2O_7$	222.60
$H_2C_2O_4 \cdot 2H_2O$	126.07	MnO_2	86.94
HCOOH	46.03	$Na_2B_4O_7 \cdot 10H_2O$	381.37
HCl	36.46	$NaBiO_3$	279.97
$HClO_4$	100.46	NaBr	102.90
HF	20.01	Na_2CO_3	105.99
HI	127.91	$Na_2C_2O_4$	134.00
HNO_2	47.01	NaCl	58.44
HNO_3	63.01	NaF	41.99
H_2O	18.02	$NaHCO_3$	84.01
H_2O_2	34.02	NaH_2PO_4	119.98
H_3PO_4	98.00	Na_2HPO_4	141.96
H_2S	34.08	$Na_2H_2Y \cdot 2H_2O$ (EDTA 二钠盐)	372.26
H_2SO_4	82.08		
$HgCl_2$	98.08	NaI	149.89
Hg_2Cl_2	271.50	$NaNO_2$	69.00
$KAl(SO_4)_2 \cdot 12H_2O$	472.09	Na_2O	61.98
$KB(C_6H_5)_4$	474.09	NaOH	40.01
KBr	358.33	Na_3PO_4	163.94
$KBrO_3$	119.01	Na_2S	78.05
K_2CO_3	167.01	$Na_2S \cdot 9H_2O$	240.18
KCl	138.21	Na_2SO_3	126.04
$KClO_3$	74.56	Na_2SO_4	142.04
$KClO_4$	122.55	$Na_2SO_4 \cdot 10H_2O$	322.20
K_2CrO_4	194.20	$Na_2S_2O_3$	158.11
$K_2Cr_2O_7$	294.19	$Na_2S_2O_3 \cdot 5H_2O$	248.19
KI	166.01	$NH_2OH \cdot HCl$	69.49
KIO_3	214.00	NH_3	17.03
$KMnO_4$	158.04	NH_4Cl	53.49

续表

化合物	相对分子质量	化合物	相对分子质量
$(NH_4)_2C_2O_4 \cdot H_2O$	142.11	Pb_3O_4	685.57
$NH_3 \cdot H_2O$	35.05	$PbSO_4$	303.26
$NH_4Fe(SO_4)_2 \cdot 12H_2O$	482.20	SO_2	64.06
$(NH_4)_2HPO_4$	132.05	SO_3	80.06
$(NH_4)_3PO_4 \cdot 12MoO_3$	1876.35	Sb_2O_3	291.52
NH_4SCN	76.12	Sb_2S_3	339.72
$(NH_4)_2SO_4$	132.14	SiF_4	104.08
$NiC_8H_{14}O_4N_4$（丁二酮肟镍）	288.91	SiO_2	60.08
		$SnCl_2$	189.62
P_2O_5	141.95	TiO_2	79.88
$PbCrO_4$	323.19	$ZnCl_2$	136.30
PbO	223.19	ZnO	81.39
PbO_2	239.19	$ZnSO_4$	161.45

参考文献

[1] 孙毓庆,胡育筑. 分析化学. 北京:科学出版社,2007.
[2] 刘珍. 化验员读本(上、下册). 北京:化学工业出版社,2004.
[3] 张振宇. 化工分析. 北京:化学工业出版社,1989.
[4] 武汉大学,等. 分析化学. 北京:人民教育出版社,1979.
[5] 高职高专化学教材编写组. 分析化学. 北京:高等教育出版社,2003.
[6] 叶芬霞. 无机及分析化学. 北京:高等教育出版社,2005.
[7] 张云. 分析化学. 上海:同济大学出版社,2003.
[8] 邢文卫,陈艾霞. 分析化学. 北京:化学工业出版社,2007.
[9] 赵泽禄. 化学分析技术. 北京:化学工业出版社,2006.
[10] 倪静安. 无机及分析化学. 北京:化学工业出版社,1998.
[11] 于世林,苗凤琴. 分析化学. 北京:化学工业出版社,2005.
[12] 华中师范大学,等. 分析化学. 北京:高等教育出版社,2001.
[13] 辛述元. 分析化学例题与习题. 北京:化学工业出版社,2008.
[14] 郭英凯. 仪器分析. 北京:化学工业出版社,2006.
[15] 朱明华. 仪器分析. 北京:高等教育出版社,1993.
[16] 黄一石. 仪器分析. 北京:化学工业出版社,2004.
[17] 刘立行. 仪器分析. 北京:中国石化出版社,1996.
[18] 中国石油天然气集团公司人事服务中心. 化工分析. 东营:中国石油大学出版社,2005.